国家自然科学基金项目
中国科学院重点部署项目 资助

华北地块南缘
富碱侵入岩带
地质和岩石地球化学研究

张正伟 杨晓勇 卢欣祥 吴承泉
徐进鸿 段友强 赵 壮 张森森 著

中国科学技术大学出版社

内容简介

本书根据东秦岭地区地质资料的收集和分析，将华北地块南缘分布的富碱侵入岩带作为研究区，基于前人的工作基础，在成岩地质构造背景、岩体侵位构造机制、岩石类型划分、同位素年代学、岩石地球化学以及成矿关系研究方面取得了新进展。本书出版得到国家自然科学基金项目(U1603425)和中国科学院重点部署项目(ZDRW-CN-2021-3)资金支持，所涉及内容和测试分析的岩石地球化学数据，多为首次公开发表，可供相关科技工作者和大专院校高年级学生、研究生学习参考。

图书在版编目(CIP)数据

华北地块南缘富碱侵入岩带地质和岩石地球化学研究/张正伟等著. —合肥：中国科学技术大学出版社，2022.11

ISBN 978-7-312-05380-1

Ⅰ. 华…　Ⅱ. 张…　Ⅲ. 侵入岩—岩石地球化学—研究—华北地区　Ⅳ. P588.12

中国版本图书馆 CIP 数据核字(2022)第 187350 号

华北地块南缘富碱侵入岩带地质和岩石地球化学研究

HUABEI DIKUAI NANYUAN FU JIAN QINRU YANDAI DIZHI HE YANSHI DIQIU HUAXUE YANJIU

出版　中国科学技术大学出版社
安徽省合肥市金寨路 96 号，230026
http://press.ustc.edu.cn
https://zgkxjsdxcbs.tmall.com

印刷　合肥华苑印刷包装有限公司

发行　中国科学技术大学出版社

开本　787 mm×1092 mm　1/16

印张　19.25

插页　8

字数　480 千

版次　2022 年 11 月第 1 版

印次　2022 年 11 月第 1 次印刷

定价　72.00 元

前 言

在华北地块南缘，西起河南省卢氏县，东至确山县一带，断续出露30多个富碱侵入岩体，构成近东西向长约350 km的富碱侵入岩带。岩体分布受控于三门峡—宝丰断裂带和栾川—确山断裂带之间。岩石类型主要包括含有似长石或碱性暗色矿物霞石正长岩、钾霞正长岩、霓辉正长岩和绿闪石正长岩类，含有碱性矿物的钠铁闪石花岗岩、霓辉花岗岩以及孪生的钾长花岗岩和碱性长石为主的石英正长岩、英碱正长岩和花岗正长（斑）岩类。我们选择了一些典型岩体开展了岩相学、岩石学和地球化学研究，并以此为基础分析了区域性的时空分布特征、岩浆演化过程以及动力学制约作用。

通过研究取得了一些重要进展：

(1) 对岩体的侵位构造研究，划分为褶皱基底侵入型和张性断裂侵入型。前者一般表现为整合侵入的特点，岩体形态呈岩基状且岩相分带明显。后者则发育侵位断裂和顶蚀构造，岩体形态呈脉状或串珠状分布，围岩在岩浆熔融体侵位过程中是被动的，表明岩浆活动于区域张性构造环境。

(2) 同位素年代学研究显示至少存在四期碱性岩浆活动。中元古代龙王034钠铁闪石花岗岩形成于距今1.6～1.7 Ga；新元古代双山角闪正长岩形成于距今(806±11) Ma；三叠纪霓辉正长岩类形成于距今221～242 Ma；白垩纪正长花岗岩类锆石U-Pb定年结果分别有(122.8±1.5) Ma和(112.1±3.2) Ma。

(3) 岩石矿物组合研究显示，浅色造岩矿物以碱性长石为主，大部分暗色矿物为指示碱性岩的特征矿物。几乎所有的浅色矿物为微斜长石，粉晶X衍射结果显示三斜度$\delta>75$，有序度$\Delta_{131}=46\sim94$，电子探针分析结果表明绝大多数是碱性长石。暗色矿物辉石类主要包括霓辉石，闪石类主要为绿闪石，其次为钠铁闪石。云母类出现在所有岩石中，岩带东部以金云母为主，西部则以铁黑云母为主。

(4) 岩石化学成分具有明显的富碱特征。化学成分投影落入TAS碱性岩区或 QAPF 富碱性长石岩区，一般全碱指数 $ALK>9.5$，K/Na（K、Na 为岩石化学成分百分值，下同）>1，$\sigma>4$，属于碱性或过碱性系列。但在化学组分方面有明显差异，主要表现在 SiO_2 和 Al_2O_3 饱和度出现差异时制约不同的岩石类型。

（5）微量组分的共同特点是富含挥发组分和地幔不相容元素。一些岩体富集 Rb、Th、U、K 等大离子亲石元素，亏损 Nb、Ta、Zr、Hf 等高场强元素。多数岩体 REE 总量和 LREE/HREE 比值较高，除某些碱性花岗岩显示强烈负 Eu 异常外，其他岩石的 REE 标准化曲线模式极其相似，表现为 LREE 富集向右陡倾、MREE 下凹、HREE 稍微抬升的上凹曲线模型。根据 REE 定量计算显示，碱性岩浆衍生于地幔中的 0.5%～1.5%部分熔融产物，然后在地壳中长时间存留并受地壳物质不同程度混染。

（6）全岩 Sr-Nd-Pb 同位素和锆石 Hf 同位素特征暗示岩浆源于下地壳并存在壳幔混合作用，成岩动力环境分别为陆内拉张和由地壳加厚到岩石圈减薄的过程。长石铅模式年龄为 300～1000 Ma，显示大陆基底古铅混染特点。Sm-Nb 同位素模式年龄为 1000～2900 Ma，$\varepsilon_{Nd}(t)=-14\sim-23$，反映强烈的陆壳源特点。$\delta^{18}O=8.5\sim14$，相当于幔壳源和壳源范围。锶同位素$(^{87}Sr/^{86}Sr)_I=0.704\sim0.735$，显示岩浆物源遭受地壳混染作用影响。其中，张士英角闪正长岩的锆石 Hf 同位素 $\varepsilon_{Hf}(t)=-17.6\sim-5.7$，平均值为 -15.2，相应的两阶段模式年龄 $T_{DM2}=1.29\sim1.91$ Ga。太山庙花岗岩的锆石 Hf 同位素显示 $\varepsilon_{Hf}(t)=-12.4\sim-1.6$，平均值为 -7.6，其两阶段模式年龄 $T_{DM2}=1.10\sim1.63$ Ga，平均为 1.38 Ga。

（7）通过与碱性岩有关的矿化研究，初步认为“三稀”元素矿化主要与构造侵位的碱性岩密切相关。成矿类型主要有伟晶岩型铌钽矿、岩浆型稀土矿和热液型稀有元素矿化。其次，成矿作用还与褶皱基底侵位的碱性岩有关，成矿类型主要有钇、钍矿化。另外，在一些碱性岩体中含有热液-淋滤富集型和剪切带型金矿化。

在章节编排上，主要是按照富碱侵入岩的时代顺序，即中元古代→新元古代→三叠纪→白垩纪侵入体顺序展开，至于第 7 章新元古代浅成侵入岩，已经属于次火山岩的范畴，其侵位机制明显不同于前面几类深成侵入岩，故单独叙述、讨论。

综上所述，众多的富碱侵入体呈带状分布于华北地块南缘活动带，夹持于三门峡—宝丰断裂带与黑沟—栾川断裂带之间。岩石类型可以划分为碱性岩类、

碱性花岗岩类和石英正长岩类。成岩世代被解析为中元古代、新元古代、三叠纪和早白垩世，表明碱性岩浆至少有四次活动于区域张性构造环境。岩浆源区除了少数受地幔混染外，主要显示壳源特征。岩体侵位分别受制于区域拉张构造和基底褶皱作用，成岩动力环境分别为陆内拉张和由地壳加厚到岩石圈减薄的转换构造过程。与富碱侵入体有关的矿化主要有"三稀元素"和金矿化。

本书出版得到国家自然科学基金项目（U1603425）和中国科学院重点部署项目（ZDRW-CN-2021-3）资金支持，是集体智慧和力量的结晶，内容和所及测试分析的岩石地球化学数据，多为首次发表，可供相关科技工作者和高等学校高年级学生、研究生学习参考。

由于受研究程度和作者学术水平的限制，本书还存在一些没有理清和有待进一步探索的问题，敬请同行专家和读者批评指正。

作　者

2022年2月

目　录

第1章 绪 论

1.1 碱性岩、碱性花岗岩、碱长花岗岩以及富碱侵入岩

1.1.1 碱性岩、碱性花岗岩、碱长花岗岩以及富碱侵入岩的概念

碱性岩是火成岩的一个大类，通常含似长石、钠质辉石（碱性辉石）和（或）钠质角闪石（Fitton et al.，1987）。其分类碱性指标通常采用里特曼指数，计算公式是 $\sigma=(K_2O+Na_2O)^2/(SiO_2-43)$（式中，$K_2O$、$Na_2O$、$SiO_2$ 为岩石化学分析百分值，下同），其中 K_2O+Na_2O 在岩浆中的含量称为全碱含量。根据 σ 值的多少可划分 4 种岩石系列，即钙性、钙碱性、碱钙性和碱性系列。此外，还有皮科克钙碱指数（CA）。根据 CA 值的多少可划分 4 种岩石类型，即碱性岩、碱钙性岩、钙碱性岩和钙性岩。

碱性岩的化学成分制约了岩石类型的不同，其中有 Al_2O_3 不足、SiO_2 不足和两者均不足 3 种情况：当 SiO_2 充足或过量，Al_2O_3 不足时，岩石主要由碱性长石、钠质辉石和（或）钠质角闪石组成，也可以有石英存在，形成碱性花岗岩、碱流岩、英碱正长岩等；当 Al_2O_3 充足或有余，SiO_2 不足时，岩石由长石、似长石、云母、角闪石、普通辉石、刚玉等组成，形成云母流霞正长岩等；若 SiO_2 和 Al_2O_3 均不足，则岩石由似长石、钠质辉石和（或）钠质角闪石、异性石、碱性长石等组成，形成霞石正长岩等。由此推理，碱性岩中必须含似长石、钠质辉石和（或）钠质角闪石。

碱性岩多分布在地盾、地台的边缘、隆起区或裂谷带和已固结的褶皱带中，通常受规模较大的断裂控制。其形成原因主要为岩浆来源较深的岩浆分异愈趋完善，岩浆处于相对封闭的系统使挥发组分不易逸失，岩浆上升时借助大的断裂及构造运动使其混入组分较少。与碱性岩有关的有经济价值的成矿矿物主要为 Nb、Ti、Zr、REE、Al、Be 的氧化物、硅酸盐以及 Ca 和 REE 的磷酸盐。

碱性岩浆生成的途径有很多，难以用任何一种理论概括其全貌。Bowen（1915）认为基性岩浆由于辉石的结晶分离作用，可产生硅酸不饱和的碱性熔体。正长石的非一致熔融和白榴石的聚集，可由硅酸饱和的岩浆产生含似长石的岩石。角闪石的结晶分离或下沉作用及角闪石和黑云母的熔蚀可生成硅酸不饱和的碱性岩浆。叶利谢耶夫（Sørensen，1974）认为霞石正长岩常与碱性辉长岩组合，而正长岩常和霓霞岩-磷霞岩在层状侵入体中出现，是受结晶分异作用的原理制约。苏联学者在碱性研究领域作出了开拓性工作，Ф. Ю. 列文生-列星格认为液体不混溶作用在岩浆发展过程中是一个重要因素（见马志红（1985）以及其引文）。Ю. А. 毕利宾发展了原始玄武岩浆在结晶前的岩浆分异作用的假说，认为引起这种分异作用的原因是在这种熔体中离子组合成络合物分子构造，这些分子的扩散速度不同，使岩浆室边缘带生成碱度很高的岩相（见马志红（1985）以及其引文）。之后，一些学者认为在由花岗岩浆生成霞石正长岩的过程中，围岩对岩浆的同化、混染作用不容忽视（Daly，1910；Shand，1922；吴利仁，1966）。还有一些学者用含挥发分的透岩浆溶液的交代作用解释固结的褶皱带中碱性花岗岩类和碱性辉长岩类岩石的成因。E. A. 库兹涅佐夫以基性岩和超基性岩生成时与其相伴随的一种原始富含碱质的“透岩浆溶液”相作用，来说明碱超基性岩的成因（见马志红（1985）以及其引文）。另外，霞石化和霓长岩化对碱性岩的生成亦有重要意义，一些碱性片麻岩亦被认为是交代作用的产物。

碱性花岗岩是指含碱性长石和碱性铁镁矿物（碱性角闪石和（或）碱性辉石）的花岗岩。其化学成分显示碱过饱和：$N(Na_2O)+N(K_2O)>N(Al_2O_3)$（分子数）。按深色矿物碱性，花岗岩分为钠闪石花岗岩和霓石花岗岩等。与碱性花岗岩有关的矿产为铌、钽、锡、稀土元素、锆等。

碱长花岗岩即碱性长石花岗岩，是一种富含碱性长石（正长石、微斜长石、条纹长石、歪长石、钠长石）的弱碱性花岗岩，斜长石含量不超过长石总量的10%，例如钾长花岗岩、钠长花岗岩以及白岗岩等。碱长花岗岩与碱性花岗岩的区别在于几乎不含碱性暗色矿物。

涂光炽等（1982）注意到硅酸饱和的岩石（如A型花岗岩）和不饱和的岩石（经典的碱性岩）这两者不仅在空间上具有共生关系，而且有密切的成因联系，并常相伴一些重要的矿产资源，因此提出了富碱侵入岩的概念（涂光炽等，1984；涂光炽，1989）。富碱侵入岩主要包括碱性岩、碱性花岗岩以及碱长花岗岩。其岩体常呈线性展布，受区域大断裂控制，赋存于裂谷、地堑、地幔上拱带的拉张条件下，相对富Nb、U、Th、Zr、Sn、Ga、Zn和REE。组成物质来自上地幔部分熔融岩浆顺着大断裂上升过程，硅铝层混染较小时形成碱性岩，混染较多时形成碱性花岗岩，区域上伴生碱长花岗岩。东秦岭地区（华北地块南缘）出露碱性岩、碱性花岗岩以及碱长花岗岩，是一个区域性的多期次张性构造活动引发的富碱侵入岩带。

1.1.2 研究现状分析

碱性岩是具有构造指示意义的特殊岩石，最早被Iddings（1892）在《火山岩的起源》一书中定义。但是在此之前就已经有科学家对这种岩石进行了命名。最开始的研究只是注重对岩石类型及其矿物组成的探究和命名。19世纪末至20世纪30年代，对于碱性岩的研究有了深化，不仅对碱性岩的特征进行了详细的描述，也开始探究其岩浆起源以及构造意义。关于成因提出了很多的假说，比如Harker（1909）提出的“榨葡萄酒成因模型”和Daly（1910）提出的“石灰岩同熔成因模式”。此外，这一时期也开始了实验岩石学方面的研究，Bowen（1928）通过实验研究提出了霞石正长岩是由花岗质岩浆结晶分异后的残留相演化而来的，不饱和碱性岩则是通过玄武岩结晶分异辉石形成的。这一时期关于碱性岩代表的构造意义也逐渐被关注，人们开始认识到碱性岩主要沿非造山带板块边缘分布的特点(Becke，1903)。20世纪30年代到70年代，随着分析仪器的应用开始精确地测定了碱性岩的地球化学成分，逐渐认识到碱性岩富集一些高场强元素和亲石元素的特点(如Zr、Hf、Nb、Ta、Th和U)。此外，同位素的手段也开始被应用(例如利用S、O同位素来指示岩浆的结晶分异过程，利用Sr和Pb同位素来示踪岩浆的演化)。20世纪70年代以来，随着一系列高精度的现代化测试仪器发展改进，对碱性岩的研究取得了迅猛的发展，不仅对碱性岩的地球化学成分进行了很好的研究，而且也更加注重通过实验模拟进一步探讨碱性岩类岩石的特征、分布、成因、演化以及成矿作用。

Iddings(1892)最早在《火山岩的起源》一书中为了划分两类广泛发育的岩浆岩系列(即玄武岩-粗面岩-响岩系列和玄武岩-安山岩-流纹岩)，提出了碱性岩和亚碱性岩术语。长期以来，人们对于碱性岩的定义由于划分标准的不同也存在很大的分歧。主要存在以下几种观点：一些学者认为碱性岩是一种与构造条件有关的岩石类型(Harker，1896)，并将Iddings(1892)二分法中提到的碱性岩石系列和亚碱性岩石系列分别对应于大西洋型岩石系列和太平洋型岩石系列。Niggli(1923)还提出了地中海型岩石系列的概念，即把大西洋型岩石系列又进一步划分为地中海型岩石系列(钾质系列)和大西洋型岩石系列(钠质系列)。后来以地理名称命名的这种方法逐渐被废弃，开始用碱性(Alkalic)、亚碱性(Subalkalic)或钙碱性(Calc-alkalic)、钙性(Calcic)这些术语代替。Shand等(1922)认为碱性岩是一个岩相学概念，其最重要的特征是具有过碱性和硅不饱和的特点，即$N(K_2O+Na_2O)>N(Al_2O_3)$(分子数比)和$6N(K_2O+Na_2O)>N(SiO_2)$，矿物学上表现为碱性暗色矿物和似长石等浅色矿物。国际地科联(IUGS)火成岩分类学分会1989年提出的深成岩矿物定量分类命名方案中，考虑了Shand(1922)的定义，即“碱性岩以含似长石或碱性暗色矿物为特征”，这意味着在IUGS的深成岩双三角分类图解中，除APF下三角图解内规定的富含似长石的碱性岩外，在APQ上三角图解中只要出现碱性暗色矿物的岩石，同样也可定义为碱性岩，这就否定了过去所谓碱性岩硅不饱和的观点，即碱性岩中不含石英矿物。另一种观点也承认碱性岩是一个岩相学的概念，但是不过分强调化学成分上硅酸的不饱和、矿物成分上必须出现碱性暗色矿物和似长石、石英等浅色矿物，而是根据岩浆岩的化学成分或者根据化学成分所计算出来的各种指数和标准矿物再结合各种图表，将岩浆岩按碱度类型划分成碱性岩和非碱性岩。这种观点认为碱性岩是根据其化学成分判别其碱性程度的。所以认为碱性岩可以有不同的酸度，甚至矿物相中也可以出现石英。关于此观点的代表性学者主要有Peacock(1931)，Rittmann(1957，1962)以及我国的学者邱家骧(1993)、曾广策(1990)等。关于碱性岩的指标Rittmann(1957)考虑SiO_2和Na_2O+K_2O之间的岩石化学含量(下同)关系，提出了确定岩石碱度比较常用的里特曼指数(σ)。σ值越大，岩石的碱性程度越大。每一大类岩石都可以根据碱度大小划分成钙碱性、碱性和过碱性岩三种类型。$\sigma<3.3$时，为钙碱性岩；$\sigma=3.3\sim9.0$时，为碱性岩；$\sigma>9$时，为过碱性岩。此外，还有著名的皮科克法，即以SiO_2(%)为横坐标，以CaO(%)及K_2O+Na_2O(%)为纵坐标(SiO_2、CaO、K_2O、Na_2O为岩石化学含量百分值)，画出一个系列火成岩成分的CaO与K_2O+Na_2O两条变异线，两条变异线的交点，即$CaO=K_2O+Na_2O$处相应的SiO_2值，叫钙碱指数(CA)。$CA<51$的为碱性岩；$CA=51\sim$

56 的为碱钙性岩；*CA*＝56～61 的为钙碱性岩；*CA*＞61 的为钙性岩。

国内地质工作者也对碱性岩的概念进行了研究，其中最有影响和最具权威的是邱家骧（1993）的定义。此外，涂光炽等（1982）也注意到硅酸饱和的岩石（如 A 型花岗岩）和不饱和的岩石（经典的碱性岩）这两者不仅在空间上具有共生关系，而且有密切的成因联系，并常相伴一些重要的矿产资源，因此提出了富碱侵入岩的概念（涂光炽等，1984；涂光炽，1989）。根据目前国内外研究富碱侵入岩的现状，本书主要参考了邱家骧（1993）对碱性岩的定义并结合研究区地质背景和岩浆活动特点，划分了华北南缘碱性岩范围的指标，即以符合以下之一者归属于富碱侵入岩：

（1）SiO_2 不饱和，出现似长石类矿物。

（2）Al_2O_3 不饱和，出现碱性暗色矿物。

（3）全碱指数 *ALK*＞9.5，且里特曼指数 σ＞4。

（4）与碱性岩有关的碳酸岩等。

关于 *ALK*＞9.5 的指标，涂光炽（1989）曾提出 *ALK*＞8.5 归属于富碱侵入岩，但在东秦岭地区的中酸性岩类普遍富碱，根据 800 余组岩石化学数据统计，包括一些钾含量很高的钾长花岗斑岩在内的绝大多数中酸性岩 *ALK*＜9.5（张正伟等，2002），而本书涉及的岩石均大于 9.5，因此规定 *ALK*＞9.5 作为划分本区富碱侵入岩标志之一。此外，本书还结合 AR－SiO_2 图的投图点位，来判断该区域碱性岩的归属问题。

吴利仁（1966）在《若干地区碱性岩研究》一书中对我国不同地区的代表性碱性岩进行了总结。这些碱性岩分布于不同的构造单元，主要包括四川坪河超基性-碱性杂岩、山西台背斜碱性岩、河北阳原碱性杂岩、辽宁凤城碱性岩和云南永平碱性杂岩体。受限于当时的研究水平，书中仅仅对这些碱性岩体做了基础的地质工作，对个别碱性岩浆的成因进行了探讨。20 世纪 80 年代以后，随着现代测试技术的迅猛发展，我国地质工作者对碱性岩进行了大量的研究工作，主要围绕碱性岩的时空分布、岩石成因及构造意义几个方面开展研究。不仅在碱性岩的时空分布上取得了一系列的进展，而且在理论上也作出了重要贡献。涂光炽等（1982）提出了富碱侵入岩的概念：将硅酸饱和的富碱岩浆岩（如 A 型花岗岩）和硅酸不饱和的富碱岩浆岩（传统意义上的碱性岩）统称为富碱侵入岩，并且最早在我国南方识别出了闽浙沿海和哀劳山—金沙江两个大型富碱侵入岩带。在青藏高原及其邻区，张玉泉等（1994）也识别了两条富碱侵入岩，即位于康滇古陆海西晚期-印支期的钠质富碱侵入岩带和位于哀牢山—金沙江—昆仑分布的钠质富碱侵入岩带。阎国翰等（1994）对中国北方的碱性岩带的时空分布做了系统的研究并划分出了五条碱性岩带，包括近东西向的两条和近北北东向的三条，分别是东西走向的印支期的燕辽—阴山富碱侵入岩带和秦岭—大别山北富碱侵入岩带，北北东向的汾河裂堑富碱侵入岩带、大兴安岭—太行山东碱性侵入岩带和郯庐断裂富碱侵入岩带。邱家骧（1993）在研究秦巴地区的碱性岩时分别在秦巴褶皱带与华北扬子板块的交界处识别了一条碱性岩带。洪大卫等（1991，1994）在中国北疆及其邻近区域也识别出了晚古生代兴蒙—北疆富碱侵入岩带，该带为一条巨型碱性岩带，主要岩石类型为碱性花岗岩。赵振华等（2000）又对北疆的碱性岩带进行了进一步的细分，共划分出 5 个亚带。以上研究表明我国的碱性岩一般呈带状分布在区域构造活动带上，且大多产生于板块的缝合带、大陆边缘活动带和深大断裂处。对这些碱性岩带的研究可以很好地限定区域构造的演化。

1.2 华北地块南缘富碱侵入岩

1.2.1 研究意义

碱性岩是拉伸构造环境下的产物,是地球深部动力学过程在地壳浅部的一个直接反映。所以对碱性岩的研究可以帮助我们很好地了解地球深部的物质组成、区域构造演化过程以及壳幔相互作用等深部的地球动力学过程。因此,碱性岩被许多地质学家视为窥视地幔的一个天然"窗口"。碱性岩也常与其他代表拉张环境下的岩浆产物相伴而生。这些岩浆产物包括双峰式火山岩、基性岩墙群、斜长岩、层状镁铁质-超镁铁质岩、钾镁煌斑岩、火成碳酸岩、高原溢流玄武岩、环斑花岗岩、金伯利岩和裂谷玄武岩等(阎国翰等,1994)。这种特殊的产出环境对探讨超大陆的裂解以及区域地质的构造演化都具有重要指示意义。对碱性侵入岩的研究不仅有着重要的理论意义,同时也具有重要的实际应用价值。与富碱侵入岩密切相关的大型、超大型内生多金属矿床近年来也有报道。

研究区地处秦岭造山带与华北地块交界处,受到秦岭复合造山运动的影响,表现为多期次的构造旋回。华北地块南缘广泛分布着富碱侵入岩(图1.1),关于本类岩石的研究历史比较久远,但是研究报道都比较分散,仅在一些文献中有零星的提到,缺乏系统性的工作。与钙碱性岩相对比,富碱侵入岩的总体研究程度非常低,这种研究程度的不平衡性势必从总体上对评价东秦岭和华北地块南缘岩浆活动时序及地质构造演化等问题产生影响,特别是在富碱侵入岩所处的大地构造位置和反映构造热事件的次序方面。关于该区域的碱性岩主要存在的问题:一是缺乏系统的、高精度的同位素年代学数据。一方面,近年来对个别碱性岩体的高精度的锆石U-Pb年龄测定虽然补充了一些数据,但是对这些碱性岩体的时空分布的规律仍没有解决;另一方面,虽然前人在该区碱性岩的主量、稀土、微量元素和锶、钕、铅同位素特征方面取得了一定的成果(邱家骧等,1990;张正伟等,1993,1996,2000,2002,2003),但是对该地区一些岩石的属性问题仍旧存在争议。二是对于碱性岩源区性质及其深部地球动力学背景的认识还不太清楚。华北克拉通是哥伦比亚(Columbia)超大陆的一部分并具有相同的裂解事件,在华北地块北缘中元古代非造山作用的岩浆组合得到了广泛的关注,前人做了大量的研究工作。但是该时期的碱性岩在华北其他地区却很少报道。在华北克拉通南缘分布着一条碱性岩带,出露的岩体年代跨度比较大。前人报道最早可追溯到中元古代,最晚为燕山期。随着现在测试技术的不断进步,同位素的应用对探究岩浆成因及其大地构造意义具有重要的指导意义。

中元古代碱性花岗岩在华北地块南缘陆续被报道,典型岩体当属河南栾川地区的中元古代龙王疃碱性花岗岩(图1.1)。本书试图对华北地块南缘该时期碱性岩的成因及其大地构造意义进行探究,可能暗示了哥伦比亚超大陆裂解在华北克拉通的响应。

新元古代岩浆活动一直被认为是扬子陆块区别于华北地块的重要标志,在秦岭造山带

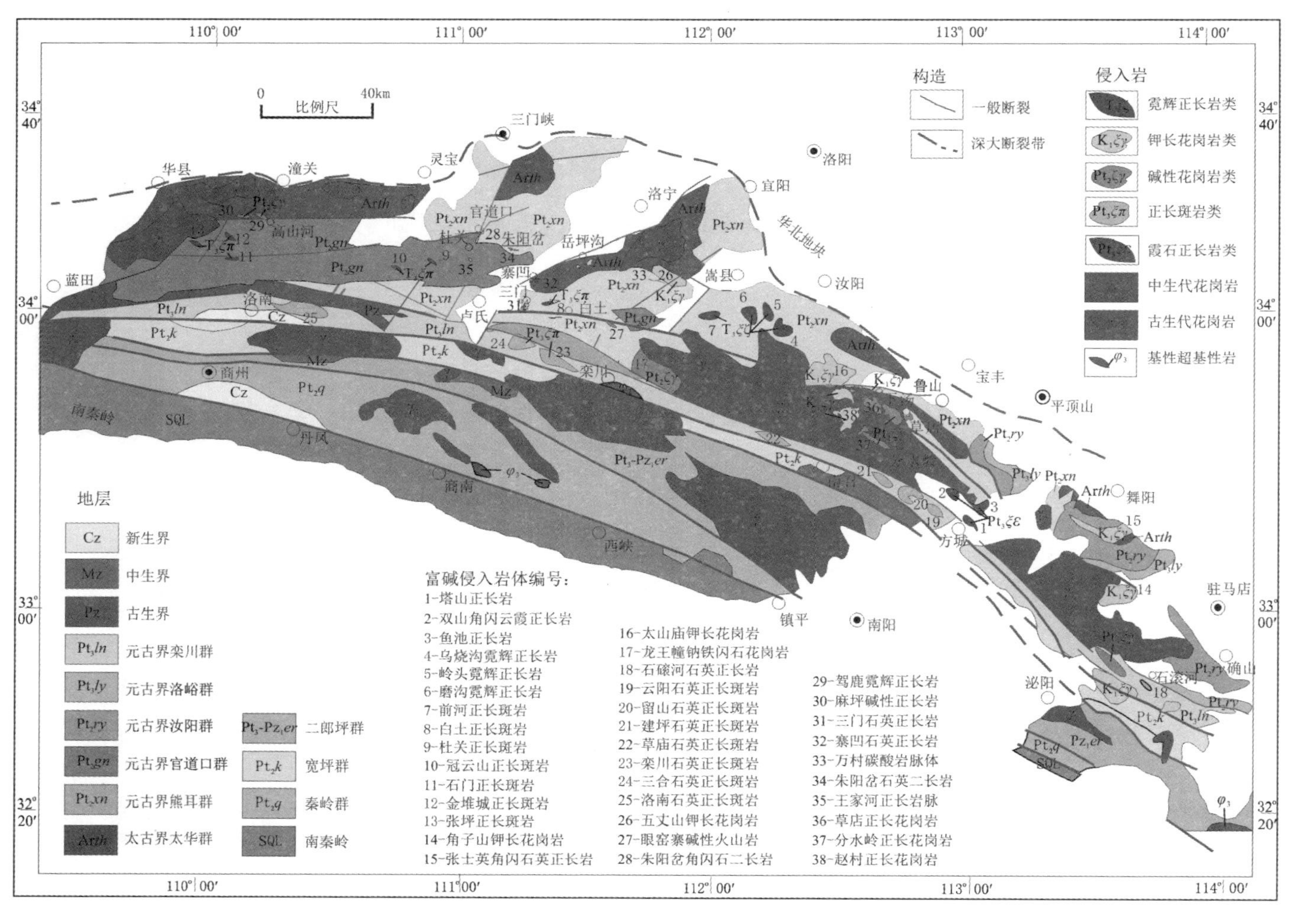

图1.1 研究区范围及富碱侵入体分布地质图

也广泛分布着中-新元古代的岩浆活动。这些岩浆岩主要分为两类:一类是代表碰撞造山过程的S型花岗岩,另一类是代表拉张构造的双峰式火山岩、基性岩墙群、辉长岩和碱性岩。华北地块南缘位于秦岭造山带与华北地块的交界处,其演化必然受到秦岭造山作用的影响。近年来,在华北地块南缘栾川群中发现了新元古代的辉长岩,并认为其与秦岭新元古代岩浆岩具有相同的构造背景,且都指示了拉张性的构造环境。而指示板内裂谷环境的河南方城的双山角闪正长岩形成时代正好位于新元古代晚期(图 1.1)。所以对方城双山碱性岩以及石英正长斑岩的研究可以很好地反映华北南缘新元古时期的构造环境。

华北地块南缘是否发生印支期拉张事件一直存在诸多争议,本书试图通过嵩县南部和卢氏东部的碱性岩带的岩石地球化学研究进一步探索这一问题。

华北南缘广泛分布着中生代的岩浆岩(图 1.1),可以分为大的花岗岩基和小的花岗岩体。研究发现小的花岗岩体与大规模成矿作用密切相关,而大的花岗岩基则表现为相对贫矿。对该地区中生代的岩浆岩总结,发现岩体也可以分为两类:一类代表加厚下地壳存在的埃达克质岩石,另一类代表拉张性构造环境的 A 型花岗岩。同时提出埃达克质岩石存在于距今 130 Ma(1×10^6 年,下同)之前,从而推断华北南缘岩石圈减薄至少发生在距今 130 Ma 之后。但是埃达克质岩石代表的是加厚下地壳的存在,所反映的也只是岩石圈减薄的上限。所以对本地区碱性岩的探究可以更好地限定华北南缘岩石圈减薄的时间。

本书运用多种分析手段以及测试方法,主要包括主量元素、微量元素分析、锆石 U - Pb 定年和 Hf 同位素分析,重点研究了华北南缘碱性侵入岩的主要地球化学特征、岩体的形成时代以及源区特征。结合前人发表的数据总结了华北南缘碱性岩的时空分布规律,对不同成因类型侵入岩的源区及岩石成因进行了详细的探究,建立了碱性侵入岩岩浆作用的年代学构架,并依据富碱侵入岩对华北地块南缘的构造演化历史做了探究。研究结果不仅为碱性岩的岩石成因提供可靠的地球化学支持,而且有助于认识华北地块南缘基底的演化,对揭示岩浆形成的深部地球动力学背景也具有重要的科学意义。

1.2.2 研究程度

关于华北地块南缘地区的碱性侵入岩,从 20 世纪 60 年代开始就已经有相关报道。原河南地质 13 队(1960)在普查铌钽、稀有稀土金属矿产的同时,对方城北部霞石正长岩类岩石和地质特征作了报道;60 年代原秦岭地质队发现嵩县南部霓辉正长岩并将其厘定为燕山期碱性杂岩;曾广策(1990)认为嵩县南部霓辉正长岩属于碱性正长岩类,并对该区霓辉正长岩进行了测年工作,得到了 226 Ma 的 Rb - Sr 等时线年龄,该岩被认为是华北地块南缘在印支运动的产物;原秦岭地质队(1959)将沿栾川群顺层侵入的浅成正长斑岩和花岗正长斑岩类划为磁铁花岗斑岩,随后闫中英(1986)撰文认为这是一套碱性火山岩,河南省地矿厅区调队(1989)后将其厘定为潜花岗斑岩。石铨曾等(1996)在研究栾川群时将其厘定为变正长斑岩和变石英正长斑岩;河南省地质局地质三队(1978)在栾川南部 1∶50000 区调报告中报道了栾川大青沟一带的碱性花岗岩,并将其厘定为加里东期富钠铁闪石花岗岩,原秦岭队(1959)在1∶200000鲁山幅中曾把它与伏牛山花岗岩合为一体,卢欣祥(1989)将其厘定为 A 型花岗岩,周玲棣等(1993)用锆石 U - Pb 法测得岩石结晶年龄为 2021 Ma;邱家骧等(1990)

在“秦巴碱性岩”研究中，涉及华北地块南缘地区的一些碱性岩。喻学惠(1992)在研究秦巴地区的碱性岩时将秦巴地区的碱性岩分为南北两带，北带出露于秦岭造山带与华北地台边界的断裂带及其北侧的华北地块南缘区域，包括方城、南召、嵩县等碱性岩区，岩石类型主要为碱性正长岩和霞石正长岩。南带则分布在秦岭造山带和扬子地块的边界断裂地区。Rb-Sr等时线年龄和K-Ar法年龄结果显示，该区域碱性岩具有多期次的特点，最早从元古代末的晋宁运动开始一直到中生代的燕山运动均有碱性岩的分布。江林平(1990)测定了北带东端方城的霞石正长岩，得到了786 Ma的Rb-Sr等时线年龄，被认为是晋宁运动的产物。陆松年等(2003)对龙王磴花岗岩进行了系统的定年工作，采用了TIMS法和SHRIMP法U-Pb测年技术。测试结果表明，TIMS法U-Pb上交点年龄为(1637±33) Ma，SHRIMP法$^{206}Pb/^{238}U$和$^{207}Pb/^{206}Pb$表面年龄平均值分别为(1611±19) Ma和(1625±16) Ma，三组年龄结果在误差范围内一致，基本上限定了龙王磴的侵位时代。但是对岩石成因并没有进行很好的解释。包志伟等(2008)曾获得了方城地区的碱性岩的锆石U-Pb年龄为844 Ma，但是也没有对岩石成因做深入研究，只是探究了构造意义。叶会寿等(2008)对太山庙花岗岩做了详细的研究，并提出太山庙花岗岩属于A型花岗岩。但是Gao等(2014)却认为太山庙花岗岩属于高分异的I型花岗岩，不具有碱性花岗岩特征。

1.3 本书研究的思路、技术路线及研究结果

研究地区包括河南省西南部的卢氏、栾川、嵩县、南召、鲁山、方城、舞钢、确山8个县市(图1.1)，沿华北地块南缘一线呈长带状NW—SE向展布，涉及面积340 km×75 km=25500 km^2。研究的岩石类型包括碱性岩、碱性花岗岩和石英正长岩类。如前所述，根据目前国内外研究富碱侵入岩现状，我们结合研究区地质背景和岩浆活动特点，划分了岩石范围的指标，以符合以下之一者归属于富碱侵入岩类：① SiO_2不饱和，出现似长石类矿物；② Al_2O_3不饱和，出现碱性暗色矿物；③ $ALK>9.5$，且里特曼指数$\sigma>4$；④ 与碱性岩有关的碳酸岩等。对于第3个指标，涂光炽(1989)曾提出$ALK>8.5$，但在东秦岭地区的中酸性岩类普遍富碱，一般钙碱系列的花岗岩$ALK=8.5$左右，但根据800余组岩石化学数据统计，包括一些钾含量很高的钾长花岗斑岩在内的绝大多数中酸性岩$ALK<9.5$，而本书研究涉及的岩石均大于9.5，因此规定$ALK>9.5$作为划分本区富碱侵入岩的标志之一。对于第4个指标，除了在方城北部一些富碱侵入体中发现方解石脉外，还没有发现其他碳酸岩侵入体。本书研究围绕两个中心问题开展工作：① 确定河南省华北地块南缘富碱侵入体岩石类型、侵位机制、岩浆演化及地质构造背景；② 查明与富碱侵入岩有关的矿产资源和含矿潜力。

研究工作分两个阶段：第一阶段从岩石地球化学入手，配合岩体构造研究，把岩石学研究与地质构造演化研究相结合。按照富碱侵入岩形成于拉张构造环境的总思路，通过岩石同位素年代学和地球化学研究，查明岩浆活动定位标志，限定成岩时限和物源性质，分别与晋宁期、加里东期、海西、燕山等造山期后岩浆构造热事件联系起来，总体上把岩石类型、岩浆成因与地质构造深化的关系融为一体，确定富碱侵入岩带形成的地质构造背景和演化特

征。在矿产研究方面,以野外调研矿化线索为主要任务,重点调查稀有、稀土、稀散元素以及金矿化。第二阶段有重点地选择了栾川县龙王幢岩体、方城双山岩体、嵩县南部乌烧沟岩体、汝阳太山庙岩体以及舞钢张士英岩体作为具体研究对象。岩体成矿时代涵盖中新元古代晋宁期的碱性岩和燕山期碱性侵入岩。对这些岩体的地球化学特征、成岩年代学、同位素特征进行了研究,从而探讨成岩的时空构架、成岩物质的来源以及地球动力学背景。因此,本书在以下几个方面为主要研究内容:对碱性岩体进行全岩的主微量和稀土元素分析,探讨其地球化学特征;对有关的碱性岩体进行锆石微区 U - Pb 年代学研究,获取个别岩体的结晶年龄,结合前人发表的数据,建立碱性岩岩浆活动的演化顺序,并以此为基础探讨华北南缘的区域构造演化;对个别岩体进行锆石 Hf 同位素分析,并结合前人发表的全岩 Rb - Sr 和 Sm - Nd 同位素数据,探讨岩体的源区性质。

通过研究,上述诸问题和涉及的研究内容均取得了相应的进展,并提出了新的认识。对研究区关键的岩石形成地质构造背景问题,通过野外地质和 Sm - Nd、Rb - Sr、Pb 同位素年代学和地球化学研究,确定了富碱岩浆来自地壳,是一种二次源区性质。初始源来自距今 29 亿～10 亿年间的多次壳分异事件过程中亏损地幔的部分熔融,多次壳幔分异时限分别相当于豫西地区的青阳沟运动(陈衍景,1988,1990,1992;胡受奚,1988)、郭家窑运动(孙枢等,1985;胡受奚,1988)和卢临运动(1050 Ma)(符光宏,1981)等不整合面,是华北地块克拉通形成及增生带形成的几个旋回界面,地幔热穹隆的前期使地壳上升形成古侵蚀面,地幔热流上升中期使地壳张裂,地幔部分熔融产物上升定位在地壳中,在长期与地壳混染的过程中,形成了富碱岩浆的二次源区。这些物质在地壳存留约 10 亿年后已经“地壳化”,因此,再次部分熔融而形成的富碱岩浆显示强烈的壳源地球化学性质。由此我们可以假定岩浆初始源区模式年龄代表源区基底(即华北地块南缘基底)的壳幔分异时限,以侵入体定位结晶的年龄代表二次源区张性构造引起的扩熔作用时限,取得该地区构造热事件发生与发展演化的证据。

对于岩石形成时代问题,采取矿物内部等时线法确定了双山岩体岩浆结晶时间为海西晚期(距今约 295 Ma)与嵩县乌烧沟侵入体形成时间近似,从而提供了可能存在海西晚期拉张构造事件的数据。采用 Rb - Sr 全岩等时线法厘定了舞阳南部石英正长岩类形成于燕山期(距今约 133 Ma)。采用锆石 U - Pb 法分别测定双山岩体、太山庙岩体和张士英岩体同位素年龄,基本确定这一富碱侵入岩带具有多期碱性岩浆活动特征。除了龙王幢钠铁闪石花岗岩形成于中元古代(距今 1.7～1.6 Ga)(1 Ga = 1×10^9 年,下同)外,大部分岩体分别形成于新元古代末期(距今 810～660 Ma)、三叠纪(距今 242～221 Ma)和白垩纪(距今 130～112 Ma)。另外,现有的证据表明嵩县南部出露的霓辉正长岩可能形成于印支期,但也存在很大程度的不确定性。

对于岩体类型划分,确认了岩带主要存在霓辉正长岩、霞石正长岩、碱性花岗岩、角闪正长岩和石英正长(斑)岩类 5 种岩石类型。它们形成于拉张扩容环境,在空间和化学类型上又可分为 3 个亚带,即北部碱性岩亚带、中部碱性花岗岩亚带和南部石英正长(斑)岩类亚带。通过岩体构造研究的尝试,首次确定研究区富碱侵入体发育顶蚀构造、构造裂隙、侵位断裂和显微构造,证明了岩浆活动机制为主动不整合侵位的特点。通过对各富碱侵入体金矿化点和新发现金矿点的室内外工作，划分了热液-淋滤富集型、含 Au 剪切带和熔结角砾岩型金矿类型。通过与碱性岩有关的矿化研究，初步认为“三稀”元素矿化主要与构造侵位的碱性岩密切相关。成矿类型主要有伟晶岩型铌钽矿、岩浆型稀土矿和热液型稀有元素矿化；与褶皱基底侵位的碱性岩有关的成矿类型主要有钇、钍矿化。

1.4 样品处理和实验方法

1.4.1 全岩主量元素、微量元素

样品的主量元素、微量元素测试在奥实分析检测（广州）公司完成。样品的主量元素含量使用 X 射线荧光光谱仪（XRF）测定，仪器型号为日本理学 Rigakul001e 型 XRF，XRF 样品制备方法采用熔融玻璃片法，分析精度分别为：SiO_2，0.8%；Al_2O_3，0.5%；Fe_2O_3，0.4%；MgO，0.4%；CaO，0.6%；Na_2O，0.3%；K_2O，0.4%；MnO，0.7%；TiO_2，0.9%；P_2O_5，0.8%。微量元素分析采用 HF + HNO_3 溶解样品，加入 Rh 内标溶液，用 PE Elan6000 型 ICP－MS 完成测定，分析精度优于 5%。

1.4.2 锆石 U－Pb 年龄测定

锆石的单矿物分选由河北廊坊市地源矿物分选测试公司完成。在双目镜下观察分选好的锆石，将无裂隙、无包裹体、晶形好的锆石挑出。然后用细针粘至双面胶上灌入环氧树脂制靶。再将锆石靶打磨、抛光，然后进行反射光、透射光显微照相和拍摄阴极发光（CL）显微照片。锆石的阴极发光在中国科学技术大学理化科学实验中心的扫描电镜实验室完成，所用仪器是 FEI 公司生产的 Sirion200 型电子显微镜。

锆石的微区原位 U－Pb 定年和微量元素分析在广州地球化学研究所同位素地球化学国家重点实验室利用激光剥蚀电感耦合等离子体质谱（LA－ICP－MS）完成。实验仪器采用美国 Resonetics 公司生产的 RESOlution M－50 激光剥蚀系统和 Agilent 7500a 型的 ICP－MS 联机。用 He 作为剥蚀物质的载气。用美国国家标准技术研究院人工合成硅酸盐玻璃标准参考物质 NIST610 进行仪器最优化，使仪器达到最佳的灵敏度、最小的氧化物含量产率$\left(\frac{CeO}{Ce}<3\%\right)$和最低的背景值。实验采用标准锆石 TEMORA（Black et al.，2003）作为测年外标，所测元素激光斑束直径为 31 μm，频率为 8 Hz。相关分析方法详见涂湘林等（2011）论文。数据处理使用软件 ICPMSDataCal 7.2（Liu et al.，2008）。锆石的谐和年龄图绘制和年龄计算采用软件 Isoplot 3.0（Ludwig，2003）。

1.4.3 锆石 Lu－Hf 同位素测定

锆石的微区原位 Lu－Hf 同位素分析在西北大学大陆动力学国家重点实验室完成。所用质谱为 Nu Plasma 型多接收电感耦合等离子体质谱（MC－ICP－MS），激光剥蚀系统为

193 nm ArF 准分子激光器的 GeoLas2005。激光斑束直径为 44 μm,激光脉冲频率为 8 Hz。具体分析方法和仪器参数详见 Yuan 等(2008)论文。用$^{176}Lu/^{175}Lu$ = 0.02655(De Bievre, Taylor,1993)和$^{176}Yb/^{172}Yb$ = 0.58545(Chu et al.,2002)作为校正因子来进行同质异位干扰校正,计算样品的$^{176}Lu/^{177}Hf$ 和$^{176}Hf/^{177}Hf$。以标准锆石 MON-1、GJ-1、91500 作为外标,其推荐的标准值依次为 0.282739 ± 0.000057, 0.282015 ± 0.000056, 0.282307 ± 0.000055。在计算 $\varepsilon_{Hf}(t)$时,采用^{176}Lu 衰变常数 $\lambda = 1.867 * 10^{-11}$/年①(Söderlund et al., 2004),球粒陨石现今的$^{176}Hf/^{177}Hf$ = 0.282772 和$^{176}Lu/^{177}Hf$ = 0.0332(Blichert, Albarède, 1997)。在计算模式年龄时,采用现今的亏损地幔$^{176}Hf/^{177}Hf$ = 0.28325 和$^{176}Lu/^{177}Hf$ = 0.0384(Griffin et al.,2000),现今平均大陆壳的$^{176}Lu/^{177}Hf$ = 0.015(Griffin et al.,2002)。

① 本书中 * 为乘号,类似用法不再说明。

第2章 区域地质背景

华北地块南缘是世界上最古老的古大陆边缘之一，经历了太古宙以来的地质演化及多次构造运动，不仅出露有地块基底和盖层建造，而且显示有强烈多变的构造形式和深大断裂。在三门峡—宝丰断裂带[①]以南被称为“华熊构造活动带”，黑沟—栾川断裂带被识别为华北地块与秦岭造山带的界限，商南—丹凤断裂带通常被认作北秦岭与南秦岭的接触带，襄樊—广济断裂带则被认为扬子地块的北部边界。华北地块南缘的构造演化与秦岭造山带以及扬子地块的构造作用有密切联系，除了秦岭造山带外，华北地块南缘和扬子地块北缘分别发育有富碱侵入岩带。华北地块南缘富碱侵入岩带的岩体分布受控于三门峡—宝丰断裂带和栾川—确山断裂带，出露地层主要有太古界太华群，古元古界荡泽河群，中元古界熊耳群、官道口群和汝阳群，新元古代栾川群、洛峪群、陶湾群以及震旦系，少有古生界地层出露，但有中新生代山间盆地沉积。

2.1 地质构造背景

本书称谓的华北地块南缘是指介于三门峡—宝丰断裂带和栾川—确山断裂带之间的构造带(图 2.1)，发生在这个古构造边界上的地质构造事件、分隔构造单元的断裂以及它们所夹持的地层建造和岩浆构造活动列于图 2.2。

华北地块南缘的构造演化过程与秦岭和扬子陆块北缘的构造活动有密切关系。如杨巍然(1987)认为秦岭造山带是中国南北古大陆经历了太古代、元古代岩石圈的大开大合，以及古生代以前岩石圈的小开小合等运动逐渐形成的。王鸿祯(1982)提出，华北地块和扬子地块原为相距很远的大陆，分别在大洋两侧发育了两个大陆边缘，随着古海域的消减，两大陆逐渐接近并于三叠纪对接。张国伟(1989)认为秦岭造山带的演化分四个阶段，太古代原是一个统一的克拉通，早元古代开始了克拉通裂解，加里东至印支期为古板块演化阶段，燕山期逆冲推覆伴随大规模的岩浆活动。杨志华(1993,1994)认为秦岭造山带、华北板块、扬子板块自太古代-古元古代是一古联合古陆，从晚震旦世至晚古生代是板块构造和抽拉-逆冲

① 从区域地质上看，断裂带往往有许多相关的断裂组合在一起构成，但在大尺度描述或定名时常常以标志性地名命名，称某某断裂。本书多处采用此种表述。

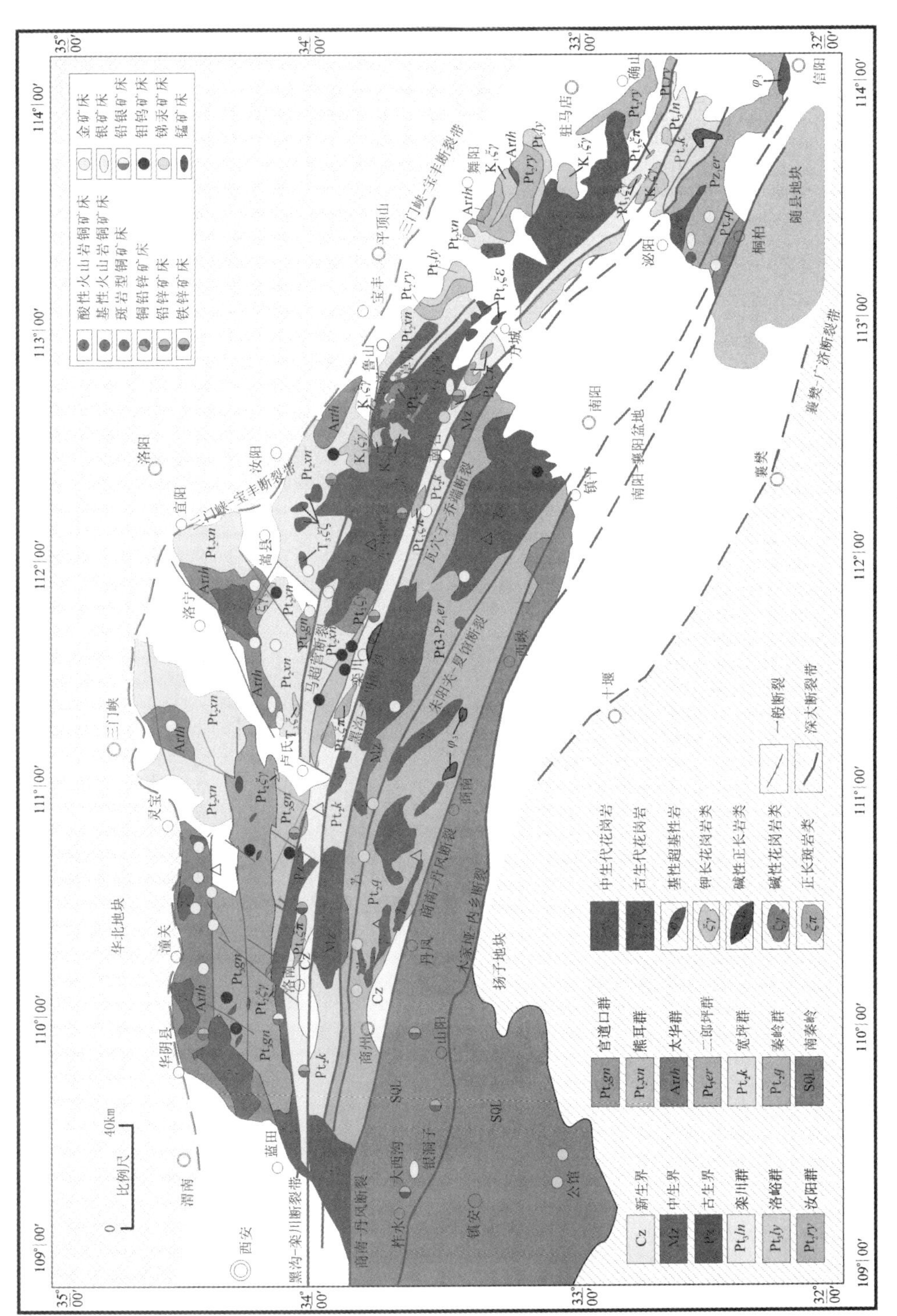

图2.1　华北陆块南缘构造单元及富碱侵入体分布图

岩石构造体制共存的发展阶段，中生代在抽拉-逆冲岩片构造体制作用下形成了不同构造单元。上述认识的角度不一，大地构造演化的过程有明显差异，但是作为古构造边界的划分标志被学术界肯定。

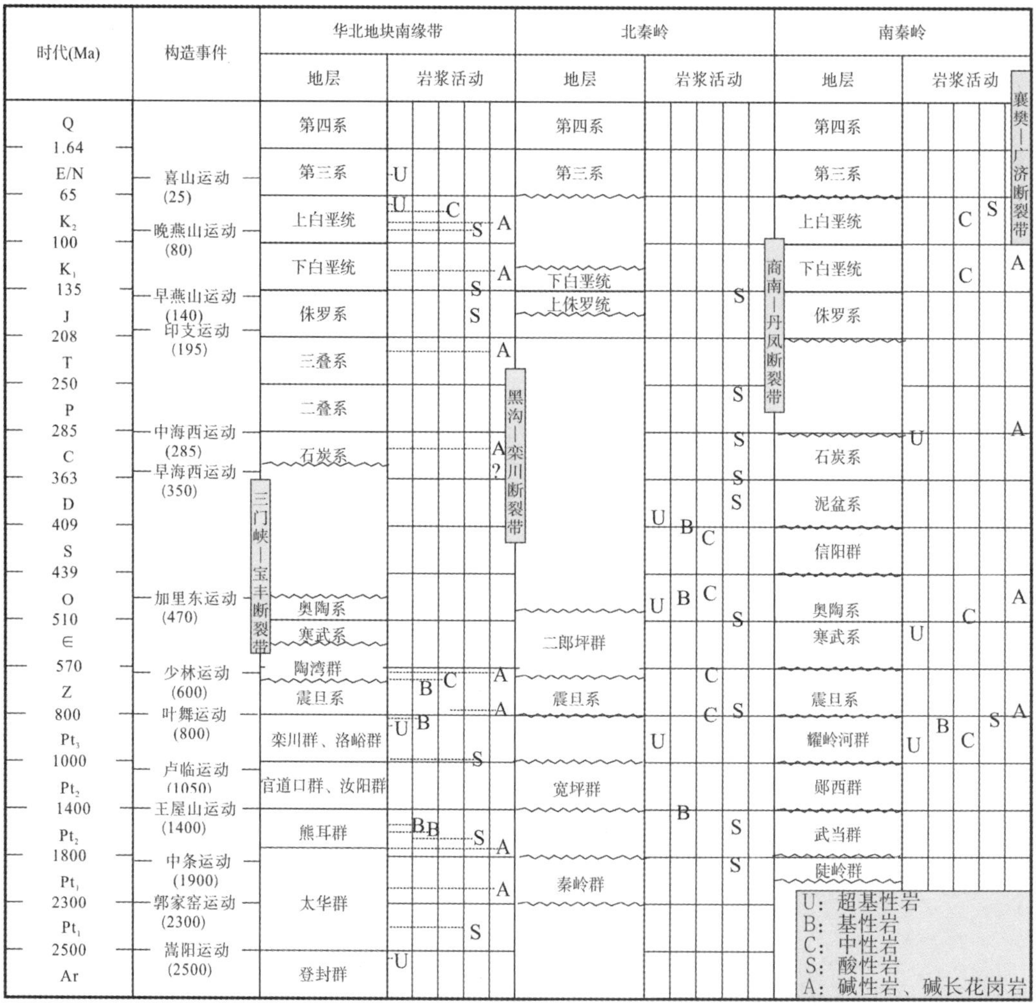

时代(Ma)	构造事件	华北地块南缘带 地层	华北地块南缘带 岩浆活动	北秦岭 地层	北秦岭 岩浆活动	南秦岭 地层	南秦岭 岩浆活动
Q 1.64		第四系		第四系		第四系	
E/N 65	喜山运动(25)	第三系	U	第三系		第三系	
K_2 100	晚燕山运动(80)	上白垩统	U C S A			上白垩统	C S
K_1 135	早燕山运动(140)	下白垩统	A S	下白垩统		下白垩统	C A
J 208	印支运动(195)	侏罗系	S	上侏罗统	S	侏罗系	
T 250		三叠系	A				
P 285	中海西运动(285)	二叠系			S		
C 363	早海西运动(350)	石炭系	A ?		S S	石炭系	U A
D 409					S U B C	泥盆系	
S 439						信阳群	
O 510	加里东运动(470)	奥陶系			U B C S	奥陶系	C A
∈ 570		寒武系		二郎坪群		寒武系	U
Z 800	少林运动(600)	陶湾群 震旦系	B C A A	震旦系	C C S	震旦系	A
Pt_3 1000	叶舞运动(800)	栾川群、洛峪群	U B S		U	耀岭河群	U B C S
Pt_2 1400	卢临运动(1050)	官道口群、汝阳群		宽坪群	B	郧西群	
Pt_2 1800	王屋山运动(1400)	熊耳群	B B S A		S	武当群	
Pt_1 2300	中条运动(1900)	太华群	A	秦岭群	S	陡岭群	
Pt_1 2500	郭家窑运动(2300)	太华群	S				
Ar	嵩阳运动(2500)	登封群	U				

断裂带：三门峡—宝丰断裂带；黑沟—栾川断裂带；商南—丹凤断裂带；襄樊—广济断裂带

U：超基性岩；B：基性岩；C：中性岩；S：酸性岩；A：碱性岩、碱长花岗岩

图 2.2 华北大陆南缘及邻区构造、岩浆活动、地质建造简图

2.1.1 沉积建造特征

华北古地块南缘基底建造：一般被认为由太古界太华群、登封群等所构成。太华群分布于华熊地块中（胡受奚，1997），西起陕西省华县，东至河南省舞阳县，长约 300 km，宽约 20 km。在小秦岭地区为一套中深区域变质的中基性-中酸性火山-沉积变质岩系，主要有各类片麻岩、变粒岩、浅粒岩以及长石石英岩、石英岩、混合岩和大理岩等。分别由拉斑玄武岩、中酸性火山岩以及长石石英砂岩、杂砂岩、白云质灰岩等经区域变质作用形成。登封群是分布于嵩箕地块的结晶基底（胡受奚等，1988），主要为混合岩化的黑云斜长变粒岩、角闪

斜长片麻岩夹斜长角闪岩，岩石变质为角闪岩相，混合岩化强烈，伟晶岩脉大量出现。源岩为中基性、中酸性火山岩夹少量沉积岩。

华北古地块南缘前寒武纪盖层建造：① 中元古界熊耳群火山岩建造，分布面积5300 km^2，岩系最大厚度7000～8000 m。下伏结晶基底。从下向上，分为以陆相碎屑岩为主的大古石组，以火山岩为主的许山组、鸡蛋坪组和马家河组，顶部有薄层陆相碎屑岩。南部受控于黑沟—栾川断裂带，它的空间位置决定其大地构造背景具有古大陆边缘活动带的特征。② 中元古界滨海至浅海相官道口群碎屑岩-碳酸盐岩沉积建造，底部类层状中基性火山岩，不整合覆盖于熊耳群之上。从下到上由高山河组、龙家园组、巡检司组、杜关组、冯家湾组构成。中元古界滨海-浅海相汝阳群陆源碎屑岩-碳酸盐岩建造分为兵马沟组、云梦山组、白草坪组、北大尖组四个岩组。③ 新元古代陆源-浅海相沉积-栾川群与下伏官道口群为整合接触，分为白术沟组、三川组、南泥湖组、煤窑沟组和大红口组，为一套陆源碎屑岩-碳酸盐岩沉积建造，上部出现双峰式火成岩建造。新元古代陆相-浅海相沉积的洛峪群自下而上分为崔庄组、三教堂组、洛峪口组，与下伏汝阳群为平行不整合接触，为一套碎屑岩-碳酸盐岩建造。④ 新元古代至早古生代滨海-浅海相和冰碛相沉积的豫西震旦系为黄莲垛组、董家组和罗圈组，属于陆源碎屑-细屑-碳酸盐岩沉积建造，上部为一套冰碛砾岩-砂页岩沉积，属山岳冰川和滨海沉积建造。另一个相应时代的建造是陆棚-沉积相沉积的陶湾群，分为鱼库组、三岔口组、风脉庙组和秋木沟组，属于钙镁质碳酸盐岩-碎屑岩-混杂堆积岩建造。

北秦岭沉积建造：① 早元古代拉张机制下秦岭群火山-沉积建造(秦岭地体)，自陕西太白以东至河南信阳以西，呈NW—SE向断续出露600余千米。自下而上分为郭庄组、雁岭沟组和石槽沟组，是一套原岩为中基性和中酸性火山岩夹砂泥质碎屑岩-碳酸盐岩沉积建造。根据游振东等(1997)对其古构造环境分析，表现为被动陆缘杂砂岩，且其Th、Sc、Co的含量明显高于华北及扬子两古陆块的登封群、太华群和崆岭群结晶基底，表现为张性构造环境的源区特征。② 中元古代拉张环境宽坪群古海盆沉积建造(宽坪地体)，自陕西商洛至河南栾川、信阳一线带状分布，介于黑沟—栾川断裂带和瓦穴子—乔端断裂带之间。自北而南分为三套建造，分别划归谢湾组、四岔口组和广东坪组，属于基性火山岩、复理石杂砂岩-碳酸盐岩沉积建造组合，高山(1990)通过对其中泥砂质岩的研究认为泥砂质物源区分别为北部的太华群和南部的秦岭群。宽坪群的古构造环境是华北古陆块南部被动大陆边缘拉张构造条件下，在陆壳的基底上形成了断陷盆地，最后演化为边缘海盆的古构造环境，其中沉积了一整套火山-复理岩建造。张寿广(1991)通过研究认为宽坪地体的构造就位和演化大致经历了三个重要阶段，在新元古代经历了以低绿片岩相到低角闪岩相的区域动力热流变质作用(900～1000 Ma)，在晚加里东-早华力西(420～320 Ma)和印支-燕山期构造热事件。③ 晚元古代-早古生代边缘海沉积的二郎坪群(二郎坪地体)蛇绿岩和复理石建造(符光宏，1986)，介于瓦穴子—乔端断裂带和朱阳关—夏馆断裂带之间，北部为柿树园复理石建造，中部为二郎坪蛇绿岩建造，南侧为小寨复理石建造，古构造环境分析认为，三个建造同属一个由裂陷槽发展为再生小洋盆内的不同部位的沉积，蛇绿岩沉积作为其微扩张中心的裂隙式喷发和溢流的产物。

南秦岭沉积建造：大陆边缘消减带信阳群浅海相沉积(构造片岩)，介于商南—丹凤断裂带与木家垭—内乡断裂带之间，西部与陕西省刘岭群相接，东部入安徽省，与佛子岭群相连。地体分为两个次一级的构造地体，一为龟山构造岩组，在中元古代就开始形成，在加里东末至华力西期，伴随扬子板块与华北板块的碰撞过程残留的构造杂岩；二为南湾构造岩组，是早古生代末残留海盆内的沉积，并经过印支期扬子与华北两板块的碰撞而形成的一套构造杂岩。

上古生界断陷盆地沉积建造：表现为泥盆系和石炭系、二叠系陆源碎屑沉积，基底不清楚。西部见上泥盆统不整合于秦岭群之上，东部局部出露寒武-奥陶系。北部中泥盆统大西沟组以巨厚类复理石建造为特征（王集磊，1996）；上泥盆统-石炭系为海相泥质碎屑岩系；南部下、中泥盆统以海相碳酸盐－泥质碎屑岩沉积为主，上泥盆统以海陆交互相沉积为主。

2.1.2 地质构造事件

1. 地壳运动

根据河南省地质矿产局（1989）和陕西省地质志（1989）以及最近其他研究成果（胡受奚，1997），其中的地质事件及分期（图 2.2）主要有：① 青阳沟运动，表现为石牌河变闪长岩（2997 Ma）、于窑杂岩（2890 Ma）等侵入体形成，它们破坏了青阳沟绿岩带，导致硅铝陆核的出现；② 石牌河运动，表现为君召群底砾岩不整合在石牌河杂岩之上（陈衍景，1992），在熊耳山北坡则呈石板沟组科马提岩流不整合在草沟组黑云片麻岩之上，不整合面之上小于 2550 Ma，之下大于 2550 Ma，表明不整合运动发生在 2550 Ma 左右；③ 郭家窑运动，在嵩箕地区表现为安沟群与君召群之间的不整合，太华复合地体表现为荡泽河群与水滴沟群交界处岩石组合和地球化学特征的变化（陈衍景，1990），时间约为 2300 Ma；④ 嵩阳运动，指嵩山群与下伏地层间的不整合（2150 Ma）；⑤ 中岳运动，指嵩山地区五佛山群与下伏嵩山群之间的不整合，在华熊地块表现为熊耳群与下伏地层之间的不整合（1850 Ma）；⑥ 峮熊运动，指官道口群、汝阳群与下伏地层的不整合（代表发生在约 1400 Ma 的构造热事件）；⑦ 卢临运动，指官道口群、汝阳群与上覆栾川群、洛峪群之间的平行不整合（1050 Ma 左右）；⑧ 叶舞运动，指震旦系地层与下伏地层的超覆不整合，相当于华南的澄江运动；⑨ 少林运动，原指寒武系与五佛山群之间的超覆不整合，现一般指华北地块广泛出现的寒武系与下伏震旦系之间的超覆现象或沉积间断；⑩ 加里东运动，表现为上石炭与下奥陶统之间的不整合；⑪ 海西运动（300～230 Ma），在秦岭造山带内部，古秦岭海消失，结束了豫西地区的洋壳发育史；⑫ 印支运动，发生在三叠纪，表现为中上三叠统的缺失和侏罗纪-白垩纪断陷盆地红层与下伏下三叠统等地层的角度不整合；⑬ 燕山运动，表现为侏罗系与白垩系之间的不整合或沉积间断和白垩系与新生界之间的不整合。研究这些地壳运动的不整合或沉积间断的时序，对于在整体上研究富碱侵入岩有很大联系，例如：东秦岭与沉积建造有关的层状铅锌、锰矿一般发生在沉积建造的稳定发展阶段，与岩浆活动有关的脉状钼、铅锌、金、银一般发生在地壳运动剧烈阶段，富碱侵入岩的侵位一般发生在地壳运动的拉张时期。

2. 构造演化

研究区在中岳运动之前，华北、扬子两古陆块被古秦岭洋所隔，古陆边部为古大陆边缘环境，经历早、晚古生代的构造运动，华力西晚期-印支期的构造运动，使古秦岭洋变为褶皱造山带，由于两陆块碰撞、拼合、海域消退、陆壳增生扩大，两陆块连为一体。华北地块在中元古代(距今17亿年)之后，形成海陆分明的沉积环境，南为海洋，北为陆块，其基本构造特征是华北地块逐渐向南增生，古秦岭洋逐渐缩小，到海西末期两陆块发生碰撞、合为一体，并在碰撞之前发生了裂谷作用。华北地块南缘裂谷是在中元古代早期就已存在的近东西向的地向斜活动带的基础上发展起来的裂谷。裂谷发展初期，受拉张应力影响，内陆盆地产生破裂，喷发了数千米厚的熊耳群火山弧火山岩建造，具有明显的碱性系列特征，堆积中心与盆地中心基本一致。尔后，拗陷沉积形成官道口群，显示了稳定的大陆裂谷环境和陶湾群地层。沉积速度加快，华北地块向南增生，范围可扩展到地堑之外，主要为陆源碎屑和碳酸盐沉积，发育形成了秦岭群、陶湾群地层。

中元古代古秦岭洋壳沿栾川断裂向华北地块俯冲，使早期发生的以拉张应力为主的拗拉谷转变为以挤压为主的拗拉谷晚期阶段，发育了宽坪群和二郎坪群蛇绿岩带，其南界瓦穴子断裂是古秦岭洋壳与华北古陆块拼贴的缝合线。峭熊运动后，中元古代晚期，区内表现为伸展作用，沿拼接带发育拉张盆地，为被动大陆边缘体制。

新元古代-中生代，构成沟-弧-盆体制的活动大陆边缘，在瓦穴子与朱夏断裂之间，发育了具洋壳性质的弧后盆地，即二郎坪群发育区，在盆地内有小寨组、抱树坪组的复理石沉积及二进沟组、火神庙组的细碧角斑岩系火山喷发，由秦岭群组成的岛弧则以中基性喷出岩、碎屑岩及碳酸盐岩为主，而岛弧与盆地之间则分布着子母沟组地层。

加里东运动使秦岭古洋壳沿镇平断裂向华北地块俯冲，俯冲作用引起弧后拉张，在朱夏与瓦穴子断裂之间出现具洋壳性质的弧后盆地，发育二郎坪群部分地层，在古陆两侧出现双变质带，使秦岭群基底发育岛弧火山沉积建造，在镇平断裂以南发育蛇绿混杂岩。受加里东运动的影响，二郎坪群褶皱回返，成为陆地，使华北地块进一步扩大到镇平断裂一线，秦岭古洋进一步缩小，接受上古生代沉积。在秦岭群基底向华北地块俯冲的过程中，由于俯冲深度不断加大和向陆内推进，形成拉张环境，造就本区碱性岩系。尔后二郎坪弧后盆地闭合，华北地块进一步增生扩大，形成加里东增生带，古秦岭洋消退，呈一狭长的海域。

华力西-印支期，介于华南(扬子)与华北地块间古秦岭洋因扬子陆块向华北地块俯冲、碰撞而灭亡，对接带相当于西峡—内乡断裂，此期华北地块南缘为活动大陆边缘，在西峡—内乡断裂北侧发育火山孤火山沉积建造，形成海西增生带，在西峡与桐柏断裂间发育蛇绿杂岩(信阳群)。中生代早期(相当于三叠纪)，古秦岭洋消失之后，由于两陆块强烈碰撞后的造山作用，在陆内表现出不同形式、不同层次挤压和陆内俯冲作用，这与我们在野外见到的由南向北的俯冲、推覆、滑脱、折离构造不谋而合，在先存的大断裂带表现较为明显。印支运动之后，区内由强烈的挤压作用转为伸展作用，使岩浆形成深度加大，由改造型花岗岩向碱性岩演化，形成本区的部分富碱侵入岩，演化作用在燕山晚期终止，地应力在总的伸展过程中，挤压与拉张交替进行。

2.1.3 分隔构造单元的断裂特征

华北地块南缘的深大断裂发育，构造活动强烈且多次活化，但总体上在陆内以 NE 向为主，在陆缘以 NW 向为主，大体构成向东张开，向西收敛的面貌及构造体系。它是本区漫长而复杂的地质演化历史的集中体现，同时也制约着地层建造、岩浆活动及矿产的分布。因此，我们从断裂的层次、空间展布以及它们所分隔的次级构造单元角度着重分析。本区的深大断裂在河南境内较长，位于三门峡—宝丰一线，在地球物理图上有明确的显示(郭奇斌，1992；张乃昌等，1986；段润木，1990)，在地表的标志是分隔了南部的华熊地块与北部的嵩萁地块(胡受奚，1997)。因上述两地块在地质和成矿特征方面存在一系列差异，故该断裂很可能在深部是一条隐性构造面，代表华北地块内部与陆缘带地球化学不均一性的构造边界。在小秦岭地区的次级断裂有太要断裂和小河断裂：太要断裂位于小秦岭金矿田北缘，全长 75 km，呈近东西向波状展布，断层面倾向北，倾角 60°～70°，断裂带宽数十米至数百米。北盘被黄土覆盖，属渭河地堑。南盘为太华群。该断裂活动时间长，以压性为主，早期对矿田控矿构造的产生有控制作用，晚期活动破坏矿体，竹峪矿区部分矿体被该断裂的晚期活动破坏。小河断裂位于矿田南部近边缘处，全长 75 km，呈近东西向舒缓波状展布，东端转为北东向。断层面倾向南，倾角 50°～60°，断裂带宽百余米。北盘为太华群，南盘为官道口群，新生界地层和小河岩体。该断裂活动时间长，以压性为主，早期对矿田控矿构造的产生和小河岩体有控制作用，晚期断裂切穿岩体使小河岩体与太华群呈断层接触。

潘河—马超营断裂：为一陆内壳型硅铝层断裂，呈 NEE—SWW 向展布，长数百千米，宽 2～200 m，北倾，倾角 50°～70°。断裂北侧发育中元古界熊耳群火山岩系，南侧地层陡立，倒转及褶皱紧闭。线型断裂具有长期活动史，在早、中元古代控制了熊耳群火山岩喷发，是华北古陆块南部边缘裂隙喷发带，中元古代对地壳运动，岩系仍起着重要的空间控制作用(林潜龙，1983)。在华北地块盖层形成之后，断裂切穿盖层继续活动，燕山期伴随热液活动，构成构造蚀变岩，是本区构造蚀变型成矿系统的主控制因素。

黑沟—栾川断裂：该断裂通常被认为是秦岭古洋壳首次向华北古陆块俯冲的消减带(林潜龙，1983)，代表中元古界早期洋陆边界和主缝合带，其北为华北古陆，其南为古大陆的增生带，断裂呈 NWW—SEE 向展布，东没入黄淮平原，西入陕西省洛南，延伸千余千米，深度大于 30 km，为一超切壳断裂，由数条分隔断裂组合而成一个断裂系统，具有长期活动的历史。元古代早期控制着中元古界熊耳群火山岩喷发，新元古代控制着辉长岩、角闪岩和碱性岩及双峰式火山岩的分布，代表张性构造背景，晚古生代和早中生代分别控制着花岗岩和制约着富碱岩浆岩的活动，代表从张性到压性构造背景的转换。断裂南侧发育宽坪群蛇绿混杂岩带含大量拉斑玄武岩，代表古大洋碎块，因此该断裂也是宽坪群与熊耳群的分界断裂。该断裂北侧发育车村断裂：为一陆内壳型深大断裂，呈 NWW 向展布，南倾，角度较陡，延伸数百千米，由不同期次的断裂构成，为陆缘的边缘裂隙喷发带，分隔区内岩层、岩系，并具有多次活动的历史。中元古代对区内岩块、地壳运动是有重要控制作用的；中生代控制了中酸性花岗岩形成与侵位，并伴随有热液活动及构造蚀变的形成。

瓦穴子—乔端断裂：呈 NW300°～320°走向，是晚元古早期古秦岭洋壳第二次向华北古陆块俯冲的消减带，代表秦岭基底地体与华北古陆块拼贴的缝合线，由不同时期，在不同深度层次上形成的断裂系统，并具有长期活动的历史，其断裂系统与其间的构造岩块，构成了断裂边界地体，分隔了二郎坪群与宽坪群(林潜龙，1983)。新元古代末期至早古生代发育古大陆边缘断陷，发育复理石建造和海相火山岩建造。

朱阳关—夏馆断裂：由多条平行或分枝复合的断裂组合构成断裂带，构造动力变质变形带宽2～3 km，属多期活动，韧性剪切、脆-韧性及脆性破裂俱全并伴有走滑性质的巨型剪切带(符光宏，1988)，在陕西省境内称之为高耀子断裂。是二郎坪地体与秦岭地体的分界断裂，后者是华北古大陆南缘结晶基底上初始裂谷的产物，前者是早古生代大陆边缘裂陷发展为小洋盆内的沉积建造，二者的古构造环境差异很大，说明断裂构造具有活动长期性和复杂性，反映在古生代以伸展机制下的韧性活动分割了二郎坪构造地体，之后以逆冲推覆机制下的韧性活动，晚期控制了三叠系、白垩系断陷盆地的生成与演化。控制的岩浆活动有加里东期基性、中性杂岩及花岗岩，华力西期花岗岩、燕山期辉绿玢岩脉及花岗岩脉。沿断裂带分布有岩浆型和变质型的内生矿床和非金属矿床。

商丹断裂：根据区域莫氏等深浅和重力资料显示，该断裂为分隔南北秦岭的超切壳型断裂，在不同时期不同深度和层次上形成断裂系统，夹持构造岩块(秦岭群)和蛇绿混杂岩带(信阳群)，共同构成了具重要大地构造意义的断裂边界地质体，代表华北与扬子陆块的最终碰撞缝合带(林潜龙，1983)。

木家垭—内乡—桐柏断裂：呈北西西向展布(山西省为风县—镇安—西峡断裂)，是南秦岭地区控制晚古生代成岩成矿的重要断裂(林潜龙，1983)。北侧出露秦岭古洋消失后残留海盆的沉积建造，如从原信阳群中解体出来的南湾组构造片岩或刘岭群，南侧分布扬子陆块北缘陡岭地块。

2.1.4　区域成矿控制特征

1. 地层建造对矿产的控制

太古界太华群含控矿层：太华群建造具绿岩带特征(祝延修和姜方，1991)。国外前寒纪绿岩带的众多矿床，如加拿大波丘潘、赫姆洛、印度科拉尔，美国霍姆斯克，西澳长尔古利，南非巴伯顿等金矿，在我国华北地块基底分布区都有相应的金矿类型产出。在华北地块南缘出露的太华群是东秦岭金矿床的重要源区和含矿控制层(郭抗衡和宋大柯，1987)。

中元古界熊耳群含(控)矿层：熊耳群下部太古石组主要为一套变质的砾岩构成，不整合覆盖在太华群之上(孙枢，1985)。熊耳群上部火山岩分布有众多金矿床产出，金矿是否与火山岩浆活动有关，是否是金的矿源层，一直是研究和争论的热点。一般认为，熊耳群火山岩在构造活动带可以采取其中的金、银、铜、镍等物质，但不是主要矿源层。因其覆盖在太华群之上，有重要赋矿意义。

中元古界晚期的官道口群控矿层：在高山河组石英砂岩与龙家园组白云质大理岩的过渡带，形成神洞沟锰银成矿组合(关保德，1993)。矿床形成于被动大陆边缘“裂陷槽”碎屑岩-碳酸盐相沉积的交变带，即锰银多金属形成与同生断层，海平面升降等沉积环境变化关系密切。成矿分为二期:第一期是由深部热流体沿同生断层喷溢进入海水混合时物理化学条件发生变化沉淀成矿;第二期是深部流体以隐蔽爆破形成角砾岩筒,在岩筒及围岩裂隙中充填成矿。

上元古界栾川群含(控)矿层:栾川群相对富集 Ag、Zn、Cd、Bi、As、F 等元素,铁族元素含量也较高,富集元素组合复杂,包括部分亲硫、亲石及亲铁元素,反映了黑色岩系的地球化学特征(姚瑞增,1986)。其中 Mo、W、Ag、Pb 等元素异常高于区域其他部分的含量,与该区岩浆侵入断裂活动和热液改造作用有关,控制了钼、钨、铅等多金属矿床的分布(周作侠等,1993)。

上元古界-下古生界陶湾群含矿层:矿床形成于新元古代-早古生代陆棚-滨海相碳酸盐岩-碳质泥岩建造,成矿岩石组合由大理岩、白云质大理岩、角砾状含硅质条带白云质大理岩和炭质绢云母片岩等构成(关保德,1993)。控矿断裂对后期矿化富集有明显影响。维摩寺铅锌矿区铅同位素组成稳定,显示原始矿化与沉积作用有关。

中元古界宽坪群含(控)矿层:在谢湾组发现了佛爷沟、马市坪、银洞山、银山沟、维摩寺、银洞沟等铅锌矿床(点),构成佛爷沟—银洞沟铅锌(金)成矿带。矿化严格受谢湾组碳酸盐岩地层控制,主要成矿元素铅、锌、银、金在矿带各类岩石中以厚层和条带状大理岩,褐铁矿化大理岩、蚀变碎裂大理岩中最为富集,区域化探和重砂异常,也呈带状分布在上述岩性和地层中(张宗清等,1994)。

下古生界二郎坪群含(控)矿层:二郎坪群由下而上可分为三个控矿岩组。下部小寨组为一套变质的浅海相复理石沉积建造,赋存金、银和高铝矿物含矿层;中部火神庙组为一套变质的细碧角斑岩为主的海相火山岩沉积建造,赋存铁、铜、黄铁矿、金含矿层(王润三等,1990);上部大庙组为变质海相碎屑岩-碳酸盐沉积建造相水泥灰岩含矿层。小寨组下部蓝晶石、红柱石含矿层西起西峡县桑坪东万沟,向东经后河、中坪和内乡县大粟坪、南阳县隐山,到桐柏县祖师顶。小寨组中上部金银含矿层为绢云石英片岩、炭质绢云石英片岩、黑云变粒岩等,已发现万人洞沟、银洞沟、破山、银洞坡、银洞岭、老洞坡等金、银矿床(点),构成西起内乡县万人洞沟、东到桐柏县老洞坡金银成矿带。矿床严格受一定层位控制,含炭质绢云石英片岩为直接成矿岩石。桐柏银洞坡金矿受控于歪头山组中部第二、三岩性段,破山银矿受控于歪头山组下部第二岩性段。地球化学资料表明该三岩性段成矿元素金、银、铅、锌丰度均高于其他岩性段。火神庙组下段铁、铜含矿层分布在瓦穴子—乔端—鸭河口断裂带南0~5 km地段,已发现汤河、白石尖、河口、火神庙、老蛮山、北郭庄、罗棚、银山、条山、铁山庙等铁矿床(点);窑沟、断树崖铁铜矿点;曹沟、西湾、桦树盘、三圣庵、童老庄等铜矿点,构成汤河—白石尖—铁山庙铁铜成矿带。赋矿地层为火神庙组下段的多旋回海底火山喷发复理石建造。其上部金含矿层分布有卢氏县魏王坪、涧北沟、西峡县高庄、红春树沟、梅子沟一带的含金石英脉型金矿(化)点,均产于火神庙组与大庙组接触部位,构成长约 50 km 含金石英脉矿化带。含金石英脉,一是沿火神庙组上部变细碧岩、变细碧角斑岩层间裂隙分布,具变质侧分泌特色;二是呈陡立的脉带沿细碧岩与花岗岩的接触或花岗岩内部边缘产出,成矿受变中基性火山岩与燕山期改造型花岗岩双重控制(姚宗仁和赵振家,1986)。

中元古界秦岭群含(控)矿层:分布在秦岭群雁岭沟组和石槽沟组中的石墨、矽线石、海泡石矿产各具一定的层位，构成区内重要的石墨、矽线石、海泡石成矿带。另外，雁岭沟组厚层碳酸盐很可能作为矿源层控制了区内一系列中-低温矿化或异常带的产出(张维吉和宋子季，1988)。镇平祁子堂微细粒金矿即产出于此类白云石大理岩中，沿该层向西有河南庄金矿，军马河金、银、铅、砷异常，朱阳关金、铜、银异常及五里川金、铜、锌异常；南阳盆地以东有歇马岭—磨角房金、银、铅、锌、汞、砷、锑异常等。

古生界信阳群(刘岭群)含(控)矿层：信阳群向西可与陕西刘岭群类比，如柞水大西沟菱铁矿床，银洞子银铅锌矿床，茨沟硫铁矿床，周至板房子磁铁矿床等，矿化均受一定层位控制。河南境内矿化减弱，地层变质程度加深，至今没有找到同类矿床，仅在西峡县木家垭、八庙一带发现一些铁、铜矿(化)点。矿(化)体多呈似层状，产于周进沟组(青石垭组)中下部钙质云母石英片岩中，似受一定层位控制。在桐柏南部信阳群构造片岩(韧性剪切带)中形成老湾式金矿床(高华明，1989；高庭臣，1993)。

中元古界陡岭群含(控)矿层：陡岭群包括下中瓦屋场组和上部大沟组，前者为碎屑岩系夹中基性火山岩；后者为一套泥钙质、泥砂质沉积变质岩系夹基性火山岩。在大沟组岩石中产有毛堂、蒲塘爆破角砾岩型金矿，在许多构造带或石英脉中均能见到明金，但未圈出工业矿体。瓦屋场组基性火山岩及甘沟杂岩带可能是地幔金的携带者，成为金矿化的物质基础。金丰度 1.71×10^{-9}，石板沟金矿化即产于其中，含金石英脉受构造控制。

毛堂群(控)矿层(耀岭河群)：分布在淅川县大流水—内乡县安子沟一带的数十个蓝石棉矿床(点)，构成北西西向长约 60 km 的蓝石棉成矿带。

震旦系灯影组含(控)矿层：分布在淅川县北部大王山、石槽沟、银洞沟铜铅锌矿点和十余个铜矿化点，均赋存在震旦系灯影组白云岩及大理岩地层中。

寒武系含(控)矿层：寒武系底部黑色页岩系，控制了西簧—余家庄—范沟的钒(银)成矿带。岩系中多种成矿元素丰度高(金 5.3×10^{-9}、银 33.9×10^{-6}、钒 650×10^{-6}、铜 85×10^{-6}、铅 17.7×10^{-6}、锌 266×10^{-6}、钼 49.2×10^{-6})，但除钒矿外，至今未发现其他矿床。

2. 岩浆岩对矿产的控制

幔源型(M 型)侵入岩对矿产的控制：侵位在秦岭群和陡岭群地层中的基性-超基性岩体，构成洋淇沟—陈阳坪—双山和淇河庄—蒲塘—湖阳南北两个基性-超基性岩带，岩石类型为纯橄岩-辉橄岩-橄辉岩-辉石岩-角闪石岩，铬铁矿主要产于超基性岩偏基性的岩体中，矿体多赋存在岩体内纯橄榄岩相带内，如洋淇沟、老龙泉铬铁矿。铂镍矿化主要产在超基性岩基性程度偏低的岩体中，矿体多赋存在岩体橄辉相带内，如湖阳镍铂矿。在瓦穴子—鸭河口断裂带南侧的四合院—板山坪—黄岗一带的中基性杂岩带内，发现数十个铜矿(化)点，卢氏四合院北沟铜矿点、南召双庙、银洞岭，青山庙、大山坡、凤凰头铜矿(化)点，桐柏堡洼、米庄、北岗铜矿点矿(化)体受北东和北西向裂隙控制，矿化与岩浆后期热液活动有关。卢氏四合院岩体铜矿化普遍，矿化体中含金银也较高；北沟铜矿伴生金含量 0.12～15.3 g/t；南召大山坡和燕坪铜矿伴生金 0.2～0.4 g/t；桐柏北岗和堡洼铜矿均伴有金、银元素的富集，并在小杨庄一带发现金矿化点。侵位在姚营寨、马头山组中的封子山斜长花岗岩、英云闪长岩体中，已发现多处金矿化。

同熔型花岗岩对矿产的控制：同熔型花岗岩主要为印支—燕山期浅成、超浅成中酸性小侵入体（乔怀栋，1983）。已发现岩体数十个，多成群出现，单个岩体出露面积均小于 1 km^2，主要分布南召—皇路店、板厂—秋树窝、蒲塘—毛堂和毛集等地。岩性为花岗斑岩、钾长花岗岩、黑云母花岗岩，并广泛发育由岩浆隐爆作用形成的爆破角砾岩。对矿产的控制表现为：① 南召—皇路店一带的斑岩型钨、钼矿，可与金堆城—南泥湖斑岩钨、钼矿类比，成矿的花岗斑岩的岩石特征及岩石化学特征极为相似，矿化也多在岩体与围岩的内、外接触带；② 板厂—秋树窝一带黑云母花岗岩、钾长花岗岩和花岗闪长斑岩，虽有的不是斑岩，但颇似斑岩的成矿特征。板厂红卫铜矿矿体多直接产于钾长花岗岩脉中，部分产于岩脉两侧的大理岩中，矿石具角砾状构造。秋树窝黑云母花岗岩与花岗闪长斑岩小岩体，呈椭圆状，面积约 0.06 km^2，围绕岩体具环状蚀变矿化现象；中心部位钾-硅化带为钼、铜矿化，向外石英绢云母化带以铜矿化为主；外侧青盘岩化带出现铅锌、银化探异常；③ 蒲塘—毛堂一带花岗斑岩，控制着该区金、多金属矿（化）的产出。岩体为多期次侵入和爆破作用形成的小岩体群。岩体和围岩普遍蚀变较弱，所以未形成较大的矿床，早期蚀变表现为石英-钾长石化和硅化为主，形成铜、钼矿化；中期蚀变表现以石英-绢云母化、青磐岩化为主，并形成黄铁矿、黄铜矿化和铅锌化；只有晚期强烈的爆破作用产生的热液蚀变，叠加在早期蚀变带上形成的较强的石英-绢云母、高岭石化带中，才能形成具工业意义的金（铜）小型矿体；④ 金堆城—栾川一带中酸性小型侵入体，控制了东秦岭最重要的 Mo、W、Cu、Zn、Au 矿化集中区。

改造型花岗岩对矿产的控制：改造型花岗岩主要有加里东期灰池子和漂池岩体，海西期五垛山岩体，燕山期黄花墁岩体、太平镇岩体、梁湾岩体、老湾岩体和玉皇顶岩体。岩性主要为中深成相的花岗岩、中细-粗粒黑云母（二长）花岗岩、似斑状黑云母（二长）花岗岩等（卢欣祥等，1999）。对有关的矿产控制作用主要表现为：① 加里东期和海西期花岗岩有关的云母和稀有矿产分布在卢氏县南部里曼坪、龙泉坪和西峡县陈阳坪一带，含云母和稀有元素伟晶岩脉，受控于加里东期灰池子和漂池两花岗岩体，分布在镇平二龙一带的金云母、磷灰石成矿带和南召县上滚子坪一带的白云母、绿柱石成矿带，分别产于海西期五垛山花岗岩体的南、北两侧接触带部位；② 燕山期改造型花岗岩有关的金矿有桐柏围山城大型金银矿床，成矿除直接受控于二郎坪群歪头山组地层外，许多研究者认为北部的梁湾、桃园岩体提供热源，对矿化进一步富集也起一定作用。老湾金矿除受巨大的韧性剪切构造带控制外，南部的老湾花岗岩体金丰度虽然较低，但与金矿空间分布密切相关，是金矿形成的主要热源体。西峡黑烟镇、长探河、黄花墁花岗岩体下部可能为连通的一个整体，岩体自身含钨、钼、钇较高，演化程度自北向南增高。据化探资料，南部黄花墁岩体内接触带出现环状锡异常，在岩体外接触带 1～10 km 的地段内，区内已知主要金矿化（点）与异常也围绕岩体呈环带状分布。南召岩体岩性为斜长花岗岩、花岗闪长岩，围绕岩体东、南、西三面外接触带 1～5 km 处，形成半环状金、银异常。目前已发现小东庄、上八里桥、背阴坡等金矿点。唐河玉皇顶（七尖峰）燕山期花岗岩体西侧外接触带金、银异常及含硅化带和铁碳酸盐带，均围绕岩体接触带分布，目前仅发现后王田金矿化点一处。在岩体东南侧外缘约 5 km 处，发现黑龙潭构造蚀变岩型金矿床。

3. 断裂构造带对矿产的控制

北西西走向大断裂对矿产的控制：北西西走向大断裂，控制了区内各个构造单元不同的地层建造，岩浆活动和变质作用，同时控制了内生矿产的产出和分布。黑沟—栾川—维摩寺大断裂，断裂破碎带及挤压片理化带，宽数十米至数百米，沿断裂带有燕山期中-酸性小岩体和岩脉侵入，并形成与其有成生联系的铜、铅、锌（金）多金属矿带。在主断面北侧卢氏曲里一带的铁、锌、铜矿床、南召杨树沟一带的铁矿床（点）和一些铜、铅、锌矿点构成北侧成矿带；主断面南侧与其平行的次级断裂控制着佛爷沟—维摩寺一带铅、锌（金）成矿带，各矿床（点）除受宽坪群谢湾组地层控制外，矿体均呈脉状、透镜状、囊状产生主断面南侧次级断裂。

瓦穴子—乔端—鸭河口断裂带，是宽坪群和二郎坪群的分界。沿断裂带北侧卢氏县羊坡山—仓房—瓦穴子一带宽坪群地层，形成近东西向延展的长约 16 km 的石英脉型金矿化带。矿脉受控于与大断裂有生成联系的北北东、北北西向剪张裂隙。沿断裂带向东，南召县上八里桥金矿的含金石英脉均受断裂带北侧次级构造破碎带控制。

朱阳关—夏馆断裂带，走向北西，与区内其他北西西向断裂斜交，具有明显切层特征。西段为秦岭群和二郎坪群分界面，向东镇平附近斜切秦岭群地层，越过南阳盆地可能与松扒、老湾断裂复合联为一体。沿断裂带形成区内重要的锑（砷）、金（铜）成矿带：① 西部兰草、南阳山、庙台、双槐树、五里川、朱阳关一带，形成长约 50 km 的锑（砷）成矿带。各矿床均分布在大断裂南侧，受次级压扭性断裂构造及层间破碎带控制。含矿构造早期表现为挤压剪切，晚期则有张性扭切。辉锑矿和隐晶质石英一起成为构造角砾岩的胶结物，矿体沿构造带呈线状分布，产状与断裂带产状一致；② 中部五里川—镇平一带，形成长约 120 km 的金（铜）成矿带。五里川—军马河金异常，河南庄金矿，板厂铜矿，龙凤沟—让河金矿化异常，祁子堂微细金矿均沿断裂带分布；③ 东部可能与松扒断裂相接，并形成老湾、松扒断裂带间巨大的韧性剪切带，控制老湾金矿的产出。

北东向断裂带对矿产的控制：根据重力、磁场特征和卫片解释成果确定的一组北东向断裂带，走向 40°～50°，表现左旋剪切性质，并具东西等距平行分布特点，南阳盆地以西，以 30～40 km间距分布，东部桐柏地区约以 16 km 间距分布。沿此组构造带岩浆活动、矿化现象明显加剧，并控制着区内萤石、大理石（米黄玉）矿脉的产出。该组断裂在与北西西走向大断裂复合交汇部位，是区内同熔型花岗斑岩，爆破角砾岩小岩体的产出部位，并形成与其有关的多金属矿。① 西坪—寨根—桑坪断裂带。南部的蒲塘、毛堂含金石英脉，受北东和北西向两组断裂控制，寨根见有数条北东向含铜（镍、钴）硅化带；② 蒲塘—蛇尾—太平镇断裂带控制着狮子沟铜矿点、大王山铜铅锌矿点，蒲塘含金（铜）小岩体群，东磨子沟含金铜爆破角砾岩，河南庄金矿点，桦树盘铜矿化点的产出；③ 毛堂—西峡—夏馆断裂带控制着毛堂含金花岗斑岩体、石板沟金矿化区、玄山花岗岩体和板厂铜矿的产出；④ 姑山—田关—驻马山断裂带。南部发现姑山金、银异常，目前尚未发现矿化；向北在淅川—西庙岗一带的大理岩（米黄玉）矿床（点），矿脉均受北东向裂隙控制，沿构造带向北银钒异常，田关南金、铜、锌、铜、铋异常，驻马山一带金、银异常等，均处于在该断裂带上；⑤ 二龙—南召断裂带走向北东 30°左右，控制桑树坪一带铜铅锌矿（化）点，南召小东庄和上八里桥金矿点，花坪钨矿、大庄锑矿点的分布;⑥ 石佛寺—皇路店—维摩寺断裂南端与朱夏断裂带交汇部位,控制祁子堂金矿和秋树窝斑岩铜9(钼)矿床的产出,向北皇路店含钼黑云花岗斑岩体、维摩寺铅锌矿及拐河竹园沟金爆破角砾岩,均沿该断裂分布;⑦ 桐柏地区北东向断裂带主要有4条,由西向东为:新集—泌阳断裂、桃园—大路庄断裂、吴城—毛集断裂、淮河店—尖山断裂,呈北东50°方向平行排列,约16 km等距出现。沿构造带有萤石脉或花岗岩脉充填,并控制胡庄沟、八庙滩花岗斑岩体的产出。围山城金银矿、朱庄老洞坡银矿,固县镇西部金异常,也分别处于各断裂带。

北北西向断裂带对矿产的控制:据卫片影像和重力、航磁资料,在南阳盆地以西镇平—板厂之间新划定一组北北西向断裂密集带,在内乡大龙庙地区已陆续发现了一批金矿(化)点,含金构造蚀变带均受北北西向构造控制,其中有的已达小型矿床,故此组构造已具有直接找矿意义。在断裂东约20 km与其平行的二龙—大幔断裂带,已发现大窑里沟和牛心垛银金矿点,矿化蚀变带均受北北西向构造控制。

2.1.5 富碱侵入岩分布与矿化概述

研究区涉及面广,包括伏牛山的大部分、熊耳山、小秦岭的一部分及夹持在之间的洛阳、汝阳弧后盆地。本区地处我国中原腹地,是著名的多金属、稀有金属、贵金属、非金属矿产地之一。由于受俯冲作用的影响,矿床往往呈水平带状分布,可分为铬成矿带、贵金属成矿带、有色金属成矿带、多金属成矿带、稀有金属成矿带、非金属成矿带。

在华北地块南缘,西起河南省卢氏县,东至确山县一带,断续出露30多个富碱侵入岩体,构成近东西向长约350 km的富碱侵入岩带。岩体分布受控于三门峡—宝丰断裂和栾川—确山断裂带之间(张正伟等,1995)。岩石类型主要有三大类:① 碱性岩类,即含有似长石或碱性暗色矿物霞石正长岩、钾霞正长岩、霓辉正长岩和绿闪石正长岩类,代表性岩体主要有乌烧沟霓辉正长岩和塔山霞石正长岩;② 碱性花岗岩类,包括钠铁闪石花岗岩、霓辉花岗岩以及孪生的钾长花岗岩,代表性岩体主要有龙王磑钠铁闪石花岗岩、太山庙钾长花岗岩和张士英角闪石英正长岩;③ 石英正长岩类,包括碱性长石为主的石英正长岩、英碱正长岩和花岗正长(斑)岩类,代表性岩体主要有三合石英正长(斑)岩、草庙英碱正长岩和云阳花岗正长(斑)岩。

关于碱性岩与成矿的关系问题,由于一些基础地质问题长期得不到解决,与碱性岩有关的矿产分布规律不清,直接影响着对这一地区的矿产资源评价和利用。通过研究认为:其一,尽管目前我们尚未发现与碱性岩有关的重大矿产地,但从含矿远景与地质意义分析,富碱侵入岩的重要性,可与蛇绿岩、S型花岗岩、I型花岗岩相提并论。其二,富碱岩浆侵入或喷发的热作用引发海水或天水环流,通过对岩石的萃取作用,形成含矿热液,并通过热泉等形式沉淀成矿,碱性岩体内的冷缩、水力压裂、对应力的脆性反应构造片理在围岩中扩散,以及侵位后的碎裂变形,从而产生断裂,为成矿流体的循环和矿质沉淀提供场所。其三,碱性岩岩浆热液阶段处高氧化环境,因而在许多碱性岩体边缘相带常有硫酸盐、镁铁矿、磁铁矿等氧化物,它们和后期的含金流体反应,可导致沉淀。一般边缘带含金高于中心带,这在嵩县南部碱性岩中表现较为明显。

此外，与碱性岩关系密切的矿产有稀有金属、放射性金属、有色金属、贵金属、非金属。已发现的金矿床(点)有三合、贯沟、陡沟、羊圈等；稀有金属矿床(点)有合峪、塔山、汪楼等；放射性金属矿床(点)有塔山、黄庄；有色金属矿床(点)有三合、马市坪、云阳、三川。其中大青沟碱性花岗岩中，是一个普遍含多种金属的岩体，以含钇、镧、铈、铌、锆等元素为主，是一个颇具希望的稀有金属含矿岩体。非金属矿床有含钾岩石，(塔山、双山、纸房、乌烧沟、火神庙)，含钾岩石中的钾含量高达 12.8%～15.8%；霞石正长岩(双山、鱼池)；硬玉(双山)。

第3章　中元古代碱性花岗岩-钾长花岗岩类

岩体沿马超营断裂两侧断续分布，构成碱性花岗岩-钾长花岗岩类岩带。岩石组合主要包括霓辉正长岩、钠铁闪石花岗岩、石英二长岩和钾长花岗岩。岩石形成世代被认为是中元古代（距今1.7～1.6 Ga），其中龙王碴钠铁闪石花岗岩体是该地区中元古代最大的花岗岩基，不整合侵入太华群，岩浆来源于地壳物质部分熔融，经结晶分异作用侵位于板内拉张环境。草店钾长花岗岩体与中元古代二长花岗岩呈相变关系，不整合侵入古元古界雪花沟岩组和中元古界熊耳群，岩体中包含的残留体主要有古元古界的闪长质、二长质片麻岩，其岩石成因可能与混合岩化作用有关。

中元古代碱性花岗岩-钾长花岗岩类岩体呈带状，断续出露于三门峡—宝丰断裂带和黑沟—栾川断裂带之间（图3.1），在空间上自西向东分布有麻坪、驾鹿、朱阳岔和龙王碴岩体，东延至鲁山县下汤—草店一带，出露有中元古代的钾长花岗岩体，以及方城北部的四里店一带也有同期的正长花岗岩出露。其中龙王碴岩体呈岩基状侵位于太华群，分水岭和草店岩体呈整合接触状赋存于早元古代混合片麻岩之中，其他岩体一般呈脉状侵位于断裂构造带。本章主要描述龙王碴岩体和草店岩体的岩石学、微量元素和同位素特征，并探讨岩石成因和构造背景。

3.1　龙王碴碱性花岗岩-正长花岗岩

3.1.1　岩体地质

龙王碴岩体出露于马超营断裂带与黑沟—栾川断裂带之间，位于栾川县东20 km的大清沟、卢氏管、龙王碴一带，出露面积约120 km^2。岩体形态呈椭圆形，其周围有岩株分布，长轴近东西向。岩体北西侧侵位于太华群，在围岩接触带有一定程度的混合岩化，与东侧的合峪花岗岩体呈不整合接触，并被燕山期的花岗斑岩脉切穿。岩体被划分出两个岩相，在东地村南侧为钾长花岗岩相，北侧则为碱性花岗岩相（图3.1）。

岩体北西侧与太华群部分地段为断层接触，但大部分地段呈侵入接触关系，并使围岩发生一定程度的混合岩化和见有围岩捕虏体，明显晚于围岩。岩体南东部被早白垩世斑状二

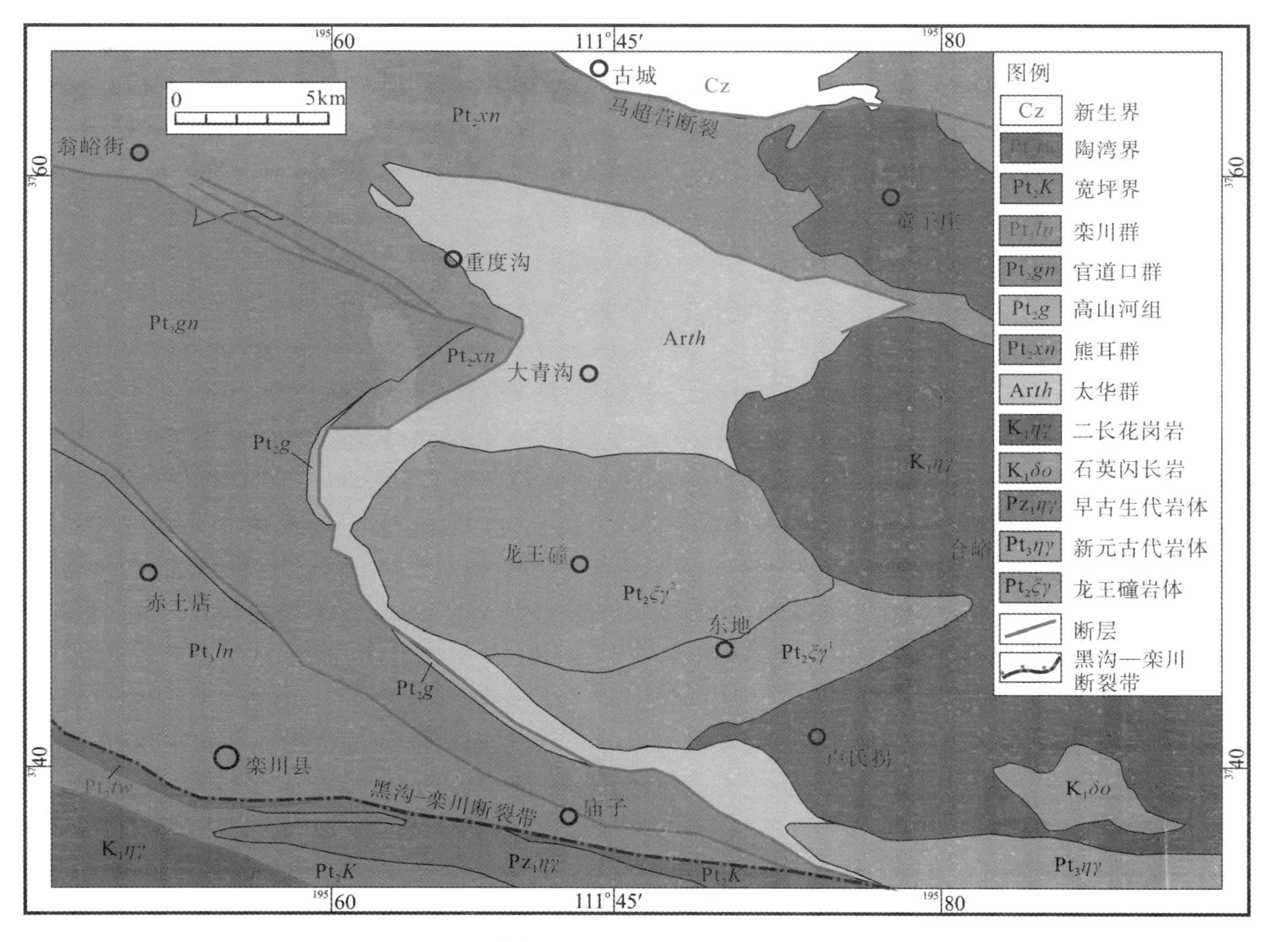

图3.1　龙王疃岩体地质略图(据1：250000地质图内乡幅修编)

长花岗岩侵入接触，局部地带被伏牛山新元古代片麻状花岗岩体侵入，由此可以从地质关系上判定岩体形成于中元古代。岩体一侧有一宽达数米的含磁铁矿边缘相带，并有和伏牛山岩体有关的花岗斑岩脉穿入岩体之中(图 3.2)。其主体为灰白色的钠铁闪石花岗岩，在岩体南北两侧及周边有红色黑云母钾长花岗岩，构成了一个红色镶边，岩体西部边缘有霓辉石花岗岩呈包裹体状存在(图 3.2)。前人对该岩体进行了大量的成岩地质背景和岩石学研究，如卢欣祥(1989)就对龙王碹岩体进行了报道，认为该岩体具有 A 型花岗岩的特征。之后，陆松年等(2003)对该岩体进行了 TIMS 和 SHRIMP 锆石 U-Pb 定年工作，最后测定该岩体形成于距今约 1.6 Ga。关于该岩体的成因却一直存在争议，包志伟等(2009)认为龙王碹是由富集地幔部分熔融的玄武质岩浆经过强烈的结晶分异形成的。而 Wang 等(2013)认为龙王碹岩体是由地壳物质部分熔融形成的。本节对龙王碹碱性花岗岩进行了主微量元素的研究，结合前人数据试图阐述该岩体的成因及其大地构造意义。

3.1.2 岩石学特征

岩石组合是由钠铁闪石花岗岩、霓辉石花岗岩、钾长花岗岩及花岗斑岩等岩石类型组成，其中第二岩相带中常见钠铁闪石正长花岗岩，第一岩相带则以钾长花岗岩为主。

钠铁闪石正长花岗岩呈浅灰色，中-粗粒花岗结构，块状构造(图 3.3A)，由钾长石(～65)、钠长石(～8)、石英(～20)、钠铁闪石(～5)组成。钾长石呈自形-半自形粒状，晶内富含钠长石条纹，表面多发生高岭土化。钠长石呈它形-半自形粒状，被条纹长石穿插并有不同程度绢云母化。石英为粒状集合体。钠铁闪石呈粒状、菱形、长板状和不规则状(图 3.3B、D)，完整晶形可见角闪石式解理，最高干涉色为二级蓝干涉色。

霓辉石花岗岩粒度较细，常常被钠铁闪石花岗岩和钾长花岗岩交代而呈残留包体存在(图 3.3C)。矿物的主要组成与钠铁闪石花岗岩近似。霓辉石呈粒状，含量约占矿物总量的 3%。

钾长花岗岩为肉红色，中-细粒结构(图 3.3E，F)。矿物组成主要为条纹长石(40%～50%)，更-钠长石(15%～20%)，石英(25%～30%)和黑云母等。其分布在碱性花岗岩的周围，成为岩体的“镶边”，是交代碱性花岗岩而成。据人工重砂分析和矿物研究(卢欣祥，1989)，钠铁闪石花岗岩和钾长花岗岩的副矿物总量分别为 1019 g/t 和 271 g/t，两种岩石副矿物成分相似表明其同源性，但含量不同，又表明是不同期次的产物。根据岩体中原生锆石光谱分析，其 ZrO_2/HfO_2 比值高达 57 和 68，类似于碱性岩的锆-铪比值。

此外，岩体中还见有晚期的各类脉岩，主要包括辉长辉绿岩，黑云母正长岩，霓石正长岩、花岗斑岩、石英二长斑岩等，规模一般都不大。

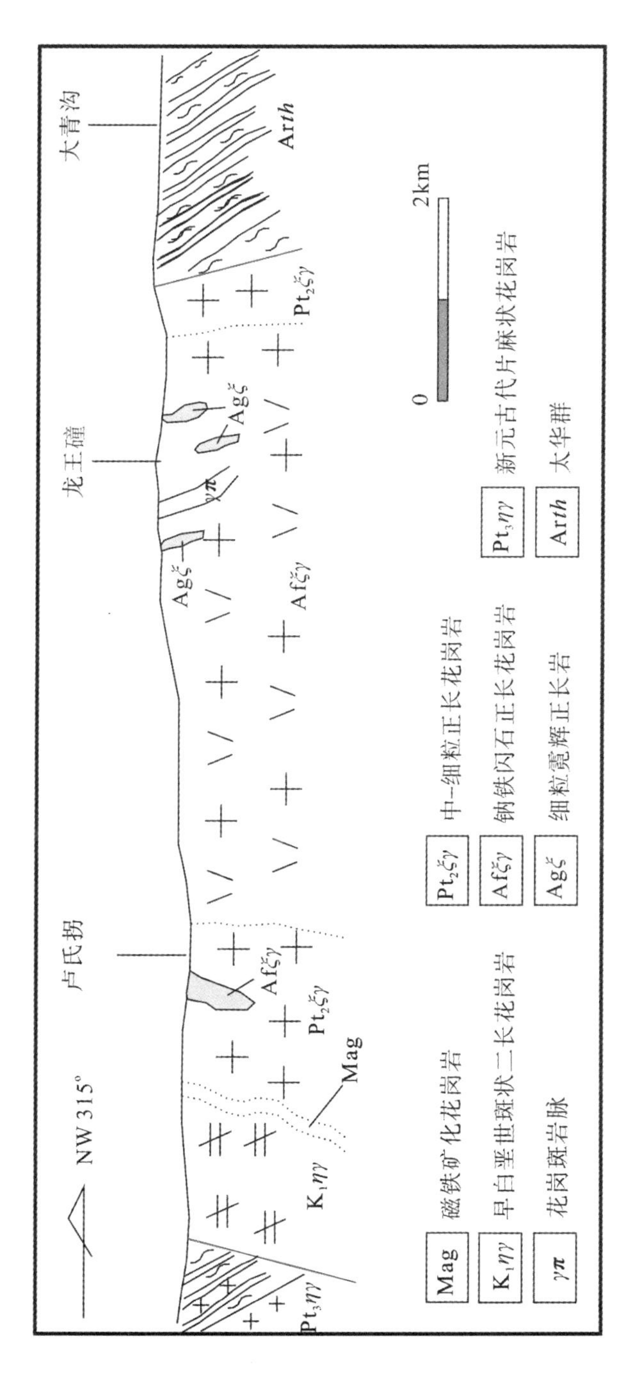

图3.2　龙王䃥岩体地质剖面草图(卢欣祥，1989)

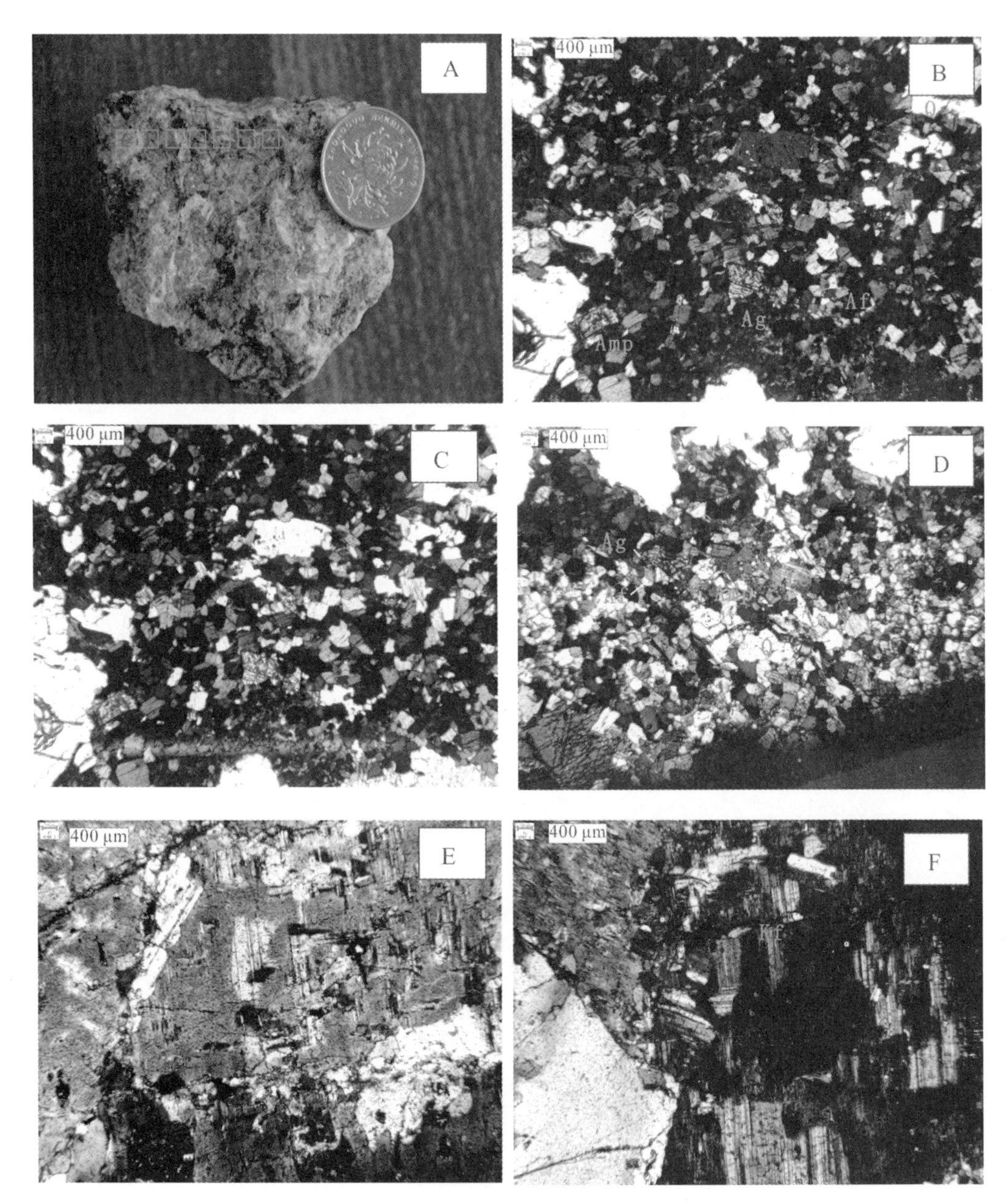

图 3.3　龙王; 花岗岩手标本和显微照片

Pl:斜长石;Mic:微斜长石;Q:石英;Amp:角闪石;Kf:钾长石;Ag:霓辉石;Af:钠铁闪石。

3.2　草店钾长花岗岩体

区域上分布有早元古代正长片麻岩，侵入于太古宙TTG岩系和古元古代雪花沟岩组。呈岩墙、岩株产出。岩性为片麻状正长花岗岩，岩石肉红色，粒状变晶结构、变余花结构、糜棱结构，片麻状-条带状构造，由斜长石（10%～25%）、钾长石（53%～63%）、石英（20%～35%）、黑云母（0～10%）及少量角闪石组成，副矿物为磁铁矿、磷灰石等。

中元古代正长花岗岩除了龙王碴岩体外，大多数中元古代正长花岗岩出露于鲁山县尧山镇、下汤、草店至方城拐河、刘营等地（图3.4）。岩带分布夹持于黑沟—栾川断裂带与车村断裂带之间，多数岩体分布方向与断裂走向基本一致，呈NW—SE向展布。岩带内有十数个岩基和岩株呈带状分布，一般岩体侵位于中元古界熊耳群，呈不整合侵入接触关系。少数岩体呈不整合侵入中元古界高山河组，并且被中元古代汝阳群不整合覆盖。不同的岩体分别被划分为棚沟单元（$Pt_2P\xi\gamma$）、河北岸单元（$Pt_2H\xi\gamma$）、王家营单元（$Pt_2W\xi\gamma$）（河南省地质调查院，2001）。草店岩体是该带分布面积最大的岩基，被识别为河北岸单元，侵入古元古界雪花洞组和中元古界熊耳群并被棚沟单元的岩脉侵入。由于受后期构造作用影响，岩体变形强烈，呈片麻状岩体出现（残留体主要有古元古界的闪长质、二长质片麻岩）。

草店岩体的岩石组合主要包括正长花岗岩和少量花岗闪长岩、二长花岗岩，其中大多数正长花岗岩与花岗闪长岩、二长花岗岩呈相变关系。正长花岗岩类的岩性分别为片麻状细粒黑云母正长花岗岩、片麻状中斑中粒正长花岗岩。岩石灰白色-灰红色，似斑状结构，细粒、中粒花岗结构，定向片麻状构造。矿物组成主要包括钾长石（56%～63%）、斜长石（10%～20%）、石英（21%～30%）、黑云母（3%～7%）等，副矿物主要有磁铁矿、磷灰石、锆石等。在棚沟单元中有20%～40%钾长石似斑晶，自形长条状、透镜状定向排列。

根据河南省地质调查院（2001）研究成果，河北岸单元、棚沟单元和王家营单元的岩石化学成分及有关参数具有高SiO_2，富K_2O，低Al_2O_3，贫MgO、CaO、Na_2O特点（表3.1），与世界A型花岗岩（Turner，1992）相当，并与福建魁歧（洪大卫，1987）、河南龙王碴岩体（河南省地质调查院，2001）成分接近。SiO_2－AR图解上（图3.1），显示出碱性岩系特征。岩石的微量元素与A型花岗岩（Turner，1992）相比，具有高Sr、Ba，低Zr、Nb，近似Ce、Y特点，与I型、S型花岗岩（Turner，1992）相比，具有Nb、Ta、Zr、Ce、Y明显富集特点。稀土元素ΣREE 161.99×10^{-6}～412.09×10^{-6}，岩石具有稀土富集、分馏程度强、负Eu异常明显的特征（表3.1）。稀土元素分布模式为向右倾斜的不对称"V"字形，与熊耳群火山岩相似，具拉张环境下岩浆活动特征（河南省地质调查院，2001）。

根据河南区调队（1995）研究，棚沟单元锆石U－Pb年龄为1614 Ma，王家营单元Pb－Pb年龄为1706 Ma，由此，该岩带形成时代被厘定为中元古代早期长城纪。岩石化学成分与A型花岗岩相比，具有相似性，微量元素分布模式和较高的稀土元素含量，同时与熊耳群中酸性火山岩地球化学特征相近，反映出二者为同一构造背景下岩浆活动产物。在Zr＋Nb＋

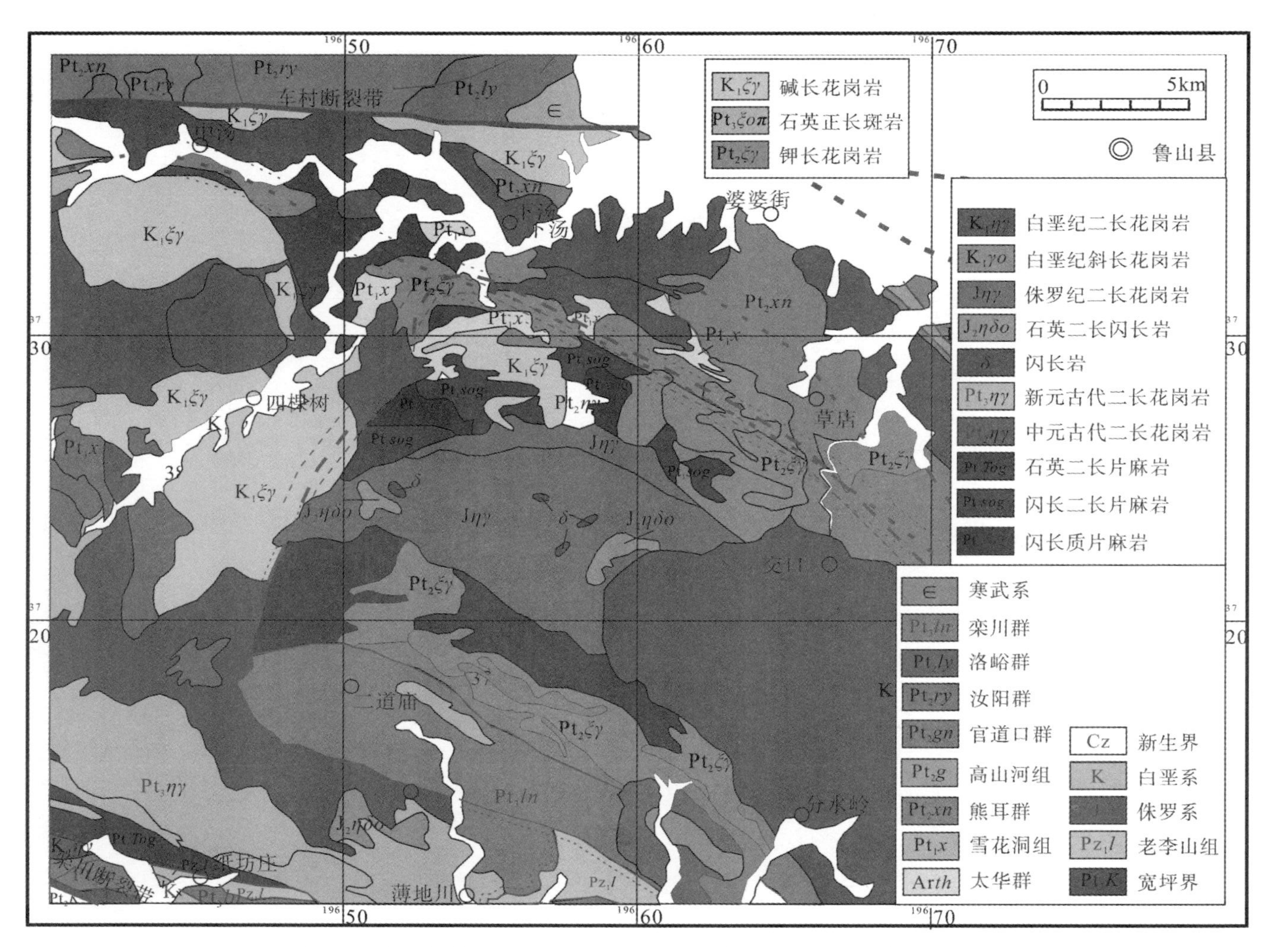

图3.4 草店岩体地质略图(据1：250000地质图平顶山幅修编)

表 3.1　龙王確和草店岩体主量元素(%)和微量元素(ppm)分析结果

岩体	龙王確										草店		
样品编号	LWZ-1	LWZ-2	LWZ-3	LWZ-4	LWZ-5	LWZ-6	LWZ-7	LWZ-8	LWZ-9	LWZ-10	河北岸	棚沟	王家营
SiO_2	70.78	72	72.41	71.39	74.96	71.69	71.69	71.24	71.49	72.68	70.50	73.43	71.33
TiO_2	0.18	0.18	0.26	0.24	0.01	0.21	0.21	0.18	0.26	0.31	0.22	0.42	0.74
Al_2O_3	12.21	12.93	11.98	12.35	13.13	13.39	12.39	12.83	13.12	12.24	14.26	12.03	12.39
TFe_2O_3	3.56	3.25	3.82	4.01	0.92	3.19	3.19	2.89	3.98	3.94	2.55	4.18	4.80
MnO	0.11	0.08	0.08	0.07	0.07	0.06	0.1	0.07	0.09	0.08	0.05	0.12	0.06
MgO	0.21	0.05	0.12	0.14	0.07	0.1	0.12	0.14	0.05	0.26	0.92	0.68	1.54
CaO	0.87	0.94	0.91	0.86	0.57	0.59	0.48	0.97	1.06	0.26	1.12	0.22	0.72
Na_2O	2.48	3.49	3.07	2.62	3.44	3.54	2.45	3.16	3.4	2.71	3.23	2.58	1.61
K_2O	5.72	5.24	4.56	5.7	4.74	5.48	6.35	5.27	5.22	5.05	5.77	5.40	4.62
P_2O_5	0.019	0.022	0.026	0.031	0.011	0.021	0.025	0.024	0.031	0.027	0.13	0.09	0.18
SrO	<0.01	<0.01	<0.01	<0.01	<0.01	<0.01	<0.01	<0.01	<0.01	<0.01			
BaO	0.02	0.02	0.01	0.01	0.01	0.02	0.02	0.03	0.03	0.01			
LOI	2.31	1.16	1.55	1.53	1.01	0.84	1.35	1.81	1.24	2.38	0.98	0.62	2.05
TOTAL	98.47	99.36	98.81	98.97	98.94	99.13	98.4	98.62	99.98	99.95	99.60	99.58	99.81
Sc											3.7	1.8	9.8
V	<5	<5	<5	<5	<5	<5	5	<5	<5	<5	21.6	26.3	
Cr	20	10	20	10	10	10	10	10	20	10	80.9	66	125
Co	0.9	<0.5	<0.5	0.5	<0.5	<0.5	1	1.3	<0.5	1	6.3	8	
Ni	<5	<5	<5	<5	<5	<5	<5	<5	<5	<5	5.2	6.4	
Cu	<5	<5	<5	<5	<5	<5	12	6	<5	6			
Zn	73	118	152	63	38	84	450	62	108	102			
Ga	30.8	31.5	34	33.4	27.4	34.3	31.7	32	32.5	33.2	26.4	15.4	
Rb	156.5	173.5	128	171	475	153.5	171.5	141.5	176	139.5	128.43	160.3	125
Sr	29.6	24.3	25.7	32.4	28.5	24.1	41.3	42.7	43.1	28.1	236.13	122.5	110
Y	93.5	81	144	103.5	6.4	98.7	87.3	78.2	115	124	23.48	27.26	51.02
Zr	492	616	754	754	84	647	677	551	728	798	182.1	517.5	413

续表

岩体	龙王幢										草店		
样品编号	LWZ-1	LWZ-2	LWZ-3	LWZ-4	LWZ-5	LWZ-6	LWZ-7	LWZ-8	LWZ-9	LWZ-10	河北岸	棚沟	王家营
Nb	71.7	73.3	103	99.3	50.1	87.4	79.3	73.4	96.1	113.5	9.63	18.9	20.1
Mo	8	6	8	5	2	6	7	6	6	7			
Ag	<1	<1	<1	<1	<1	<1	<1	<1	<1	<1			
Sn	2	3	4	4	2	2	3	2	4	3			
Cs	2.64	1	0.67	0.93	6	1.42	1.36	1.22	1.49	4.03			
Ba	183	141.5	105	113	73.9	150	226	243	236	120	1695.33	1823.5	2580
La	234	159.5	385	189.5	19	228	228	181	200	477	91.18	53.57	79.27
Ce	472	341	762	410	34.1	473	466	372	424	955	166.81	112.87	150.7
Pr	48.8	36.7	80.7	43.7	2.87	50.1	49	39.6	45.9	99.3	18.62	12.96	18.9
Nd	176	141	290	168.5	8.3	187	184	146.5	176.5	350	56.09	42.08	63.08
Sm	28.9	24.7	46.8	30.2	1.15	31.7	30.5	24.4	31.4	50.6	9.08	6.975	11.62
Eu	1.84	1.44	1.99	1.53	0.14	1.65	1.6	1.71	1.79	2.28	1.47	1.2	1.99
Gd	28.8	22.6	43.6	27.7	1.22	29.9	27.5	22.1	29.7	45	6.25	5.465	9.77
Tb	3.94	3.06	5.47	3.87	0.14	4	3.43	2.91	4.1	5.25	0.86	0.79	1.6533
Dy	20.9	16.45	28.9	21	0.75	21.5	17.45	15.25	22.8	25.8	4.69	4.97	9.39
Ho	4.03	3.39	5.93	4.28	0.17	4.27	3.54	3.12	4.79	5.13	0.89	1.01	1.9
Er	10.6	9.63	16.5	11.3	0.62	11.3	10.1	9.02	13.65	14.9	2.38	2.99	5.53
Tm	1.3	1.33	2.2	1.45	0.11	1.47	1.34	1.28	1.87	2.07	0.35	0.49	0.89
Yb	7.77	8.32	13.55	9.15	0.95	8.85	8.56	8.11	11.65	13.05	2.01	2.66	5.53
Lu	1.12	1.24	1.97	1.31	0.18	1.25	1.29	1.2	1.66	1.96	0.28	0.49	0.84
Hf	14.8	18.4	22.9	22.6	4.8	19.9	20.1	16.3	20.7	24.1	4.92	16.5	11.7
Ta	3.9	4.2	5.7	5.7	3.5	5.6	4.2	4	4.3	6.2	0.88	1.35	2
W	3	2	7	3	3	2	10	2	2	5			
Tl	<0.5	<0.5	<0.5	<0.5	1.1	<0.5	<0.5	<0.5	<0.5	<0.5			
Pb	18	29	16	22	165	13	46	29	16	52			
Th	36.9	26.5	50	37.9	41.4	30.6	32.3	27.4	28.4	57.8	24.37	18.1	10.8
U	3.03	2.98	3.67	3.66	15.5	3	4.02	2.9	3.05	3.95			

Ce + Y -（K_2O + Na_2O）/CaO 和 Zr + Nb + Ce + Y - ΣFeO/MgO 图解上投点落在 A 型花岗岩区及其周围，在 Nb - Y - Ce 和 Nb - Y - Ga 图解上投点落在 A1、A2 分界线附近，显示其物源来自于下地壳并受到地幔物质的混染（河南省地质调查院，2001）。

草店岩体所处的区域岩石类型非常复杂，但就正长花岗岩而言，分别出露古元古代、中元古代、新元古代以及早白垩世的花岗岩体（图 3.4）。从区域地质研究结果来看（河南省地质调查院，2001），古元古代岩浆活动经历了拉张、挤压、后造山拉张环境下岩浆活动。大量钾质花岗岩的出现，标志着古元古代成熟陆壳的形成或造山作用的结束。中元古代富碱岩浆活动时代应为中元古代早期长城纪，岩石特征可与世界 A 型花岗岩相比具有相似化学成分、微量元素分布模式和较高的稀土元素含量，同时与熊耳群中酸性火山岩地球化学特征相近。反映出二者为同一构造背景下岩浆活动产物，具裂谷环境下岩浆活动特征。新元古代富碱岩浆侵入活动主要有大红口组碱性火山岩喷发和碱性岩侵入，结束了新元古代板块构造体制演化，构成一个完整的构造岩浆演化旋回。早白垩世的花岗岩以二长花岗岩为主，少量正长花岗岩，内部结构演化特征明显，矿物组合中黑云母含量较少，出现少量白云母。暗示中生代早期华北地块南缘发生一次明显的陆内俯冲作用，陆内俯冲过程中（可能为斜向俯冲）在走滑剪切力作用产生的拉分断层（如下汤—拐河剪切带）影响下地壳摩擦产生热并发生部分熔融形成花岗质岩浆侵入，主要表现为侏罗世的挤压增厚型地壳开始向拉伸减薄的构造环境的变化，而碱性岩（A 型花岗岩）的出现则标志着一个岩浆演化阶段的结束（邓晋福，1998；卢欣祥，1999）。

3.3　岩石地球化学——主量元素、微量元素地球化学

本章研究对龙王幢共分析了 10 个样品的主微量元素含量，同时收集前人对草店岩体分析结果（河南省地质调查院，2001），数据见表 3.1。

分析结果显示龙王幢岩体具有富 SiO_2（70.78%～74.96%）、富 Na_2O（2.45%～3.54%）、富 K_2O（4.56%～6.35%），贫 TiO_2（0.01%～0.31%）、贫 Al_2O_3（11.98%～13.39%），低 Fe_2O_3（0.92%～4.01%）、低 MgO（0.05%～0.26%）、低 CaO（0.26%～1.06%）特征。成分对比表明草店岩体和龙王幢岩体成分接近。

相关参数计算表明龙王幢岩体的全碱（*ALK*）在 7.63～9.02 范围，草店岩体的全碱（*ALK*）在 6.37～9.13 范围。在 TAS 分类图中，两个岩体都落在花岗岩系列范围（图 3.5A）。铝指数 *A/CNK* 和 *A/NK* 能够很好地判断铝的饱和程度，龙王幢岩体的 *A/CNK* 和 *A/NK* 分别为 1.98～2.63 和 0.93～1.05，草店岩体的 *A/CNK* 和 *A/NK* 分别为 1.05～1.38 和 1.19～1.62。在 *A/CNK* - *A/NK* 图解上，两个岩体主要位于偏铝质到过碱性区域，指示它们具有铝不饱和特征（图 3.5B）。在 K_2O - SiO_2 图解上龙王幢和草店岩体具有高钾钙碱性-碱玄岩系列（图 3.5C）。

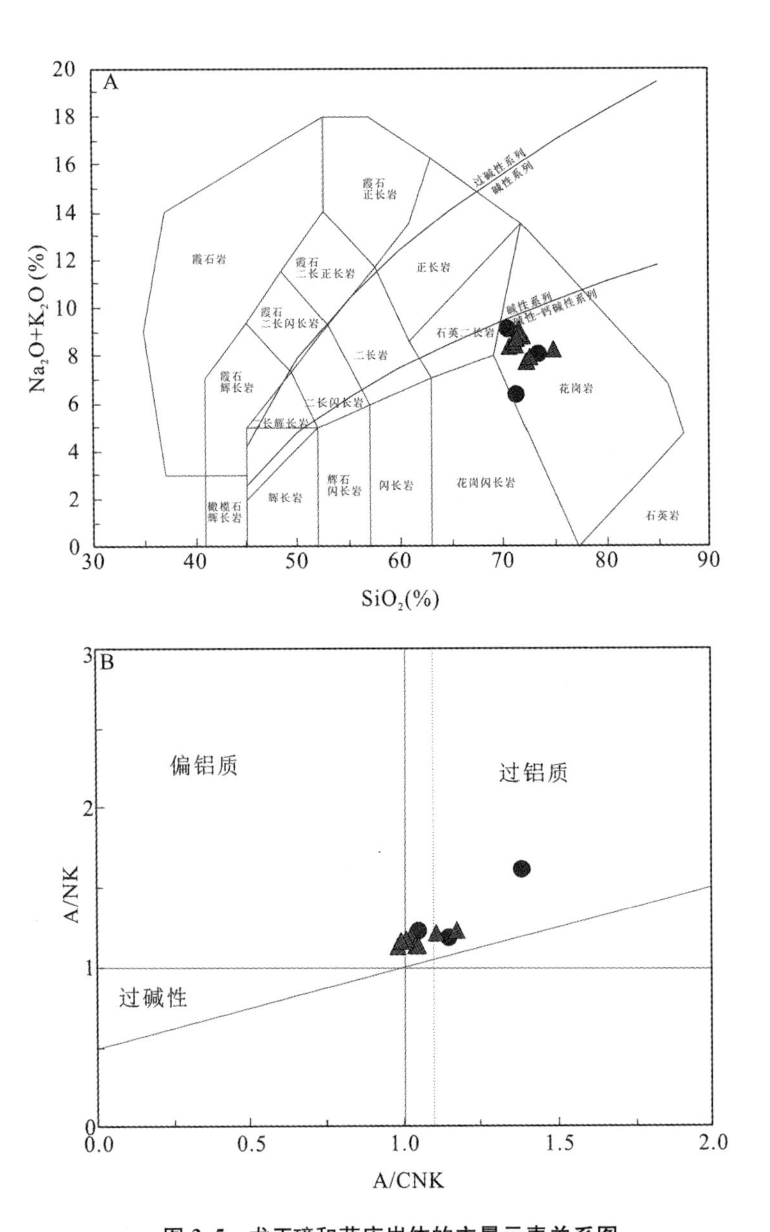

图 3.5 龙王疃和草店岩体的主量元素关系图

图 A 据 Middlemost(1994);图 B 据 Peccerillo 和 Taylor(1976);
图 C 据 Maniar 和 Piccoli(1989);图 D 据 Wright(1969)。

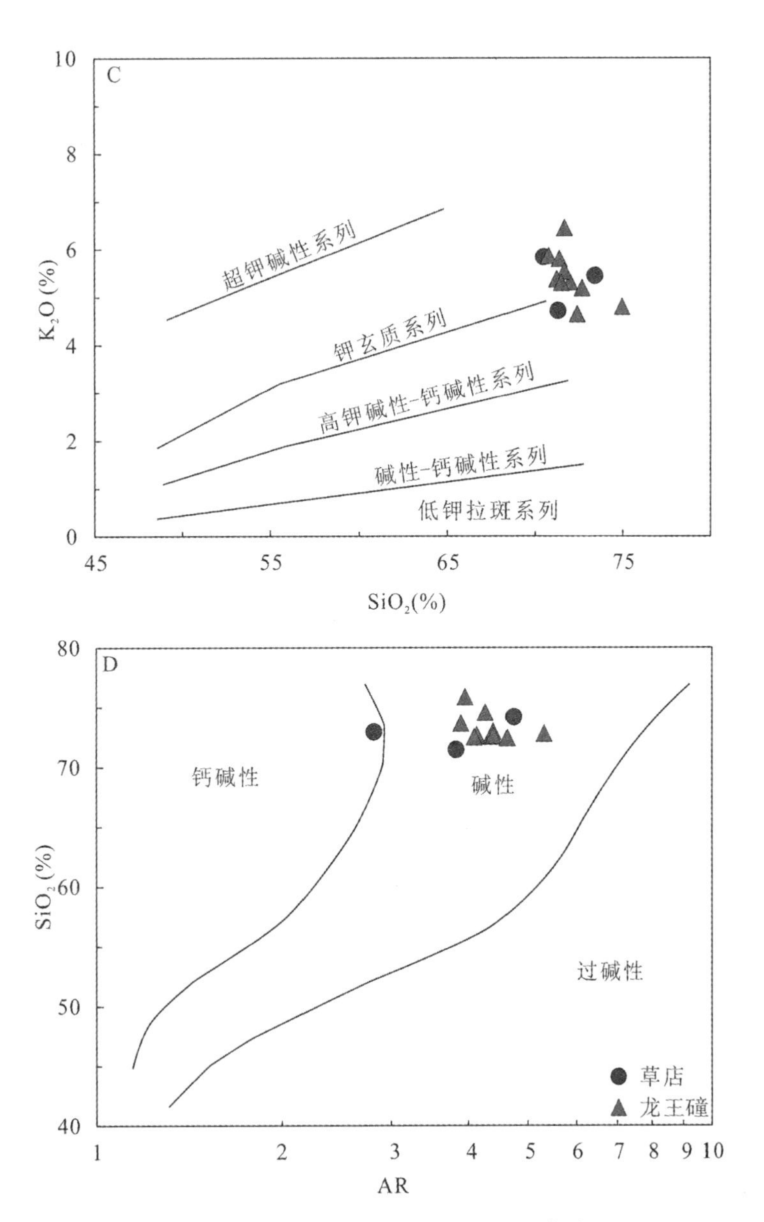

(续)图 3.5　龙王嶂和草店岩体的主量元素关系图

图 A 据 Middlemost(1994);图 B 据 Peccerillo 和 Taylor(1976);
图 C 据 Maniar 和 Piccoli(1989);图 D 据 Wright(1969)。

赖特碱度率(alkalinity ratio,简称 AR)由 Wright(1969)提出,其表达式 $AR = (Al_2O_3 + CaO + ALK)/(Al_2O_3 + CaO - ALK)$,式中的氧化物和全碱度($ALK$)均为岩石化学全分析百分数。赖特碱度率是一种划分岩石碱度比较常用的标准,与其他标准相比具有较多的优点:① 适用范围广,SiO_2 含量在 40%~75%范围的岩石均可适用;② 考虑氧化物项目多,涉及因素能综合反映氧化物对碱度的影响,特别是 CaO 的相对含量直接影响斜长石的结晶;塔影与矿物学特征符合。龙王碹岩体的赖特碱度率(AR)在 3.9~5.32 范围,在 AR - SiO_2 图上显示两个岩体所有的样品都落在碱性岩的范围(图 3.5D)。

龙王碹岩体稀土元素总含量较高,为 770~2047 ppm(除 LWZ - 5 为 69.7),在球粒陨石标准化稀土配分图上呈向右倾斜的平滑曲线(图 3.6A),具有明显的 Eu 负异常($Eu^* = 0.1 \sim 0.4$);LREE/HREE 在 9.7~17.1,$(La/Yb)_N$在 11.6~24.6 范围,表明轻重稀土分异明显。在微量元素原始地幔标准化蛛网图上,岩体显示 Rb、Th、U、K 等大离子亲石元素(LILE)相对富集,相对亏损 Nb、Ta、Zr、Hf、Y、Yb 等高场强元素(HFSE)以及 Ba、Ti、P 等元素的较强亏损(图 3.6B)。

草店岩体稀土元素总含量在 249~361 ppm 范围,在球粒陨石标准化稀土配分图上呈向右倾斜的平滑曲线(图 3.6A),具有轻微的 Eu 负异常($Eu^* = 0.57 \sim 0.60$);LREE/HREE 在 9.2~19.4 范围,$(La/Yb)_N$在 9.7~30.6 范围,表明轻重稀土分异明显。在微量元素原始地幔标准化蛛网图上,岩体显示 Rb、Th、U、K 等大离子亲石元素(LILE)相对富集,相对亏损 Nb、Ta、Zr、Hf、Y、Yb 等高场强元素(HFSE)以及 Ba、Ti、P 等元素的较强亏损(图 3.6B)。

3.4 岩石类型与成因

前人研究表明龙王碹和草店碱性岩具有 A 型花岗岩的特征(卢欣祥,1989;陆松年等,2003;包志伟等,2009;Wang et al.,2013)。A 型花岗岩最早由 Loiselle 和 Wones(1979)定义,强调它是一类特殊的岩石类型,即代表非造山的(anorogenic)、无水的(anhydrous)、碱性的(alkaline)花岗岩。因为指示其特征的这些英文词均以字母 a 开头,所以称之为 A 型花岗岩。关于 A 型花岗岩的无水特征,是由于在 A 型花岗岩中发现铁云母等暗色矿物结晶于长石、石英等早期结晶的矿物缝隙间,指示了岩浆早期是无水的。随着岩浆的结晶分异,残余岩浆中的水含量逐渐升高,在岩浆演化晚期阶段才结晶出铁云母等含水矿物。但是近年来研究表明,低的水含量可能不是 A 型花岗岩的特征。实验岩石学研究结果表明,A 型花岗岩可以在 $H_2O \geqslant 4\%$(岩石化学分析 H_2O 含量,下同)的条件下结晶形成,且在这种条件下发生的脱水熔融作用倾向于以单斜辉石作为其重要的残余相(Dall'Agnol et al.,1999,2007)。Holtz 等(2001)研究发现,在 300~700 MPa、800~900 ℃条件下,A 型花岗岩中含水量可高达 20%。所以用无水定义 A 型花岗岩不太合适。此外,前人提出 A 型花岗岩通常富集 F、Cl 等元素(Loiselle 和 Wones,1979;Collins et al.,1982;Whalen et al.,1987)。但是进一步的岩相学和地球化学研究表明 A 型花岗岩中的 F 含量被高估了,只有那些极度分异的岩石才具有高的 F 含量(King et al.,1997)。

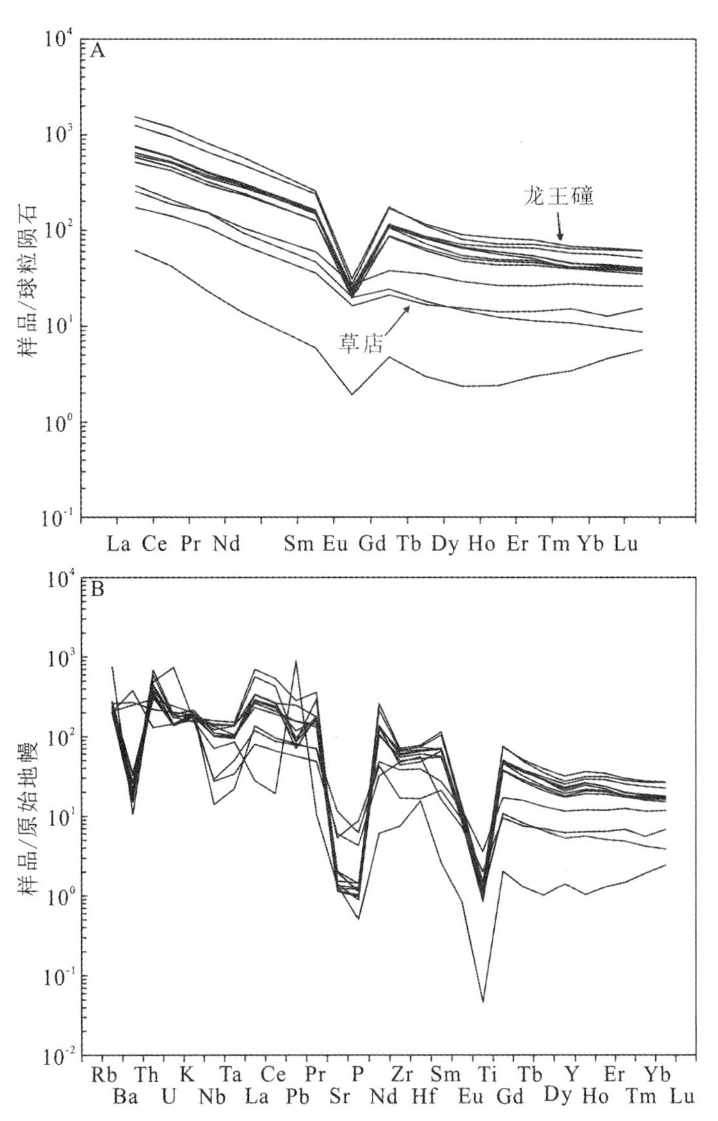

图3.6　龙王幢和草店碱性花岗岩球粒陨石标准化稀土配分图(A)和原始地幔标准化微量元素蛛网图(B)

球粒陨石值、原始地幔值根据 McDonough 和 Sun(1995)。

也有研究表明高分异的I型和S型花岗岩具有A型花岗岩相似的地球化学特征(Chappell and White,1992;Wu et al.,2003),从而可能导致前文提到的判断A型花岗岩类型的图解失效。Whalen等(1987)提出的A型花岗岩的10000 * Ga/Al>2.6,但是对于SiO_2>74%的高分异长英质I型或S型花岗岩也具有高10000 * Ga/Al比值(Whalen et al.,1987;Chappell and White,1992;Wu et al.,2003)。因此很难通过10000 * Ga/Al比值对高分异的I型或S型花岗岩与A型花岗岩进行区分。高分异花岗岩在岩浆结晶过程中会大量地进行矿物结晶分离,因而不相溶元素会越来越富集,而相容元素会越来越富集亏损。

富SiO_2(>70%)、高FeO^t/MgO和(K_2O+Na_2O)/CaO比值表明龙王礦和草店岩体经历了一定的矿物结晶分离作用(图3.7A、B)。研究表明A型花岗岩的分异演化趋势与I型花岗岩或S型花岗岩相反,10000 * Ga/Al比值会逐渐降低,I型花岗岩或S型花岗岩在分异的过程中10000 * Ga/Al比值逐渐升高。龙王礦岩体的Zr和10000 * Ga/Al比值呈负相关性,表明它们不是高分异花岗岩(图3.7C)。

此外,与其他类型花岗岩相比,A型花岗岩具有独特的地球化学特征,比如主量元素富碱,低Al_2O_3、MgO和CaO含量;微量元素富集高场强元素Zr、Nb、Ce和Y;REE含量较高(Eu除外),具有显著的Eu的负异常(Collins et al.,1982;Whalen et al.,1987;Bonin,2007)。龙王礦岩体具有富硅(SiO_2=70.78%~74.96%)、富碱(*ALK*=7.63~9.02)、富集高场强元素(Zr+Nb+Ce+Y=1075~1991 ppm,除LWZ-5为175 ppm外),同时具有较高的10000 * Ga/Al比值(3.9~5.3),在岩石成因判别图上,除了样品LWZ-5外,全部落入A型花岗岩范围内(图3.7)。这些地球化学参数表明龙王礦岩体是A型花岗岩。

草店岩体同样具有富硅(SiO_2=70.50%~73.43%)、富碱(*ALK*=6.37~9.13)、富集高场强元素(Zr+Nb+Ce+Y=382~677 ppm),在岩石成因判别图上,全部落入A型花岗岩范围内(图3.7)。这些地球化学参数表明草店岩体是A型花岗岩。

另外,A型花岗岩最本质的特征是一种高温成因的花岗岩,其形成温度要比I型花岗岩和S型花岗岩高。实验岩石学的证据表明A型花岗岩岩浆在含水2.4%的条件下形成温度可以达到900 ℃(Clemens et al.,1986)。Creaser等(1991)对澳大利亚南部的A型火山岩进行研究,发现其在含水1%~2%条件下形成温度为900~1010 ℃,远比I型花岗岩和S型花岗质岩浆形成的温度(760 ℃)高。高温环境下这些高场强元素溶解度也会升高,导致A型花岗岩具有很高的Zr含量,一般是完全熔融的结果(Collins et al.,1982)。高温成因的锆石在矿物学上表现为缺乏残留老锆石,锆石饱和温度计显示A型花岗岩的平均结晶温度可以达到800 ℃以上(King et al.,1997)。而实际上锆石温度计很可能低估了源区熔体的初始形成温度(Miller et al.,2003)。

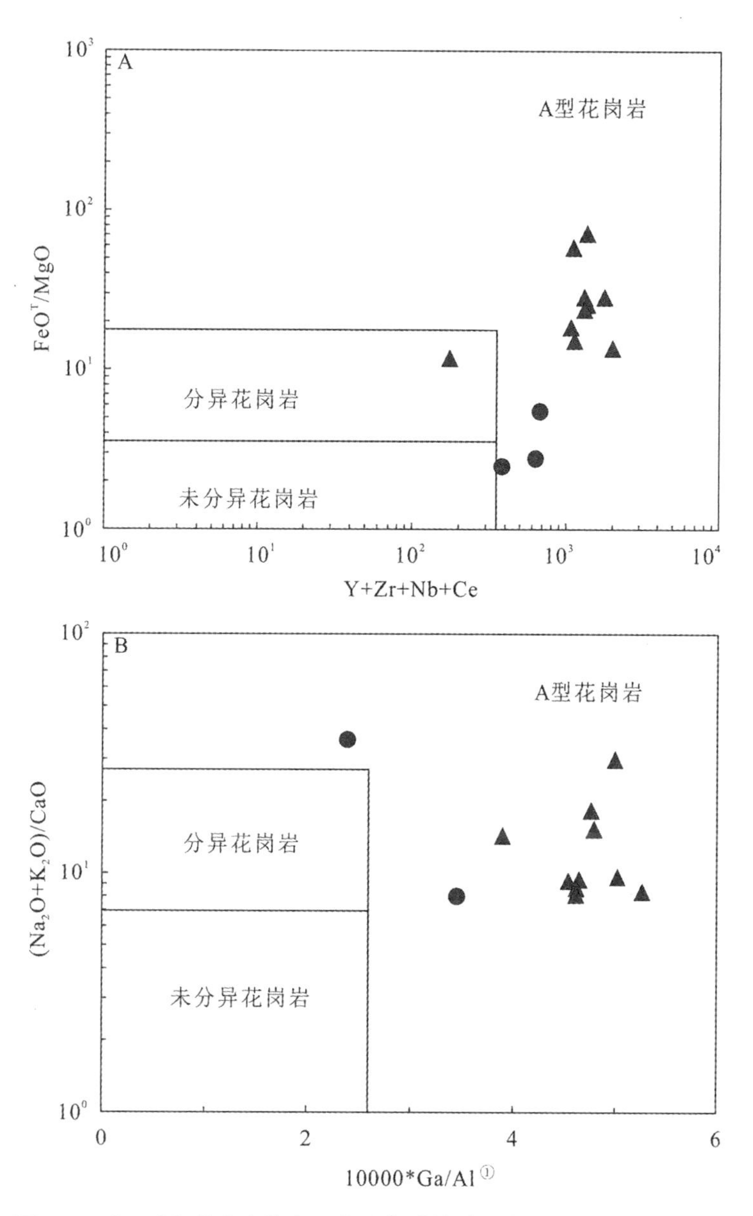

图 3.7　龙王fang和草店岩体岩石成因类型判别图(据 Whalen et al.,1987)

① 这儿 Ga 为元素镓,而非 1×10^9 年。

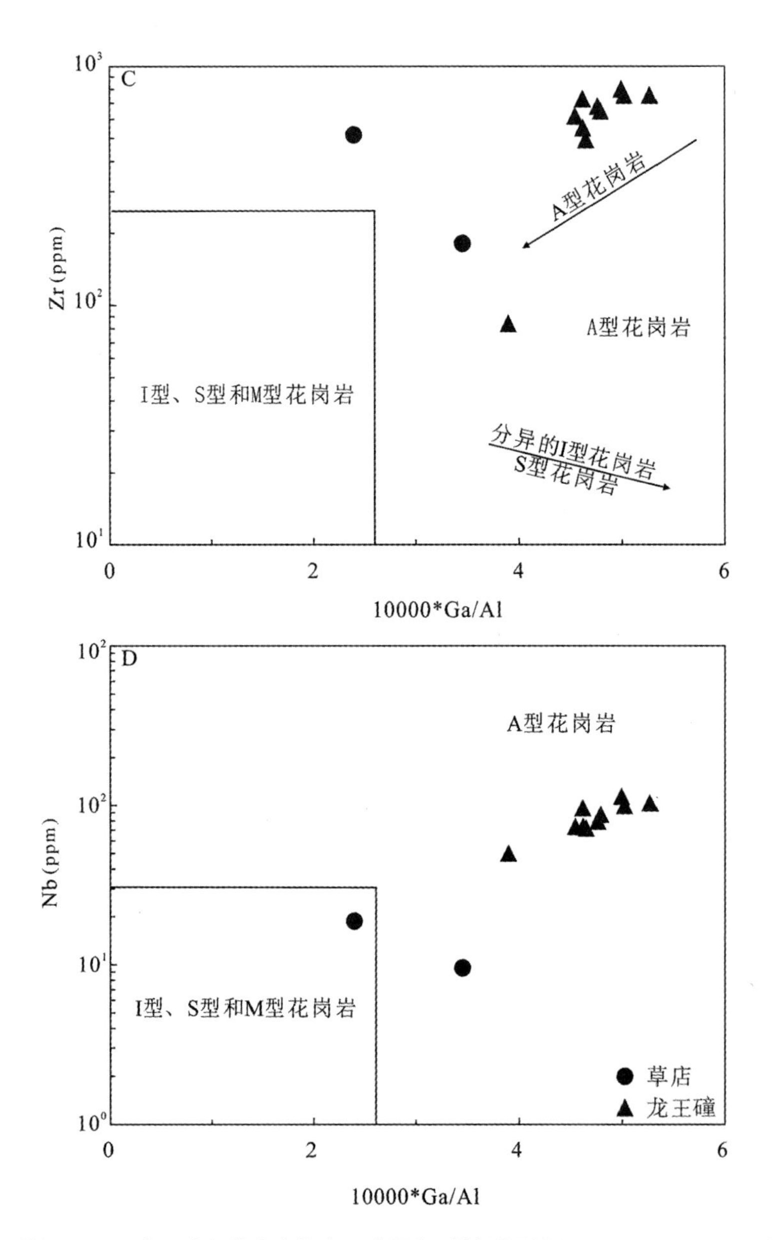

(续)图 3.7 龙王礶和草店岩体岩石成因类型判别图(据 Whalen et al.,1987)

(Ga 为 ppm,Al 按 ppm 换算)

全岩锆饱和温度计算结果显示，龙王礶和草店花岗岩形成温度为895～967 ℃（除LWZ-5为742 ℃）和795～914 ℃，远高于分异的I型花岗岩形成的温度（图3.8A），表明它为A型花岗岩。前人研究也表明龙王礶岩体具有A型花岗岩的特征（卢欣祥，1989；陆松年等，2003；包志伟等，2009；Wang et al.，2013）。但是对于该岩体的成因却一直存在争议，包志伟等（2009）认为龙王礶岩体是由富集地幔部分熔融的玄武质岩浆经过强烈的结晶分异形成的；而Wang等（2013）认为龙王礶岩体是由地壳物质部分熔融形成的。

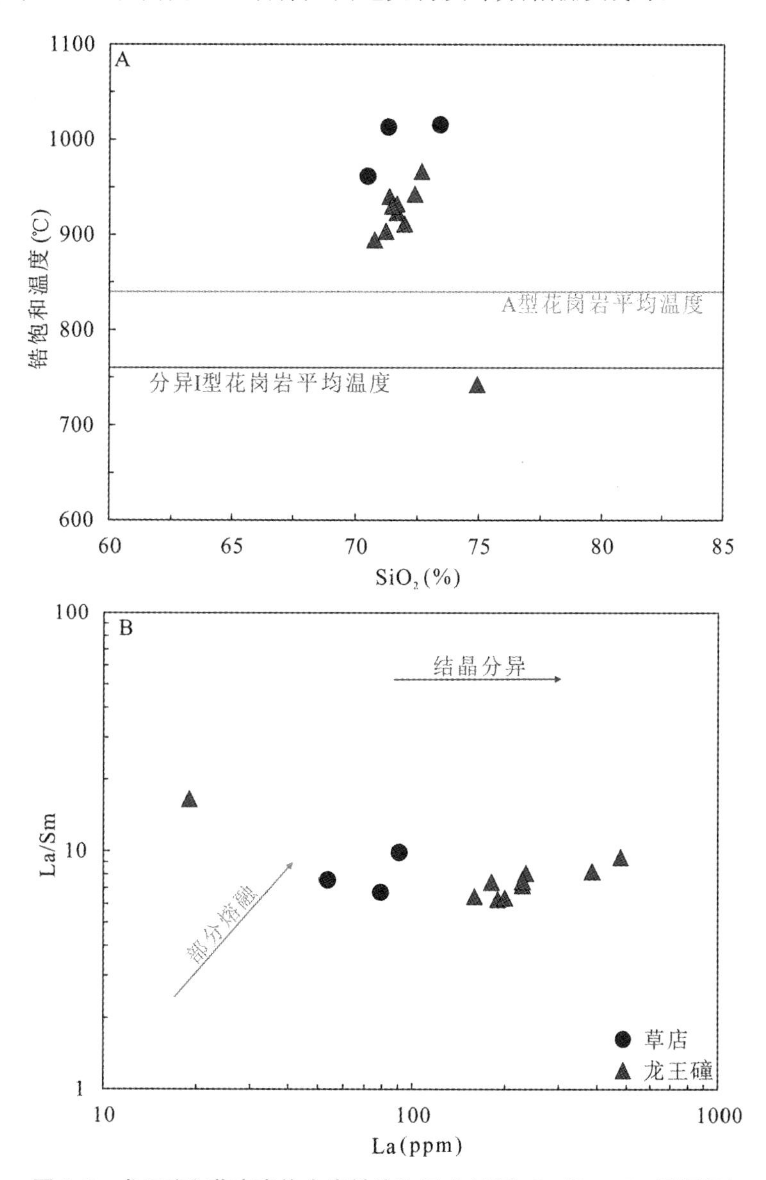

图3.8　龙王礶和草店岩体全岩锆饱和温度(A)和La/Sm-La图解(B)

关于A型花岗岩的成因争议归结起来主要有以下几种观点：① 结晶分异模型：幔源碱性玄武质岩浆结晶分异而成（Eby，1990，1992；Turner et al.，1992；Mushkin et al.，2003）；

② 部分熔融模型:地壳浅部的长英质岩石在高温低压条件下脱水部分熔融形成(Creaser et al.,1991;Skjerlie,1992;Patino Douce,1997),这也得到实验岩石学的支持(Malvin et al.,1987;Skjerlie and Johnston,1992;Patino,1997);③ 残余抽离模型:下地壳经历了部分熔融作用抽离出了花岗质岩浆后,残余的富 F 和 Cl 的下地壳麻粒岩在高压下的低程度部分熔融作用形成(Collins et al.,1982;Clemens et al.,1986);④ 岩浆混合模型:即幔源、壳源岩浆混合后经结晶分异作用的产物(Yang et al.,2006)。

龙王礶位于华北地块南缘,该地区基底太华群为一套 TTG 岩石系列。前人发表的 Hf 同位素数据结果显示龙王礶岩体的 $\varepsilon_{Hf}(t)$在 −1.11～−6.38 范围,Hf 同位素两阶段模式年龄在 2.5～2.7 Ga 范围,指示了岩浆来自于古老的地壳物质。另外,龙王礶花岗岩的 $\varepsilon_{Nd}(t)$在 −4.5～−7.2 范围,也表明了岩浆来自于古老的地壳物质。同时在 $t-\varepsilon_{Hf}(t)$图上龙王礶花岗岩的 $\varepsilon_{Hf}(t)$正好位于太华群的演化线之上,暗示基底太华群可能为龙王礶花岗岩的源区。

La/Sm－La 图解可以用于区分结晶分异作用和部分熔融作用。在结晶分异过程中,熔体中 La/Sm 比值基本不变,在 La/Sm－La 图解中表现为一条水平直线;而在部分熔融作用过程中,La/Sm 比值会有一定的变化,在 La/Sm－La 图解中表现为一条倾斜的直线。

龙王礶投影点在 La/Sm－La 图解上基本上呈一条倾斜的直线(图 3.8B),指示了龙王礶花岗岩主要受控于部分熔融的作用而非结晶分异作用。这也排除了龙王礶花岗岩是由玄武质岩浆结晶分异作用形成的。龙王礶花岗岩具有 Eu 负异常以及亏损 Sr,指示了在岩浆演化过程中存在斜长石的结晶分异或者是在部分熔融过程中斜长石作为残留相。但是 Eu^* 与 SiO_2 没有相关性,排除斜长石的结晶分异的影响,因为如果在岩浆演化过程中存在斜长石的结晶分异,必然会造成 Eu^* 与 SiO_2 的负相关性,所以 Eu 的负异常以及 Sr 的亏损主要是由于在部分熔融过程中斜长石作为源区的残留相。草店岩体具有和龙王礶岩体相似的地球化学特征,表明它们经历相似的岩浆作用。因此,龙王礶和草店花岗岩是由太古代 TTG 岩石中英云闪长质岩石在高温条件下部分熔融形成,残留相中存在斜长石,该成因解释正好与实验岩石学数据相一致。

3.5 成岩世代和成岩环境讨论

前人对龙王礶岩体做了大量的年代学研究,最早由卢欣祥(1989)通过 Rb－Sr 定年技术获得,其形成年代为 1035 Ma,周玲棣等(1993)用锆石 U－Pb 法得到的岩石结晶年龄为 2021 Ma。随着测试技术的不断进步,关于龙王礶岩体的年龄数据被大量报道。陆松年等(2003,2004)采用 TIMS 锆石 U－Pb 定年获得上交点年龄为(1637 ± 33) Ma,通过 SHRIMP 锆石 U－Pb 测年技术获得 $^{206}Pb/^{238}U$ 和 $^{207}Pb/^{206}Pb$ 表面年龄平均值分别为(1611 ± 19) Ma 和(1625 ± 16) Ma。三组年龄结果在误差范围内一致,基本上限定了龙王礶的侵位时代。近年来包志伟等(2009)通过锆石 LA－ICP－MS U－Pb 定年技术得到了(1602 ± 6.6) Ma 的年龄结果。这一结果与 Wang et al.(2013)锆石 LA－ICP－MS U－Pb 年龄结果(1616 ± 20) Ma 在误差范围内相一致。以上年龄数据显示龙王礶岩体形成时代已经得到较为一致的认可，岩体侵位于中元古代早期（～1.6 Ga）。根据河南区调队（1995）研究，棚沟单元锆石U－Pb年龄1614 Ma，王家营单元Pb－Pb年龄1706 Ma。由此，该岩带形成时代被厘定为中元古代早期长城纪。这些年代学数据表明龙王碹和草店岩体都形成于中元古代早期（～1.6 Ga），是同一期地质事件产物。

尽管关于A型花岗岩的成因存在很多的争议。但是关于其指示的构造环境基本上没有什么争议。A型花岗岩通常被认为与拉张性构造环境相关，指示了造山后的环境或者非造山的环境（Collins et al.，1982；Whalen et al.，1987；Bonin，1990；Eby，1992；Turner et al.，1992；Sylvester，1998；Wu et al.，2003；Yang et al.，2006；Xu et al.，2009；Huang et al.，2011）。Eby（1992）进一步将A型花岗岩分为A1型和A2型花岗岩。A1型花岗岩代表着岩浆来源于类似OIB的物质源区，岩体侵位于非造山环境，如大陆裂谷或板内环境。而A2型花岗岩形成于大陆地壳或底侵镁铁质地壳的部分熔融，侵位于碰撞后或造山后的环境。在Y－Nb－Ce、Y－Nb－3Ga、Yb/Ta－Y/Nb和Ce/Nb－Y/Nb判别图中（图3.9），龙王碹和草店碱性岩全部位于A1型花岗岩内，表明这两个岩体具有非造山花岗岩特征。

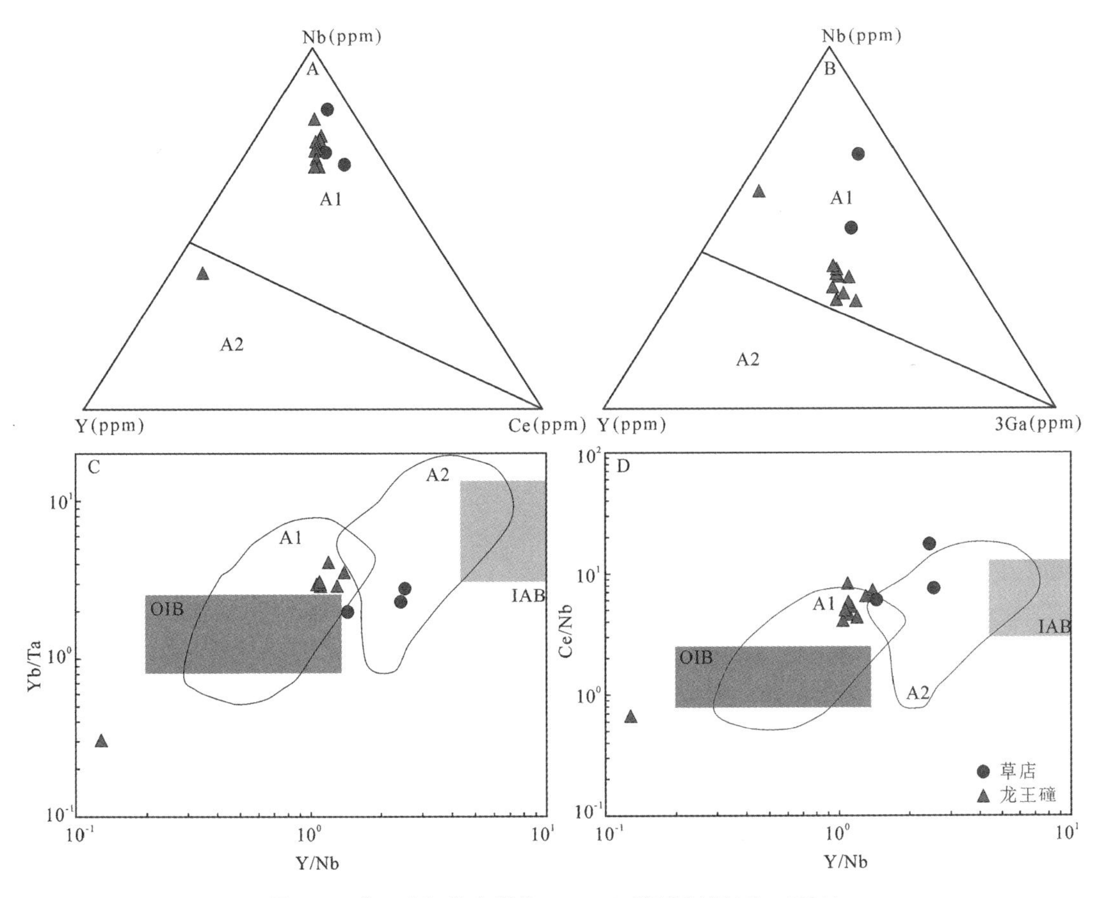

图3.9　龙王碹和草店岩体A1－A2判别图（据Eby，1992）

Pearce等（1984）对已知的大地构造背景花岗岩的地球化学特征进行了系统的总结归

纳，并提出 Y、Yb、Rb、Ba、Nb、Ta、Ce、Sm、Zr 和 Hf 这些元素最能有效地区分花岗岩的大地构造环境，可以利用元素 Rb、Y、Yb、Ta 和 Nb 来区分大洋脊花岗岩（ORG）、板内花岗岩（WPG）、火山弧花岗岩（VAG）和同碰撞花岗岩（syn - COLG）等。龙王礶花岗岩在（Yb + Ta）- Rb 和（Y + Nb）- Rb 构造环境判别图解上分别投影于板内花岗岩（WPG）区域内（图 3.10），指示了岩浆产出在板内的构造环境。这一点与龙王礶花岗岩属于 A1 型花岗岩亚类具有相同的指示意义，都表明龙王礶花岗岩形成时期的华北南缘已经进入了板内伸展构造阶段。

草店岩体虽然在构造判别图解上位于岛弧花岗岩或者后碰撞花岗岩范围内，但是其具有 A1 花岗岩的属性，且和龙王礶花岗岩形成于同一时代，它们应该是同一个地质事件的结果，因此认为草店岩体同样形成于板内伸展环境。

尽管地质学界在华北板块的划分以及拼贴方式上存在着分歧，但是都认为在大约 1.8 Ga 华北东西板块完成最终拼合（Zhao et al.，1998，1999，2012；Zhai et al.，2005，2011）。赵国春（2002）也提出华北克拉通是由东部陆块、中央构造带和西部陆块三部分在 1.8 Ga 完成碰撞拼合，最终形成陆核和完成克拉通化，随后华北地块进入了盖层的演化阶段。这一时期的碰撞造山事件正好与哥伦比亚（Columbia）超大陆形成时代相一致（Zhao et al.，2002；Zhai et al.，2003；Peng et al.，2005）。Zhao 等（2002）认为 1.85 Ga 年的碰撞造山事件可能就是 Columbia 超大陆形成在华北克拉通的表现；而随后的裂解事件可能发生在中元古代，在华北克拉通表现为 1.6～1.2 Ga 的非造山型岩浆事件以及 1.4～1.2 Ga 的基性岩墙群。阎国翰等（2007）总结了前人发表华北克拉通的拉张性岩浆的年代学数据，提出了华北克拉通的拉张性岩浆作用存在的三个阶段：第一阶段是古元古代末-中元古代早期（1850～1600 Ma），第二阶段是新元古代中-晚期（900～600 Ma），第三个阶段是古生代末-新生代（250 Ma 至现今）。并且提出这三个阶段的拉张性岩浆事件分别在时间上对应于 Columbia、Rodinia 及 Pangaea 三个超级大陆的裂解。Columbia 超大陆在 2.1～1.8 Ga 由各个组成的陆块碰撞拼合在一起的（Rogers et al.，2002；Condie et al.，2002；Zhao et al.，2002），在华北地块表现为吕梁运动导致华北板块克拉通化（Zhao et al.，1999，2012；Zhai et al.，2005，2011），之后（1.8～1.3 Ga）陆续发生了裂解（Rogers et al.，2002；Zhao et al.，2002；陆松年等，2002）。

龙王礶和草店碱性花岗岩形成于 1.6 Ga，在形成时间上与 Columbia 超大陆早期拉张解裂一致，可能是对这一裂解事件的响应。除此之外，华北克拉通上也发育了多期次与大陆裂解作用相关的岩浆事件，主要包括：形成于 1.78～1.68 Ga 的五台山—恒山一带的镁铁质岩墙群；形成于 1700～1690 Ma 的北京密云奥长环斑花岗岩（Ramo et al.，1995；郁建华等，1996）；形成于 1730～1690 Ma 河北大庙的斜长岩杂岩体（赵太平等，2004），以及燕辽裂陷槽中部发育的 1.68～1.62 Ga 期间的长城系大红峪组碱性玄武岩、钾质火山岩和串岭沟组基性岩脉（田辉等，2015）。

Columbia 超大陆拉张解裂在华北地块南缘则表现为 1.8～1.7 Ga 熊耳群火山岩规模喷溢和镁铁质岩墙群的侵位、～1.78 Ga 嵩山地区的 A 型花岗岩（Zhao and Zhou，2009）、～1.6 Ga 麻坪 A 型花岗岩（邓小芹等，2015）。麻坪 A 型花岗岩与龙王礶和草店碱性花岗岩

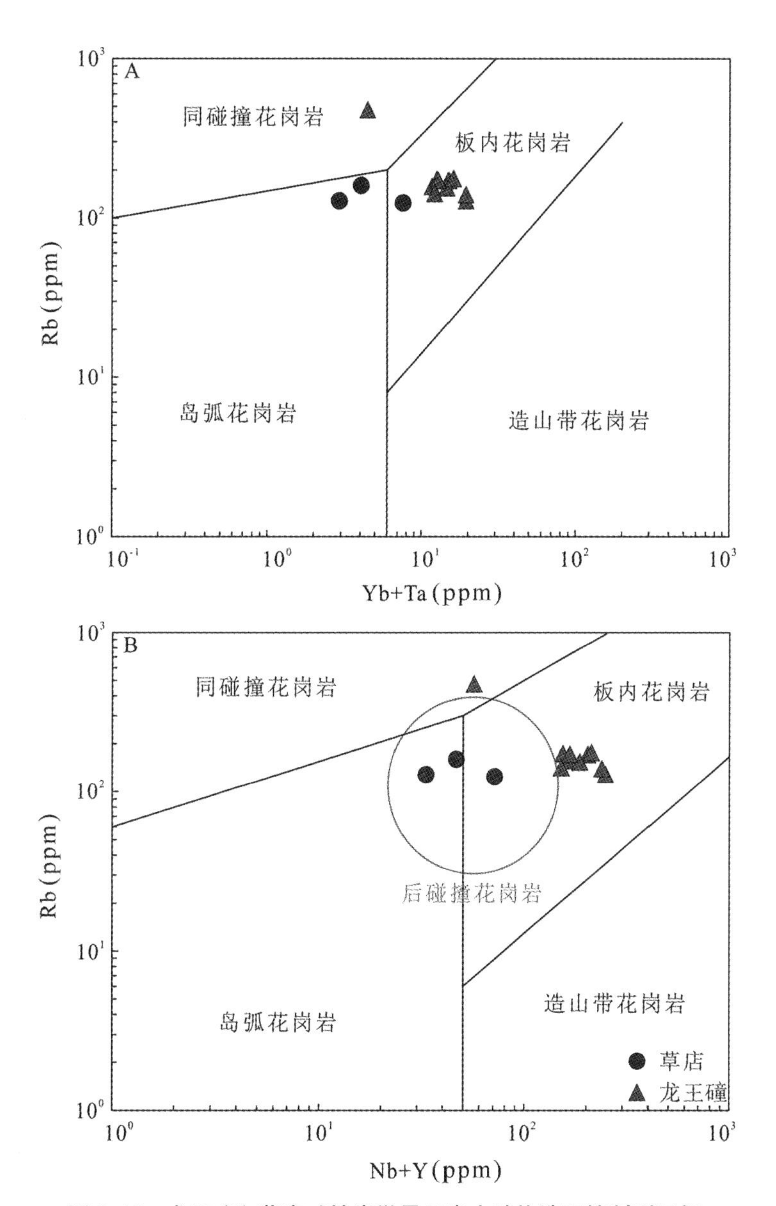

图 3.10　龙王磴和草店碱性岩微量元素大地构造环境判别图解

(据 Pearce et al.,1984;Pearce,1996)

具有相似的地球化学特征，都表现为富集大离子亲石元素亏损高场强元素，具有明显的 Eu 的负异常以及 Sr 的亏损，都属于形成于板内拉张环境的 A1 型花岗岩。这些特征表明龙王礤、草店与麻坪岩体应该为同批次的岩浆事件。

综上，1.6 Ga 龙王礤和草店碱性岩具有 A1 型花岗岩的属性，它们是在拉张背景下基底太华群发生部分熔融而形成的，它们的侵位与同期的基性岩墙群、双峰式火山岩和碱性岩都是华北克拉通对 Columbia 超大陆裂解的响应。

第4章　新元古代云霞正长岩-角闪正长岩类

该类岩体出露沿黑沟—栾川断裂带及北侧分布，岩石组合主要包括绢云母化正长岩、角闪云霞正长岩、黑云母正长岩、正长斑岩和石英正长岩。岩石形成世代被认为是新元古代(840～800 Ma)，岩浆来源于壳幔混合物质的部分熔融，经结晶分异作用侵位于板缘拉张环境。在空间上自东向西分布有塔山、双山、鱼池等岩体，集中分布于方城北部的杨集乡一带。

霞石正长岩和角闪正长岩组合出露于方城杨集乡塔山、双山、鱼池一带，岩体断续出露呈带状分布于黑沟—栾川断裂带与拐河断裂带之间，多数岩体分布方向与区域性断裂走向基本一致，呈 NW—SE 向展布，由长 10 km、宽 2 km 数个小岩株构成，平面上呈不规则椭圆形、弧形并呈不整合侵入上元古界栾川群(图 4.1)。少数岩体呈不整合侵入中元古界高山河组。岩石类型主要有绢云母化正长岩、黑云母正长岩、角闪云霞正长岩和石英正长岩，为复式岩体。岩体分带现象明显，相带之间为渐变过渡关系，边缘相钠化、绢云母化强烈，岩体内发育有后期伟晶岩和霏细岩脉，岩体边部具烘烤现象。其中塔山、双山、鱼池岩体中含有霞石正长岩或角闪正长岩，呈局部团块状或脉状整合侵入于正长岩中，还有一些正长斑岩分散于正长岩之中。本章主要描述这三个岩体的岩石学和地球化学特征并探讨岩石成因问题。

4.1　岩 体 地 质

4.1.1　塔山岩体地质

塔山岩体出露面积约 4 km^2，分布于马庄、塔山一带，呈 NW—SE 向展布，平面上呈不规则的椭圆形小岩株，侵位于上元古界栾川群、陶湾群的绿泥绢云千枚岩和硅化大理岩中，呈侵入接触，接触面产状较陡，呈港湾状。岩石类型为绢云母化正长岩，自岩体边部至中心，由细粒绢云母化正长岩渐变为中粗(巨)粒绢云母化正长岩，局部出露绿泥二云正长岩、伟晶岩、细晶正长岩、萤石，且多呈脉状和团块状分布。岩体与绿泥绢云千枚岩接触时，绢云母化强烈，含量高达 30%，且绿泥石、绿帘石化显著；与硅化大理岩接触时，碳酸盐化、硅化强烈，常形成萤石矿和石英脉(图 4.2)。

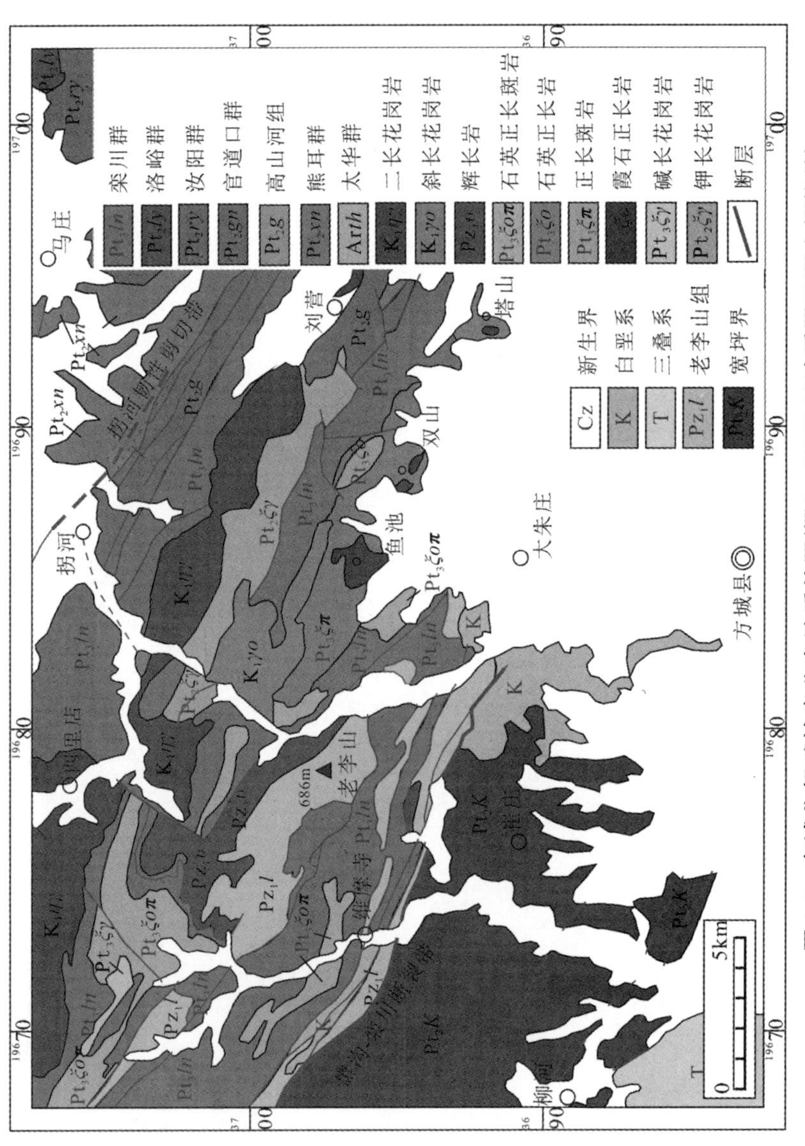

图4.1 方城北部碱性岩分布地质简图(据1：250000地质图平顶山幅修编)

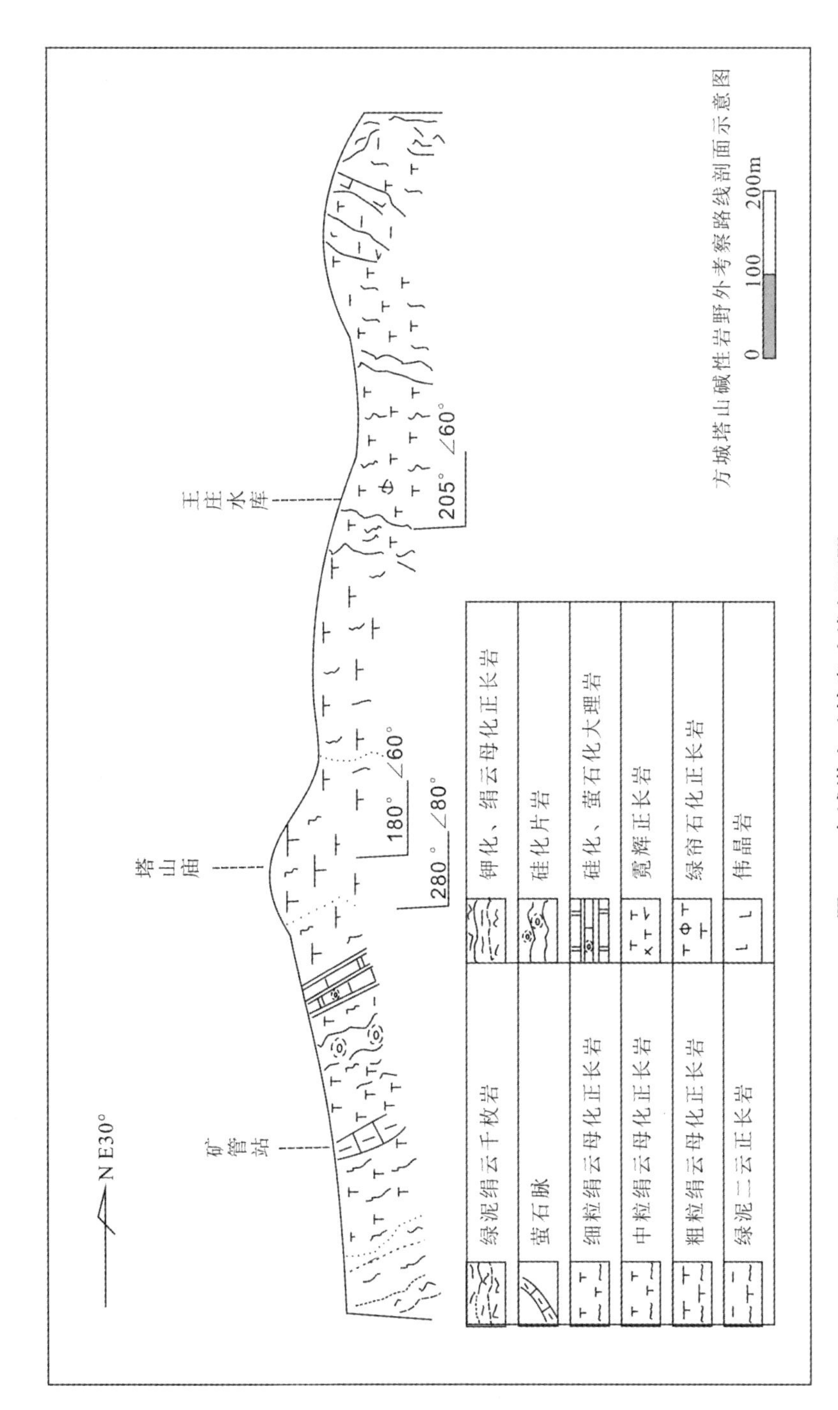

图4.2　方城塔山碱性岩路线剖面图

4.1.2 双山岩体地质

双山岩体出露面积3 km²,分布于双山—羊头山一带,呈NW—SE向展布,平面上为多边形小岩株,侵位于上元古界栾川群、陶湾群,呈侵入接触,接触面产状较陡,多为岛弧形,岩石类型为角闪云霞正长岩、绢云母化正长岩。沿接触带绢云母化强烈,岩石粒度较细,受热动力作用,岩石变质为硬玉正长岩,呈带状分布,自岩体边部岩性为绢云母化正长岩、角闪二云正长岩、角闪云霞正长岩、黑云母正长岩、二云正长岩,且由细粒向中粗粒过渡,霓辉正长岩呈团块状分布,局部见有正长岩脉和碳酸盐化正长岩脉分布(图4.3)。

4.1.3 鱼池岩体地质

鱼池岩体出露面积约10 km²,分布于牛王庙、张山沟、前杨庄、陈府庄一带,呈NW—SE向展布,并以不规则弧形向南弯曲,侵位于上元古界栾川群的绿泥绢云千枚岩和硅化大理岩中,在岩体北部分布有晚期碱性花岗岩。岩石类型为绢云母化正长岩、二云正长岩、角闪云霞正长岩(图4.4)。岩体边缘相宽度变化较大,由几米至数百米。带内见有围岩捕虏体,捕虏体边部烘烤、溶蚀/熔蚀、同化混染现象显著,且改变了原岩的特征,绿泥石、绿帘石化、碳酸盐化明显,岩石粒度较细,内部相粒度变粗、岩性渐变为黑云母正长岩、角闪云霞正长岩,局部见有团块状霓辉正长岩、碳酸盐化伟晶正长岩及伟晶岩脉。

绢云母化正长岩呈浅黄色、浅肉红色,随着绢云母的增多略显淡绿色,具半自形粒状结构。主要矿物有钾长石(微斜长石、条纹长石、正长石)60%~90%,绢云母5%~20%,次要矿物为黑云母,副矿物有磁铁矿、锆石、榍石、磷灰石。

4.2 岩 石 学

在塔山岩体中发育有巨粒绢云母化正长岩,主要由钾长石和绢云母组成,钾长石斑晶一般1 cm左右,大者2 cm以上,绢云母片也较大,排列方向与围岩产状一致;在双山一带出露的绢云母化正长岩、钠长石和黑云母含量较高,绢云母鳞片较大,具定向排列,形成似片麻状构造。岩体外相带粒度变细,出现中细粒绢云母化正长岩,黑云母、钠长石含量较高,钾长石主要为微斜长石,次为条纹长石,呈半自形粒状或板状,粒径在1 mm×2 mm~4 mm×6 mm范围,绢云母化普遍,具不规则锯齿状或港湾状外形,裂纹发育,绢云母沿裂纹进行交代,绢云母呈鳞片状或显微鳞片状集合体,有规律地分布在微斜长石之中或边缘,可能为钠长石条纹次生变化的产物,有一种充填于微斜长石的裂隙中,可能为热液期产物。

角闪正长岩手标本呈灰色,中细粒结构,块状构造。主要矿物钾长石、角闪石和黑云母(图4.5)。钾长石呈半自形板状、粒状晶体,粒径1~2 mm,见有格子双晶及条纹结构,表面多已高岭土化,含量约占40%。角闪石呈板状,自形-半自形,但偏光镜下呈现黄褐色,正交偏光镜下最高干涉色为二级蓝,一组解理发育完全,含量约占20%。黑云母呈长柱状,自形程度较高,单偏光下呈现褐色,含量约占25%。斜长石呈板状,中粒,自形程度较高,具有典

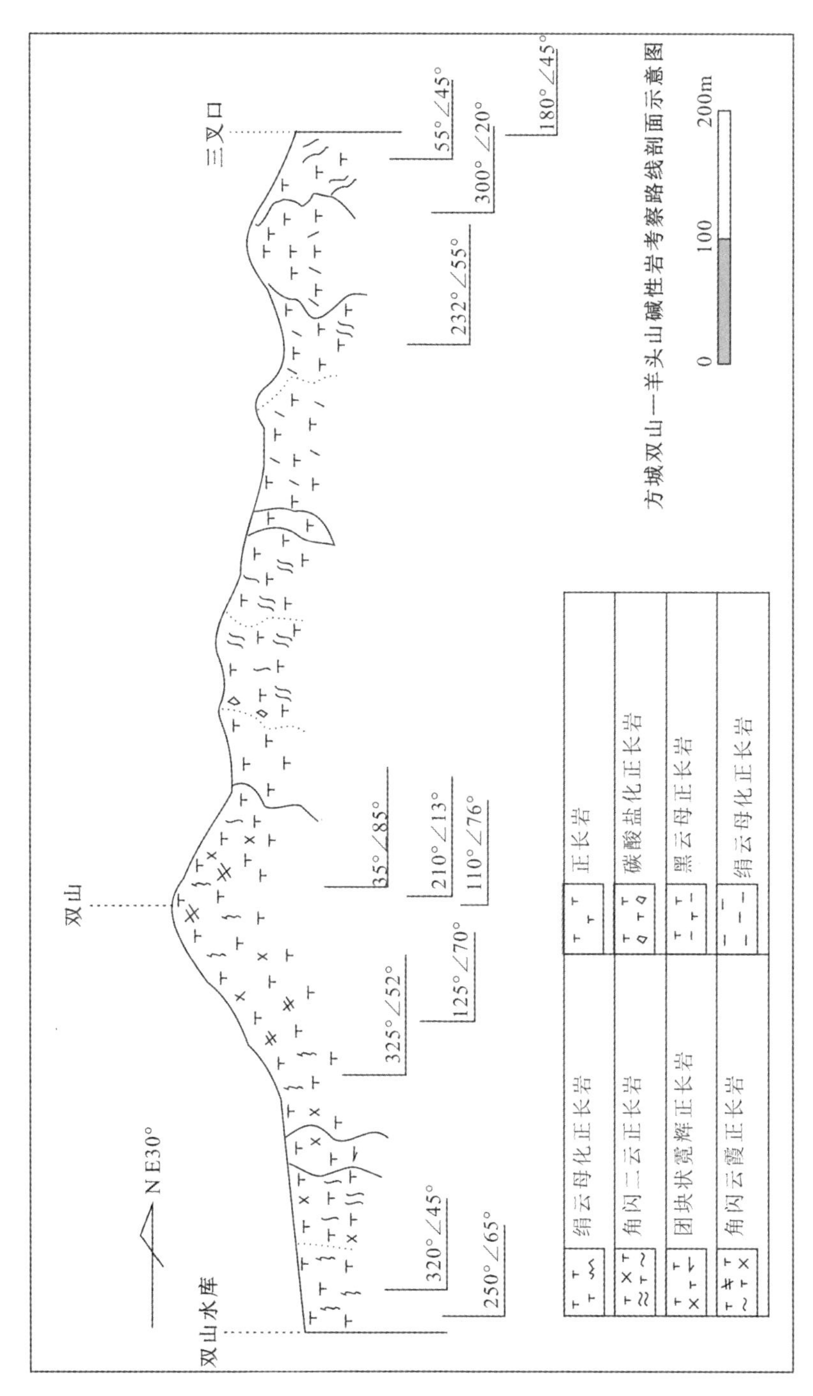

图4.3　方城双山—羊头山碱性岩路线剖面图

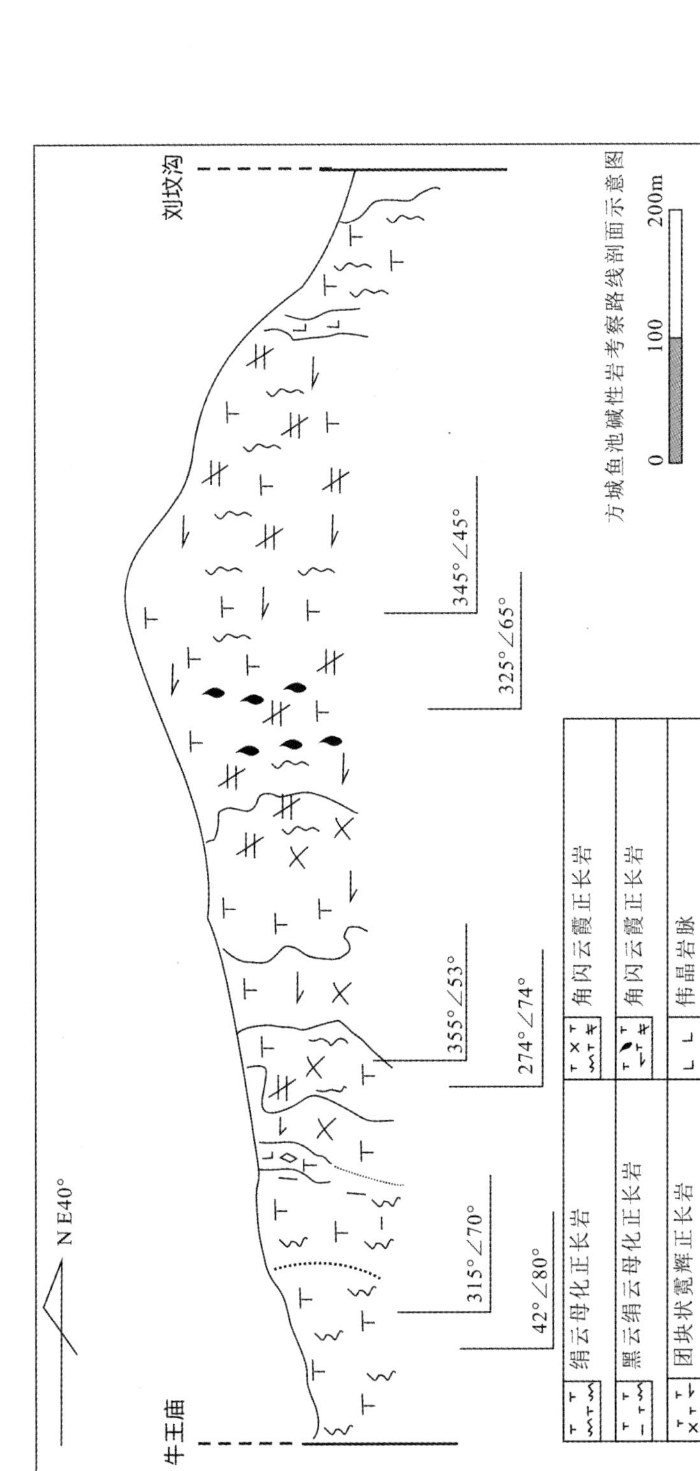

图4.4 方城鱼池碱性岩路线剖面图

型的聚片双晶体，含量约占10%。

二云正长岩呈灰、灰白色，自形、半自形粒状结构，似片麻状构造，主要矿物为微斜长石，条纹长石60%～70%，钠长石20%～40%，黑云母5%～10%；次要矿物有绢云母、白云母、霞石、白钛石。微斜长石、条纹长石呈半自形粒状，颗粒粗大，一般0.2～2 mm，部分可达5 mm，常沿区域构造线方向定向排列，绝大部分颗粒发育一组肖钠双晶。钠长石外形呈浑圆的糖粒状，粒径0.1～0.2 mm，具简单的钠氏双晶，往往呈细粒堆积于其他矿物颗粒之间，常见交代钾长石的现象。黑云母呈棕红色、叶片状，片径0.1 mm×0.2 mm，呈鳞片状集合体，分布于钾长石颗粒四周，具定向排列，构成似片麻状构造。

角闪云霞正长岩呈浅灰色，它形、半自形粒状结构，主要矿物有微斜长石，条纹长石10%～60%，钠长石20%～25%，碱性角闪石10%；次要矿物有黑云母<5%，石榴石2%～3%，及少量绿泥石、白云母等；副矿物有榍石、磷灰石、锗石、磁铁矿、钛铁矿、褐帘石；次生矿物有萤石、钙霞石、绢云母、高岭土等。微斜长石、条纹长石呈半自形板状、粒状，粒度为0.5 mm×1 mm～3 mm×5 mm，由钠长石的交代，外缘不规则，可见格子双晶和卡氏双晶；钠长石呈它形粒状或短柱状，粒度0.3～3 mm不等，极简单的钠式双晶发育，长轴排列有一定方向性；霞石呈它形粒状，粒度0.2～2.5 mm不等，有时呈聚体，颗粒中常见包裹榍石，角闪石等矿物，切面有裂纹，沿裂纹发生向沸石变化的次生变化现象；碱性角闪石，它形粒状或柱状，常同黑云母一起分布在长石颗粒之间，粒度5～2 mm；早期的更长石晶体中心往往绢云母化。

霞石正长岩呈灰白色，中细粒它形粒状结构，块状，似片麻状构造，主要矿物为钾长石、条纹长石占60%，钠长石10%～20%，霞石5%～10%；次要矿物黑云母<5%及少量碱性角闪石、白云母等；副矿物有榍石、锆石、磷灰石、磁铁矿、绿帘石、褐帘石、石榴石、钛铁矿、萤石、刚玉；次生矿物有钙霞石、钠沸石、方解石。钾长石呈半自形板状、粒状晶体，粒径1～2 mm，见有格子双晶及条纹结构；钠长石多呈细小粒状，短柱状集合体，粒径0.1～0.4 mm，晚期结晶的钠长石有明显交代钾长石现象；霞石呈它形粒状，分布于长石颗粒之间，因易风化而使岩石表面凸凹不平。

4.3　岩石地球化学

塔山和双山岩体主微量元素含量分析结果见表4.1。

4.3.1　塔山岩体

塔山岩体的SiO_2含量为52.5%～58.8%，具有中性岩的特征；低钠，Na_2O含量为0.2%～0.3%，富钾，K_2O含量为12.4%～13.9%；全碱$ALK = 13.6 \sim 14.5$，K_2O/Na_2O在39.8～56.1之间。在TAS分类图中大部分样品都落在霞石正长岩系列范围(图4.6A)。塔山岩体具有相对较高的铝含量，Al_2O_3含量在14.8%～23.7%范围，A/CNK在0.67～1.54范围，A/NK在1.08～1.55范围，在A/CNK－A/NK图解上数据点大部分落在偏铝质到过

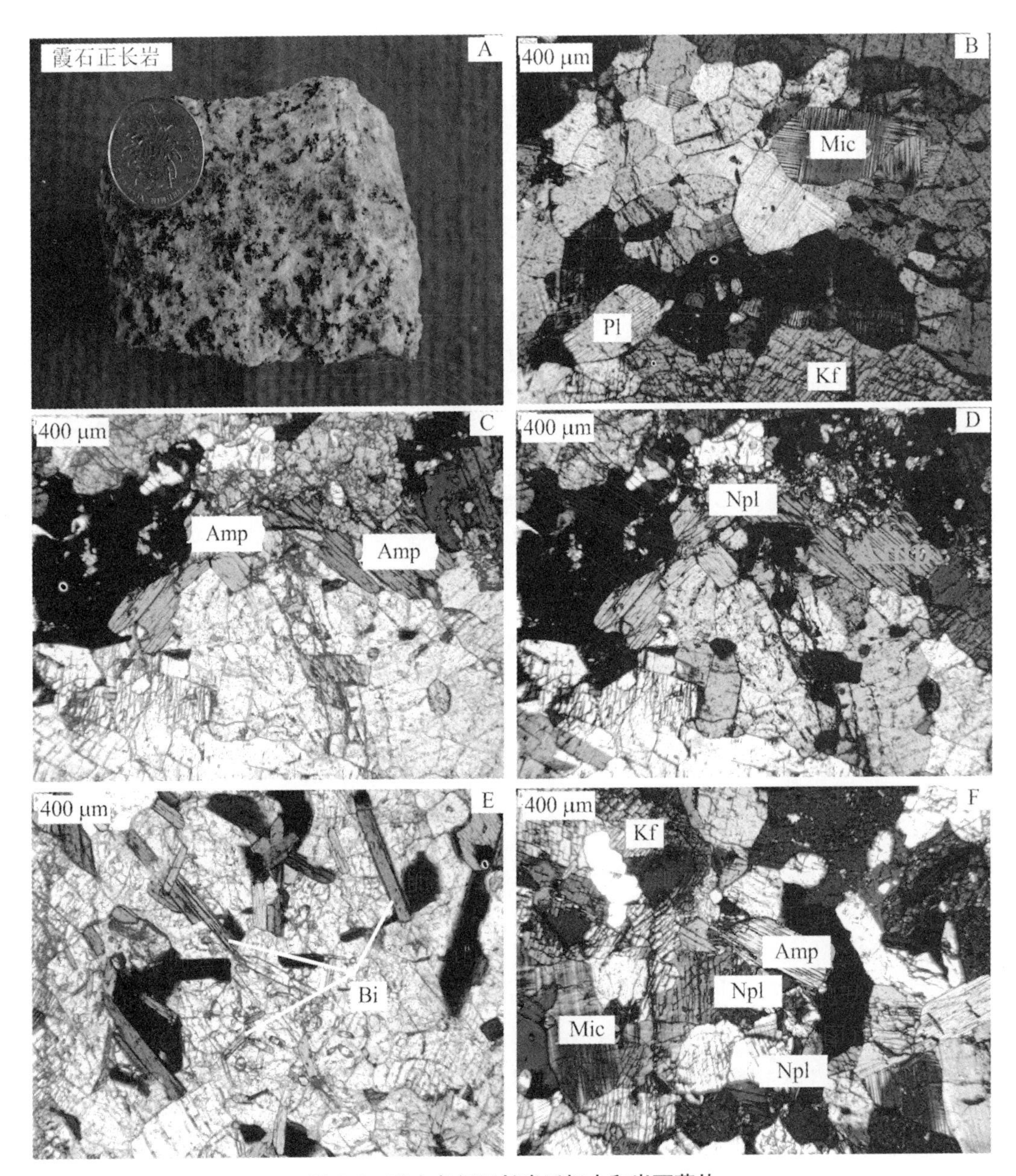

图 4.5 双山角闪正长岩手标本和岩石薄片

Pl:斜长石;Mic:微斜长石;Amp:角闪石;Kf:钾长石;Bi:黑云母;Npl:霞石。

表 4.1　塔山和双山岩体主量元素(%)和微量元素(ppm)分析结果

岩体	塔山										双山									
样号	TS-1	TS-2	TS-3	TS-4	TS-5	TS-6	TS-7	TS-8	TS-10	SS-1	SS-2	SS-3	SS-4	SS-5	SS-6	SS-7	SS-8	SS-9	SS-10	SS-11
SiO_2	56.53	57.12	57.62	58	57.22	58.14	58.83	55.85	52.45	54.63	57.34	49.64	57.45	56.18	56	56.53	56.83	56.24	56.27	54.09
TiO_2	0.17	0.1	0.13	0.18	0.14	0.14	0.28	0.33	0.71	0.7	0.62	0.62	0.23	0.65	0.92	0.69	0.63	0.74	0.73	0.68
Al_2O_3	23.25	23	22.84	23.19	23.7	21.41	20.19	19.38	14.88	19.78	21.54	17.99	21.1	20.82	22.18	22.12	21.64	21.57	21.57	20.47
TFe_2O_3	1.92	1.72	2.12	1.66	1.85	1.69	1.93	2.11	3.81	2.89	3.32	10.12	3.92	3.37	3.45	3.56	3.15	3.48	3.67	4.79
MnO	0.05	0.04	0.04	0.01	0.02	0.07	0.03	0.04	0.33	0.28	0.26	0.94	0.6	0.29	0.33	0.29	0.25	0.29	0.28	0.22
MgO	0.67	0.65	0.68	0.69	0.69	0.88	0.76	1.03	2.04	0.78	0.22	1.56	0.01	0.47	0.34	0.28	0.25	0.31	0.27	0.39
CaO	0.07	0.06	0.06	0.02	0.06	0.05	0.84	3.4	4.69	3.57	1.47	2.38	2.01	1.93	1.28	1.55	1.4	1.57	1.75	2.69
Na_2O	0.31	0.34	0.33	0.33	0.34	0.3	0.28	0.28	0.22	4.54	7.94	4.71	9.92	5.21	6.79	7.71	7.22	6.73	7.85	3.73
K_2O	13.37	13.54	13.58	13.91	13.6	13.58	13.84	12.66	12.35	6.55	5.42	3.69	2.47	8.63	7.43	6.06	6.2	6.87	5.31	7.53
P_2O_5	0.019	0.014	0.014	0.016	0.021	0.017	0.021	0.027	0.011	0.068	0.052	0.039	0.021	0.07	0.087	0.062	0.06	0.067	0.067	0.069
SrO	0.01	0.01	0.01	0.02	0.01	0.02	0.01	0.01	0.01	0.06	0.03	0.05	0.02	0.04	0.03	0.03	0.03	0.03	0.03	0.03
BaO	0.13	0.08	0.07	0.14	0.06	0.19	0.29	0.3	0.12	0.03	0.01	0.01	0.01	0.03	0.02	0.01	0.01	0.01	0.01	0.12
烧失量	2.19	2.11	2.07	1.8	2.12	1.98	1.8	3.2	7.28	4.37	0.74	1.59	0.93	1.22	1.1	0.85	0.93	0.92	0.79	4.3
总量	98.69	98.79	99.56	99.97	99.83	98.47	99.1	98.62	98.91	98.26	98.96	93.33	98.69	98.91	99.96	99.74	98.6	98.83	98.59	99.11
V	<5	<5	<5	<5	<5	6	8	19	32	<5	<5	5	<5	<5	<5	<5	<5	<5	<5	<5
Cr	<10	<10	<10	<10	<10	<10	<10	<10	40	<10	<10	<10	<10	<10	<10	<10	<10	<10	<10	<10
Co	<0.5	<0.5	0.5	<0.5	<0.5	2.6	1.8	2.4	1.4	<0.5	0.5	1.3	<0.5	<0.5	<0.5	<0.5	<0.5	<0.5	<0.5	1.2
Ni	<5	<5	<5	<5	<5	<5	<5	<5	<5	<5	<5	<5	<5	<5	<5	<5	<5	<5	<5	<5
Cu	<5	<5	<5	<5	<5	<5	<5	6	<5	<5	<5	<5	<5	<5	<5	<5	<5	<5	<5	<5
Zn	34	26	36	33	25	35	21	38	54	143	156	676	327	187	264	156	144	171	156	125
Ga	28.7	26.6	28.2	28.5	29.6	31.2	30.3	33.9	40.4	27.1	31.7	59.4	45.6	30	33.2	33.1	31.7	33.3	33.1	31.1
Rb	689	696	748	703	819	681	709	613	384	234	190	381	81	320	313	229	233	268	208	314
Sr	114.5	70.3	119.5	177.5	95	132.5	63.8	101.5	114.5	542	257	563	156.5	312	304	269	253	271	239	255
Y	11.3	4.9	6.1	8.3	7.1	6.3	20.2	27.9	39.7	68.2	46.5	302	73.9	48.3	59.5	55.7	56.7	68.3	64.3	52.8
Zr	487	88	559	386	203	195	664	658	1160	1050	884	>10000	2940	610	621	556	787	1190	935	877
Nb	94.9	61.3	91.6	86.3	71.4	86.1	152.5	150.5	178	255	277	4080	488	253	298	247	267	378	309	260

续表

岩体	塔山										双山									
样号	TS-1	TS-2	TS-3	TS-4	TS-5	TS-6	TS-7	TS-8	TS-10	SS-1	SS-2	SS-3	SS-4	SS-5	SS-6	SS-7	SS-8	SS-9	SS-10	SS-11
Mo	7	4	2	<2	4	25	20	10	<2	<2	<2	<2	2	<2	2	<2	<2	<2	<2	16
Ag	<1	<1	<1	<1	<1	<1	<1	<1	<1	<1	<1	<1	<1	<1	<1	<1	<1	<1	<1	<1
Sn	1	1	1	2	1	2	3	3	2	3	5	18	9	3	5	5	4	6	5	3
Cs	1.68	1.56	2	1.94	2.01	1.63	2.04	2.32	1.42	3.07	1.58	8.99	0.5	3.66	3.95	2.17	2.27	2.83	2.01	5.94
Ba	1115	665	595	1240	514	1715	2610	2700	1070	324	78.1	39.8	34.5	297	158.5	81.8	94.2	108.5	68.8	1080
La	96.7	46.7	26.3	93.1	82.7	33.5	143.5	194	40.3	203	219	2510	346	239	235	244	226	261	256	238
Ce	193.5	114	113	168	155.5	69.9	295	318	79.6	399	414	3550	524	455	481	459	436	499	486	454
Pr	16.55	7.71	4.97	13.85	13.25	5.12	24.9	30.7	9.68	45.9	45.8	306	50.4	52.3	59.8	52.8	49.4	58.5	56.5	54
Nd	43.3	19.8	13.1	34.7	33.9	13.4	66.7	80.6	35.8	147	144	734	135	166	200	169	160	191	183	171
Sm	4.46	2.29	1.53	3.35	3.72	1.57	6.92	8.19	6.12	21	19.5	74.5	17.7	21.7	28.2	22.3	21.6	25.4	24.4	22.4
Eu	1.2	0.63	0.41	0.83	0.98	0.42	1.69	1.96	1.21	3.34	2.85	9.47	1.96	3.27	3.61	3.2	3.06	3.3	3.22	2.91
Gd	5.48	2.77	2.08	4.23	4.4	1.91	8.48	9.78	5.76	21.3	19.4	100	20.1	21.9	26.2	22.3	21	25.3	24.2	21.9
Tb	0.48	0.26	0.18	0.35	0.38	0.2	0.77	0.91	0.85	2.56	2.2	10.3	2.25	2.41	3.07	2.51	2.42	2.88	2.79	2.35
Dy	2.09	1.09	0.97	1.35	1.52	1.08	3.24	4.33	5.07	13.1	9.93	52.4	11.7	10.85	13.85	11.95	11.55	14.05	13.45	10.7
Ho	0.45	0.21	0.23	0.31	0.32	0.25	0.72	0.94	1.34	2.73	1.91	12.1	2.5	2.06	2.57	2.31	2.26	2.76	2.67	2.1
Er	1.45	0.63	0.7	1.07	1.01	0.77	2.52	3.1	5.04	8.1	5.77	44	8.13	5.76	7.01	6.59	6.79	8.15	8	6.4
Tm	0.21	0.07	0.1	0.16	0.16	0.09	0.39	0.45	0.94	1.2	0.79	8.15	1.3	0.72	0.86	0.88	0.95	1.16	1.07	0.89
Yb	1.49	0.57	0.69	1.11	1.06	0.67	2.66	2.85	5.86	7.74	5.18	64.6	8.54	4.32	5.2	5.39	6.11	7.58	6.75	6.02
Lu	0.23	0.08	0.11	0.17	0.16	0.1	0.43	0.43	0.88	1.28	0.81	13.1	1.44	0.64	0.75	0.81	0.97	1.23	1.06	1
Hf	11.4	2.5	13.1	8	4.3	4.4	14.7	13.7	28.8	24.7	21.9	925	69.6	15.7	16.4	14.7	19.4	28.6	22.9	21.3
Ta	2	0.9	1.6	1.7	1.4	1	2.9	2.5	1	21	20.5	342	27.5	18.5	29.6	18.6	20	27.8	23.3	20.8
W	2	2	2	2	1	3	2	10	7	2	1	8	2	1	<1	<1	<1	1	1	16
Tl	<0.5	<0.5	<0.5	<0.5	<0.5	<0.5	0.5	0.6	<0.5	<0.5	<0.5	<0.5	<0.5	<0.5	<0.5	<0.5	<0.5	<0.5	<0.5	<0.5
Pb	6	5	7	7	<5	9	10	12	9	19	17	25	34	20	33	17	16	18	15	25
Th	13.55	10.4	8.63	18.95	14.75	9.35	19.2	25.1	19.95	28.6	31.7	177.5	90.3	33.3	27.7	34.1	29.8	37.3	34.3	32.7
U	3.1	0.62	2.25	2.25	1.38	1	2.38	2.89	8.62	5.27	6.75	121.5	21.1	5.42	4.72	4.34	5.37	8.17	6.54	4.49

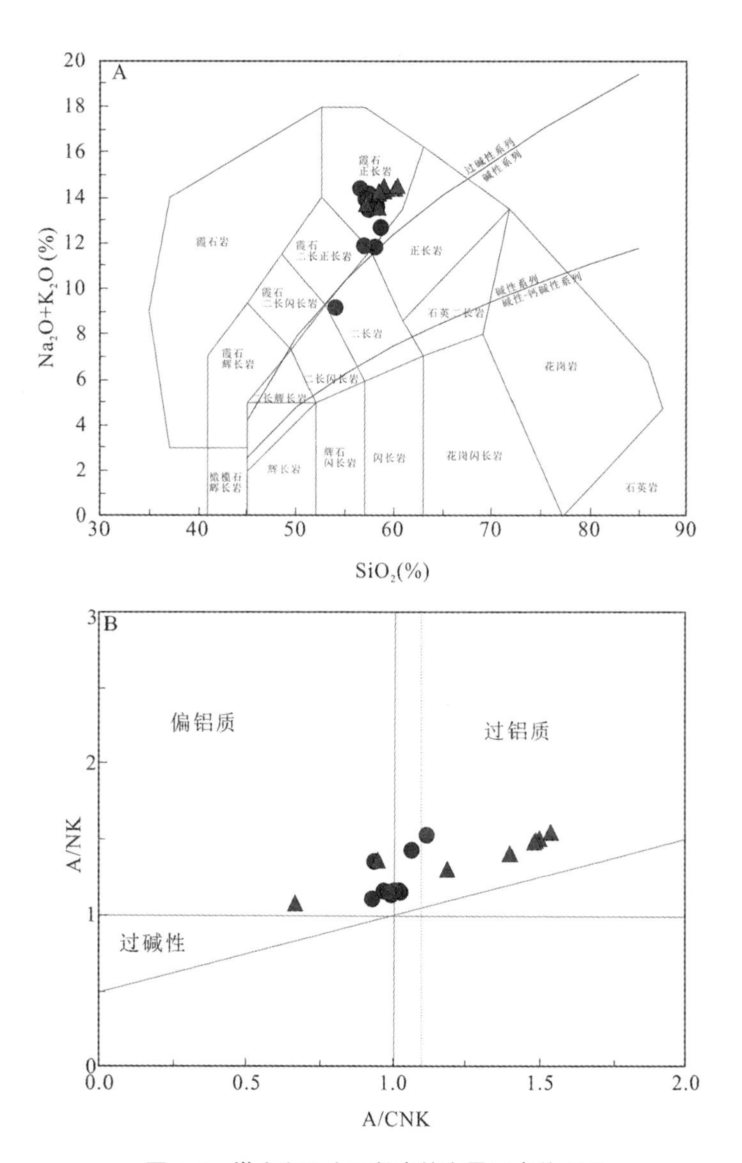

图4.6　塔山和双山正长岩的主量元素关系图

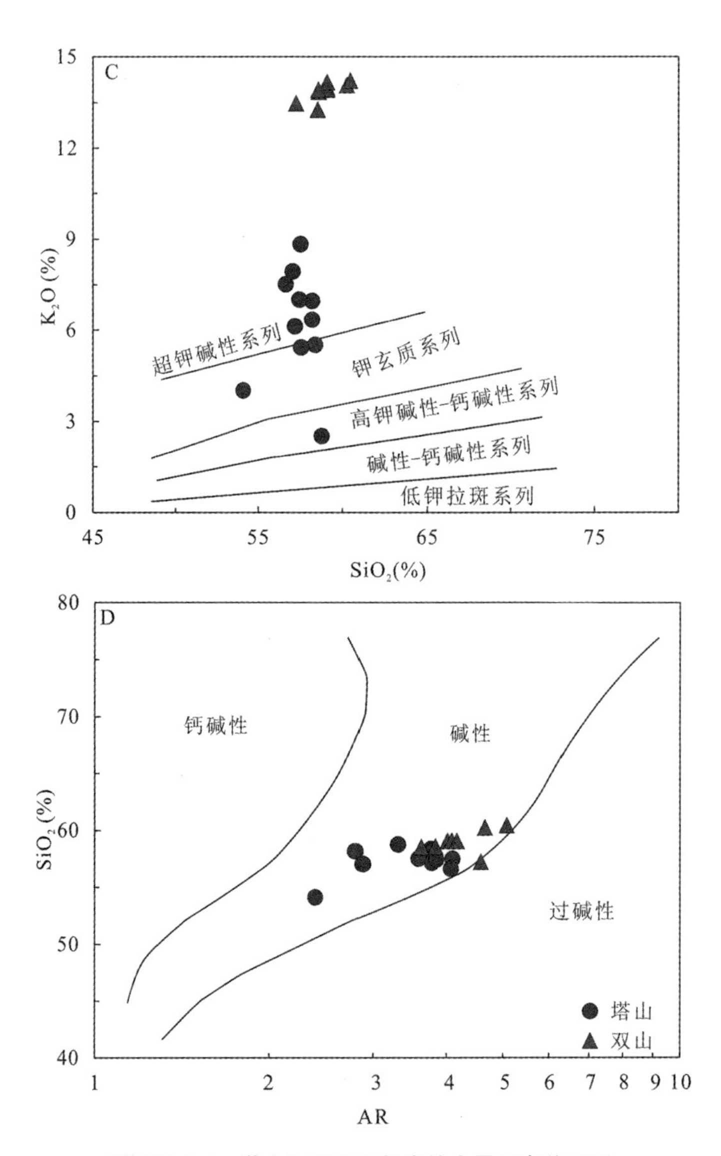

(续)图 4.6　塔山和双山正长岩的主量元素关系图

铝质系列(图4.6B),指示铝过饱和特征。在 K_2O-SiO_2 图解上岩体大部分样品位于超钾质碱性岩系列中(图4.6C)。赖特碱度率(AR)在3.63~5.08之间,在 $AR-SiO_2$ 图上显示所有的样品都落在碱性岩的范围(图4.6D)。塔山岩体MgO含量较高,在0.65%~2.04%之间,而 Fe_2O_3 含量较低,为1.66%~3.81%,具有较高的镁指数,$Mg^{\#}$ 在39~54之间。

塔山岩体的稀土元素总含量较低,在129~656 ppm之间;LREE/HREE在6.71~35.87之间;$(La/Yb)_N$ 变化范围为4.64~56.55,表明轻重稀土分异明显;Eu^* 在0.62~0.76之间。在球粒陨石标准化稀土配分图上呈现为向右倾斜的平滑曲线,具有轻微的Eu负异常(图4.7A)。

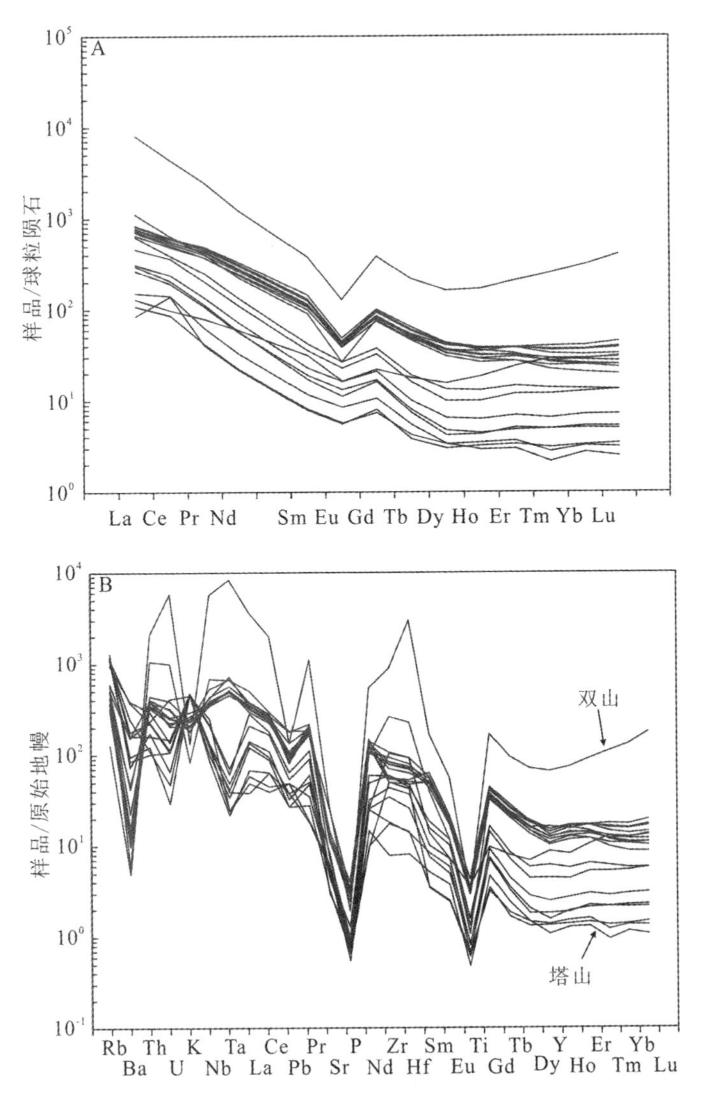

图4.7 塔山和双山正长岩球粒陨石标准化稀土配分图(A)原始地幔标准化微量元素蛛网图(B)

球粒陨石值和原始地幔值据McDonough和Sun(1995)。

微量元素多元素图解显示相对富集 Rb、K、Th、U 等大离子亲石元素(LILE),相对亏损 Ba、Nb、Ta、Sr、Ti、P 等元素(图 4.7B)。亏损 Sr 可能暗示斜长石的分离结晶或者在部分熔融过程中在源区残留。而 Ti、P 等元素的负异常可能指示了岩浆演化过程中含 Ti - Fe 氧化物和磷灰石的分离结晶。

4.3.2 双山岩体

双山岩体的 SiO_2 含量较低,为 54.1%～58.3%,具有中性岩的特征;富碱,Na_2O 含量为 5.13%～10.13%,K_2O 含量为 2.52%～8.83%,全碱 *ALK* = 9.16～14.38,K_2O/Na_2O 在 0.25～1.66 之间。在 TAS 分类图中所有岩石都落在霞石正长岩系列范围(图 4.6A)。双山岩体具有相对较高的铝含量,Al_2O_3 含量在 19.6%～22.4%区间,铝指数 *A/CNK* 在 0.89～1.15 之间,*A/NK* 在 1.00～1.45 之间,在 *A/CNK-A/NK* 图解上数据点大部分落在偏铝质到过铝质系列(图 4.6B),指示双山岩体铝过饱和特征。在 K_2O - SiO_2 图解上双山岩体显示超钾质碱性岩系列的特征(图 4.6C)。赖特碱度率(AR)在 2.4～4.11 之间,在 AR-SiO_2 图上显示所有的样品都落在碱性岩的范围(图 4.6D)。里特曼指数(σ)变化范围在 7.55～15.16 之间,指示了岩体属于过碱性岩的范畴。双山岩体 MgO 含量较低的,在 0.01%～1.70%之间,$Mg^{\#}$ 在 11～22 之间(SS-3 为 0.45 除外),显示较低的镁指数。

双山岩体稀土元素总含量较高,在 877～7488 ppm;LREE/HREE 在 14.1～23.6 之间,$(La/Yb)_N$变化范围在 17.7～37.3,表明轻重稀土分异明显;Eu^* 在 0.3～0.5 之间;在球粒陨石标准化稀土配分图上呈现为向右倾斜的平滑曲线,具有明显的 Eu 负异常(图 4.7A)。

微量元素多元素图解显示相对富集 Rb、Th、U 等大离子亲石元素(LILE),明显亏损 Ba、Sr、Ti 和 P,微弱亏损 K,Nb、Ta、Zr、Hf 等高场强元素(HFSE)的亏损现象(图 4.7B)。

双山岩体锆石微量元素和 U - Pb 定年数据见表 4.2,分析结果表明锆石具有明显的 Eu 的负异常以及 Ce 的正异常(图 4.8A),说明它们为岩浆锆石(Schaltegger et al.,1999; Rubatto,2002)。10 个测点大部分数据位于协和线附近(图 4.8B)。$^{206}Pb/^{238}U$ 加权平均年龄为(806 ± 11) Ma(MSWD = 1.6),指示双山岩体的形成于新元古代。

4.4 岩石类型与成因

塔山和双山岩体的全碱含量分别为 13.56%～14.51%和 9.16%～14.38%,Zr + Nb + Ce + Y 分别为 268～1457 ppm 和 1318～17932 ppm,Ga 含量分别为 26.6～40.4 ppm 和 27.1～59.4 ppm,对应的 10000 * Ga/Al 比值分别为 2.11～4.70 和 2.43～5.72,Zr 含量分别为 88.0～1160 ppm 和 556～10000 ppm,对应的全岩锆饱和温度分别为 749～923 ℃和 859～1273 ℃。在岩石成因判别图上,塔山岩体大部分样品和双山岩体全部样品落入 A 型花岗岩范围内(图 4.9 和图 4.10A)。这些地球化学参数表明塔山和双山岩体可以归为 A 型花岗岩。

表 4.2　双山岩体锆石微量元素和同位素分析结果

编号	La	Ce	Pr	Nd	Sm	Eu	Gd	Tb	Dy	Ho	Er	Tm	Yb	Lu	Y	$^{207}Pb/^{235}U$		$^{206}Pb/^{238}U$		$^{206}Pb/^{238}U$	
																Ratio	1sigma	Ratio	1sigma	年龄（Ma）	1sigma
SS-01	0.10	1.34	0.17	1.38	4.47	0.20	37.95	15.62	195.50	71.55	309.46	64.28	580.88	114.35	2234.90	1.23156	0.07757	0.13077	0.00249	792	14
SS-03	0.06	2.12	0.27	3.98	9.11	0.36	53.65	16.10	154.23	45.89	169.57	30.89	261.64	49.02	1433.22	1.21241	0.07034	0.13360	0.00229	808	13
SS-04	0.01	0.67	0.05	1.03	3.23	0.12	28.81	10.72	109.38	32.50	123.82	24.39	222.08	43.54	1024.71	1.32517	0.07468	0.13713	0.00246	828	14
SS-06	0.03	8.01	0.13	3.09	8.08	0.27	49.69	17.46	202.53	73.96	317.23	64.69	568.63	112.63	2287.18	1.39643	0.07712	0.13772	0.00243	832	14
SS-08	0.32	10.52	0.31	3.49	8.48	1.20	51.50	18.08	205.28	71.30	302.04	60.53	535.75	106.07	2208.24	1.33133	0.06495	0.13262	0.00442	803	25
SS-09	0.16	7.99	0.16	1.46	2.53	0.58	21.86	9.40	135.36	56.98	281.59	64.79	634.77	135.62	1859.03	1.26374	0.05617	0.12952	0.00189	785	11
SS-10	0.00	0.69	0.06	1.36	6.81	0.16	52.14	20.30	219.53	71.03	278.26	52.88	451.06	85.49	2212.07	1.29629	0.04412	0.13272	0.00226	803	13
SS-11	0.12	1.23	0.08	2.21	6.76	0.20	39.67	15.06	161.51	52.71	208.70	39.32	338.96	63.06	1587.97	1.19975	0.08863	0.13402	0.00277	811	16
SS-14	0.00	0.66	0.05	1.46	5.29	0.15	42.33	16.39	187.24	64.43	262.10	51.35	445.08	83.29	2000.56	1.11240	0.10217	0.13300	0.00319	805	18

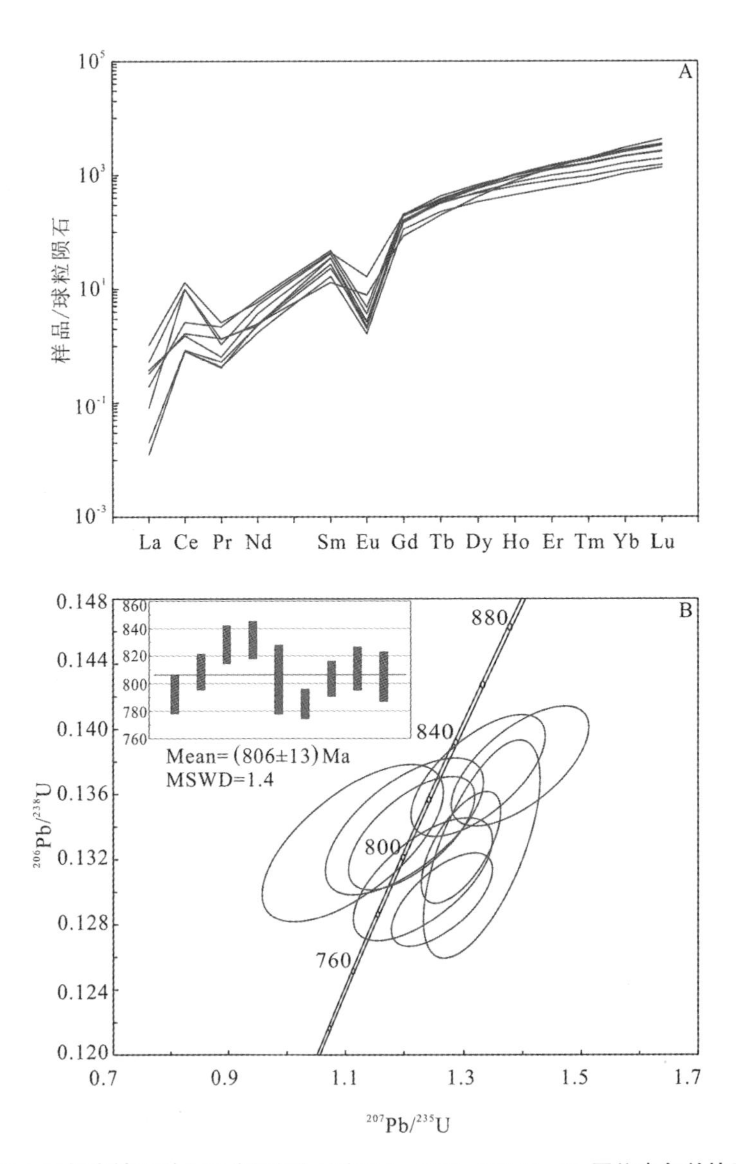

图 4.8 双山正长岩锆石稀土配分图(图 A)和 LA-ICP-MS U-Pb 同位素年龄协和图(图 B)

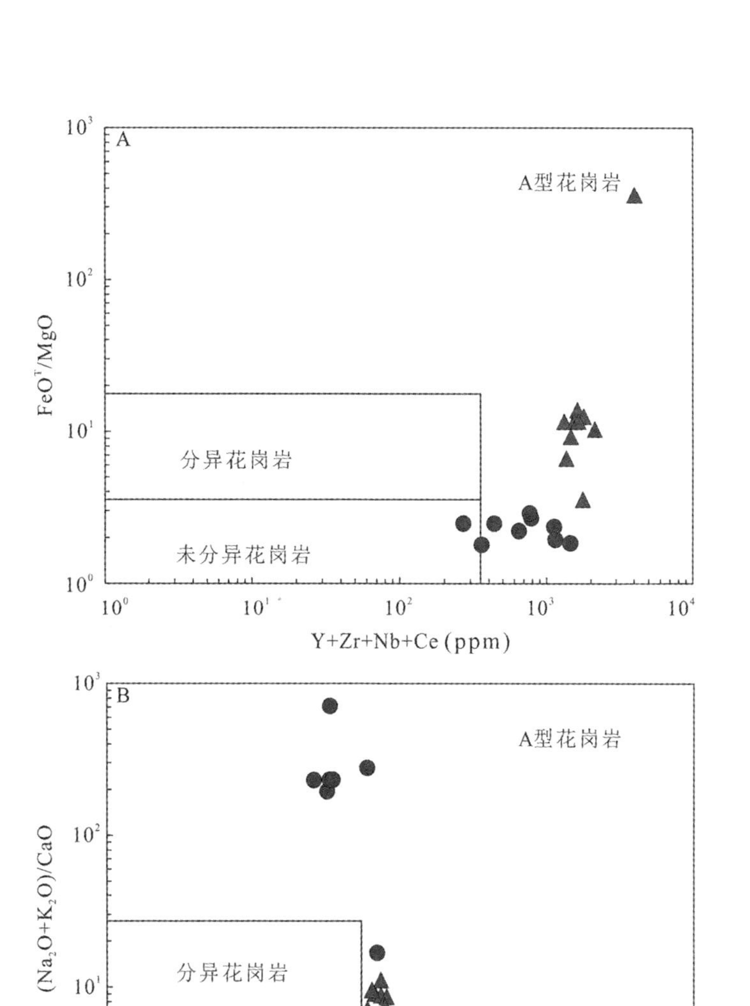

图4.9 塔山和双山岩体岩石成因类型判别图(据 Whalen et al.,1987)

(Ga为ppm,Al按ppm换算)

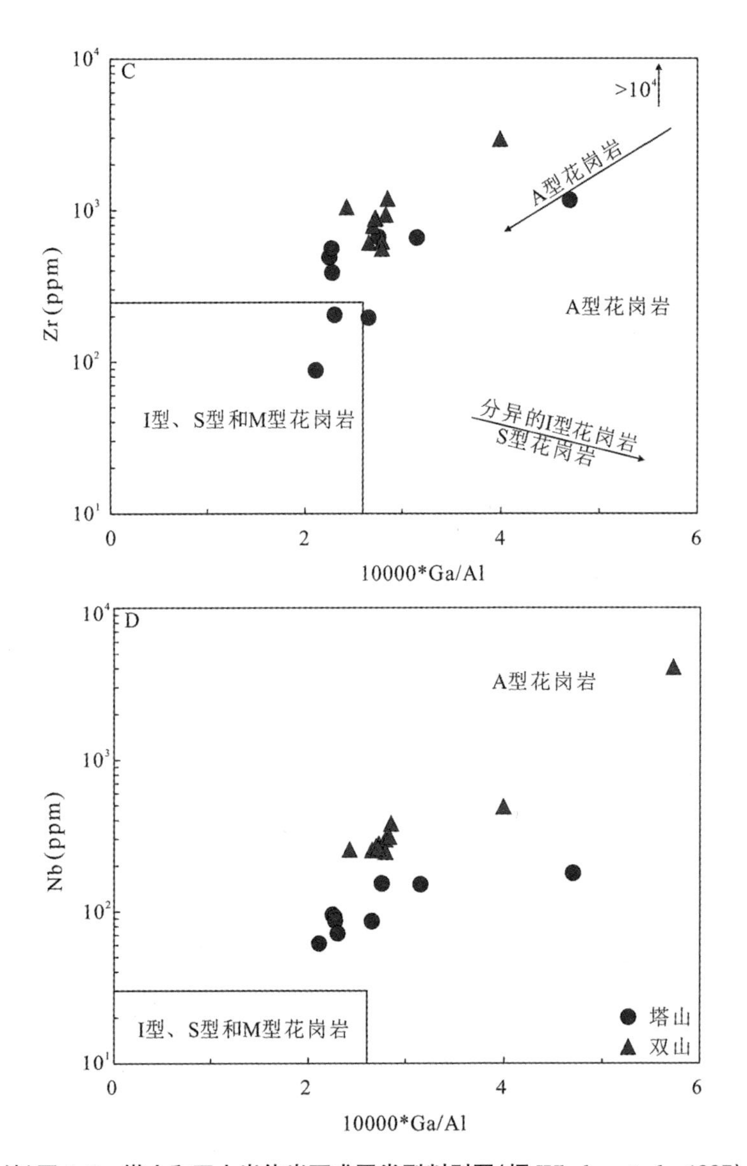

(续)图 4.9 塔山和双山岩体岩石成因类型判别图(据 Whalen et al.,1987)

(Ga 为 ppm,Al 按 ppm 换算)

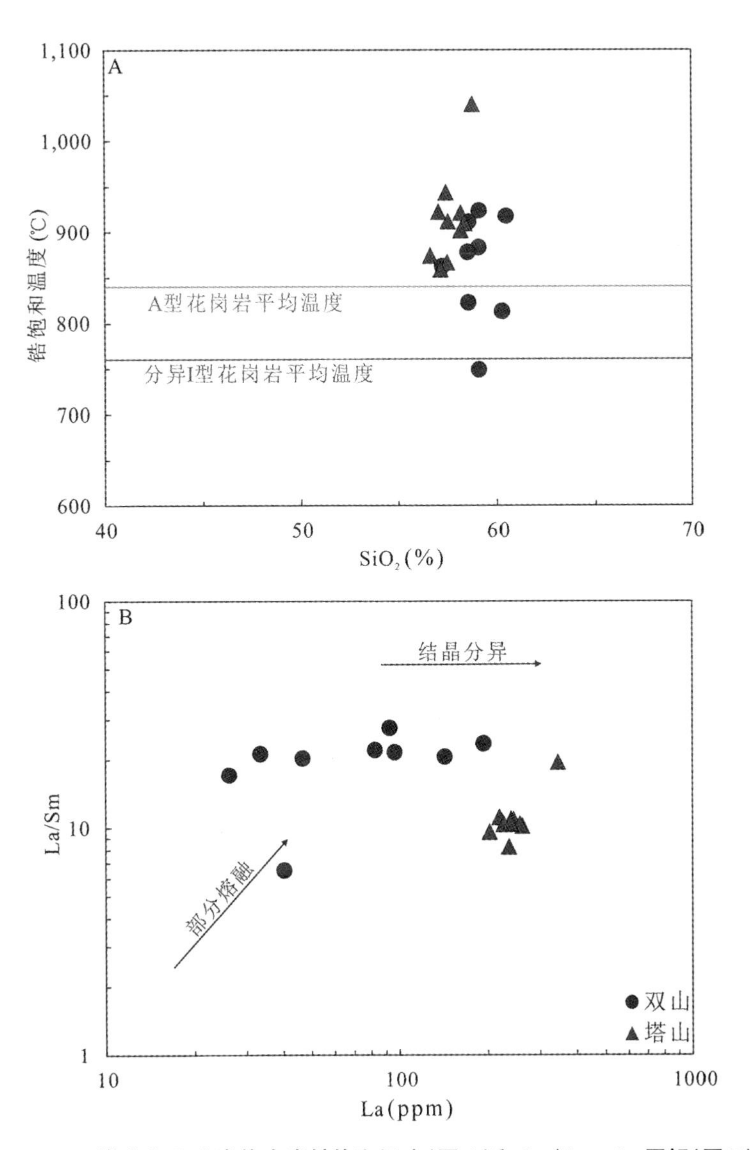

图4.10　塔山和双山岩体全岩锆饱和温度(图A)和La/Sm-La图解(图B)

在 La/Sm－La 图解中，塔山岩体表现为一水平直线，而双山岩体则表现为一倾斜的直线，说明塔山岩体可能主要来源于部分熔融，而双山岩体经历了结晶分异（图 4.10A）。两个岩体的主微量元素含量也表明它们经历了不同的岩浆作用，塔山岩体具有较高的 $Mg^{\#}$ 指数（39～51），而双山岩体则具有较低的 $Mg^{\#}$ 指数（1～35）；塔山岩体 Eu 异常不明显（Eu^{*} = 0.6～0.7），而双山岩体却具有明显的 Eu 负异常（Eu^{*} = 0.3～0.5）。

塔山和双山岩体属于正长岩（图 4.6A）。关于正长岩的成因模式主要有以下几种：① 地壳部分熔融成因：幔源岩浆底侵导致下地壳岩石发生部分熔融（Lubala et al.，1994），或者在有流体参与或高压环境下地壳岩石发生部分熔融（Huang，Wyllie，1981）；② 富集地幔部分熔融成因：由富集的岩石圈地幔低程度的部分熔融形成（Sutcliffe et al.，1990；Lynch et al.，1993）或者是碱性玄武质岩浆分异后的残余熔体结晶后的产物（Brown，Becker，1986；Thorpe，Tindle，1992）；③ 岩浆混合模型：基性玄武质岩浆和酸性花岗质岩浆混合后结晶分异的产物（Barker et al.，1975；Sheppard，1995；Zhao et al.，1995），或者是地幔源硅不饱和碱性岩浆和下地壳部分熔融形成的花岗质岩浆混合的产物（Dorais，1990）。

Nd 同位素可以很好地指示源区性质，前人对双山岩体的 Nd 同位素做了详细研究工作（张正伟等，2000；包志伟等，2008）。根据本书得到的锆石 U－Pb 年龄（806 Ma），重新计算得到双山岩体的 $\varepsilon_{Nd}(t)$ 在－14.7 到－18.3 之间，Nd 同位素两阶段模式年龄为 1462～1558 Ma，指示了岩浆源区可能源于中新元古代古老地壳物质（图 4.11A）。

华北南缘位于华北板块与秦岭微板块的交界处，受秦岭造山作用的影响较大，而整个秦岭造山带经历了复杂的构造演化，所以源区物质可能继承了秦岭微陆块甚至扬子北缘的物质。对比华北南缘的基底太华群（薛良伟等，1995；周汉文等，1998）和中元古代的盖层熊耳群（Zhao et al.，2002），发现双山岩体位于熊耳群演化线之上，高于基底太华群的演化线（图 4.11A），明显不同于北秦岭秦岭群（张宗清等，1994）和陡岭群（张宏飞等，1997）、南秦岭的佛坪群（张宏飞等，1997）和崆岭群（凌文黎等，1998）以及张八岭群（李曙光等，1994）、扬子北缘的后河群和西乡群（凌文黎等，1996），表明双山岩体可能源自熊耳群。

结合我们对双山岩体铅同位素和年龄研究，获得岩体初始铅同位素（806 Ma）为 $(^{206}Pb/^{204}Pb)_i = 17.647$、$(^{207}Pb/^{204}Pb)_i = 15.444$ 和 $(^{208}Pb/^{204}Pb)_i = 37.639$。双山岩体在 $(^{207}Pb/^{204}Pb)_i - (^{206}Pb/^{204}Pb)_i$ 图上位于下地壳和地幔之间且靠近地幔附近（图 4.11B；Zartman，1982）；在 $(^{208}Pb/^{204}Pb)_i - (^{206}Pb/^{204}Pb)_i$ 相关图上也位于下地壳和造山带之间，并且靠近地幔，表明双山岩体具有地幔物质的贡献。

元素和同位素证据表明双山岩体是由于地幔玄武质岩浆与地壳形成的中酸性花岗质岩浆混合后形成的熔体经强烈的结晶分异作用而形成的。塔山岩体与双山岩体相比，具有相似的 SiO_2 含量，但是含有更高的 K_2O 和 $Mg^{\#}$ 指数，可能暗示塔山岩体具有更多的幔源岩浆参与。

4.5 成岩时代和成岩环境讨论

前人对双山岩体的形成时代进行广泛研究。邱家骧（1993）对绢云母化碱性长石正长岩和该岩体的角闪云霞正长岩进行了分析，分析结果显示 Rb－Sr 等时线年龄分别为（1452 ±

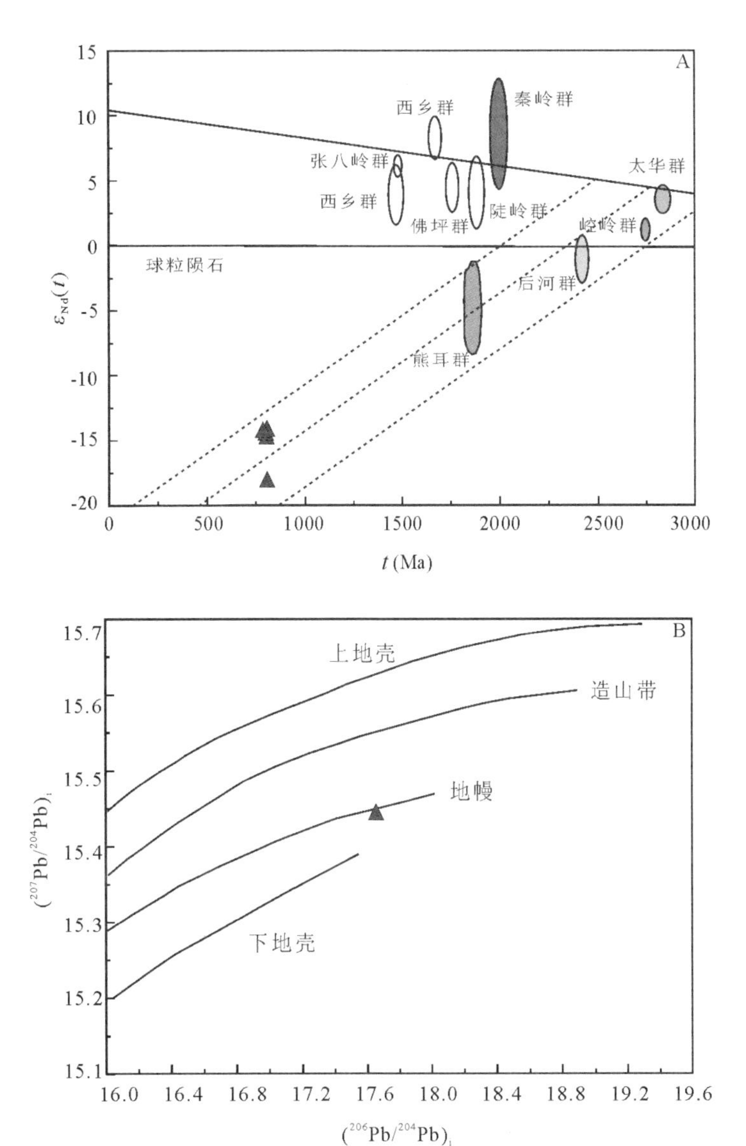

图4.11 双山正长岩Nd同位素(图A)和Pb同位素图(图B)

15) Ma 和(786±15) Ma。张正伟等(2000)测量了双山地区正长岩的 Rb－Sr 等时线年龄为 298 Ma。但是由于岩体本身在形成和演化过程中可能没有达到 Rb－Sr 同位素体系的平衡，并且考虑到后期热液蚀变作用的影响，所以很难实现 Rb－Sr 同位素体系的精确定年，因此 Rb－Sr 等时线年龄的可信度较低。本书通过锆石 LA－ICP－MS U－Pb 同位素研究获得其加权年龄为(806±11) Ma(MSWD＝1.2)，可以代表岩体的结晶年龄，表明岩体形成于新元古代。

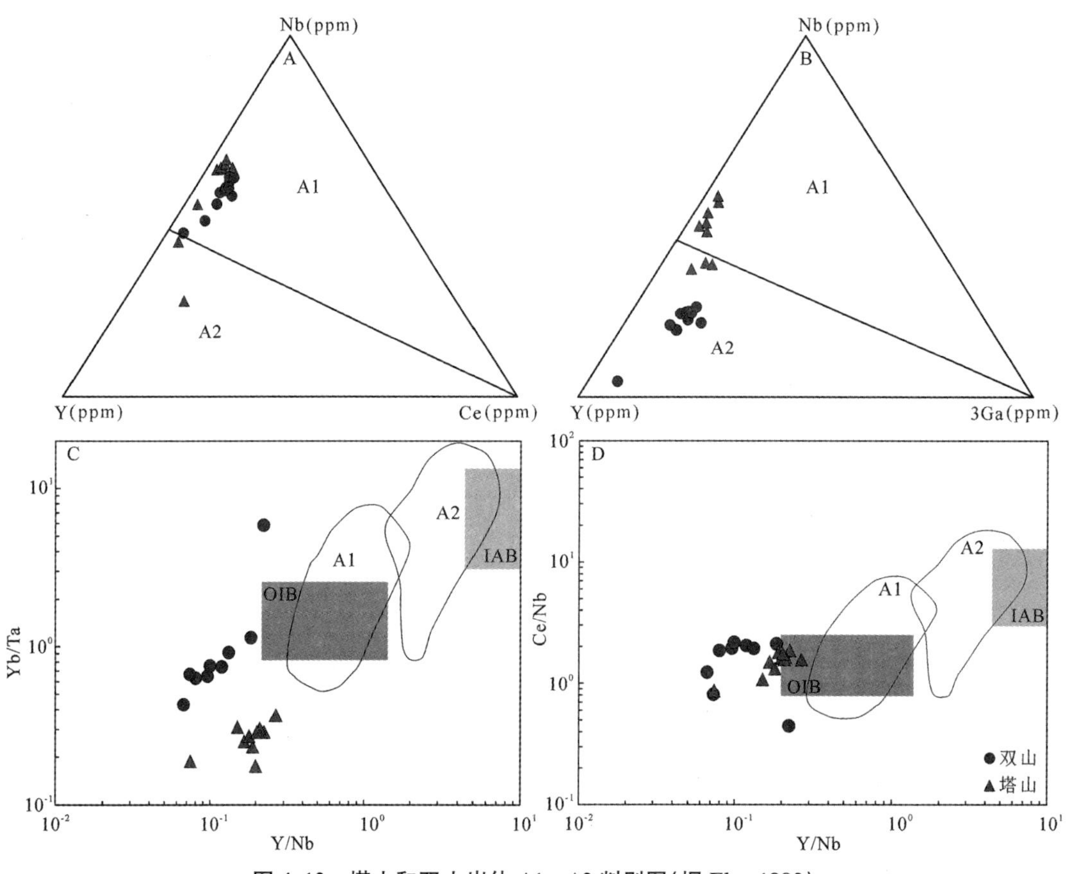

图 4.12 塔山和双山岩体 A1－A2 判别图(据 Eby,1992)

塔山岩体和双山岩体具有 A 型花岗岩特征，在 Y－Nb－Ce、Y－Nb－3Ga、Yb/Ta－Y/Nb 和 Ce/Nb－Y/Nb 判别图中它们大部分靠近或者落入 A1 型花岗岩区域(图 4.12)，表明它们侵位于非造山环境如大陆裂谷或板内环境(Collins et al.,1982;Whalen et al.,1987;Sylvester,1989;Bonin,1990;Eby,1992;Turner et al.,1992;Wu et al.,2003;Yang et al.,2006;Huang et al.,2011;Xu et al.,2009)。

正长岩(及相应的碱玄岩、响岩和碳酸岩等)被认为与陆内裂谷系有密切的联系，它是研究造山旋回的一个重要的依据(Creaser et al.,1991;Martin,1995;Bonin et al.,1998;Barbarin et al.,1999;Martin et al.,2005)。Pearce 等(1984)对已知的大地构造背景花岗质岩石的地球化学特征进行了系统的总结归纳，并提出 Y、Yb、Rb、Ba、Nb、Ta、Ce、Sm、Zr 和

Hf这些元素最能有效地区分花岗岩的大地构造环境，可以利用痕量元素Rb、Y和Nb来区分大洋脊花岗岩(ORG)、板内花岗岩(WPG)、火山弧花岗岩(VAG)和同碰撞花岗岩(syn-COLG)等。在(Ta+Yb)-Rb和(Y+Nb)-Rb构造环境判别图解上，塔山岩体和双山岩体分别投影于板内花岗岩和同碰撞花岗岩区域内(图4.13)，指示了它们产出于板内构造环境。

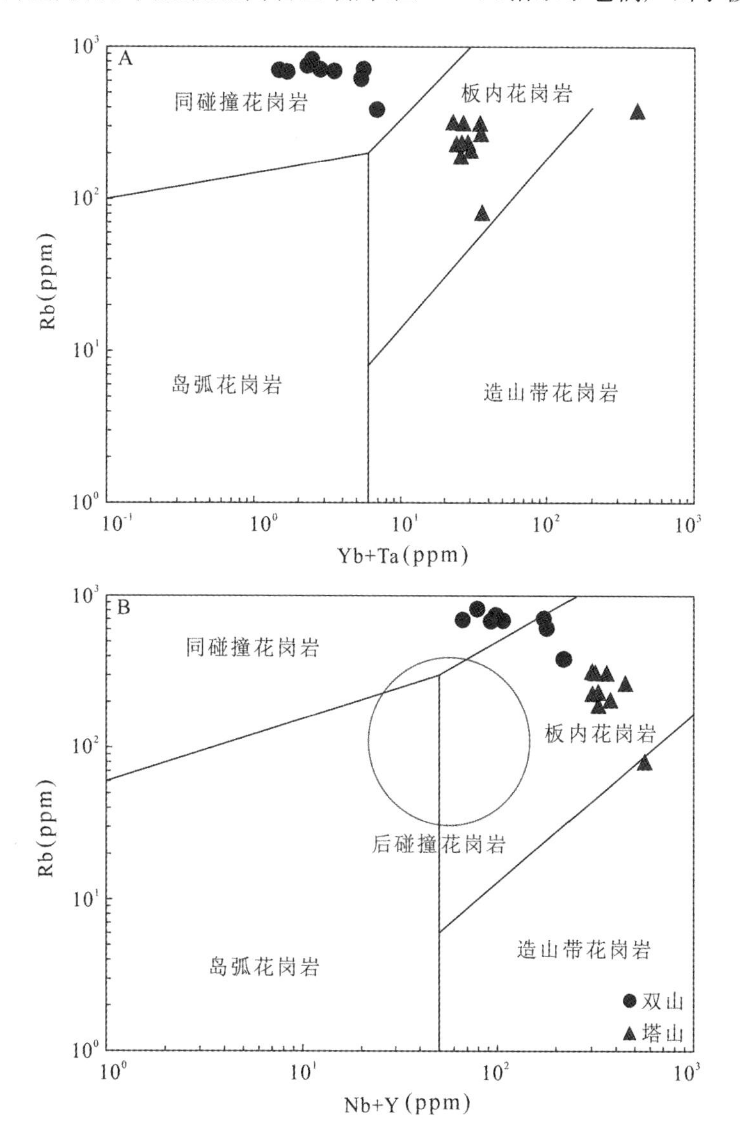

图4.13　塔山和双山正长岩微量元素大地构造环境判别图解

扬子板块东南缘广泛发育新元古代的岩浆岩活动，并且被认为是罗迪尼亚超大陆裂解的响应(Li et al.,2003;Wang et al.,2006;Zheng et al.,2008;Yu et al.,2008)。但是对于扬子北缘和西缘的中新元古代的岩浆活动研究比较薄弱，还没有得到统一的认识。其主要原因是该区域随后经历了复杂的构造事件最终形成了秦岭造山带，在构造事件过程中很多古老的岩石记录被抹煞。尽管新元古代的岩浆活动在秦岭地区也被广泛报道，但是新元古代的岩浆岩很少在华北南缘地区报道，所以前人认为新元古代岩浆活动是华南特有的构造热事件。但是随着近年来的研究发现，在华北南缘栾川群内发现了年龄为830 Ma的新元古代辉长岩，并证实该辉长岩形成于板内裂谷环境（Wang et al.，2011），以及本书研究发现的新元古代的碱性岩的出露都指示了华北南缘也存在新元古代的岩浆活动。这些岩体的出露对华北南缘的构造演化历史提供了新的认识。

华北地块南缘位于秦岭造山带与华北地块的交界位置，其必然受到秦岭造山带演化的影响。秦岭造山带新元古代时期经历了复杂的构造旋回。松树沟蛇绿岩的发现及其年代学的研究表明（全岩Sm－Nd等时线年龄约为1030 Ma），大约在1000 Ma前后华北地块与扬子陆块之间有洋盆的存在——古秦岭洋（董云鹏等，1997）。而在秦岭地区发现晋宁期的高压榴辉岩、基性麻粒岩以及长英质麻粒岩，其全岩Sm－Nd等时线年龄约为983 Ma，指示了秦岭地区在距今约980 Ma至900 Ma之间曾发生过一次碰撞造山事件（李曙光等，1991；刘良等，1996）。另外，在秦岭地区还发现该时期指示碰撞造山作用的岩石记录，比如商丹断裂带北侧新元古代时期的埃达克质花岗岩（裴先治等，2003）、北秦岭地区德河、牛角闪、石槽沟、寨根等强变形高铝的同碰撞型花岗岩（陆松年等，2003）。这些岩石的出露都表明了这一时期发生了碰撞造山作用。随后秦岭地区出露了变形较弱、富铝、富碱和LILE、贫HFSE的北秦岭蔡凹岩体[(889±10) Ma]，其标志着秦岭地区在距今约890 Ma至860 Ma期间又进入了伸展构造演化阶段（张成立等，2004）。关于这时期伸展构造的其他岩石记录还有形成于距今725～711 Ma指示了板内裂谷环境的吐雾山A型花岗岩（卢欣祥等，1999；Chen et al.，2006）。在研究区邻区也发现了890～710 Ma期间的火山活动记录，如扬子克拉通西北缘的碧口群火山岩、南秦岭耀岭河群火山岩、铁船山组双峰式火山岩[(817±5) Ma]，这些岩石记录也都表明这一时期处于拉张的构造环境（Ling et al.，2003）。

刘丙祥（2014）研究了北秦岭地体新元古代的岩浆活动，将其划分为两大阶段：① 980～870 Ma挤压碰撞作用；② ～844 Ma伸展裂解作用。第一个阶段包括～940 Ma强烈变形的S型同碰撞花岗岩和～880 Ma的弱-无变形代表后碰撞的I型花岗岩。第二个阶段～844 Ma主要发育板内A型花岗岩。Wang等通过对栾川群的辉长岩研究提出了华北南缘受到秦岭造山带的影响也经历了相似的构造演化过程。北秦岭微板块在中新元古代时期开始北向的俯冲，在北秦岭和华北南缘之间形成了弧后盆地。在造山作用后期（840 Ma），北秦岭与华北接触碰撞。随后造山带的垮塌导致了在造山带弧后地区形成了板内裂谷，在裂谷内沉积了栾川群的碎屑岩以及随后的辉长岩和碱性岩等岩浆岩。随后的裂谷进一步发展为洋盆，导致了北秦岭与华北南缘的再一次分离。所以，双山碱性岩和栾川群内的辉长岩都指示了华北南缘地区新元古代的一次板内构造拉伸事件。此外，在大别—苏鲁造山带也发育了形成于拉张裂解构造环境下的花岗岩（780～680 Ma；Wu et al.，2004；Zheng et al.，2004，2005，2009；许志琴等，2006；Tang et al.，2008），由此提出新元古代构造岩浆事件在秦岭造山带乃至整个中央造山带都有发育。本书研究表明华北南缘也受到新元古代这次裂解事件的影响。

华北南缘双山岩体的碱性岩和栾川群内辉长岩与秦岭造山带南秦岭地区发育的新元古代裂解事件群以及扬子陆块北缘新元古代裂解作用形成的火山岩、侵入岩具有相同的形成时代和构造属性，指示它们可能受控于相同的构造裂解体系，拉张性的裂解作用主要发生在810～710 Ma之间。所以我们认为华北南缘碱性岩同秦岭造山带和扬子地区新元古代裂解事件都是Rodinia超大陆裂解作用重要响应。Rodinia超大陆形成于1300～1000 Ma，在1000～900 Ma开始发生伸展作用。超大陆的裂解发生于830 Ma之后（郑永飞，2003；彭澎等，2002；陆松年等，2004）。最近研究发现在华北克拉通内部、南北缘也发现了零星分布的新元古代岩浆岩（翟明国等，2014）。因此，塔山和双山正长岩可能是Rodinia超大陆的裂解的响应。

第5章　三叠纪霓辉正长岩-石英正长岩类

三叠纪碱性岩主要分布于卢氏—嵩县一带，岩体出露沿马超营断裂带及其北侧分布，岩石组合主要包括霓辉正长岩、正长岩、正长斑岩和石英正长岩类。岩石形成世代被认为是中-晚三叠世(距今 240～210 Ma)，岩浆来源于壳源物质的部分熔融，经结晶分异作用侵位于造山期后板内拉张环境。在空间上自东向西分布有乌烧沟岩体、龙头岩体、磨沟岩体、三门岩体，以及焦岭和寨凹脉体。其中岩带的东部以正长岩类为主，西部则以石英正长岩类为主。

三叠纪碱性岩主要出露于嵩县南部，代表性岩体有乌烧沟岩体、龙头岩体和磨沟岩体。少量石英正长岩体出露于卢氏县东部，代表性岩体有三门岩体和寨凹脉体(图 5.1A)。碱性岩体(脉)呈小岩体或岩脉群出露，呈不整合侵入于中元古界熊耳群变质火山岩中，属中浅成相侵入岩。岩石类型主要为霓辉正长岩、黑云正长岩、霞石正长岩、正长岩类和石英正长岩。从较大岩体边缘相-中央相，岩石结构由细粒-中细粒到中粗粒，碱性辉石、黑云母等暗色矿物相对减少，碱性长石等浅色矿物增多，显示了岩浆侵位后经历了就地分异作用，其副矿物含量较为复杂，以富含钍石为特征，锆石颗粒粗大，粒径 0.1～0.3 mm，以褐色、褐红色为主，次为浅红，浅黄色、部分颗粒透明度差。呈柱状晶体和双锥体。本章重点描述乌烧沟岩体、磨沟岩体和寨凹岩脉的岩石学和地球化学特征。

5.1　岩 体 地 质

5.1.1　三门—寨凹地区石英正长岩-正长斑岩组合

岩石组合分布于卢氏县范里乡东部的三门、白土以及寨凹一带(图 5.1B)，岩体出露主要呈岩株或岩脉状，侵入于古元古代变质深成岩体及中元古界长城系熊耳群火山岩，岩石类型主要包括石英正长岩和正长斑岩，局部伴生少量正长岩及钾长花岗岩。岩石演化顺序被识别为正长岩-石英正长岩-钾长花岗岩(河南省地质调查院，2001)。

血方沟岩体：岩石呈浅肉红-肉红色，(残余)半自形细粒粒状结构，局部斑状结构、碎裂结构、交代结构，块状构造。造岩矿物钾长石(35%～96%)多呈半自形-自形板柱状或长柱状，少量呈它形粒状，粒径 0.2～1.5 mm，个别(斑晶)较大(2～5 mm)，主要由正长石(具简

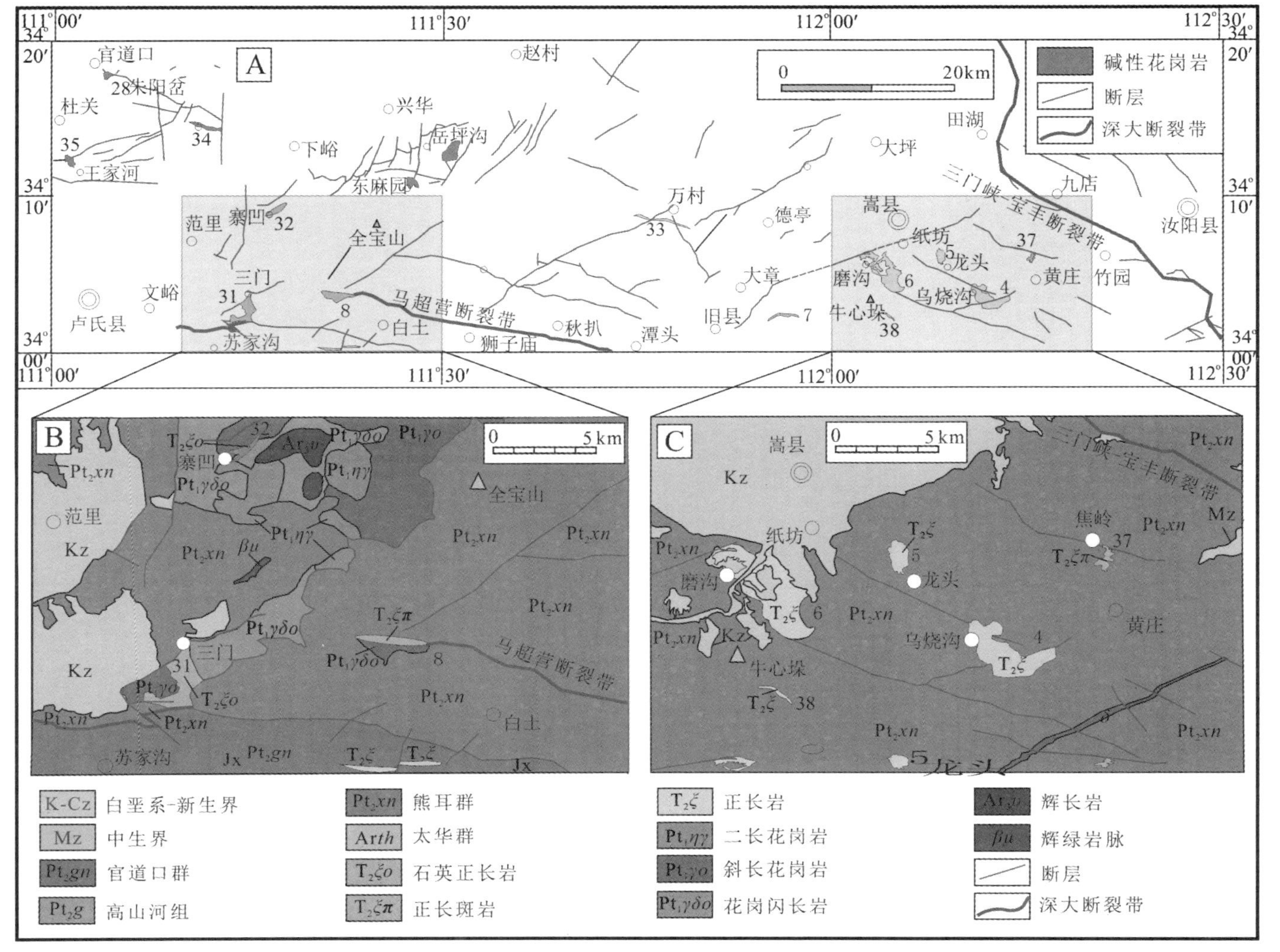

图5.1　嵩县南部—卢氏东部碱性岩带及岩体分布地质略图(据1：250000地质图内乡幅修编)

单双晶)及条纹长石(具条纹结构)组成,微斜长石(具纺锤状格子双晶)极少,多具高岭石化;石英(少量～42%)呈它形,粒径 0.2～1 mm,波状消光;局部呈碎粒状,粒径<0.3 mm。次要矿物斜长石(0～40%)呈半自形粒状,粒径 0.5～2.5 mm,可见钠长石双晶,局部呈碎粒状,粒径<0.5 mm;黑云母(0～2%)、白云母(0～5%)、绢云母(0～10%)均呈片状,片径 0.1～0.3 mm,黑云母具绿泥石化。副矿物为磁铁矿、磷灰石。

5.1.2 磨沟—乌烧沟霓辉石正长岩-斑状正长岩-正长斑岩组合

乌烧沟岩体:出露面积 9.6 km^2,产于范岭—老湾背斜的核部,分布于乌烧沟、羊圈、虎台沟一带,呈 NW—SE 向展布的小岩株,平面呈不规则向北弯曲的弧形,侵位于中元古界熊耳群焦园组(chj^{1-2})、坡前街组(chp^{1-2}),接触面产状外倾,倾角较陡,岩石类型为中细-中粗粒霓辉正长岩(图 5.1C)。

岩体自内相带到外相带岩石粒度由中粒到细粒,暗色矿物含量有增加的趋势。外相带分布于岩体的西北部和东南部,约占岩体的 50%,相带宽度变化较大,由几十米到千余米,带内分布有围岩捕虏体,沿接触带见有溶蚀/熔蚀、同化、混染及烘烤现象,改变了原岩的面貌,斑杂状构造发育。围岩蚀变主要有钠长石化、钾长石化、硅化、绿帘石化。内相和外相为渐变过渡关系,二者界线清晰,岩石类型主要为霓辉正长岩、正长斑岩(图 5.2)。

霓辉正长岩,呈肉红色,似斑状结构,基质具细粒花岗结构、块状构造、斑晶微斜长石,含量 5%～10%,呈半自形板状,大小 2 mm×5 mm×4 mm,边部钠化明显,基质主要由微斜长石(50%～70%),呈半自形板状,钠长石(10%),霓辉石(5%～10%),黑云母(1%～2%)等矿物组成。钠长石钾化呈它形粒状,被包裹在钾长石之中;副矿物为磷灰石、磷钇矿、榍石;次生矿物有绢云母、绿帘石、方解石。

正长岩呈灰白、褐灰色,斑状结构,基质具细粒花岗结构。主要特征是成分不均一,且部分被改造,钠化后钠含量增高,铁、镁含量降低。主要矿物钠长石含量 65%～70%,岩体边部可达 80%,内部微斜长石呈它形粒状残核,多分布于斑晶中,可见环带构造,基质中微斜长石含量由岩体中心向外递减,钠长石交代明显,个别具格子双晶。霓辉石含量变化大,一般 5%左右,最高可达 10%,呈细粒,半自形短柱状;黑云母含量 1%～2%,细小鳞片状,多被褐铁矿交代成褐色;副矿物有榍石、磷灰石,次生绢云母、帘石、褐铁矿等。

磨沟岩体:出露面积约 15 km^2,呈 NEE 向展布,形态似纺锤形,产于范岭—老湾倾伏背斜北翼,侵位于中元古界熊耳群焦园组(chj)、坡前街组(chp)的变流纹斑岩和安山岩中(图 5.1C),接触面产状外倾,呈不规则港湾状,倾角较陡(60°～70°)。岩石类型为霓辉正长岩、黑云霓辉正长岩、碱长正长岩。岩石结构较均一,同化作用明显。

内相带占岩体面积的 4/5,岩性为中粒霓辉正长岩,岩石呈灰紫色,中粒结构,块状构造,主要矿物为微斜长石,包括微斜条纹长石,占 75%～80%,具格子双晶和卡氏双晶,普遍具有钠长石交代现象,经钠长石交代后微斜长石往往具环带构造,霓辉石含量 10%～15%,呈半自形柱状,常被角闪石交代;次要矿物为石英、黑云母、角闪石、白云石,含量 5%左右;副矿物为榍石、白钛石、磷灰石、金红石。在岩体中心出露少量的似斑状正长岩,岩石呈灰红色,似斑状结构、块状构造。斑晶为半自形板柱状正长石,含量约 10%,大小在 3.5 mm×5 mm～

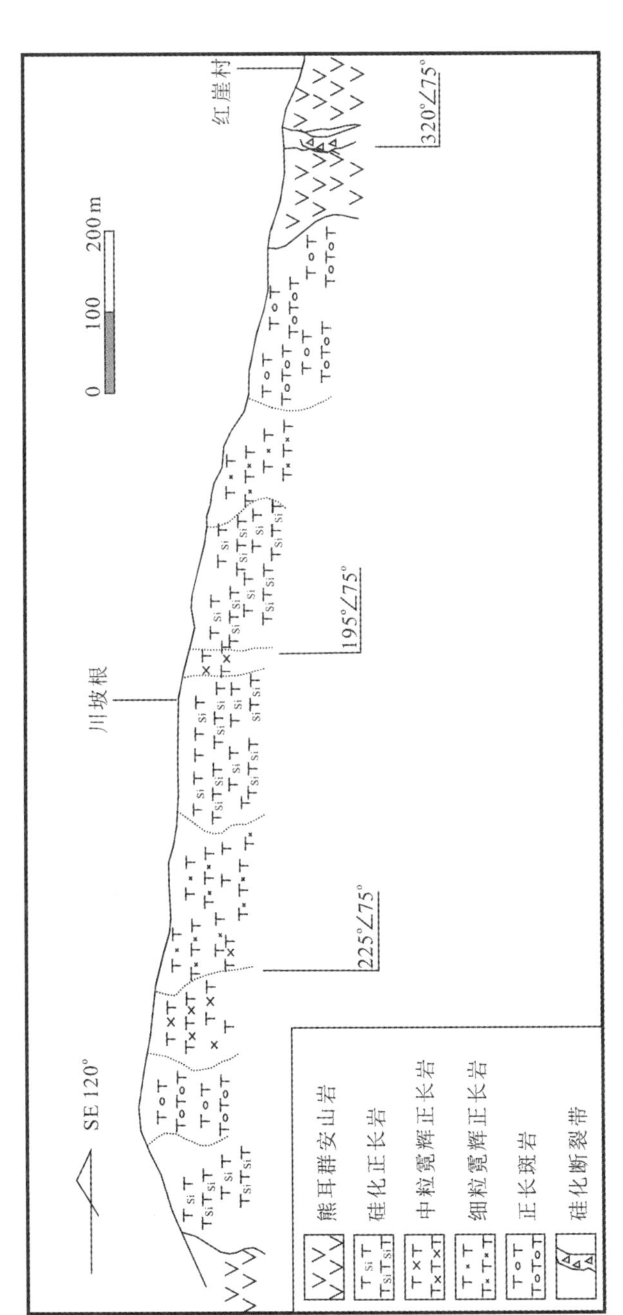

图5.2　乌烧沟岩体野外路线地质剖面草图

7 mm×8.4 mm之间；基质由正长石，微斜长石组成，含量约87%；次要矿物为霓辉石，含量2%～3%；副矿物为榍石、锆石、磷灰石，具轻微的钠长石化、绢云母化。

外相带分布于岩体西北部及东部边缘，宽度变化由几米到千余米。带内分布着大量围岩捕虏体。捕虏体中有正长岩脉穿插，见有明显的溶蚀/熔蚀现象，同化混染作用明显，且改变了原岩的特征，形成不规则斑杂状构造。基本岩性为似斑状霓辉正长岩，斑晶含量及粒度变化极大，局部形成聚斑状集合体。粒度大者1.5 cm，一般0.8 cm，基质粒度在0.2～0.5 cm之间。霓辉石多被角闪石交代，交代彻底者为角闪正长岩，内相和外相为渐变过渡关系，界线不易划分。外相结构不均一，斑杂构造发育。与围岩有明显依从关系，与安山岩接触时，出现较多的角闪石等暗色矿物，在流纹斑岩捕虏体中见有热变质圈，钾长石斑晶因钠化出现更钠长石环带，基本保留了原岩的原始面貌。而安山岩捕虏体蚀变强烈，转化为由次生矿物组成的团块，边界不清，成分交代。岩石蚀变常发生在外相混染带和接触带内，主要有云英岩化、帘石化、硅化、钠化等。黄玉云英岩化常发生在流纹斑岩中，帘石化在整个岩体和外接触带围岩中均有发育，岩体与流纹斑岩接触时帘石化强烈，有近40%的矿物蚀变为帘石类矿物；硅化以次生石英呈团块或细脉状分布在岩石或矿物之间；钠化主要表现为更长石的交代现象，岩体边部形成不规则钠长石团块。此外，在内外接触带常见有绢云母化、白云石化、褐铁矿化。

龙头岩体：出露面积1.55 km^2，产于范岭—老湾倾伏背斜的北翼，分布于焦沟、龙头一带，呈NWW—SEE向展布的小岩株，平面上呈不规则状(椭圆形)，侵位于中元古界熊耳群焦园组(chj^{1-2})流纹斑岩中(图5.1C)，接触面呈不规则港湾状，沿接触带发育有黑云母化、霓石化、钠长石化、硅化、角岩化。岩石类型具有多种：

霓辉正长岩：呈紫红、肉红、灰白、紫灰色，具似斑状结构，基质具粗面结构，无斑者具全晶质糖粒状结构，半自形粒状结构，块状构造。主要矿物为微斜长石，占65%～70%，黑云母占10%～20%，霓辉石占10%；副矿物有磷灰石、榍石、锆石、金红石。

碱长正长岩：具中细粒结构，主要矿物为正长石，占90%，黑云母占5%，副矿物为钛铁矿。斑状碱长正长岩，呈肉红色，似斑状结构，块状构造，基质具粗面结构，斑晶含量为5%～30%，由微斜长石组成。

斑状正长岩：岩石具似斑状结构，块状构造。斑晶微正长石，含量约10%，粒度为3.5 mm×5 mm～7 mm×8.4 mm，基质主要由正长石和微斜长石组成，含量约占87%，霓辉石含量占2%～3%。

斑状霓辉石正长岩：斑晶为微斜长石，含量占10%～15%，粒度为2 mm×5 mm～3 mm×4 mm，基质主要为微斜长石(50%～70%)、钠长石(10%)、霓辉石(5%～10%)、黑云母(1%～2%)。

霓辉石黑云母正长岩：岩石具中细粒花岗结构，块状构造，主要矿物为微斜长石(65%～70%)、黑云母(约20%)、霓辉石(约10%)。

5.2　岩石地球化学

乌烧沟岩体主微量元素分析结果见表5.1。研究表明该岩体的SiO_2含量为55.58%～62.72%、TiO_2含量为0.02%～0.87%；Fe_2O_3和MgO含量分别为1.30%～4.39%和0.14%～2.24%，对应的镁指数$Mg^{\#}$为6～57；富碱，Na_2O和K_2O含量分别为0.06%～0.48%和11.38%～14.83%，全碱含量为12.00%～15.30%，K_2O/Na_2O为26.4～237；Al_2O_3和CaO含量分别为13.22%～23.40%和0.01%～8.14%，A/CNK为0.5～1.5，A/NK为1.0～1.5，赖特碱度率(AR)为3.3～17.3；MnO和P_2O_5含量较低，分别为0.01%～0.05%和0.01%～1.05%。

表5.1　乌烧沟岩体主量元素(%)和微量元素(ppm)分析结果

样号	WSG-1	WSG-2	WSG-3	WSG-4	WSG-5	WSG-6	WSG-7	WSG-8
SiO_2	58.05	57.14	61.74	62.72	61.02	62.49	62.35	55.58
TiO_2	<0.01	0.04	0.13	<0.01	0.02	0.05	0.03	0.87
Al_2O_3	23.4	22.78	17.6	17.02	14.45	15.99	15.9	13.22
TFe_2O_3	1.3	1.76	1.86	2.08	3.31	2.25	2.7	4.39
MnO	<0.01	<0.01	<0.01	<0.01	0.05	0.01	0.04	0.05
MgO	0.22	0.26	0.14	0.15	2.24	0.2	0.89	0.14
CaO	0.04	0.01	<0.01	<0.01	3.04	0.18	0.64	8.14
Na_2O	0.07	0.06	0.11	0.2	0.48	0.31	0.47	0.14
K_2O	14.58	14.2	14.21	14.83	12.68	14.09	13.89	11.38
P_2O_5	0.012	0.021	0.023	0.011	0.08	0.105	0.013	1.046
SrO	<0.01	0.01	0.01	0.01	0.02	0.02	0.01	0.06
BaO	0.2	0.47	2.21	1.21	0.79	1.88	0.8	0.84
烧失量	1.98	1.96	0.86	0.56	0.58	0.78	0.81	2.62
总量	99.86	98.72	98.89	98.78	98.76	98.35	98.54	98.47
V	15	72	13	<5	7	7	8	34
Cr	<10	<10	<10	<10	10	<10	<10	<10
Co	0.5	3.2	0.7	<0.5	6.9	1.1	3.6	4.6
Ni	<5	<5	<5	<5	<5	<5	<5	<5
Cu	<5	23	11	<5	<5	<5	<5	6
Zn	18	15	19	11	32	25	43	41
Ga	10.1	9.3	9.4	20.5	14.7	18.7	12.7	16.7
Rb	712	892	650	391	337	396	404	308
Sr	22.3	54	80.6	56.2	194.5	222	87.2	592
Y	2.8	2.2	15	5	5	10.6	5.8	49.3
Zr	1460	101	4630	4590	2140	2310	6360	790
Nb	2.3	2.9	10.7	2.4	1.9	5.9	3.7	20.6
Mo	<2	<2	<2	<2	<2	<2	<2	<2
Ag	<1	<1	<1	<1	<1	<1	<1	<1

续表

样号	WSG-1	WSG-2	WSG-3	WSG-4	WSG-5	WSG-6	WSG-7	WSG-8
Sn	1	1	6	6	3	11	6	7
Cs	2.44	3.81	5.04	1.12	0.93	1.16	1.29	2.27
Ba	1845	4160	>10000	>10000	7210	>10000	7190	7450
La	3.5	17.5	14.6	6.4	10.7	40.6	4.8	86.7
Ce	8.5	44.3	36.5	14.5	26.4	90.6	23	195.5
Pr	0.87	4.97	3.81	1.41	2.57	7.38	1.45	22.7
Nd	3.3	19.6	15.9	5.7	10.5	26.4	6	92.1
Sm	0.65	3.12	3.62	1.31	1.85	4.08	1.3	16.9
Eu	0.09	0.4	0.66	0.19	0.38	0.63	0.24	3.68
Gd	0.62	2.06	3.61	1.22	1.66	3.52	1.18	15.25
Tb	0.09	0.17	0.48	0.15	0.19	0.41	0.19	1.9
Dy	0.49	0.58	2.67	0.77	0.96	1.91	0.94	9.01
Ho	0.09	0.09	0.53	0.15	0.17	0.37	0.2	1.82
Er	0.31	0.27	1.62	0.44	0.48	1.16	0.63	5.14
Tm	0.04	0.02	0.26	0.07	0.07	0.18	0.09	0.71
Yb	0.27	0.19	1.83	0.51	0.5	1.26	0.74	4.58
Lu	0.05	0.03	0.33	0.09	0.08	0.22	0.12	0.68
Hf	32.6	1.6	80.4	114.5	57.8	59.2	178.5	20.8
Ta	0.2	0.1	1.3	1	0.4	0.3	0.8	2.4
W	2	1	2	1	1	1	1	5
Tl	<0.5	0.5	<0.5	<0.5	<0.5	<0.5	<0.5	<0.5
Pb	<5	82	59	7	6	11	5	66
Th	5.7	7.57	37.3	7.26	3.15	15.65	4.82	43.2
U	0.41	1.03	6.47	3.66	1.66	6.38	3.06	2.45

在TAS分类图中，乌烧沟岩体落在正长岩到霞石正长岩系列范围(图5.3A)；在*A*/*CNK*-*A*/*NK*图解上数据点大部分落在偏铝质到过铝质系列(图5.3B)；在K_2O-SiO_2图解上岩体大部分样品位于超钾质碱性岩系列中(图5.3C)；在$AR-SiO_2$图上显示所有的样品都落在碱性岩到过碱性岩的范围(图5.3D)，这些判别图表明乌烧沟岩体属于高钾正长岩。

乌烧沟岩体总的稀土元素含量较低，在18.8～457 ppm之间；LREE/HREE在6.63～26.36之间，$(La/Yb)_N$变化范围在4.37～62.10，表明轻重稀土分异明显；Eu^*在0.43～0.70之间；在球粒陨石标准化稀土配分图上呈现为向右倾斜的平滑曲线，具有轻微的Eu负异常(图5.4A)。

微量元素多元素图解显示相对富集Rb、K、Th、U等大离子亲石元素(LILE)，相对亏损Ba、Nb、Ta、Sr、Ti、P等元素(图5.4B)。亏损Sr可能暗示斜长石的分离结晶或者在部分熔融过程中在源区残留。而Ti、P等元素的负异常可能指示了岩浆演化过程中含Ti-Fe氧化物和磷灰石的分离结晶。

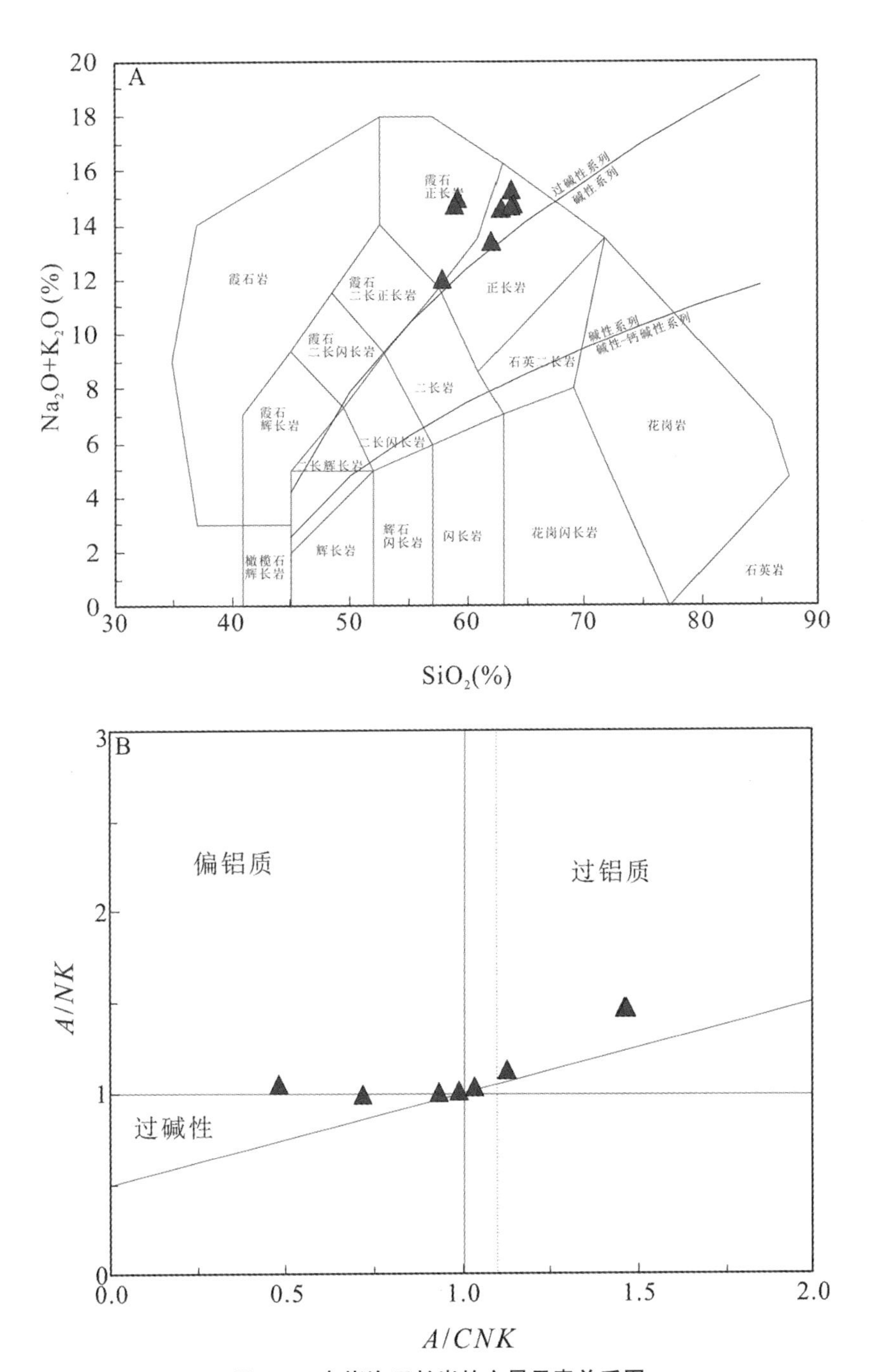

图 5.3　乌烧沟正长岩的主量元素关系图

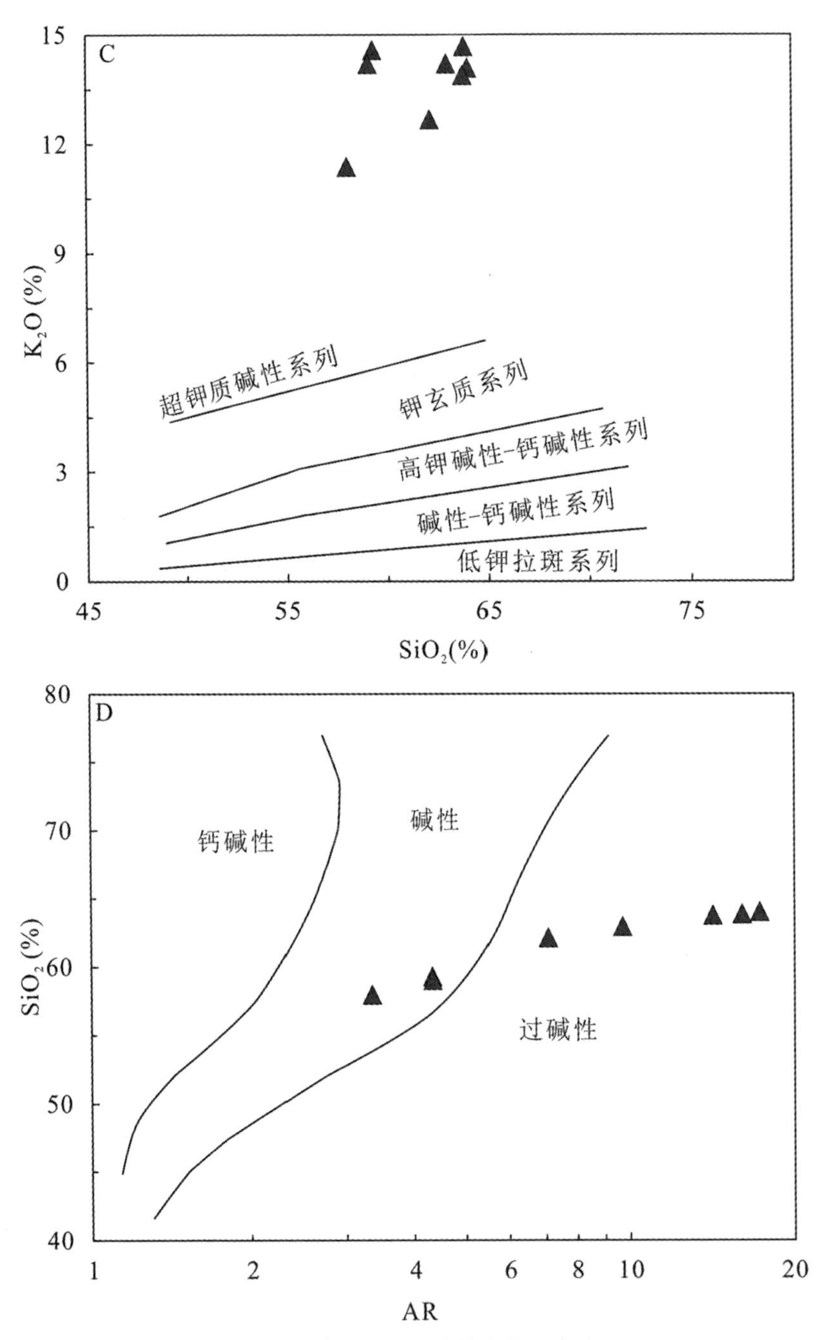

(续)图 5.3 乌烧沟正长岩的主量元素关系图

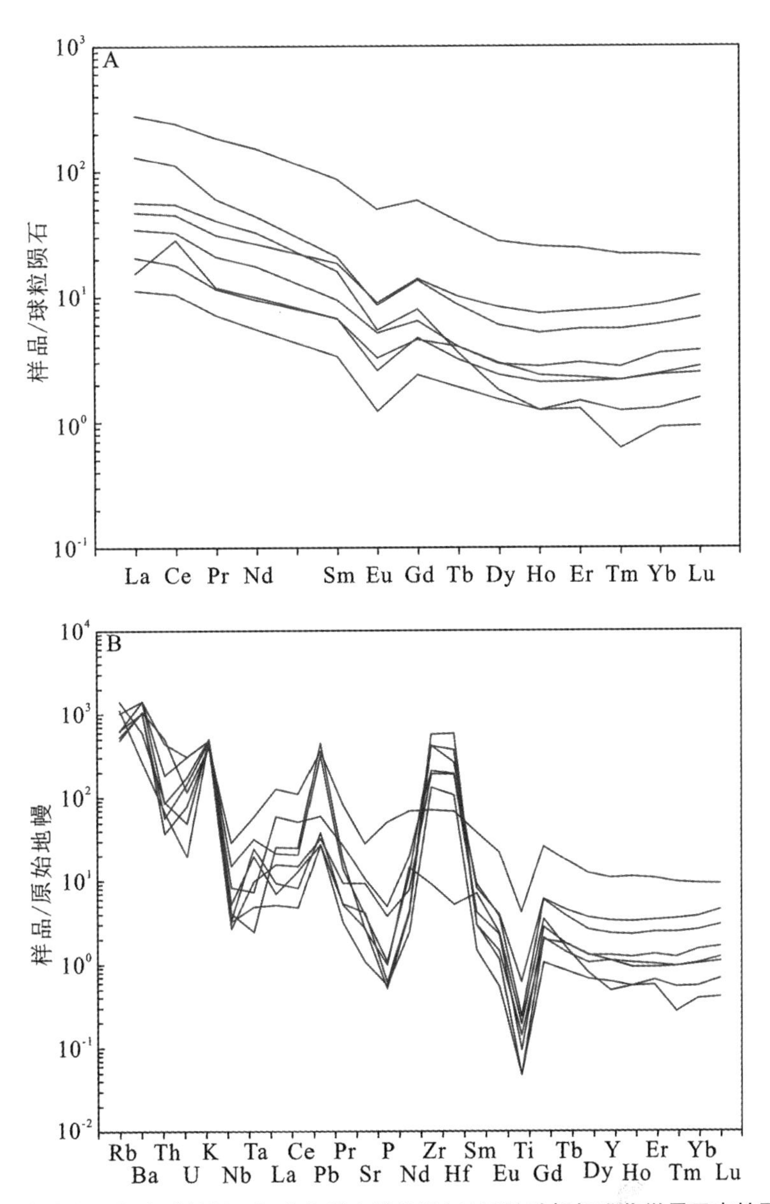

图 5.4　乌烧沟正长岩球粒陨石标准化稀土配分图(A)原始地幔标准化微量元素蛛网图(B)

球粒陨石值和原始地幔值据 McDonough 和 Sun(1995)。

5.3 岩石类型与成因

花岗岩类通常划分为S型、I型和A型花岗岩(Collins et al.,1982;Whalen et al.,1987)。乌烧沟岩体具有中等的SiO_2(55.6%~62.7%),变化的(K_2O+Na_2O)/CaO(1.4~15.03)和FeO^T/MgO(1.3~28.2)比值①,表明它们在形成过程中可能经历分离结晶作用(图5.5A,B)。该岩体富碱(全碱12.0%~15.3%)、有较高的Zr含量(101~6360 ppm)和全岩锆饱和温度(757~1190℃),暗示它可能属于A型花岗岩(图5.5A,B)。但是它具有较低的Ga含量(9.3~20.5 ppm)和10000 * Ga/Al比值(20.7~2.3),小于经典A型花岗岩的Ca含量(20 ppm和1000 * Ca/Al比值2.6;Whalen et al.,1987),说明乌烧沟岩体不是A型花岗岩(图5.5C,E~G);此外,它含有较低的Y(2.2~49.3 ppm)、Ce(8.5~195 ppm)和Nb(1.9~20.6 ppm),都小于经典A型花岗岩(100 ppm、80 ppm和20 ppm;Whalen et al.,1987),进一步表明乌烧沟岩体不具有A型花岗岩特征。

实验岩石学研究表明,磷灰石在偏铝质到弱过铝质岩浆中溶解度很低,并在岩浆结晶分异作用中随着SiO_2含量的增加而降低;但是在强过铝质花岗岩中,磷灰石的溶解度则表现出相反的趋势(Chappell,White,1992;Wu et al.,2003)。乌烧沟岩体的A/CNK比值变化较大(0.5~1.5),具有偏铝质到过铝质的特征;P_2O_5含量较低(0.01%~1.09%),且随着SiO_2含量的增加,P_2O_5含量也增加(图5.5H),与S型花岗岩演化趋势一致。Pb-SiO_2图解也表明乌烧沟岩体具有S型花岗岩的特征(图5.5I)。研究表明富Y矿物在偏铝质I型岩浆演化的晚期阶段才会结晶出来,因此随着演化进行,SiO_2含量增加,Y含量会增加,并与Rb含量具有正相关关系;而在S型花岗岩中与Rb含量具有负相关关系(Li et al.,2007)。Y-Rb图解进一步表明乌烧沟岩体具有S型花岗岩的特征(图5.5J)。综上所述,乌烧沟岩体虽然表现出与I型花岗岩和A型花岗岩有一定的相似性,但岩石的总体特征表明,该岩体应归为S型花岗岩。

乌烧沟岩体属于正长岩到霞石正长岩系列(图4.5A)。关于正长岩的成因模式主要有以下几种:① 地壳部分熔融成因:幔源岩浆底侵导致下地壳岩石发生部分熔融(Lubala et al.,1994),或者在有流体参与或高压环境下下地壳岩石发生的部分熔融(Huang,Wyllie,1981);② 富集地幔部分熔融成因:由富集的岩石圈地幔低程度的部分熔融形成(Sutcliffe et al.,1990;Lynch et al.,1993),或者是碱性玄武质岩浆分异后的残余熔体结晶后的产物(Brown,Becker,1986;Thorpe,Tindle,1992);③ 岩浆混合模型:基性玄武质岩浆和酸性花岗质岩浆混合后结晶分异的产物(Barker et al.,1975;Sheppard,1995;Zhao et al.,1995),或者是幔源硅不饱和碱性岩浆和下地壳部分熔融形成的花岗质岩浆混合的产物(Dorais,1990)。

乌烧沟岩体的镁指数$Mg^\#$变化很大,为(6~57),说明它不可能来源于单一物质部分熔融,而是壳源岩浆和幔源岩浆的混合产物(Rudnick,Gao,2003;Kemp et al.,2007;Zhu et

---

① FeO^T代表全铁。

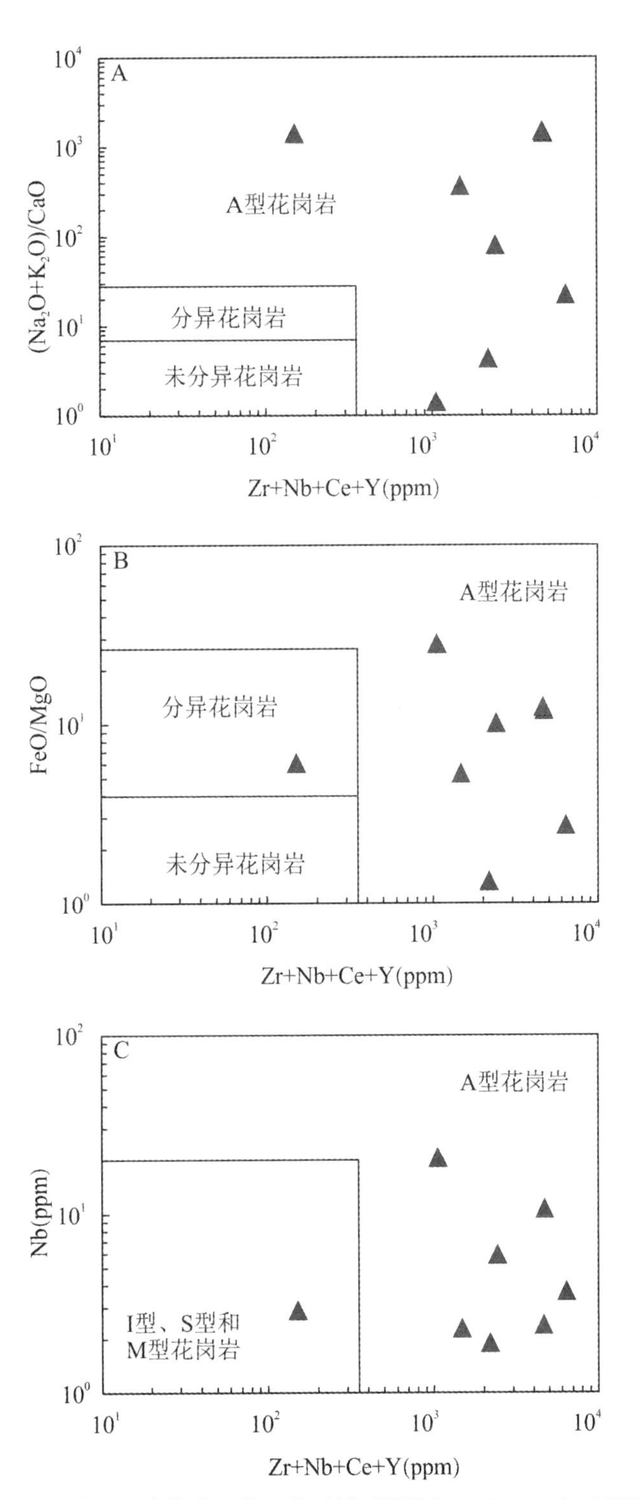

图5.5　乌烧沟岩体岩石成因类型判别图(据 Whalen et al.,1987)

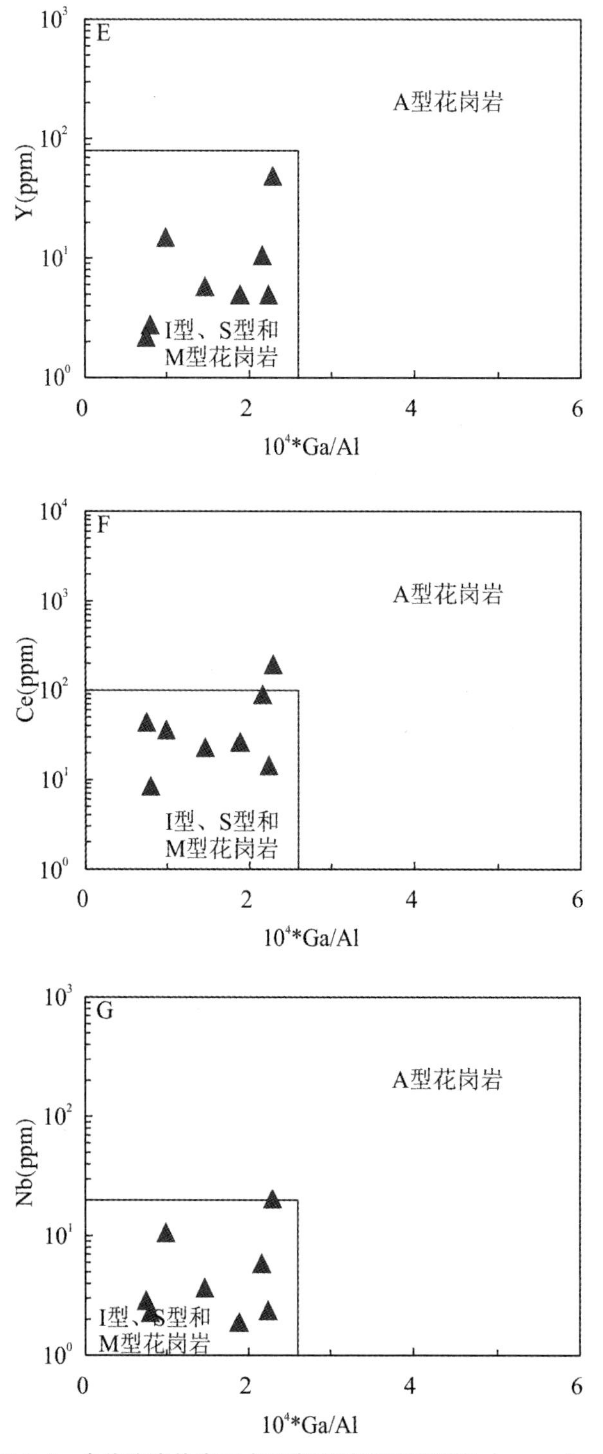

(续)图 5.5　乌烧沟岩体岩石成因类型判别图(据 Whalen et al.,1987)

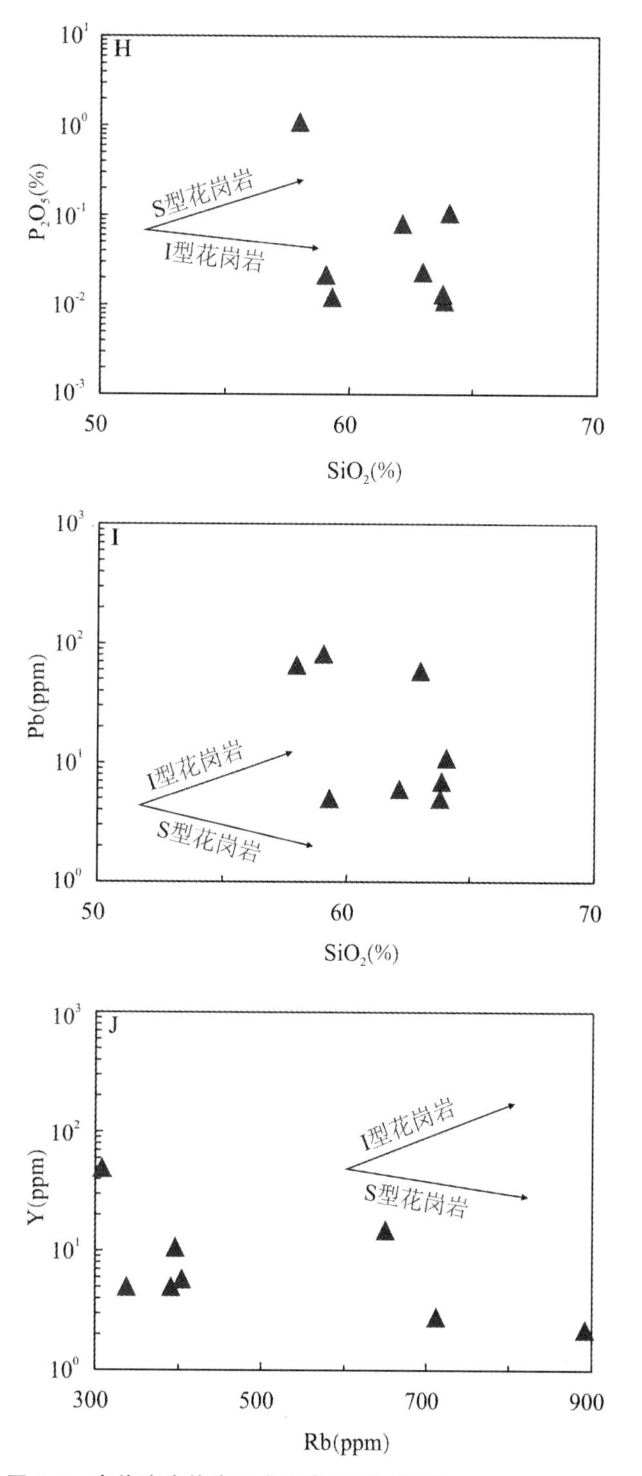

(续)图 5.5　乌烧沟岩体岩石成因类型判别图(据 Whalen et al.,1987)

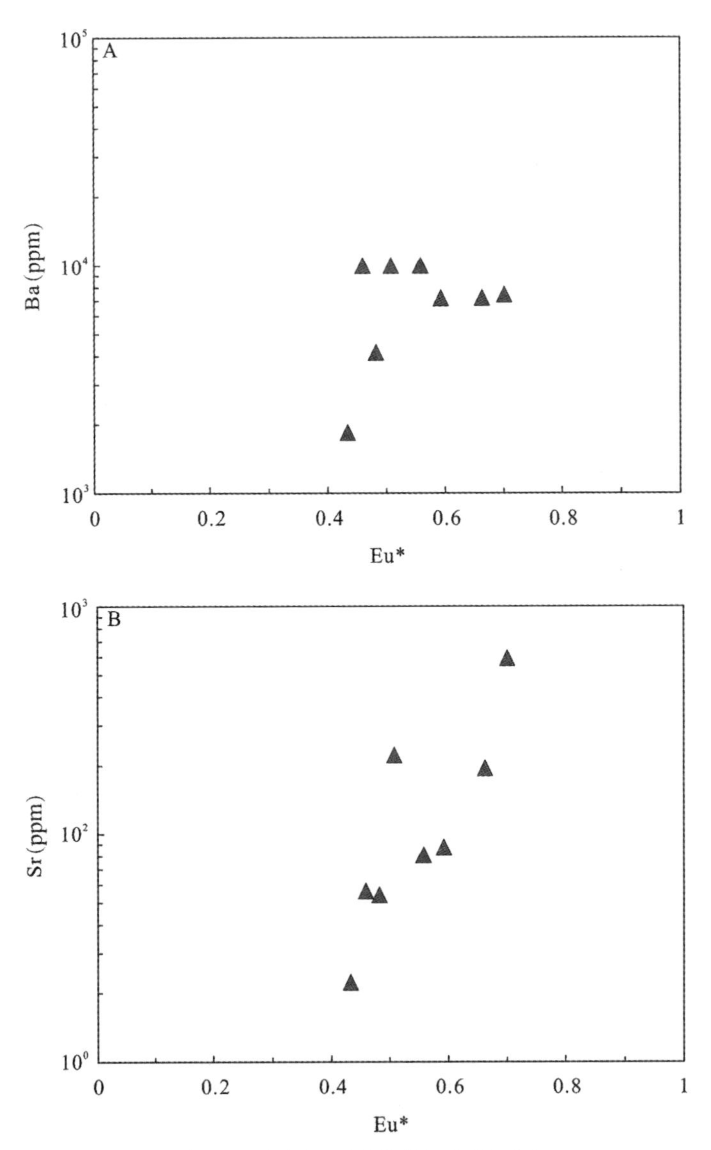

图 5.6 乌烧沟正长岩的元素关系图

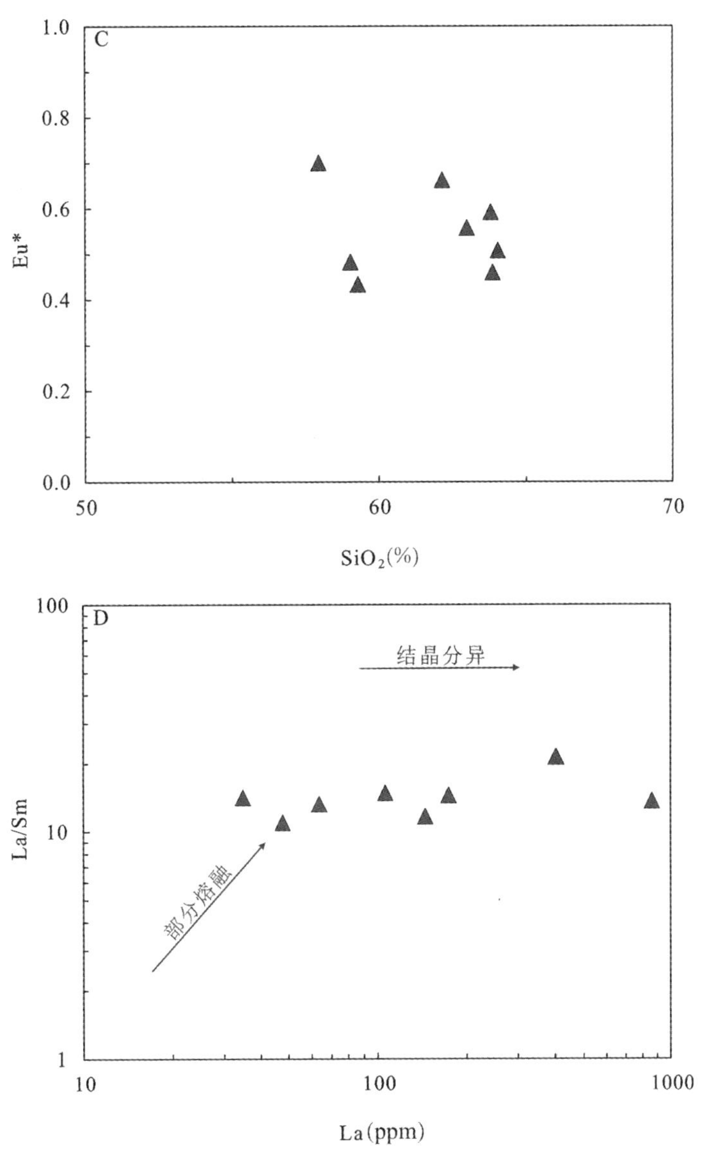

(续)图 5.6　乌烧沟正长岩的元素关系图

al.,2009;Yang et al.,2012)。其 Nb/Ta(2.4~29.0)、Nb/U(0.7~8.4)和 Ce/Pb(0.5~8.2)比值变化较大,而平均比值(12.0、3.18 和 3.4)介于大陆地壳(11.4、6.15 和 3.91;Rudnick,Gao,2003)与 N-MORB(17.7、2.8 和 25.0;Sun,McDonough,1989)以及 OIB(17.8、2.6 和 25.0;Sun,McDonough,1989)之间,也表明有壳幔组分共同参与。

乌烧沟正长岩在稀土配分模式图上具有明显的 Eu 负异常,以及在微量元素多元素图解上亏损 Sr,指示了岩体侵位过程中有大量斜长石的分离结晶(图 5.4)。在微量元素多元素图解上亏损 P 和 Ti,暗示磷灰石和 Fe-Ti 氧化物发生了分离结晶(图 5.4B)。Ba 强烈分配进入碱性长石(Beard et al.,1994),在 Eu*-Ba 图解(图 5.6A)上,随着 Eu* 的减小,Ba 含量降低,指示了在岩浆演化过程中碱性长石发生了分离结晶。此外,Sr 和 Eu* 以及 Eu* 和 SiO_2 也都具有明显的负相关关系(图 5.6B、C),暗示了岩浆演化过程中存在斜长石的分离结晶。乌烧沟岩体在 La/Sm-La 图解中呈现为水平直线,也说明岩体形成过程中经历了结晶分异(图 5.6D)。

综上,我们认为乌烧沟岩体是由于地幔玄武质岩浆与地壳形成的中酸性花岗质岩浆混合后形成的熔体经强烈的结晶分异作用形成的。

5.4 成岩世代和成岩环境讨论

区域资料显示乌烧沟岩体和磨沟岩体形成于同一时代(河南省地质调查院,2001)。梁涛等(2017)通过锆石 LA-ICP-MS U-Pb 定年获得乌烧沟岩体的加权平均年龄为(246.2±3.9) Ma,与刘楚雄等(2010)报道乌烧沟岩体 SHRIMP 锆石年龄(245±4) Ma 在误差范围内一致;卢仁等(2013)通过锆石 LA-ICP-MS U-Pb 定年获得磨沟岩体的形成时代为(245.5±8.0) Ma,表明乌烧沟岩体与磨沟岩体是同一期岩浆获得的产物,形成时代归晚三叠纪。这些年龄数据也与秦岭造山带造山峰期一致[(242±21) Ma;赖绍聪等,2003;张国伟等,2003]。

东秦岭造山带和扬子板块北缘广泛发育三叠纪的岩浆岩活动,并且被认为是华北板块与扬子板块发生碰撞拼合的响应(Li et al.,2003;Wang et al.,2006;Zheng et al.,2008;Yu et al.,2008)。尽管前人对这些三叠纪花岗岩形成的地球动力学背景进行了大量探讨,但仍存在广泛争议,主要存在以下几种观点:① 秦岭三叠纪岩浆作用与古特提斯洋壳的北向俯冲有关,形成于大陆弧构造背景(张国伟等,2001);② 三叠纪花岗岩的侵位时代晚于华南与华北地块最终碰撞的时间,应该形成于碰撞后环境,在商丹缝合带附近出露的沙河湾、秦岭梁和老君山等岩体具有典型的奥长环斑花岗结构,表明形成于碰撞后环境(卢欣祥等,1999;王晓霞和卢欣祥,2003;Wang et al.,2011);③ 这些花岗岩形成时代与华南和华北地块碰撞时间一致,形成于同碰撞构造背景(Sun et al.,2002)。也有学者根据秦岭造山带三叠纪区域变质事件和花岗岩的侵位年龄,将三叠纪花岗岩划分为同俯冲、同碰撞和碰撞后三个阶段(Jiang et al.,2010)。

正长岩(及相应的碱玄岩,响岩和碳酸岩等)被认为与陆内裂谷系有密切的联系,它是研究造山旋回的一个重要的依据(Creaser et al.,1991;Bonin et al.,1998;Barbarin et al.,

1999;Martin et al.,2005)。Pearce 等(1984)对已知的大地构造背景花岗质岩石的地球化学特征进行了系统的总结归纳,并提出 Y、Yb、Rb、Ba、Nb、Ta、Ce、Sm、Zr 和 Hf 这些元素最能有效地区分花岗岩的大地构造环境,可以利用元素 Rb、Y 和 Nb 来区分大洋脊花岗岩(ORG)、板内花岗岩(WPG)、火山弧花岗岩(VAG)和同碰撞花岗岩(syn - COLG)等。在(Ta + Yb)- Rb 和(Y + Nb)- Rb 构造环境判别图解上,乌烧沟岩体分别投影于同碰撞花岗岩区域内(图 5.7),指示了它们形成于华南板块与华北板块的碰撞阶段。

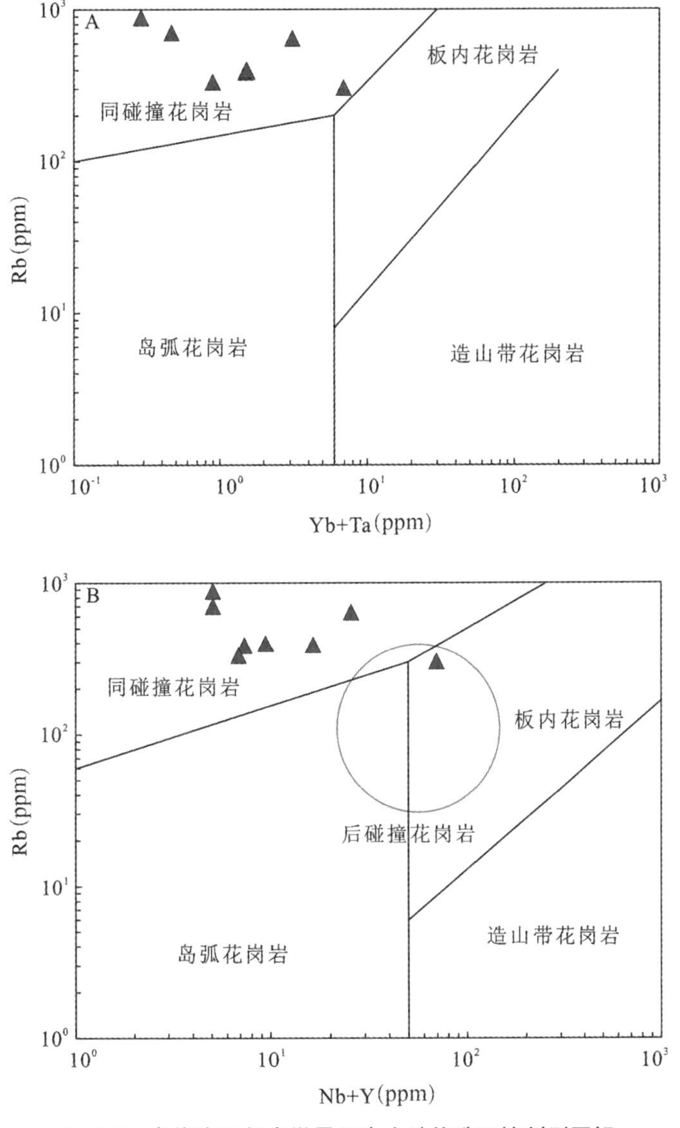

图 5.7　乌烧沟正长岩微量元素大地构造环境判别图解

第6章 白垩纪石英正长岩-钾长花岗岩类

车村断裂东延至尧山镇附近分支出黄土岭断裂带，沿这些断裂断续出露有太山庙、赵村、中汤、下汤、四棵树、张士英和角子山等早白垩世的中酸性岩体，在空间上构成石英正长岩-钾长花岗岩带。岩石组合主要包括角闪石英正长岩、正长花岗岩和正长花岗斑岩。岩石形成世代被厘定为是中元古代(距今 124～121 Ma)，岩浆来源于地壳物质部分熔融，经结晶分异作用侵位于板内拉张环境。其中太山庙钾长花岗岩体和张士英石英正长岩体属于较大的岩基出露，其他岩体一般与白垩纪二长花岗岩相伴并呈后期相产出。

6.1 张士英角闪石英正长岩

6.1.1 岩体地质

本岩区地处华北地块南缘，华熊地体边缘区，分布于舞阳张士英、马庄、房庄一带(图 6.1)。区内断裂构造发育，直接控制着碱性岩的分布，在 25 km^2 范围内，出露大小 6 个碱性岩体，其中张士英岩体出露面积 5.5 km^2，呈小岩基产出，近南北向展布。平面上呈不规则椭圆形，与围岩古元古界、中元古界熊耳群、汝阳群呈不整合侵入接触关系，接触面产状较陡，呈不规则港湾状，主要岩石类型为角闪石英正长岩、石英正长岩、正长花岗岩以及石英正长斑岩(图 6.2)。

沿接触带有岩体呈树枝状顺层侵入围岩，且溶蚀/熔蚀、同化、混染、交代作用强烈。在岩体内见有围岩捕虏体，具暗化和烘烤边，改变了原岩的成分，同时见有晚期花岗斑岩脉体切穿岩体(图 6.3)。自内相带到外相带岩石粒度由粗变细，常为渐变过渡关系，属浅成相侵入岩。岩体内分布有暗色矿物包体，呈圆形、椭圆形、哑铃形，大小形态各异，一般直径为 5～20 cm，可能属于岩浆熔融残留体。

6.1.2 岩石学

角闪石英正长岩：手标本呈肉红色，中细粒花岗结构，块状构造(图 6.4)。主要矿物有钾长石(55%)、斜长石(20%)、石英(5%～10%)、角闪石(5%)；次要矿物有黑云母；副矿物有

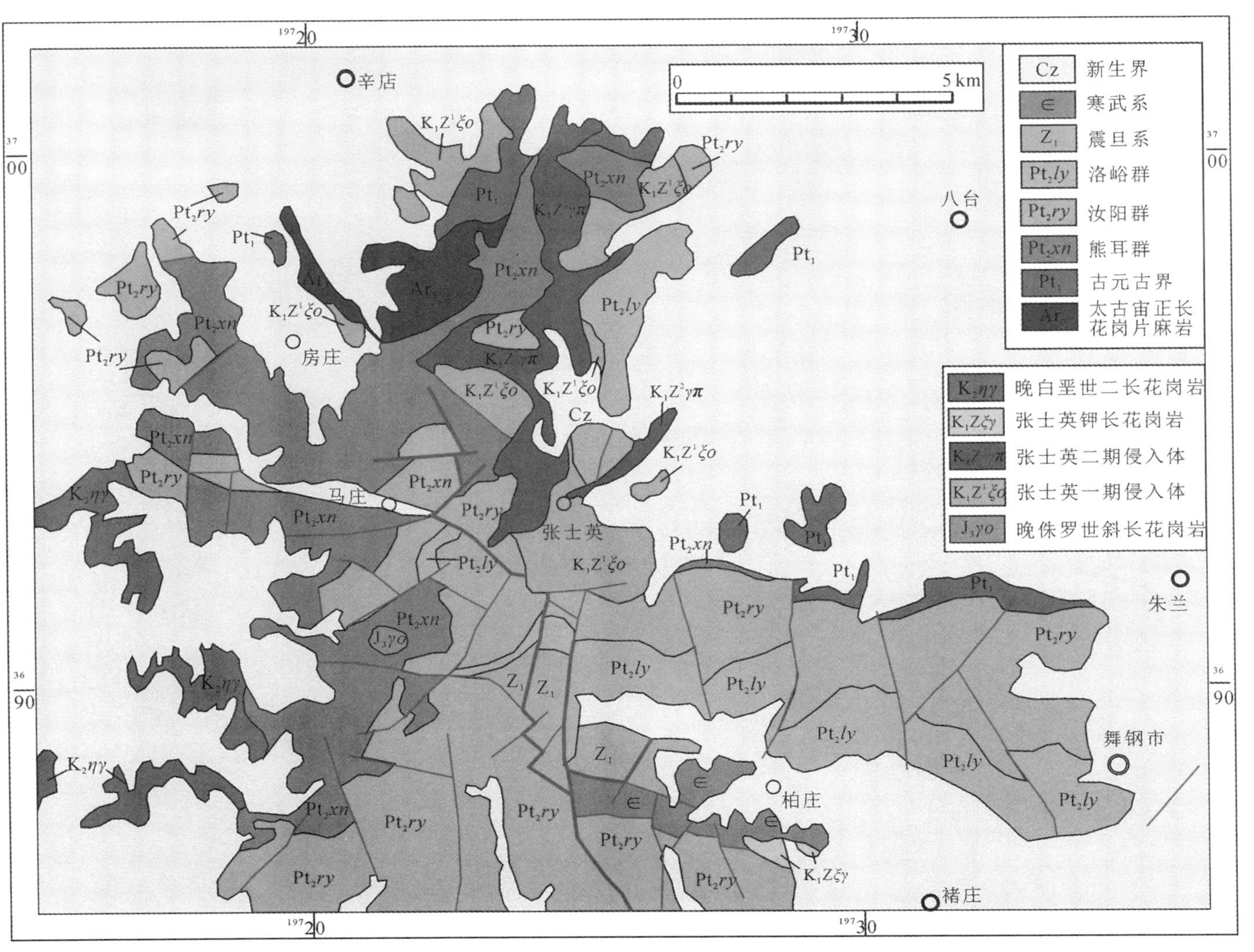

图6.1 张士英岩体地质简图

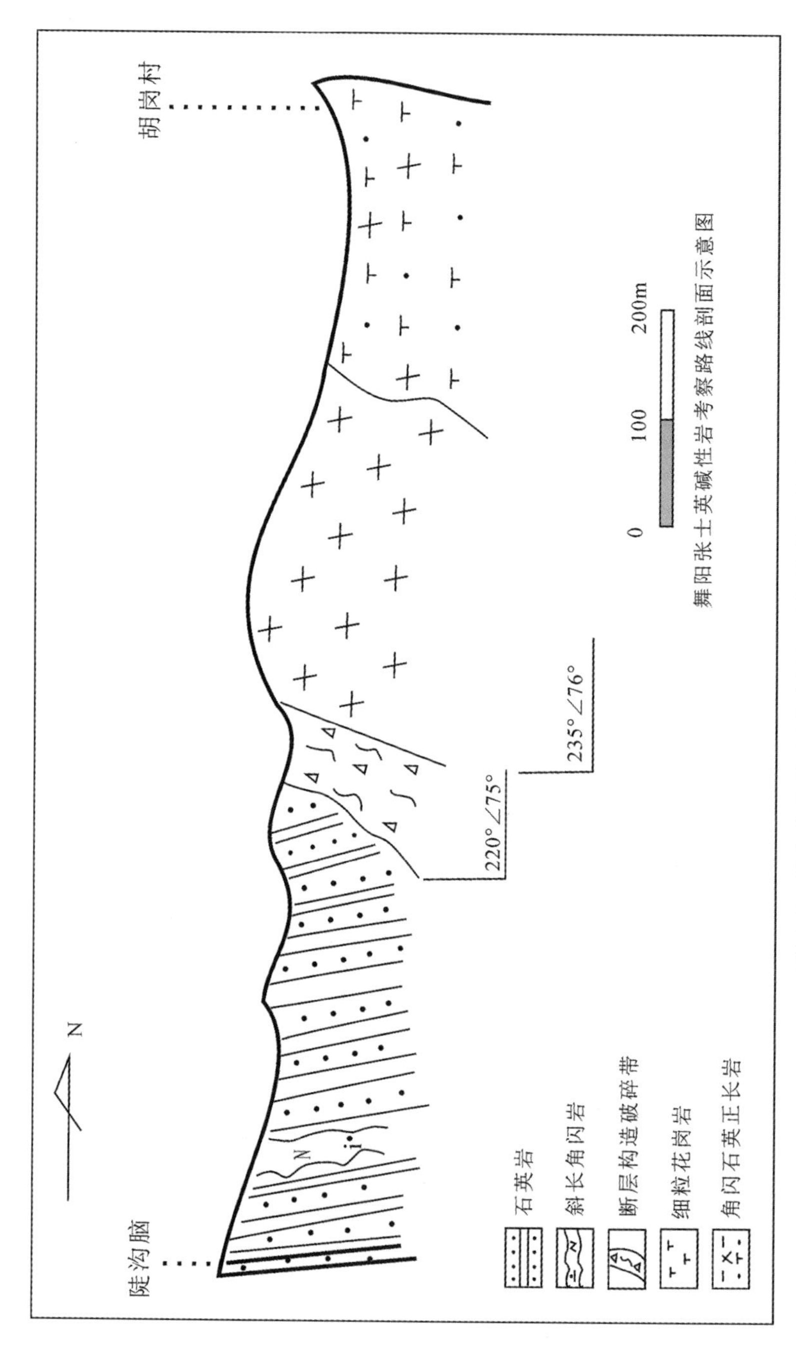

图6.2 张士英岩体南侧接触关系野外路线地质剖面图

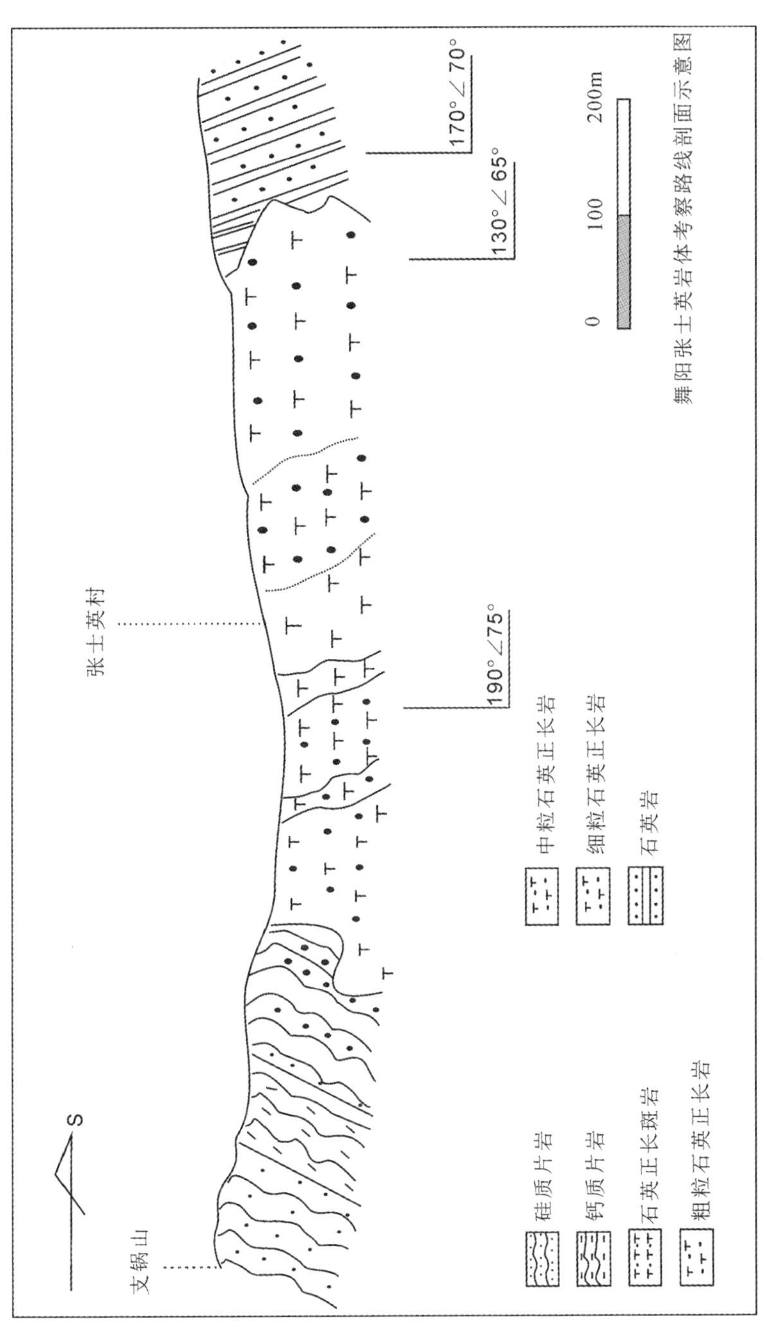

图6.3　张士英岩体北侧接触关系野外路线地质剖面图

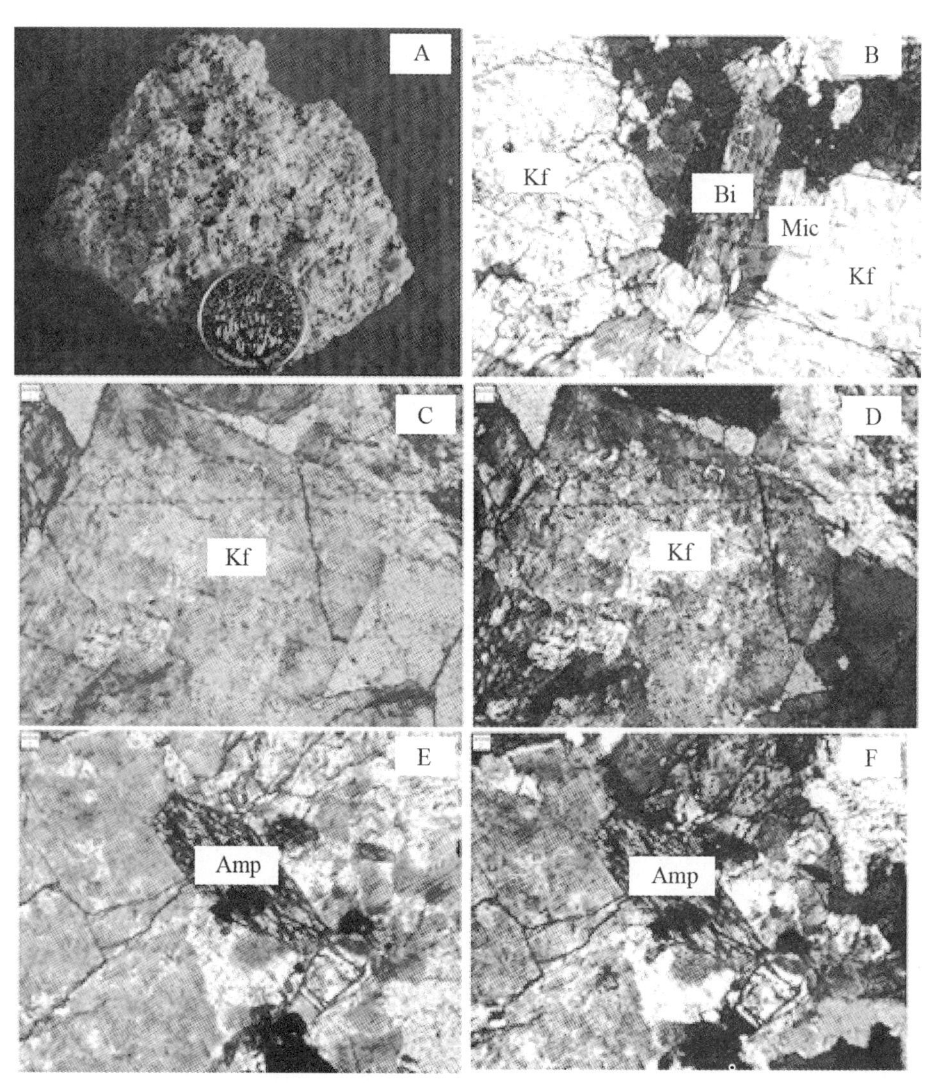

图 6.4 张士英角闪正长岩手标本和岩石薄片照片

Amp:角闪石;Kf:钾长石;Bi:黑云母;Mic:微斜长石。

磁铁矿、榍石。钾长石呈半自形-自形板状、柱状，部分为粒状，粒径1～5 mm，格子双晶不明显，个别具卡氏双晶，表面多高岭土化。斜长石呈半自形-它形板柱状或交代残留体，粒径1～5 mm，部分具聚片和卡氏联合双晶，具绢云母化和泥化现象。石英呈灰白、乳白色，它形粒状，粒径0.5～2 mm，多呈填隙状分布于长石间。角闪石呈菱形，自形-半自形，部分呈残留体，粒径0.2～2 mm。单偏光下呈现褐色，两组完全解理，正交偏光下最高干涉色为二级蓝绿。

经岩矿鉴定其他岩石类型主要包括以下几种：

角闪石英正长岩：呈肉红色，中细粒花岗结构，交代环斑结构，块状构造。主要矿物有钾长石(55%)、斜长石(20%)、石英(5%～10%)、角闪石(5%)；次要矿物有黑云母及少量透辉石；副矿物有磁铁矿、榍石、钛铁矿、钍石、白钨矿。钾长石主要为微斜长石，呈它形、半自形板状、柱状，部分为粒状，粒径1～5 mm，多与更长石组成条纹状构造，格子双晶不明显，个别具卡氏双晶，强烈交代斜长石，多以蚕食或穿孔式交代斜长石，形成斜长石团块或包体，或形成环斑状结构。斜长石呈半自形-它形板柱状或交代残留体，粒径1～5 mm，部分具聚片和卡氏联合双晶，具绢云母化和泥化现象。石英呈灰白、乳白色，它形粒状，粒径0.5～2 mm，多呈填隙状分布于长石间。角闪石呈深绿-绿色、半自形粒状或针状，部分呈残留体，粒径0.2～2 mm，常被绢云母和绿泥石交代，且与少量透辉石、黑云母共生。

细粒石英正长岩：呈肉红色，风化面呈黄褐色，粒状结构，块状构造。主要矿物由钾长石(90%)、石英(5%)、角闪石(2%～3%)组成；次要矿物有黑云母，副矿物有磁铁矿、磷灰石、榍石、金红石、锆石、褐帘石。微斜长石呈半自形粒状，条纹发育，可见卡氏双晶，微斜长石有交代斜长石形成环斑的现象，具微弱泥化，部分轻微碳酸盐化；斜长石呈半自形粒状，粒径0.8～3 mm，聚片双晶不发育，部分条纹长石中具绢云母化现象，角闪石呈柱状，常被黑云母、绿帘石、绿泥石交代。

正长斑岩：呈浅肉红色，中细粒结构。残斑晶主要为条纹长石，自形、半自形板柱状-粒状晶体，粒径3～5 mm，基质为具格子双晶的微斜长石及少量石英，粒径0.5～2 mm，为半自形、它形结构。变质矿物主要表现为黏土矿物绢云母对长石的交代作用，交代作用所形成的石英比原岩中的石英要细小得多，粒径0.04 mm左右。在交代的同时还形成一些不透明的铁质斑点，交代作用较强时，形成交代假象结构。交代后岩石的矿物成分为：石英15%～20%，残余碱性长石40%，绢云母及黏土矿物20%～30%，绿泥石及不透明矿物5%，估计原岩中的碱性长石可达90%，其余为石英。

6.2 太山庙钾长花岗岩体

6.2.1 岩体地质

太山庙花岗岩基位于华北板块南缘，汝阳县付店乡以南，嵩县车村大断裂以北，出露面积约400 km^2，呈浑圆状(图6.5)，北侧和东侧侵入中元古代的熊耳群火山岩，南部与伏牛山混合花岗岩基呈断层相接，西侧与合峪黑云母二长花岗岩呈直接侵入接触。

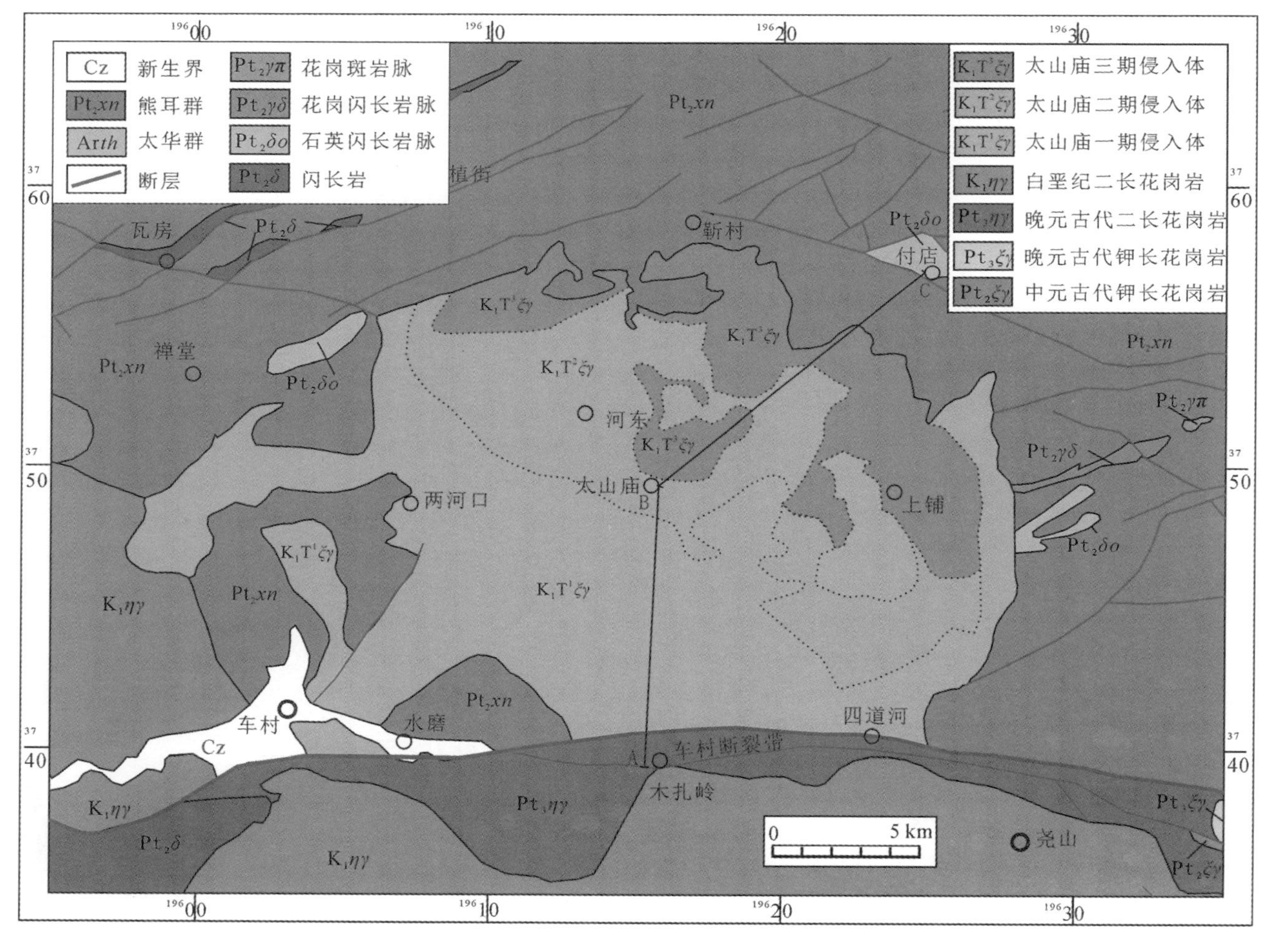

图 6.5 太山庙岩体分布地质简图

岩体中心相由粗粒斑状钾长花岗岩（呈灰红色，条纹长石55%，石英30%，更长石10%）和似斑状中粗粒黑云母二长花岗岩（似斑状结构，条纹长石30%，石英35%，更长石30%）组成，边缘相为细粒钾长花岗岩，二者为渐变的相变关系。整个岩体剥蚀程度浅，多出露边缘相。局部可见熊耳群中组三段安山岩残留块。内接触带具有绿泥石化，外接触带有角岩化。岩体北东部常有岩枝侵入围岩中，长轴方向与邻接围岩中的北东向断裂走向一致（图6.6）。中粗粒中心相岩黑云母K－Ar年龄105.3 Ma，本书的$^{40}Ar/^{39}Ar$法主坪年龄138 Ma。据重力资料推断，岩体隐伏部分沿付店基底隆起区和北东向断裂，向北东方向舌状伸延，面积达30 km^2。并且整个太山庙岩体上覆于大陆基底物质之上，显示"无根"的特征。

6.2.2　岩石学和矿物学

根据采取的岩石（取样点见图6.7A）光薄片鉴定结果，多数岩石粒度较粗，属于粗中粒花岗岩。从矿物成分上看，多数岩石中钾长石数量超过斜长石，有相当一部分钾长石占长石量的2/3以上，石英数量一般在20%以上，暗色矿物＜5%，相当部分薄片中暗色矿物＜1%。钾长石出现卡氏双晶，几乎见不到微斜长石的格子双晶，一般为正长石，具有较低的三斜度。钾长石和石英的文相连生现象普遍，且钾长石存在于密集的条纹斜长石之中。存在各种交代结构，如钾交代和硅交代，未发现混合岩化及混合片麻岩的组构特征。总之，从岩石学角度看，太山庙花岗岩的岩浆形成温度较高，重熔岩浆特征明显。

正长花岗岩，手标本呈肉红色（图6.7），全晶质中粗粒块状构造。主要矿物为钾长石、斜长石、石英和黑云母。斜长石呈自形长板状，正交偏光下具有典型的聚片双晶，含量约占25%。钾长石呈自形、半自形，板状，有些具有格子双晶，有些表面多高岭土化双晶不明显，含量约占35%。黑云母呈黄褐色，自形程度较高，呈长板状，可见一组完全解理，有些黑云母被其他矿物充填，含量约占20%。石英呈它形，细粒，充填于长石和暗色矿物中间的空隙，含量约占15%。

用X光衍射分析的两个钾长石样品的数据（表6.1）表明，不同粒度的钾长花岗岩，其钾长石中Al在四种四面体位置占位率几乎相同，由t_1和$t_1(0)$值估算属正长石范围，显示的有序程度较低，不具有交代成因或混合岩化成因的钾长石特征，其值也表明，钾长石有序程度为过渡型（＝0.3～0.7）微斜长石的偏低端岩，相当于浅成侵入岩的标型矿物。

表6.1　太山庙钾长花岗岩钾长石结构态数据

样号	岩性	201	131	131	060	204	1	$t(o)$	$t_1(m)$	t_2
太7	细粒钾长花岗岩	21.08	29.93	41.80	50.74	0.36	0.81	0.40	0.40	0.19
太9	斑状钾长花岗岩	21.04	29.95	41.84	50.74	0.48	0.84	0.42	0.42	0.16

资料来源：河南省中心实验测定（X光粉晶衍射），1985。

另外有两个粗粒花岗岩样品（太8、太10）副矿物测试结果（g/t）：平均值总量82.59、磁铁矿51.89、榍石10.23、磷灰石1.29、锆石0.58、黄铁矿0.27、钍石0.18、钛铁矿0.34、褐铁矿17.20、金红石0.01、萤石0.44、绿帘石0.47。副矿物组合显示为磁铁矿-榍石-磷灰石（锆石）型。锆石特征为透明-半透明，粒径0.74 mm，轴比率（1.1～2.5）∶1。与中国华南花岗

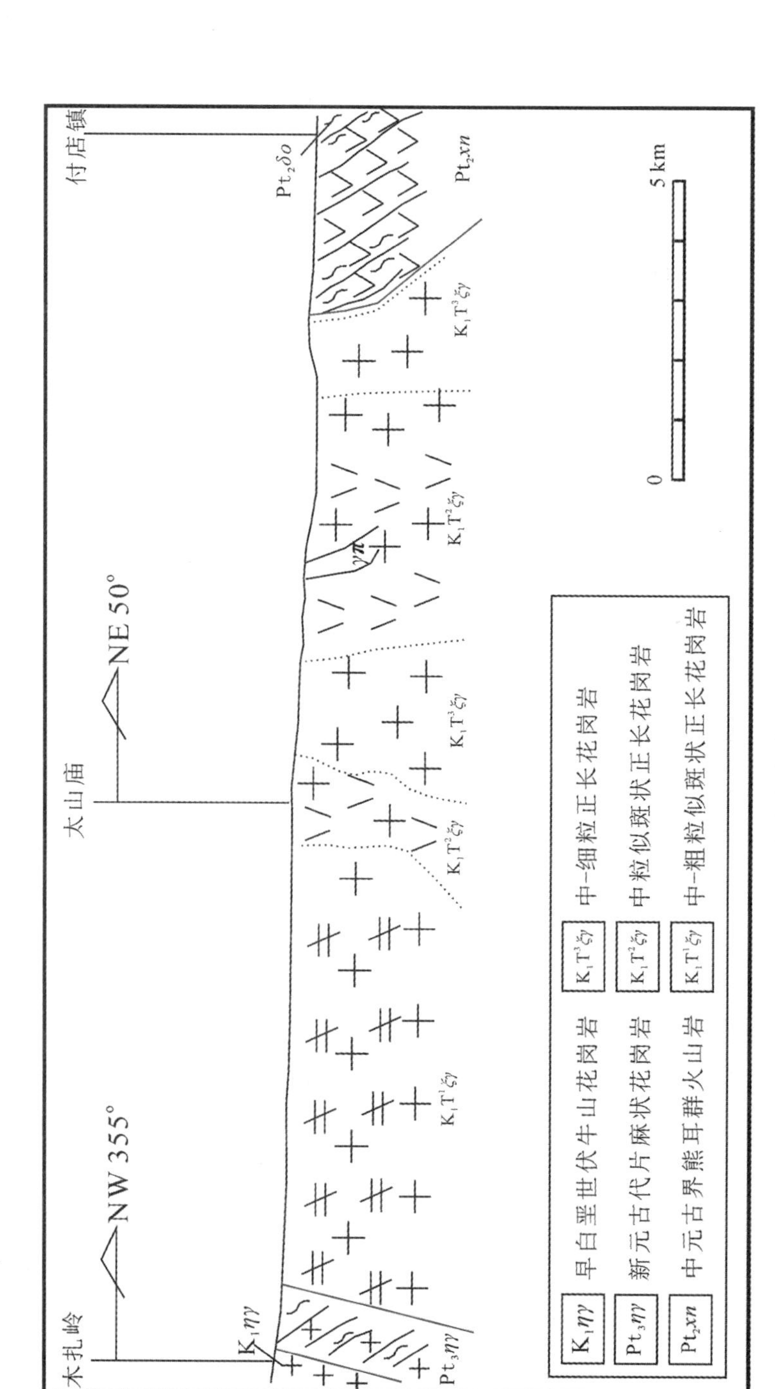

图6.6 太山庙岩体地质剖面草图

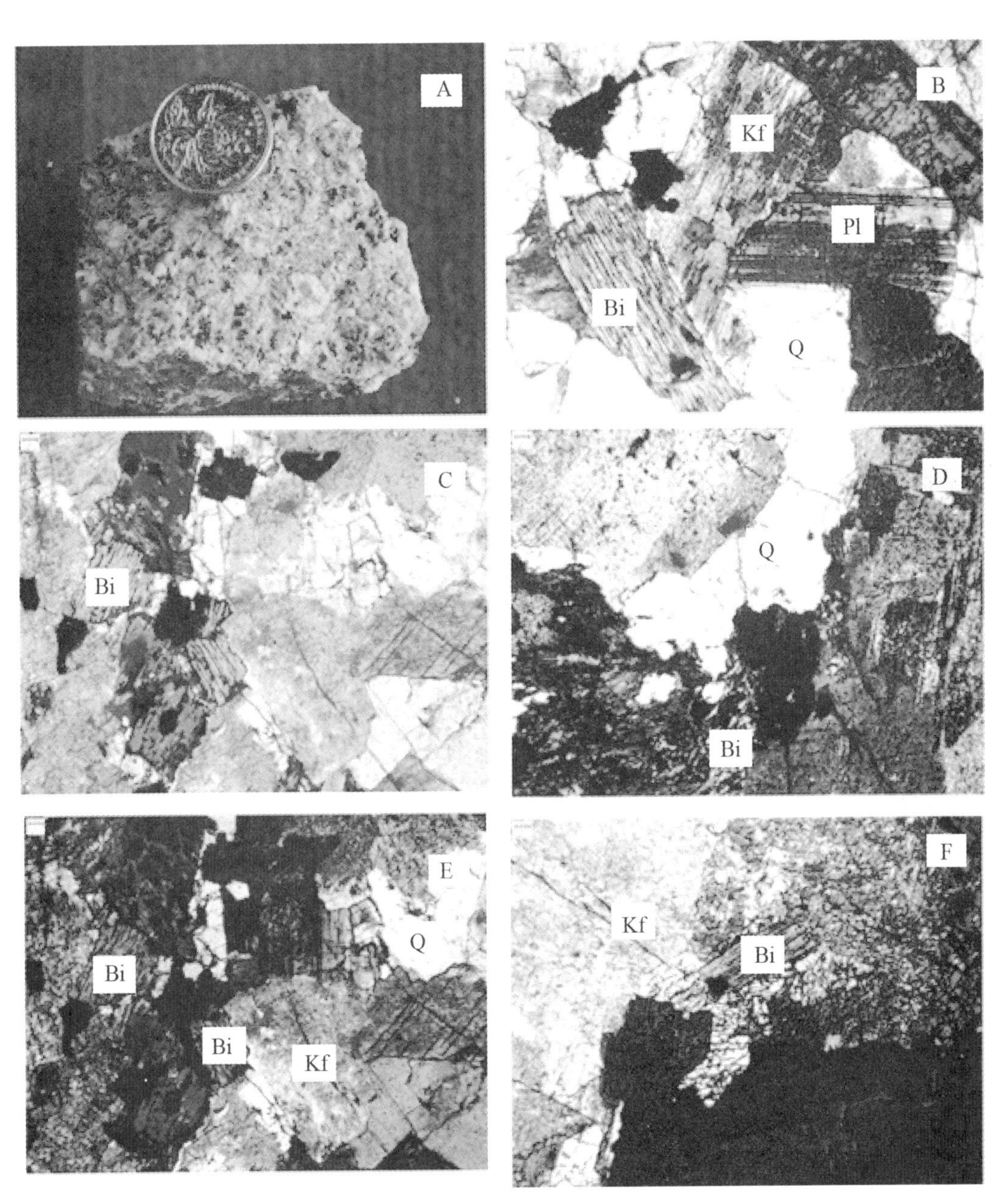

图6.7　太山庙花岗岩手标本和岩石薄片照片

Pl:斜长石;Kf:钾长石;Bi:黑云母;Q:石英。

岩类副矿物(中国科学院贵阳地球化学研究所,1979)相比,太山庙花岗岩的副矿物主要为岩浆结晶作用阶段形成的特征,少量萤石、褐铁矿和绿帘石则为岩浆期后气热作用阶段生成之副矿物。

包体测温结果表明,细粒花岗岩和粗粒花岗岩测定结果基本相同,指示同一岩浆过程。岩浆包体中晶质包体、结晶熔融包体比较发育,多呈不规则状,一般 10～15 μm,均一温度 870～1050 ℃,平均 940 ℃;流体包体中气液包体比较发育,一般 5～10 μm,大者达 40 μm,形状一般为圆形、椭圆形,气液比值一般为 10%～15%,最高 30%,盐度 5%～10%,均一温度 100～400 ℃,平均 270 ℃。由此可知,岩浆包体的均一温度较高,指示岩浆作用经历了高温过程;流体包体的均一温度为中、低温范围。

6.3 岩石地球化学

张士英岩体和太山庙岩体主微量元素分析结果见表 6.2。

6.3.1 张士英岩体

张士英岩体的 SiO_2 含量为 57.81%～75.85%、TiO_2 含量为 0.09%～0.93%;Fe_2O_3 和 MgO 含量分别为 1.3%～8.25% 和 0.11%～2.22%,对应的镁指数 $Mg^{\#}$ 为 13～42;富碱,Na_2O 和 K_2O 含量分别为 3.72%～4.72% 和 4.03%～6.37%,全碱含量为 7.90%～11.24%,K_2O/Na_2O 为 0.95～1.40;Al_2O_3 和 CaO 含量分别为 12.78%～18.17% 和 0.09%～3.76%,*A/CNK* 为 0.84～1.20,*A/NK* 为 1.20～1.30,赖特碱度率(AR)为 2.06～4.66;MnO 和 P_2O_5 含量较低,分别为 0.02%～0.24% 和 0.02%～0.66%。

在 TAS 分类图中,张士英岩体落在正长岩到花岗岩系列范围(图 6.8A),在 *A/CNK* - *A/NK* 图解上,数据点大部分落在偏铝质系列范围内(图 6.8B),在 K_2O - SiO_2 图解上,岩体大部分样品位于高钾质岩系列中(图 6.8C),在 AR - SiO_2 图上,显示所有的样品都落在碱性岩的范围(图 6.8D),这些判别图表明张士英岩体属于高钾花岗岩。

张士英岩体总的稀土元素含量较低,为 116～411 ppm;LREE/HREE 为 17.64～22.15,$(La/Yb)_N$ 变化范围为 17.64～39.46,表明轻重稀土分异明显;Eu^* 为 0.31～1.00;在球粒陨石标准化稀土配分图上呈现为向右倾斜的平滑曲线,具有轻微的 Eu 负异常(图 6.9A)。

微量元素多元素图解显示相对富集 Rb、K、Th、U 和 Pb 等大离子亲石元素(LILE),相对亏损 Ba、Nb、Ta、Sr、Ti、P 等元素(图 6.9B)。亏损 Sr 可能暗示斜长石的分离结晶或者在部分熔融过程中在源区残留。而 Ti、P 等元素的负异常可能指示了岩浆演化过程中含 Ti - Fe 氧化物和磷灰石的分离结晶。

表 6.2　张士英岩体和太山庙岩体主量元素(%)和微量元素(ppm)分析结果

岩体	塔山										双山									
样号	TS-1	TS-2	TS-3	TS-4	TS-5	TS-6	TS-7	TS-8	TS-10	SS-1	SS-2	SS-3	SS-4	SS-5	SS-6	SS-7	SS-8	SS-9	SS-10	SS-11
SiO_2	56.53	57.12	57.62	58	57.22	58.14	58.83	55.85	52.45	54.63	57.34	49.64	57.45	56.18	56	56.53	56.83	56.24	56.27	54.09
TiO_2	0.17	0.1	0.13	0.18	0.14	0.14	0.28	0.33	0.71	0.7	0.62	0.62	0.23	0.65	0.92	0.69	0.63	0.74	0.73	0.68
Al_2O_3	23.25	23	22.84	23.19	23.7	21.41	20.19	19.38	14.88	19.78	21.54	17.99	21.1	20.82	22.18	22.12	21.64	21.57	21.57	20.47
TFe_2O_3	1.92	1.72	2.12	1.66	1.85	1.69	1.93	2.11	3.81	2.89	3.32	10.12	3.92	3.37	3.45	3.56	3.15	3.48	3.67	4.79
MnO	0.05	0.04	0.04	0.01	0.02	0.07	0.03	0.04	0.33	0.28	0.26	0.94	0.6	0.29	0.33	0.29	0.25	0.29	0.28	0.22
MgO	0.67	0.65	0.68	0.69	0.69	0.88	0.76	1.03	2.04	0.78	0.22	1.56	0.01	0.47	0.34	0.28	0.25	0.31	0.27	0.39
CaO	0.07	0.06	0.06	0.02	0.06	0.05	0.84	3.4	4.69	3.57	1.47	2.38	2.01	1.93	1.28	1.55	1.4	1.57	1.75	2.69
Na_2O	0.31	0.34	0.33	0.33	0.34	0.3	0.28	0.28	0.22	4.54	7.94	4.71	9.92	5.21	6.79	7.71	7.22	6.73	7.85	3.73
K_2O	13.37	13.54	13.58	13.91	13.6	13.58	13.84	12.66	12.35	6.55	5.42	3.69	2.47	8.63	7.43	6.06	6.2	6.87	5.31	7.53
P_2O_5	0.019	0.014	0.014	0.016	0.021	0.017	0.021	0.027	0.011	0.068	0.052	0.039	0.021	0.07	0.087	0.062	0.06	0.067	0.067	0.069
SrO	0.01	0.01	0.01	0.02	0.01	0.02	0.01	0.01	0.01	0.06	0.03	0.05	0.02	0.04	0.03	0.03	0.03	0.03	0.03	0.03
BaO	0.13	0.08	0.07	0.14	0.06	0.19	0.29	0.3	0.12	0.03	0.01	0.01	0.01	0.03	0.02	0.01	0.01	0.01	0.01	0.12
烧失量	2.19	2.11	2.07	1.8	2.12	1.98	1.8	3.2	7.28	4.37	0.74	1.59	0.93	1.22	1.1	0.85	0.93	0.92	0.79	4.3
总量	98.69	98.79	99.56	99.97	99.83	98.47	99.1	98.62	98.91	98.26	98.96	93.33	98.69	98.91	99.96	99.74	98.6	98.83	98.59	99.11
V	<5	<5	<5	<5	<5	6	8	19	32	<5	<5	5	<5	<5	<5	<5	<5	<5	<5	<5
Cr	<10	<10	<10	<10	<10	<10	<10	<10	40	<10	<10	<10	<10	<10	<10	<10	<10	<10	<10	<10
Co	<0.5	<0.5	0.5	<0.5	<0.5	2.6	1.8	2.4	1.4	<0.5	0.5	1.3	<0.5	<0.5	<0.5	<0.5	<0.5	<0.5	<0.5	1.2
Ni	<5	<5	<5	<5	<5	<5	<5	<5	<5	<5	<5	<5	<5	<5	<5	<5	<5	<5	<5	<5
Cu	<5	<5	<5	<5	<5	<5	<5	6	<5	<5	<5	<5	<5	<5	<5	<5	<5	<5	<5	<5
Zn	34	26	36	33	25	35	21	38	54	143	156	676	327	187	264	156	144	171	156	125
Ga	28.7	26.6	28.2	28.5	29.6	31.2	30.3	33.9	40.4	27.1	31.7	59.4	45.6	30	33.2	33.1	31.7	33.3	33.1	31.1
Rb	689	696	748	703	819	681	709	613	384	234	190	381	81	320	313	229	233	268	208	314
Sr	114.5	70.3	119.5	177.5	95	132.5	63.8	101.5	114.5	542	257	563	156.5	312	304	269	253	271	239	255
Y	11.3	4.9	6.1	8.3	7.1	6.3	20.2	27.9	39.7	68.2	46.5	302	73.9	48.3	59.5	55.7	56.7	68.3	64.3	52.8
Zr	487	88	559	386	203	195	664	658	1160	1050	884	>10000	2940	610	621	556	787	1190	935	877
Nb	94.9	61.3	91.6	86.3	71.4	86.1	152.5	150.5	178	255	277	4080	488	253	298	247	267	378	309	260

续表

岩体	塔山										双山									
样号	TS－1	TS－2	TS－3	TS－4	TS－5	TS－6	TS－7	TS－8	TS－10	SS－1	SS－2	SS－3	SS－4	SS－5	SS－6	SS－7	SS－8	SS－9	SS－10	SS－11
Mo	7	4	2	<2	4	25	20	10	<2	<2	<2	<2	2	<2	2	<2	<2	<2	<2	16
Ag	<1	<1	<1	<1	<1	<1	<1	<1	<1	<1	<1	<1	<1	<1	<1	<1	<1	<1	<1	<1
Sn	1	1	1	2	1	2	3	3	2	3	5	18	9	3	5	5	4	6	5	3
Cs	1.68	1.56	2	1.94	2.01	1.63	2.04	2.32	1.42	3.07	1.58	8.99	0.5	3.66	3.95	2.17	2.27	2.83	2.01	5.94
Ba	1115	665	595	1240	514	1715	2610	2700	1070	324	78.1	39.8	34.5	297	158.5	81.8	94.2	108.5	68.8	1080
La	96.7	46.7	26.3	93.1	82.7	33.5	143.5	194	40.3	203	219	2510	346	239	235	244	226	261	256	238
Ce	193.5	114	113	168	155.5	69.9	295	318	79.6	399	414	3550	524	455	481	459	436	499	486	454
Pr	16.55	7.71	4.97	13.85	13.25	5.12	24.9	30.7	9.68	45.9	45.8	306	50.4	52.3	59.8	52.8	49.4	58.5	56.5	54
Nd	43.3	19.8	13.1	34.7	33.9	13.4	66.7	80.6	35.8	147	144	734	135	166	200	169	160	191	183	171
Sm	4.46	2.29	1.53	3.35	3.72	1.57	6.92	8.19	6.12	21	19.5	74.5	17.7	21.7	28.2	22.3	21.6	25.4	24.4	22.4
Eu	1.2	0.63	0.41	0.83	0.98	0.42	1.69	1.96	1.21	3.34	2.85	9.47	1.96	3.27	3.61	3.2	3.06	3.3	3.22	2.91
Gd	5.48	2.77	2.08	4.23	4.4	1.91	8.48	9.78	5.76	21.3	19.4	100	20.1	21.9	26.2	22.3	21	25.3	24.2	21.9
Tb	0.48	0.26	0.18	0.35	0.38	0.2	0.77	0.91	0.85	2.56	2.2	10.3	2.25	2.41	3.07	2.51	2.42	2.88	2.79	2.35
Dy	2.09	1.09	0.97	1.35	1.52	1.08	3.24	4.33	5.07	13.1	9.93	52.4	11.7	10.85	13.85	11.95	11.55	14.05	13.45	10.7
Ho	0.45	0.21	0.23	0.31	0.32	0.25	0.72	0.94	1.34	2.73	1.91	12.1	2.5	2.06	2.57	2.31	2.26	2.76	2.67	2.1
Er	1.45	0.63	0.7	1.07	1.01	0.77	2.52	3.1	5.04	8.1	5.77	44	8.13	5.76	7.01	6.59	6.79	8.15	8	6.4
Tm	0.21	0.07	0.1	0.16	0.16	0.09	0.39	0.45	0.94	1.2	0.79	8.15	1.3	0.72	0.86	0.88	0.95	1.16	1.07	0.89
Yb	1.49	0.57	0.69	1.11	1.06	0.67	2.66	2.85	5.86	7.74	5.18	64.6	8.54	4.32	5.2	5.39	6.11	7.58	6.75	6.02
Lu	0.23	0.08	0.11	0.17	0.16	0.1	0.43	0.43	0.88	1.28	0.81	13.1	1.44	0.64	0.75	0.81	0.97	1.23	1.06	1
Hf	11.4	2.5	13.1	8	4.3	4.4	14.7	13.7	28.8	24.7	21.9	925	69.6	15.7	16.4	14.7	19.4	28.6	22.9	21.3
Ta	2	0.9	1.6	1.7	1.4	1	2.9	2.5	1	21	20.5	342	27.5	18.5	29.6	18.6	20	27.8	23.3	20.8
W	2	2	2	2	1	3	2	10	7	2	1	8	2	1	<1	<1	<1	1	1	16
Tl	<0.5	<0.5	<0.5	<0.5	<0.5	<0.5	0.5	0.6	<0.5	<0.5	<0.5	<0.5	<0.5	<0.5	<0.5	<0.5	<0.5	<0.5	<0.5	<0.5
Pb	6	5	7	7	<5	9	10	12	9	19	17	25	34	20	33	17	16	18	15	25
Th	13.55	10.4	8.63	18.95	14.75	9.35	19.2	25.1	19.95	28.6	31.7	177.5	90.3	33.3	27.7	34.1	29.8	37.3	34.3	32.7
U	3.1	0.62	2.25	2.25	1.38	1	2.38	2.89	8.62	5.27	6.75	121.5	21.1	5.42	4.72	4.34	5.37	8.17	6.54	4.49

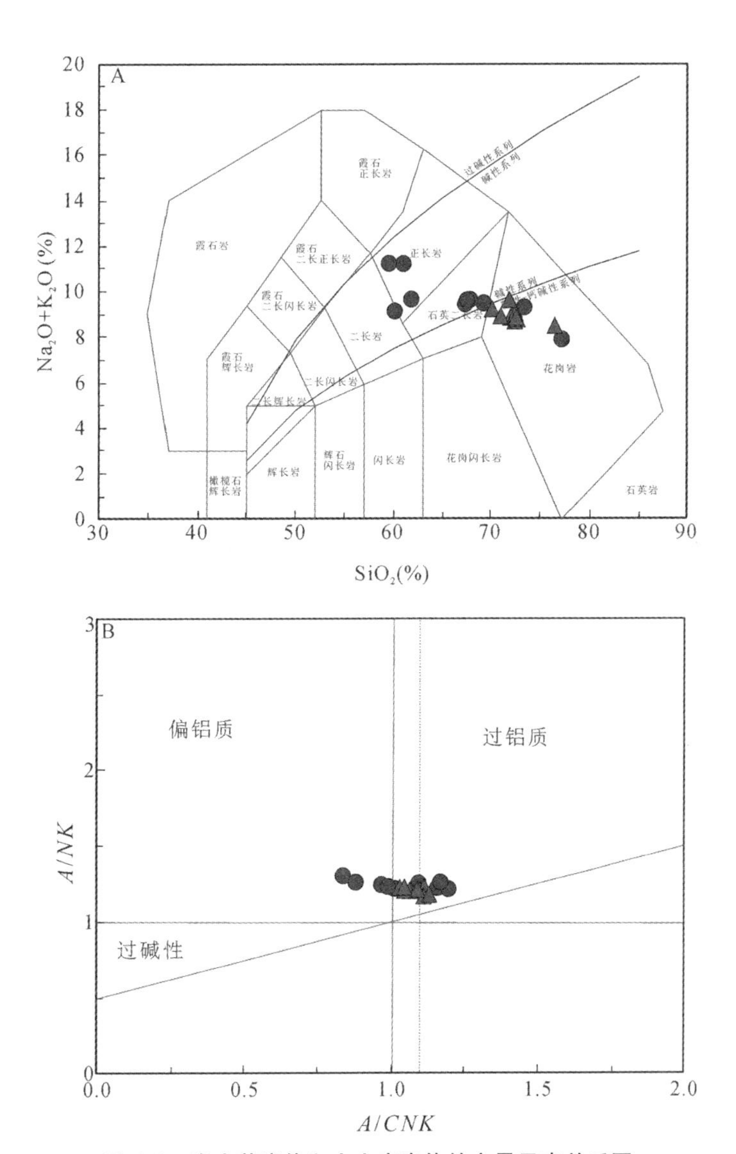

图 6.8　张士英岩体和太山庙岩体的主量元素关系图

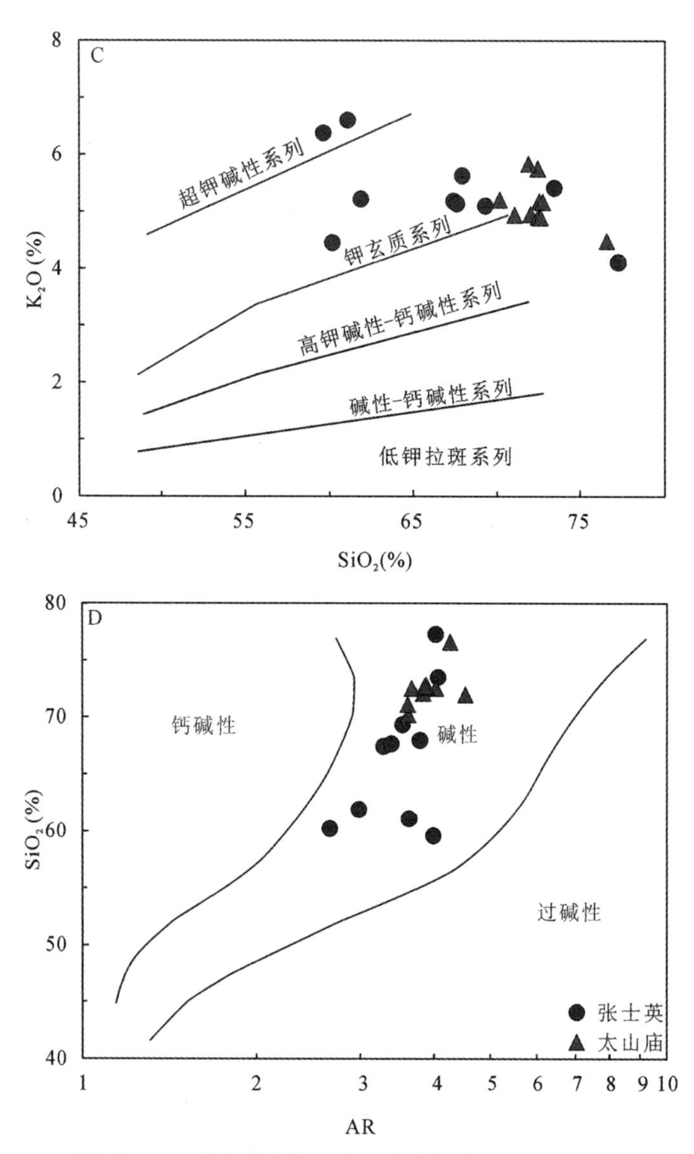

(续)图 6.8 张士英岩体和太山庙岩体的主量元素关系图

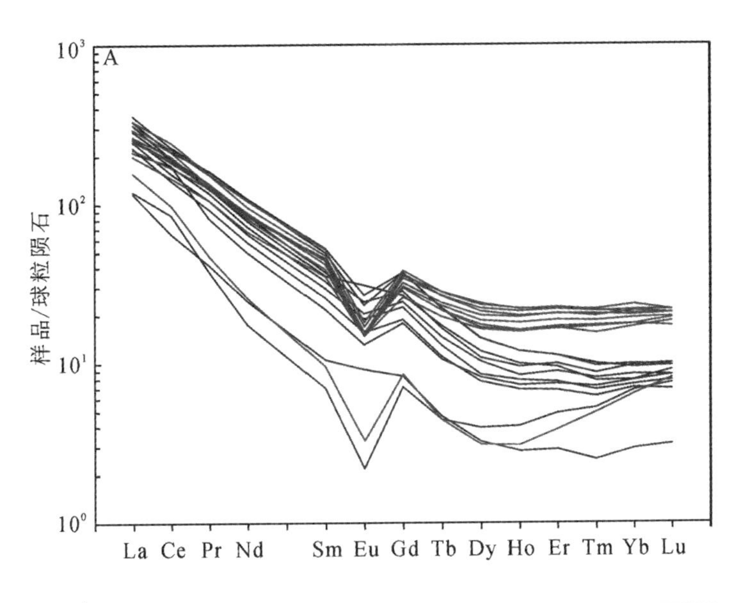

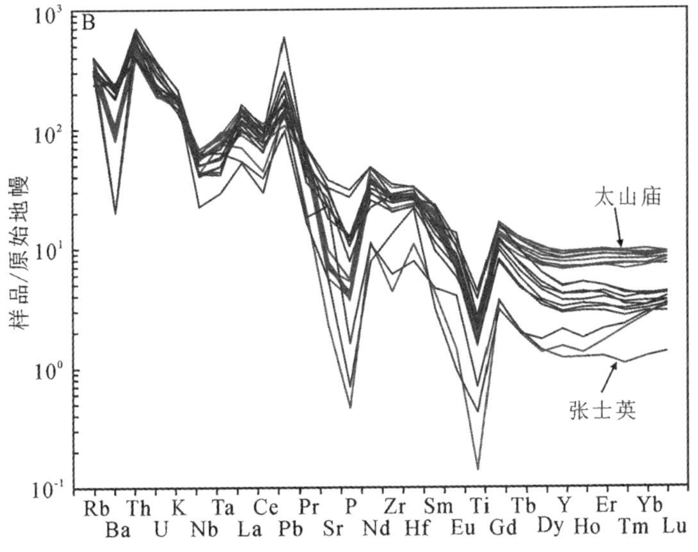

图 6.9 张士英岩体和太山庙岩体球粒陨石标准化稀土配分图(A)及原始地幔标准化微量元素蛛网图(B)

球粒陨石值和原始地幔值据 McDonough 和 Sun(1995)。

6.3.2 太山庙岩体

太山庙岩体的 SiO_2 含量为 69.70%～75.25%、TiO_2 含量为 0.03%～0.47%；Fe_2O_3 和 MgO 含量分别为 1.04%～3.05%和 0.07%～0.51%，对应的镁指数 $Mg^{\#}$ 为 12～26；富碱，Na_2O 和 K_2O 含量分别为 3.374%～3.99%和 4.40%～5.71%，全碱含量为 8.49%～9.62%，K_2O/Na_2O 为 1.12～1.67；Al_2O_3 和 CaO 含量分别为 13.15%～14.91%和 0.27%～1.25%，A/CNK 为 1.03～1.13，A/NK 为 1.17～1.23，赖特碱度率（AR）为 3.6～4.53；MnO 和 P_2O_5 含量较低，分别为 0.02%～0.10%和 0.01%～0.12%。

在 TAS 分类图中，太山庙岩体全部落在花岗岩范围（图 6.8A），在 $A/CNK-A/NK$ 图解上落在过铝质系列范围内（图 6.8B），在 K_2O-SiO_2 图解上，岩体大部分样品位于高钾碱性-钙碱性系列中（图 6.8C），在 AR－SiO_2 图上，显示所有的样品都落在碱性岩的范围（图 6.8D），这些判别图表明太山庙岩体属于高钾碱性-钙碱性花岗岩。

太山庙岩体总的稀土元素含量较低，为 157～426 ppm；LREE/HREE 为 9.32～24.29，$(La/Yb)_N$ 变化范围为 10.78～24.4，表明轻重稀土分异明显；Eu^* 为 0.36～0.49；在球粒陨石标准化稀土配分图上呈现为向右倾斜的平滑曲线，具有明显的 Eu 负异常（图 6.9A）。

微量元素多元素图解显示相对富集 Rb、K、Th、U 和 Pb 等大离子亲石元素（LILE），相对亏损 Ba、Nb、Ta、Sr、Ti、P 等元素（图 6.9B）。亏损 Sr 可能暗示斜长石的分离结晶或者在部分熔融过程中在源区残留。而 Ti、P 等元素的负异常可能指示了岩浆演化过程中含 Ti－Fe 氧化物和磷灰石的分离结晶。

6.4 锆石 U－Pb 年代学和 Hf 同位素

张士英岩体和太山庙岩体锆石 U－Pb 年龄数据和 Hf 同位素分析结果分别见表 6.3 和表 6.4。

6.4.1 张士英角闪正长岩

张士英岩体角闪正长岩样品的锆石晶型完好，高度透明，大部分锆石为等轴-长柱状，长宽比 2∶1～3∶1，大部分的锆石都含有明显的震荡环带特征，显示出锆石岩浆成因的特点。LA－ICPMS 分析结果表明这些锆石的 U 含量为 310～640 ppm，Th 含量为 228～1460 ppm，Th/U 比值变化范围为 0.73～2.47，也具有岩浆锆石的特征（Hoskin，2000；Belousova et al.，2002）。锆石的球粒陨石标准化稀土配分图显示，锆石具有明显的 Eu 的负异常以及 Ce 的正异常（图 6.10A），也指示了岩浆锆石的特征（Schaltegger et al.，1999；Rubatto，2002）。24 个测点大部分数据位于协和线附近（图 6.10B），获得 $^{206}Pb/^{238}U$ 加权平均年龄为 (122.8±1.5) Ma（MSWD＝1.6），代表了张士英岩体的形成年龄。

表 6.3　张士英岩体和太山庙岩体锆石元素和 U-Pb 同位素年龄分析结果

岩体	样品名	La	Ce	Pr	Nd	Sm	Eu	Gd	Tb	Dy	Ho	Er	Tm	Yb	Lu	Y	$^{207}Pb/^{235}U$		$^{206}Pb/^{238}U$		$^{206}Pb/^{238}U$	
																	Ratio	1sigma	Ratio	1sigma	Age (Ma)	1sigma
张士英岩体	ZSY-01	0.0124	53.468	0.084	1.218	2.453	0.639	11.3	4.265	48.71	19.53	92.82	21.77	214.9	44.76	628.8	0.12208	0.01191	0.01840	0.00037	118	2
	ZSY-03	0	50.024	0.057	0.834	1.939	0.428	11.24	4.115	53.35	21.87	111	26.88	285.1	59.31	733.8	0.11431	0.01107	0.01746	0.00039	112	2
	ZSY-04	0	52.559	0.007	1.352	2.445	0.524	11.72	4.157	48.72	18.58	91.09	21.11	212.5	43.09	621.8	0.11861	0.01088	0.01902	0.00042	121	3
	ZSY-05	0.0258	37.441	0.044	1.065	1.812	0.341	6.658	2.405	30.48	13.62	76.13	20.57	239.3	57.6	521.5	0.11745	0.01233	0.01922	0.00049	123	3
	ZSY-06	0.005	46.877	0.015	0.802	1.905	0.429	9.515	3.396	43.14	16.84	85.43	20.3	209.6	45.62	579.8	0.10430	0.01118	0.01884	0.00047	120	3
	ZSY-07	0.0628	47.786	0.07	0.927	1.851	0.426	9.981	3.398	40.05	15.52	77.61	18.23	192.7	40.78	526.7	0.12004	0.01194	0.01799	0.00039	115	2
	ZSY-10	0	189	0.585	9.042	15.05	5.873	61.63	17.1	173.1	58.2	234	46.3	409.3	77.88	1787	0.13439	0.01260	0.01933	0.00047	123	3
	ZSY-12	0.0014	58.188	0.103	1.577	2.769	0.648	15.52	5.154	60.02	23.11	112.1	26.35	267.3	53.64	775.7	0.12877	0.01076	0.01913	0.00035	122	2
	ZSY-13	0.0314	30.765	0.018	0.792	1.027	0.158	5.357	1.927	24.18	10.07	52.77	13.24	143.2	31.93	347.6	0.12870	0.02132	0.01929	0.00046	123	3
	ZSY-14	0.0548	51.419	0.108	0.763	1.364	0.408	6.732	2.419	31.39	14.26	82.08	22.22	258.4	61.99	543.7	0.12456	0.01354	0.01928	0.00039	123	2
	ZSY-15	0.0686	40.098	0.128	0.899	0.929	0.335	4.551	1.639	21.88	9.18	50.05	13.12	150.1	34.56	337.3	0.16195	0.01523	0.01944	0.00049	124	3
	ZSY-16	0.0404	49.528	0.038	1.137	1.931	0.472	11.61	3.963	49.09	19.49	97.21	23.18	240.7	51.01	651.7	0.12342	0.01211	0.01846	0.00041	118	3
	ZSY-18	0.1079	43.862	0.09	1.467	2.192	0.496	12.97	4.476	54.18	21.97	109.7	25.75	263	56	720.8	0.13247	0.01142	0.01978	0.00040	126	3
	ZSY-19	0	53.875	0.076	1.35	2.699	0.571	12.88	4.434	52.37	20.6	101.2	23.6	242	50.1	688.5	0.13909	0.01186	0.01956	0.00044	125	3
	ZSY-20	0.0394	77.062	0.142	2.184	3.781	0.89	21.07	7.157	81.95	32.3	154.7	35.69	357	73.4	1087	0.14305	0.01116	0.01985	0.00038	127	2
	ZSY-21	0.0488	51.669	0.1	1.377	2.333	0.56	11.75	4.184	50.2	19.81	97.04	22.56	231.3	47.84	640.6	0.13630	0.01322	0.01900	0.00040	121	3
	ZSY-22	0	46.855	0.058	0.778	2.33	0.473	11.36	3.84	47.04	18.78	92.64	21.76	223.4	47.27	619.2	0.13351	0.01217	0.02026	0.00049	129	3
	ZSY-23	0.0537	42.801	0.15	2.021	2.167	0.544	10.32	3.562	43.78	18.98	105.4	28.14	330.7	79.36	718.2	0.12867	0.01125	0.01910	0.00042	122	3
	ZSY-24	0.0074	52.373	0.07	1.534	2.224	0.666	12.18	4.372	52.84	20.83	103.5	24.56	249.6	52.21	698.7	0.11815	0.01243	0.01960	0.00040	125	3
	ZSY-25	0.0605	50.97	0.057	0.919	2.339	0.534	12.15	4.066	49.63	19.38	95.03	21.76	222.3	45.09	632.4	0.11939	0.01177	0.01991	0.00044	127	3
	ZSY-26	0.1199	49.692	0.075	1.222	2.555	0.484	11.4	3.975	47.05	18.15	90.68	21.33	216	44.31	610.7	0.13225	0.01297	0.01968	0.00048	126	3
	ZSY-27	0	46.898	0.035	0.694	1.491	0.395	9.111	3.347	41.75	17.06	88.97	22.19	239.7	53.52	594.2	0.13016	0.01293	0.01953	0.00046	125	3
	ZSY-28	0	54.762	0.106	0.821	1.433	0.411	4.978	2.007	25.77	11.6	64.9	17.71	210.3	50.07	441.5	0.12765	0.01180	0.01909	0.00039	122	2
	ZSY-30	0	57.873	0.102	0.704	1.288	0.35	5.728	2.058	26.73	12.04	67.22	18.3	218.5	52.43	460.7	0.13966	0.01410	0.01948	0.00042	124	3

续表

岩体	样品名	La	Ce	Pr	Nd	Sm	Eu	Gd	Tb	Dy	Ho	Er	Tm	Yb	Lu	Y	$^{207}Pb/^{235}U$		$^{206}Pb/^{238}U$		$^{206}Pb/^{238}U$	
																	Ratio	1sigma	Ratio	1sigma	Age（Ma）	1sigma
太山庙岩体	TSM-03	0.6272	46.915	0.368	3.596	6.324	1.238	30.76	10.99	130	50.04	227.2	48.96	463.4	91.15	1539	0.13219	0.01523	0.01984	0.00055	127	3
	TSM-04	0.2123	29.976	0.252	3.308	4.546	0.627	22.73	8.166	100.7	39.25	187.3	42.61	404.5	81.35	1253	0.11813	0.01378	0.01776	0.00049	113	3
	TSM-05	0.0113	70.576	0.105	1.928	4.354	0.923	24.59	9.165	114.2	46.29	223.1	50.31	488.1	101	1462	0.16450	0.01596	0.01605	0.00031	103	2
	TSM-06	0.1422	44.547	0.231	1.565	3.14	0.811	17.84	7.206	90.3	35.8	172	41.39	399.1	85.71	1129	0.18479	0.02018	0.01775	0.00046	113	3
	TSM-08	0.0653	61.672	0.124	1.73	4.071	0.848	21.81	8.53	108.2	43.45	212.8	48.1	468.3	95.44	1383	0.17858	0.01774	0.01871	0.00041	119	3
	TSM-09	0.5753	49.601	0.259	2.161	3.916	0.788	22.42	8.077	102.4	40.44	191.4	41.98	403.7	80.66	1263	0.17101	0.02620	0.01761	0.00058	113	4
	TSM-10	0.0206	27.05	0.106	1.844	3.292	0.925	16.88	5.205	62.81	23.44	107.2	23	223.7	46.07	698	0.12455	0.03054	0.01788	0.00069	114	4
	TSM-11	0.0328	22.865	0.213	4.159	5.94	1.703	27.09	8.465	94.85	34.09	150.6	32.07	298.9	60.18	1048	0.11477	0.03172	0.01713	0.00062	109	4
	TSM-12	0.0143	25.293	0.264	3.551	5.93	1.468	27.22	8.654	97.54	36.21	156.8	32.86	303	59.85	1081	0.19312	0.02734	0.01874	0.00071	120	5
	TSM-14	0.0349	71.153	0.301	4.32	8.431	0.681	39.89	13.55	159.5	59.61	263.3	55.69	511.2	97.81	1804	0.19110	0.02786	0.01797	0.00056	115	4
	TSM-15	23.419	87.666	5.832	26.11	8.138	1.242	24.32	7.826	91.15	34.45	159.3	34.87	334.2	67.4	1072	0.14632	0.02568	0.01692	0.00060	108	4
	TSM-16	0.0239	25.93	0.256	4.448	7.223	1.741	31.34	10.18	113.5	41.32	180	37.57	343.1	67.96	1252	0.11722	0.00897	0.01781	0.00041	114	3
	TSM-17	0	54.018	0.119	1.686	3.079	0.516	19.27	7.761	99.28	39.87	191.6	43	411.5	80.56	1263	0.12890	0.01069	0.01931	0.00046	123	3
	TSM-19	0.0286	43.213	0.124	1.553	2.129	0.283	12.9	5.412	73.83	32.35	168.4	41.46	423.8	88.52	1085	0.11529	0.02000	0.01627	0.00045	104	3
	TSM-20	0.0278	37.768	0.095	1.28	2.636	0.284	16.56	6.826	93.1	39.82	201.7	47.43	472.3	92.67	1303	0.12670	0.01255	0.01804	0.00035	115	2
	TSM-21	0.8045	23.545	0.68	7.17	9.12	1.252	36.65	11.94	135.7	49.76	212.5	44.13	395.6	78.42	1487	0.12569	0.02412	0.01886	0.00050	120	3
	TSM-22	17.927	86.76	5.555	25.9	9.438	0.59	27.93	9.484	116.7	45.54	213.4	47.14	450.2	88.37	1435	0.16192	0.02834	0.01841	0.00077	118	5
	TSM-23	0.5584	36.983	0.641	7.053	9.558	0.882	42.22	14.33	163.6	60.78	271.3	57.22	525	101.9	1853	0.11962	0.05565	0.01782	0.00090	114	6
	TSM-24	16.636	75.612	4.046	19.89	8.454	1.959	31.67	10.36	117	43.43	188.9	38.91	364.3	71.95	1311	0.13594	0.01855	0.01750	0.00039	112	2
	TSM-25	0.0211	22.185	0.124	1.923	3.226	1.081	16.72	5.232	59.28	21.64	95.07	19.78	187.9	37.52	625.1	0.11310	0.01846	0.01741	0.00078	111	5
	TSM-26	0.7882	64.536	0.278	3.367	4.83	0.761	23.56	8.949	109.3	42.74	198.1	44.09	418.4	83.06	1316	0.17144	0.02111	0.01665	0.00053	106	3

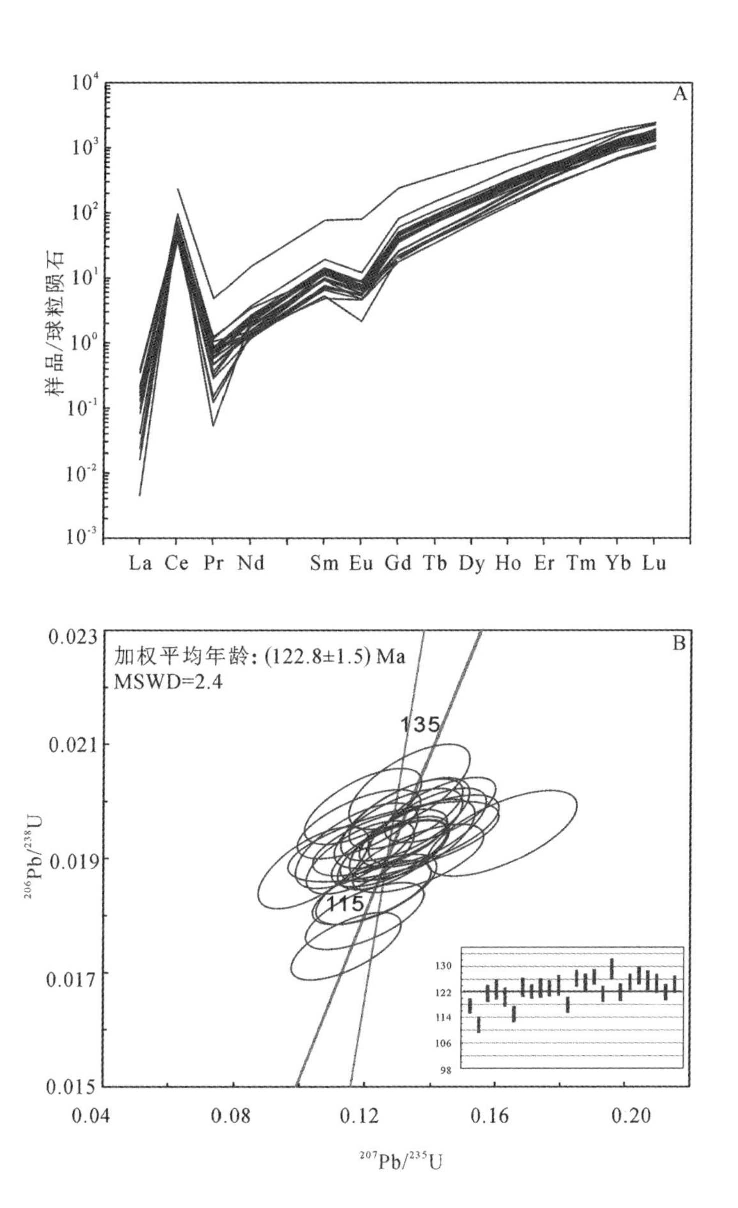

图 6.10　张士英岩体和太山庙岩体锆石稀土元素配分图和 U-Pb 年龄谐和图

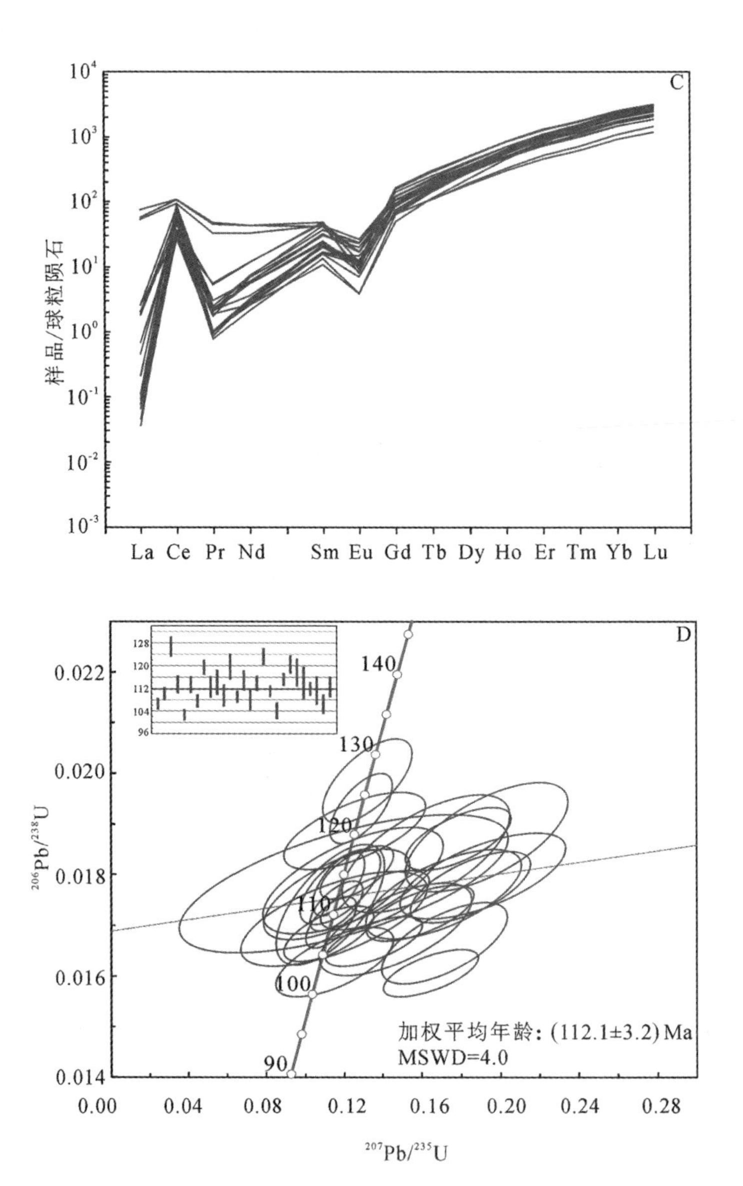

(续)图 6.10　张士英岩体和太山庙岩体锆石稀土元素配分图和 U－Pb 年龄谐和图

表 6.4　张士英岩体和太山庙岩体锆石 Hf 同位素分析结果

岩体	样号	$^{176}Hf/^{177}Hf$	$^{176}Lu/^{177}Hf$	t(Ma)	$\varepsilon_{Hf}(0)$	$\varepsilon_{Hf}(t)$	T_{DM1}	T_{DM2}	fs
张士英岩体	ZSY-D-1-1	0.282278	0.000592	118	-18.5	-15.9	1429	1821	-0.98
	ZSY-D-1-3	0.282298	0.000798	112	-17.8	-15.4	1409	1788	-0.98
	ZSY-D-1-4	0.282286	0.000587	121	-18.2	-15.6	1417	1805	-0.98
	ZSY-D-1-5	0.282305	0.000648	123	-17.5	-14.9	1394	1771	-0.98
	ZSY-D-1-6	0.282573	0.001844	120	-8.0	-5.5	1055	1294	-0.94
	ZSY-D-1-7	0.282276	0.000700	115	-18.5	-16.1	1436	1826	-0.98
	ZSY-D-1-10	0.282229	0.000704	123	-20.2	-17.5	1500	1907	-0.98
	ZSY-D-1-12	0.282261	0.000734	122	-19.1	-16.5	1458	1851	-0.98
	ZSY-D-1-13	0.282256	0.000812	123	-19.2	-16.6	1467	1859	-0.98
	ZSY-D-1-14	0.282331	0.000807	123	-16.6	-14.0	1364	1726	-0.98
	ZSY-D-1-15	0.282299	0.000728	124	-17.7	-15.0	1404	1781	-0.98
	ZSY-D-1-16	0.282285	0.000664	118	-18.2	-15.7	1421	1808	-0.98
	ZSY-D-1-18	0.282264	0.000747	126	-19.0	-16.3	1454	1845	-0.98
	ZSY-D-1-19	0.282318	0.001005	125	-17.1	-14.4	1389	1749	-0.97
	ZSY-D-1-20	0.282325	0.000804	127	-16.8	-14.1	1371	1735	-0.98
	ZSY-D-1-21	0.282301	0.000836	121	-17.6	-15.0	1405	1779	-0.97
	ZSY-D-1-22	0.282304	0.001095	129	-17.5	-14.8	1411	1773	-0.97
	ZSY-D-1-23	0.282251	0.000694	122	-19.4	-16.8	1469	1868	-0.98
	ZSY-D-1-24	0.282292	0.000829	125	-18.0	-15.3	1418	1794	-0.98
太山庙岩体	TSM-D-1-1	0.282471	0.001086	110	-11.6	-9.3	1178	1479	-0.97
	TSM-D-1-2	0.282679	0.001304	127	-4.3	-1.6	890	1100	-0.96
	TSM-D-1-3	0.282521	0.001238	113	-9.9	-7.5	1111	1387	-0.96
	TSM-D-1-4	0.282388	0.000898	103	-14.6	-12.4	1286	1628	-0.97
	TSM-D-1-5	0.282524	0.001459	113	-9.8	-7.4	1114	1383	-0.96
	TSM-D-1-6	0.282556	0.001270	108	-8.6	-6.3	1062	1326	-0.96
	TSM-D-1-7	0.282487	0.001084	119	-11.1	-8.5	1154	1446	-0.97
	TSM-D-1-8	0.282424	0.001012	113	-13.3	-10.9	1241	1563	-0.97
	TSM-D-1-9	0.282515	0.001416	114	-10.1	-7.7	1126	1400	-0.96
	TSM-D-1-10	0.282515	0.001416	109	-10.1	-7.8	1126	1401	-0.96
	TSM-D-1-11	0.282484	0.000908	120	-11.2	-8.6	1154	1452	-0.97
	TSM-D-1-12	0.282548	0.001357	109	-8.9	-6.6	1077	1341	-0.96
	TSM-D-1-13	0.282450	0.001056	115	-12.4	-10.0	1206	1515	-0.97
	TSM-D-1-14	0.282535	0.001092	108	-9.4	-7.1	1087	1363	-0.97
	TSM-D-1-15	0.282531	0.000908	114	-9.5	-7.1	1087	1368	-0.97
	TSM-D-1-16	0.282598	0.001538	123	-7.1	-4.6	1011	1247	-0.95
	TSM-D-1-17	0.282529	0.001177	111	-9.6	-7.2	1099	1374	-0.96
	TSM-D-1-18	0.282625	0.001281	104	-6.2	-4.0	966	1203	-0.96
	TSM-D-1-19	0.282463	0.000804	115	-11.9	-9.5	1180	1491	-0.98
	TSM-D-1-20	0.282560	0.001367	120	-8.5	-6.0	1060	1316	-0.96
	TSM-D-1-21	0.282476	0.001147	118	-11.5	-9.0	1172	1467	-0.97

续表

岩体	样号	$^{176}Hf/^{177}Hf$	$^{176}Lu/^{177}Hf$	t(Ma)	$\varepsilon_{Hf}(0)$	$\varepsilon_{Hf}(t)$	T_{DM1}	T_{DM2}	fs
太山庙岩体	TSM-D-1-22	0.282653	0.001762	114	−5.2	−2.8	938	1151	−0.95
	TSM-D-1-23	0.282452	0.001036	112	−12.3	−9.9	1201	1511	−0.97
	TSM-D-1-24	0.282449	0.001014	111	−12.4	−10.1	1206	69	−0.97
	TSM-D-1-25	0.282493	0.001096	106	−10.8	−8.6	1146	87	−0.97

张士英岩体锆石的 Lu-Hf 同位素测定结果显示$^{176}Hf/^{177}Hf$变化范围为 0.282227～0.282573。按照 122.8 Ma 的成岩年龄计算得到的 $\varepsilon_{Hf}(t)$变化范围为−17.6～5.7，平均为−15.2(图 6.11A)。一阶段模式年龄 T_{DM1}变化范围为 1.05～1.49 Ga，二阶段 Hf 模式年龄 T_{DM2}变化范围为 1.29～1.91 Ga，平均为 1.78 Ga(图 6.11B)。

6.4.2 太山庙花岗岩

太山庙岩体花岗岩样品的锆石阴极发光 CL 图像显示所选的锆石晶型完好，高度透明，大部分锆石为等轴-长柱状，长宽比 2∶1～3∶1，大部分的锆石都含有明显的震荡环带特征，显示出锆石岩浆成因的特点。LA-ICPMS 分析结果显示这些锆石的 U 含量为 89～913 ppm，Th 含量为 150～1324 ppm，Th/U 变化范围为 0.8～2.31(＞0.4)，也显示岩浆锆石的特征(Hoskin，Black，2000；Belousova et al.，2002)。锆石的球粒陨石标准化稀土配分图显示锆石具有明显的 Eu 的负异常以及 Ce 的正异常(图 6.10C)，也指示了岩浆锆石的特征(Hoskin，2000；Belousova et al.，2002)。27 个测点大部分数据位于协和线附近(图 6.10D)。锆石点的$^{206}Pb/^{238}U$年龄变化范围为 102.7～126.7 Ma，加权平均年龄为(112.1±3.2) Ma(MSWD = 1.8)，代表了太山庙岩体的形成年龄。这与叶会寿等(2008)通过 SHRIMP 获得的 U-Pb 年龄[(115±2.0) Ma]在误差范围内一致，所以我们认为太山庙岩体侵位于 112.1 Ma。

太山庙岩体的锆石 Lu-Hf 同位素测定结果显示$^{176}Hf/^{177}Hf$变化范围为 0.2822388～0.282679。按照 112.1 Ma 的成岩年龄计算得到的 $\varepsilon_{Hf}(t)$变化范围为−12.4～−1.6，平均为−7.6(图 6.11C)；一阶段模式年龄 T_{DM1}变化范围为 0.89～1.28 Ga，平均为 1.11 Ga；二阶段 Hf 模式年龄 T_{DM2}变化范围为 1.10～1.63 Ga，平均为 1.38 Ga(图 6.11D)。

6.5 岩浆岩成因

6.5.1 张士英岩体

前人研究表明张士英角闪正长岩具有埃达克岩的特征(向军峰，2009)。埃达克岩最初用于描述大洋板片部分熔融形成的中酸性岩浆(Defant and Drummond，1990)。随着研究程度的加深，埃达克岩范围进一步扩大，前人提出了埃达克质岩石的概念用于指示所有具有高 Sr/Y 和 La/Yb 的地球化学特征的岩石(Moyen，2009)。

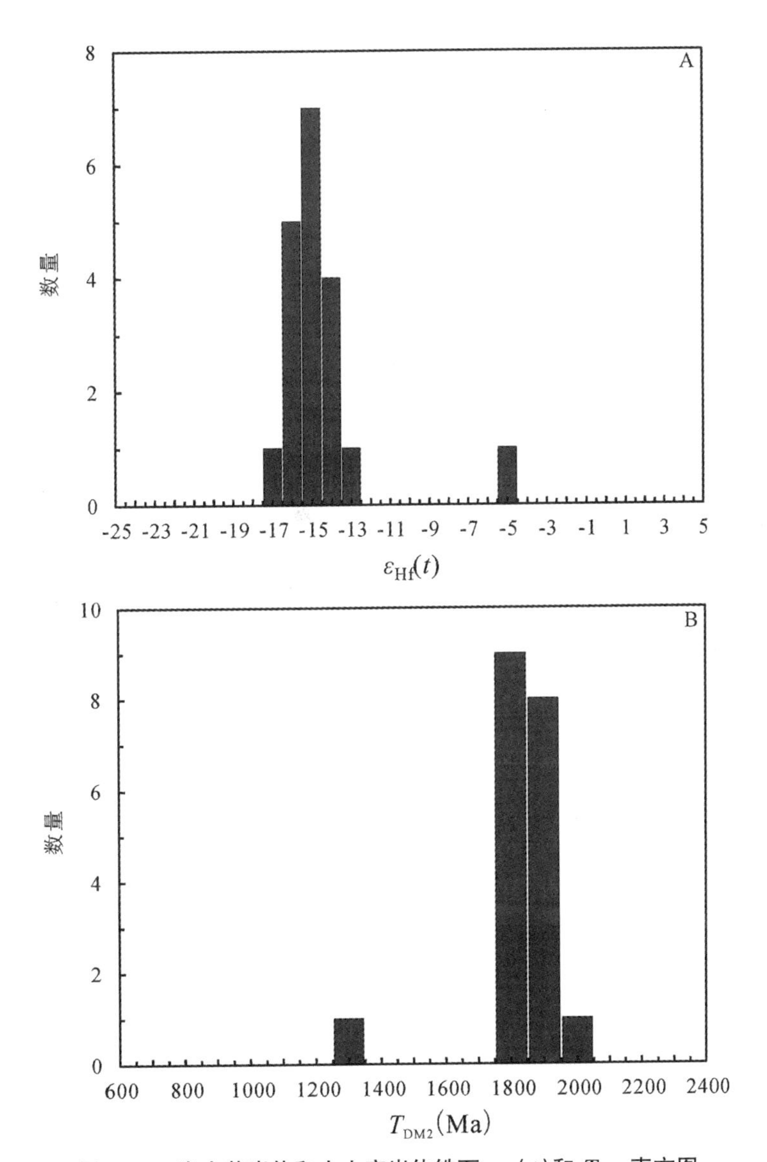

图 6.11　张士英岩体和太山庙岩体锆石 $\varepsilon_{Hf}(t)$ 和 T_{DM2} 直方图

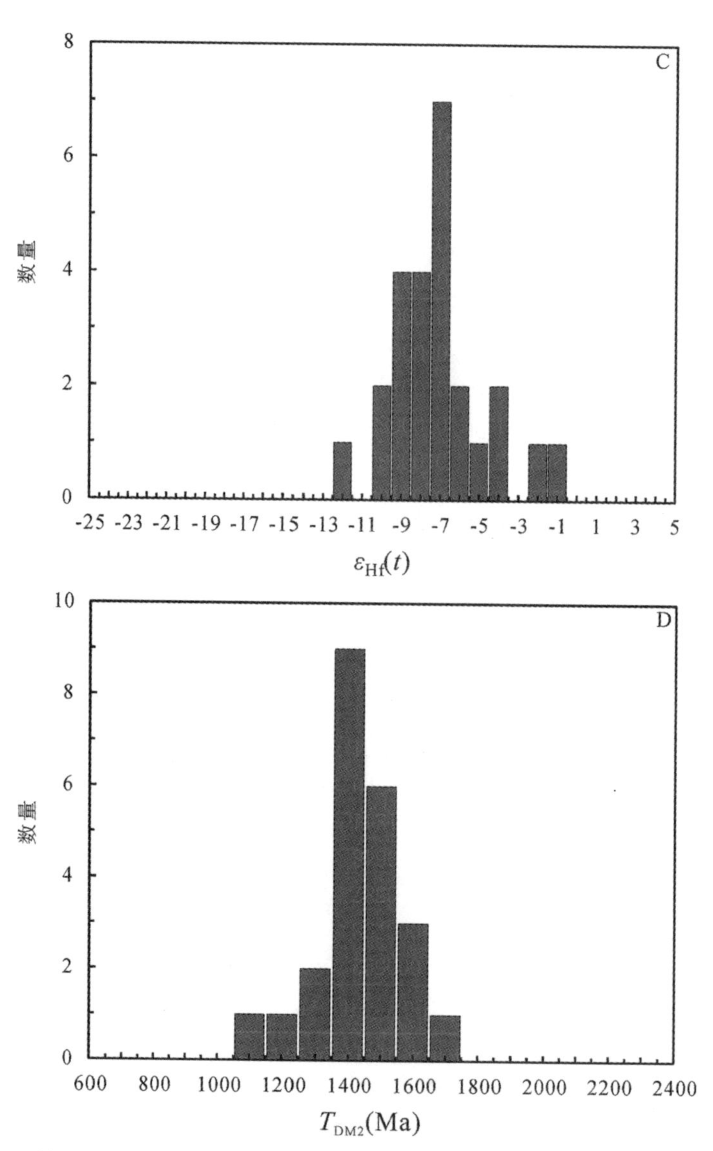

(续)图 6.11 张士英岩体和太山庙岩体锆石 $\varepsilon_{Hf}(t)$和 T_{DM2}直方图

张士英岩体具有高 SiO_2(65.95%～68.1%)、高 Al_2O_3(15.27%～15.64%)、高 Sr(468～666 ppm)含量和高 Sr/Y(34.9～45.3)、低的 MgO(0.67%～0.9%)、低 Y(13.1～16.6)和低 Yb(1.46～1.77 ppm)含量，以及可以忽略的 Eu 的负异常(Martin et al.,2005;Condie,2005;Defant,Drummond,1990)，显示出埃达克岩的地球化学特征。在 Sr/Y - Y 图上(图 6.12A)和 $(La/Yb)_N$ - Yb_N 图上(图 6.12B)，所有的样品都投图在埃达克质岩石的范围，因此张士英岩体属于埃达克岩。

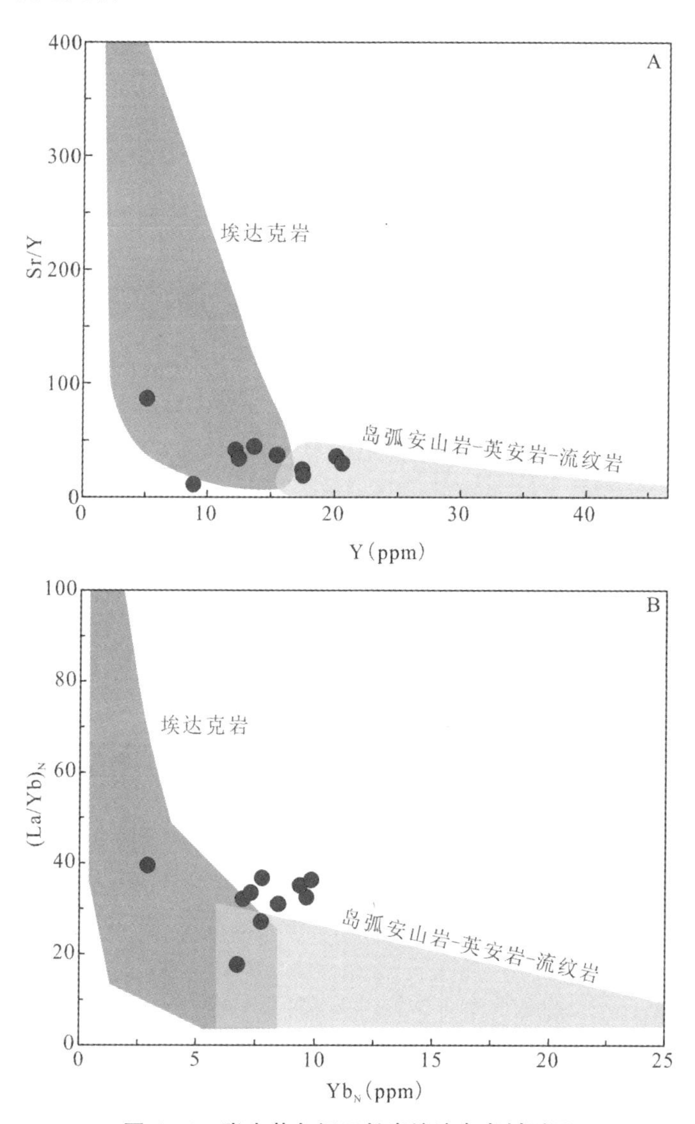

图 6.12　张士英角闪正长岩埃达克岩判别图

然而，关于高 Sr/Y 和 La/Yb 的地球化学特征的埃达克质岩石的成因却存在很大的争议。前人研究给出了多种成因解释，主要观点可以归纳如下：① 俯冲的大洋板片熔融脱水部分熔融形成(Kay,1978;Defant,Drummond,1990)；② 拆沉的下地壳部分熔融形成

(Huang et al.,2008);③ 低压下高 Sr/Y 和 La/Yb 的源区部分熔融形成,也就是说岩浆的高 Sr/Y 和 La/Yb 是继承了源区的特点(Kamei et al.,2009;Moyen,2009;Zhang et al.,2009);④ 高压下富集重稀土(Y、Yb)的矿物的结晶分异作用会导致岩浆的 Sr/Y 升高,这种富 Y、Yb 矿物,如石榴子石和角闪石(Macpherson et al.,2006;Richards,Kerrich,2007;Li et al.,2009);⑤ 由于加厚下地壳的部分熔融形成,残留相含有石榴子石而不存在斜长石(Martin et al.,2005;Moyen,2009;He et al.,2011)。

俯冲的大洋板片部分熔融形成的埃达克质岩石具有相对较高的 MgO 含量、相对的富集 Na 和没有 Nb、Ta 的负异常的地球化学特征(Defant,Drummond,1990)。但是张士英岩体具有负的 $\varepsilon_{Hf}(t)$值,古元古代的两阶段模式年龄以及明显的 Nb、Ta 的负异常指示了岩浆主要来自于古老的地壳物质,从而排除了大洋板片部分熔融形成的可能。同时张士英岩体具有相对富 K 和低 Sr/Y 的特征也与大洋板片部分熔融形成的埃达克岩富 Na 和高 Sr/Y 的特征不相符合(图 6.13A、B)。

Moyen(2009)提出了高 Sr/Y 的源区对于熔体高 Sr/Y 的特征具有重要的贡献,不仅仅是因为熔体的高 Sr/Y 特征继承了源区的特点,而且这些源区通常都是具有偏铝质的特征,在中等深度的部分熔融过程中更容易形成石榴子石的残留从而使 Y 在熔体中呈现亏损的特点。张士英岩体位于华北地块南缘,该区域的基底主要为太古代的太华群,太华群主要为 TTG 片麻岩,其具高 Sr/Y 的地球化学特征。所以张士英岩体很有可能继承了源区 TTG 片麻岩的高 Sr/Y 的特征。但是在给定的 CaO 含量条件下,张士英岩体具有比基底 TTG 更高的 Sr 含量。而实验研究表明,部分熔融 TTG 片麻岩或埃达克质岩石在 3.0 GPa 的压力下斜长石就是一个稳定的残留相,而斜长石的残留不会使熔体相比于源区具有更高的 Sr 含量(Patino,2005;Watkins et al.,2007)。所以张士英岩体高 Sr/Y 的特征也不是源区特征的继承。

张士英岩体具有与大别山低镁值埃达克岩相似的地球化学特征(图 6.13)。大别山地区的埃达克质岩石被认为是加厚下地壳部分熔融形成的,残留相为石榴子石或者角闪石而没有斜长石(He et al.,2011)。高的 Sr 含量可能指示了岩浆起源于斜长石的非稳定区。斜长石矿物富集 Sr、Eu 等元素,因此,当斜长石在岩浆演化过程中发生分离结晶作用或在源区有残留时,岩浆中的 Sr、Eu 元素含量会明显降低。而研究区岩体普遍具有高的 Sr 含量及弱的负 Eu 异常特征,表明研究区岩体的源区斜长石矿物发生熔融。

张士英岩体具有高的 Sr 含量和高的 Sr/Y,以及 Sr/Y 与$(La/Yb)_N$和$(Dy/Yb)_N$的微量元素特征,可能是由于富集重稀土的矿物相,如石榴子石或者角闪石在岩浆演化过程中发生了结晶分异或者作为残留相在源区残留。因此,有效的区分角闪石还是石榴子石对岩浆演化的作用是探究埃达克质岩石成因的关键(Castillo et al.,1999;Davidson et al.,2007a;Kamei et al.,2009)。

角闪石不仅仅富集重稀土元素而且富集中稀土,所以角闪石的结晶分异不仅会造成 Y 和 Yb 等重稀土矿物亏损,而且也会造成中稀土元素的亏损。投图上不仅表现为随着 SiO_2 的升高,Sr/Y 和 La/Yb 也升高,而且还会造成随着 La/Yb 的升高,Dy/Yb 存在降低的趋势(Davidson et al.,2007a,b,2008)。但是张士英岩体表现为 La/Yb 与 Dy/Yb 存在正相关

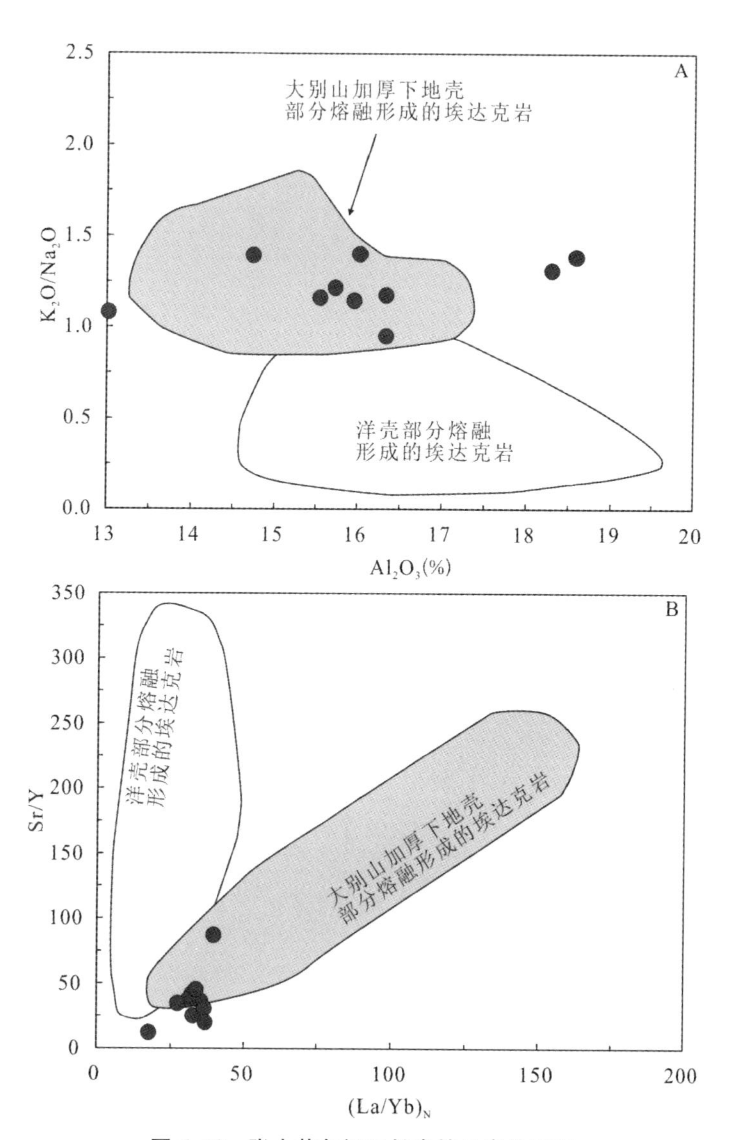

图6.13　张士英角闪正长岩的元素关系图

资料来源：大别山高 Sr/Y 花岗岩和正长花岗岩数据来自 He 等(2011)和 Wang 等(2006)；板片熔融形成的埃达克岩数据来自 Defant，Drummond(1990)和 Defant 等(2002)、Morris(1995)以及 Stern，Kilian(1996)和 Kamei 等(2009)。

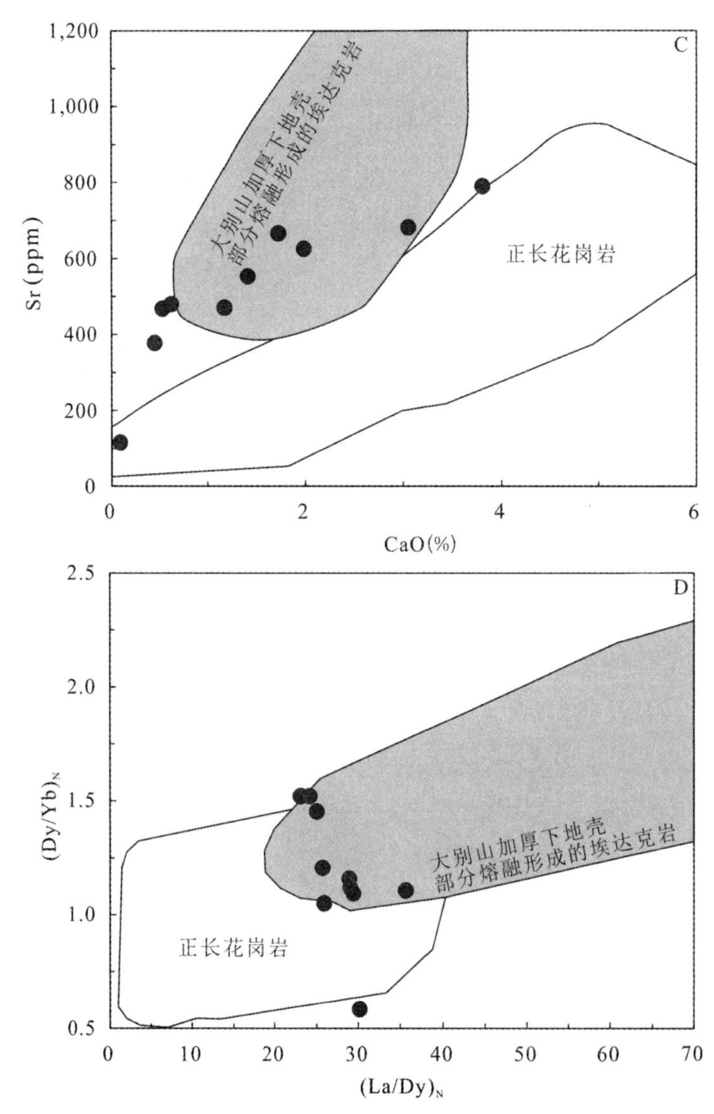

(续)图 6.13 张士英角闪正长岩的元素关系图

资料来源:大别山高 Sr/Y 花岗岩和正长花岗岩数据来自 He 等(2011)和 Wang 等(2006);板片熔融形成的埃达克岩数据来自 Defant,Drummond(1990)和 Defant 等(2002)、Morris(1995)以及 Stern,Kilian(1996)和 Kamei 等(2009)。

的关系，在球粒陨石标准化图解上没有表现出中稀土亏损的特点，指示了在岩浆演化过程中角闪石的结晶分异或者在源区的残留并不是主要的作用。而且角闪石的结晶分异常常伴随着斜长石的结晶分异，而斜长石的结晶分异必然造成低 Sr 的亏损以及 Eu 的负异常，但是这在张士英岩体中表现并不是很明显。所以，斜长石在岩浆演化过程中并不存在结晶分异，从而也间接论证了角闪石的结晶分异并不是主要的。

石榴子石不仅富集重稀土而且也富集中稀土，所以石榴子石在源区的残留不仅会造成 Sr/Y 与$(La/Yb)_N$的正相关，而且也会造成$(La/Yb)_N$和$(Dy/Yb)_N$的正相关(Klein et al.，2000；Pertermann et al.，2004)。综合上述信息表明，我们认为张士英岩体形成于加厚下地壳的部分熔融，岩浆源区主要以石榴子石等矿物为残留相而没有斜长石。前人已有的实验结果表明(Rapp et al.，1999)，当岩浆源区有石榴子石矿物残留相时，可能暗示了当时的压力至少大于 1.0 GPa，即花岗质岩浆具有至少大于 40 km 的深部源区。

张士英埃达克岩与大别山地区由加厚下地壳部分熔融形成的埃达克质岩石具有相似的地球化学特征(图 6.13)，但是它的 Nb/Ta(13.3～17.6)、Nb/U(3.72～9.29)和 Ce/Pb(1.42～5.92)比值变化较大，而平均比值(15.5、5.78 和 3.63)与大陆地壳平均值相似(11.4、6.15 和 3.91；Rudnick，Gao，2003)，低于 N - MORB(17.7、2.8 和 25.0；Sun，McDonough，1989)以及 OIB(17.8、2.6 和 25.0；Sun，McDonough，1989)，表明张士英岩体主要来源于地壳物质部分熔融。相对较低的 MgO 和 $Mg^{\#}$ 也明显不同于拆沉下地壳的部分熔融形成的高 MgO 埃达克岩，进一步表明张士英岩体并不是拆沉下地壳物质部分熔融形成(Rapp et al.，1999，2002)。

张正伟等(2000)研究显示岩体的初始铅同位素组成分别为$(^{206}Pb/^{204}Pb)i = 16.954$～$17.042$，$(^{207}Pb/^{204}Pb)i = 15.404$～$15.611$，$(^{208}Pb/^{204}Pb)i = 38.295$～$36.872$，与太华群的斜长角闪岩相似；初始$^{87}Sr/^{86}Sr$ 为 0.7124，回扣计算求得的 $\varepsilon_{Nd}(t)$值为 - 21.50，也落在太华群斜长角闪岩范围内。Sr - Nd - Pb 同位素表明张士英岩体可能来源于基底太华群部分熔融。

锆石 Hf 同位素的研究是示踪岩浆岩源区性质和探究岩石成因的一个重要手段。锆石 Hf 同位素研究显示，$\varepsilon_{Hf}(t)$值为 - 17.6～ - 5.7，平均为 - 15.2，在 Hf 同位素演化图解中(图 6.14)，岩体的样品均分布于球粒陨石演化线以下，多数介于上、下地壳演化线之间，揭示了其源区物质组成较为复杂，但以壳源物质组成为主的源区特征。然而基底太华群的 $\varepsilon_{Hf}(t)$值介于 - 45.2～ - 50.3 之间，明显低于岩体的锆石 Hf 同位素，说明岩体的源区存在具有高的 Hf 同位素特征的物质的加入。这种物质可能是年轻的新生地壳或者是幔源物质组分的混入。同样在华北板块南缘地区的其他岩体，如娘娘山、文峪、石家湾岩体锆石 Hf 同位素组成同样具有相比于基底岩石更高的 Hf 同位素组成(Zhao et al.，2012a)。如果有幔源岩浆的加入必然会造成岩浆的 MgO 升高，这一点与研究区岩体特征不一致，所以这种高 Hf 同位素特征的物质不是来自于幔源物质的加入。结合其锆石 Hf 同位素二阶段模式年龄呈现出集中于 1.29～1.91 Ga 区间的趋势，我们认为源区可能还加入了中元古代的新生地壳。

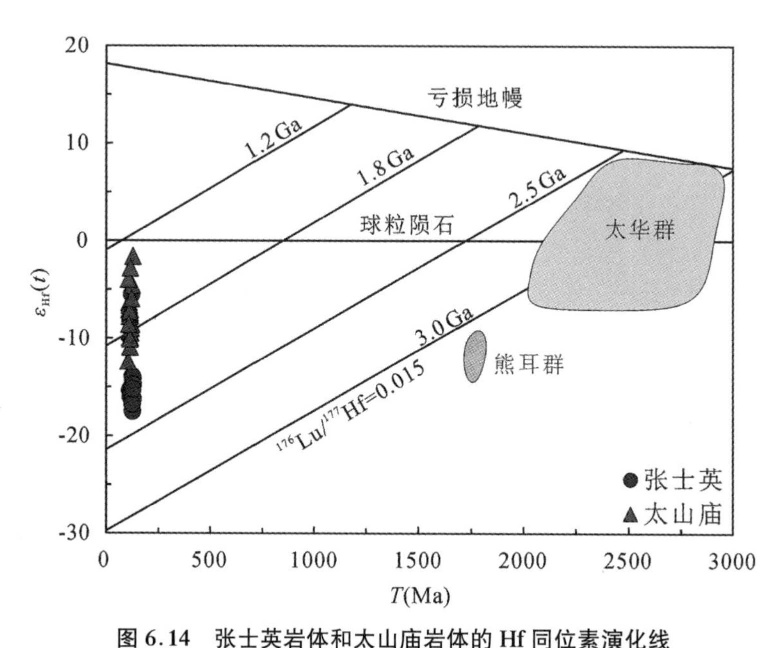

图 6.14 张士英岩体和太山庙岩体的 Hf 同位素演化线

资料来源:鲁山地区高钾花岗岩数据引自 Zhou 等(2014);太华群数据引自 Xu 等(2009)和 Diwu 等(2010);熊耳群数据引自 Wang 等(2010)。

6.5.2 太山庙岩体成因

太山庙花岗岩的岩石类型存在争议。叶会寿等(2008)提出太山庙花岗岩具有 A 型花岗岩特征,而另一些学者提出太山庙花岗岩属于高分异的 I 型花岗岩(Gao et al.,2014)。前文中也提到对于高分异的 I 型花岗岩和 S 型花岗岩具有与 A 型花岗岩相似的地球化学特征(Chappell and White,1992;Wu et al.,2003),从而导致一些用于判断 A 型花岗岩类型的图解失效。常用的 Whalen 等(1987)提出的 A 型花岗岩的 1000 * Ga/Al>2.6 的标准也很难将高分异的 I 型花岗岩或 S 型花岗岩区分开。因为研究发现对于 SiO_2>74%的高分异长英质 I 型花岗岩或 S 型花岗岩也具有高的 Ga/Al 比(Whalen et al.,1987;Chappell,White 1992;Wu et al.,2003)。所以对于 SiO_2>74%的花岗岩,很难用一般的图解将岩石类型区分开来。

太山庙岩体的 SiO_2 在 69.7%~71.87%之间,基本都在 74%以下,不具有高分异的特征。另外,高分异的长英质花岗岩是指在岩浆结晶过程中发生了大量的斜长石的结晶分离,可以通过微量元素 Ba、Rb 和 Sr 对这一过程进行很好的反应,因为 Ba 和 Rb 作为强不相容元素,主要类质同相替代钾长石、云母;而 Sr 主要替代斜长石中的 Ca,并在较小范围内替代钾长石中的 K(Winter,2001)。当 Rb>250 ppm 时就属于高分异的情况,在这种情况下岩体的 Sr 值会很低。McCarthy 等(1976)的研究结果表明,分异的花岗岩熔体 Rb 含量可达约 700 ppm,而 Sr 含量则小于 10 ppm。对于未分异的花岗岩熔体而言,通常具有高的 Ba 含量(King et al.,2001)。太山庙花岗岩的 Rb 在 184~251 ppm、Sr 为 48.1~206 ppm,说明

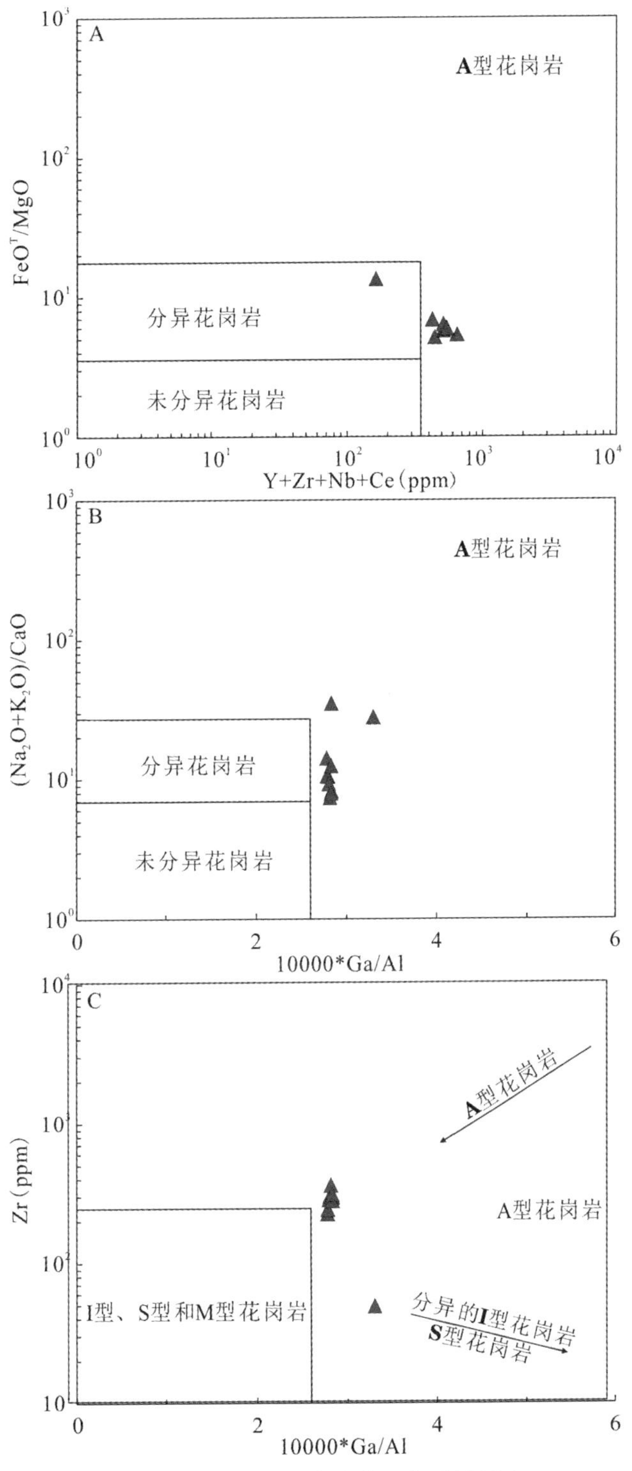

图6.15　太山庙花岗岩岩石类型判别图

(Ga为ppm，Al按ppm换算)

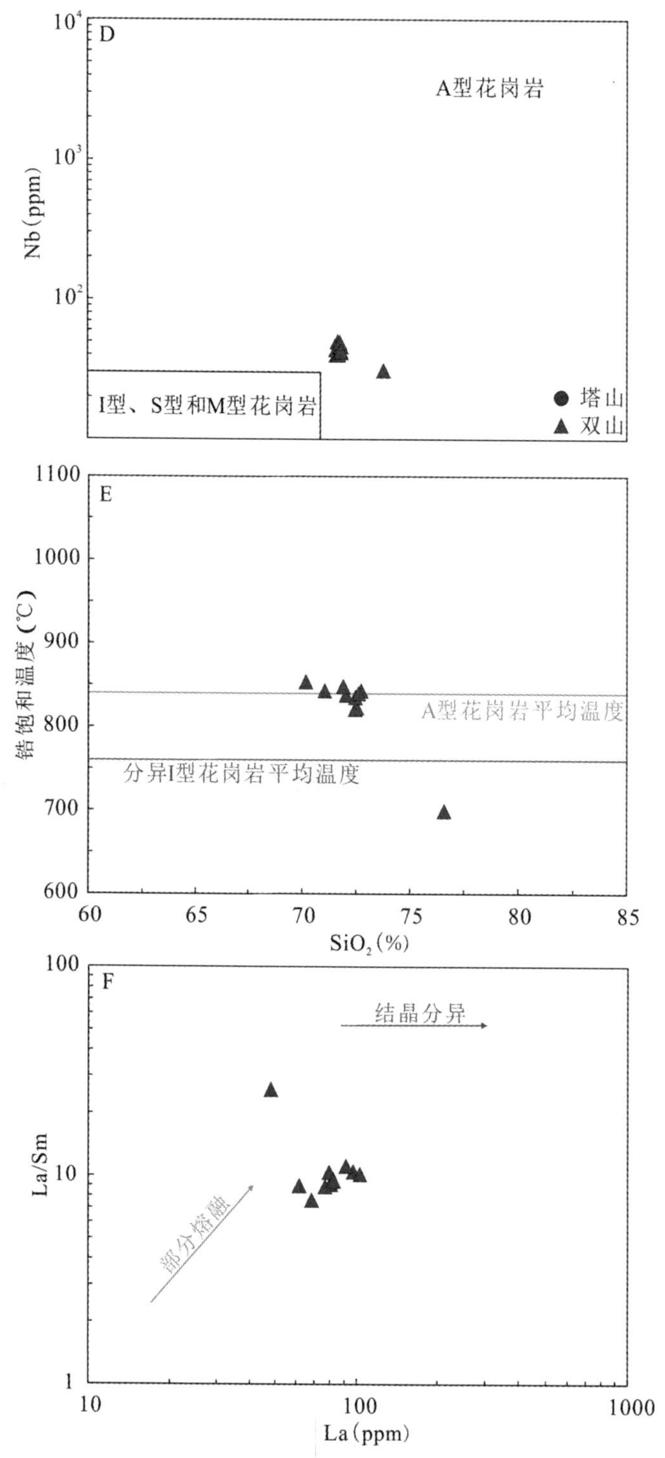

(续)图 6.15 太山庙花岗岩岩石类型判别图

(Ga 为 ppm,Al 按 ppm 换算)

太山庙花岗岩不属于高分异花岗岩,可以用常规的判别 A 型花岗岩的图解对其进行岩石类型的划分。

太山庙岩体的全碱和 Zr + Nb + Ce + Y 含量分别为 8.49%～9.62%和 166～649 ppm,Ga 含量和对应的 10000 * Ga/Al 比值分别为 20.7～23.4 ppm 和 2.78～3.30,Zr 含量和对应的全岩锆饱和温度分别为 225～360 ppm(TSM - 6 为 49 ppm)和 823～855 ℃(TSM - 6 为 701 ℃)。在岩石成因判别图上,除了 TSM - 6 外,全部样品落入 A 型花岗岩范围内(图 6.15A～E)。此外太山庙岩体可以进一步划分为 A1 型花岗岩区域(图 6.16)。

太山庙花岗岩具有明显的 Eu 的负异常和明显亏损 Sr 的地球化学特征,指示了太山庙花岗岩岩浆在岩浆演化过程中存在斜长石的残留或者斜长石作为残留相在部分熔融过程中残留。La/Sm - La 图解可以用于区分结晶分异作用和部分熔融作用。在结晶分异作用过程中,熔体中 La/Sm 比值基本不变。在 La/Sm - La 图解中表现为一水平直线。而在部分熔融作用过程中,La/Sm 比值会有一定的变化,在 La/Sm - La 图解中表现为一倾斜的直线。太山庙花岗岩 La/Sm 和 La 具有明显的正相关性(图 6.15F),指示了岩浆主要受控于部分熔融作用的控制而非结晶分异。所以太山庙 Eu 的负异常和 Sr 的亏损指示的是斜长石在源区的残留。

实验岩石学研究表明,低压下部分熔融英云闪长质岩石以斜长石为残留相可以形成具有 A 型花岗岩特征的岩浆。在压力为 4～8 kbar① 时可以形成 K_2O/Na_2O 在 1.58～1.66 之间、TiO_2/MgO 在 0.78～1.76 之间、$Mg^\#$ 在 18.8～42.0 之间的熔体(Patiño Douce, 1997)。而太山庙 A 型花岗岩具有相似的地球化学特征,其 K_2O/Na_2O 在 1.23～1.67 之间,TiO_2/MgO 在 0.87～1.1 之间,$Mg^\#$ 在 20.68～25.97 之间,与实验研究一致。

研究区的结晶基底为太古代太华群,而太华群主要由 TTG 组成,所以太山庙可能与龙王礓岩体一样都是由太华群 TTG 部分熔融形成。太山庙花岗岩锆石 $\varepsilon_{Hf}(t)$ 值在 - 12.4～ - 1.6 之间,指示了源区主要为古老的地壳。但是在 Hf 同位素演化图解中(图 6.14),岩体的样品均分布于球粒陨石演化线以下,多数介于上、下地壳演化线之间,揭示了其源区物质组成较为复杂,但以壳源物质组成为主的源区特征,对比了该区基底太华群的 $\varepsilon_{Hf}(t)$ 值介于 - 45.2～ - 50.3 之间,明显低于岩体的锆石 Hf 同位素,暗示了太华群并非是岩体的唯一物质来源。说明岩体的源区存在具有高的 Hf 同位素特征的物质的加入,这种物质可能是年轻的新生地壳或者是幔源物质组分的混入。但是如果有幔源岩浆的加入必然会造成岩浆的 MgO 升高,这一点与太山庙岩体特征不一致,所以这种高 Hf 同位素特征的物质不是来自于幔源物质的加入。结合其锆石 Hf 同位素二阶段模式年龄呈现出集中于 1.10～1.63 Ga 的趋势,我们认为源区同样可能还加入了中新元古代的新生地壳物质。

---

① bar(巴)为非法定计量单位,1 bar = 10^5 Pa;kbar 为千巴。

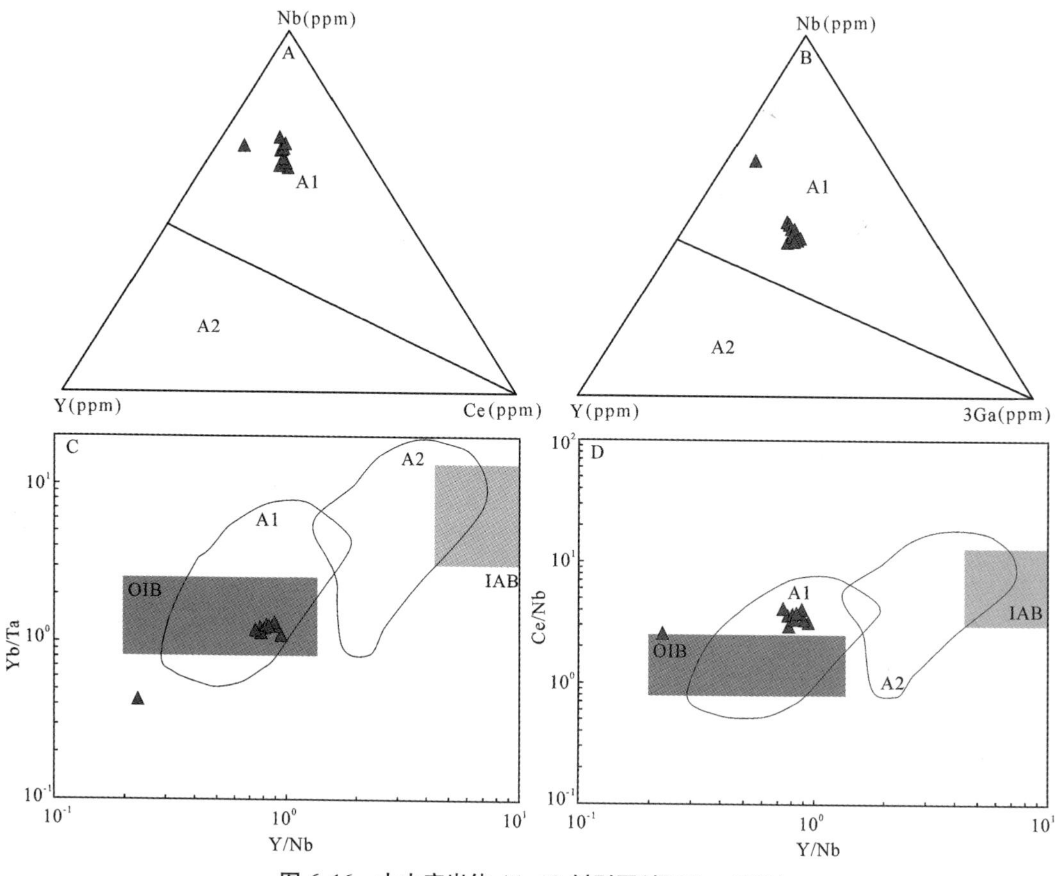

图 6.16 太山庙岩体 A1、A2 判别图(据 Eby,1992)

6.6 成岩时代和成岩环境讨论

华北克拉通自加里东运动时期一直到三叠纪初期都处于稳定的发展阶段,扬子克拉通与华北克拉通在中生代初期开始聚合。碰撞早期阶段扬子板块携带着秦岭微陆块向华北地块之下发生陆内俯冲导致岩石圈强烈的挤压加厚,而华北板块与此同时则向南楔入了秦岭微板块,在华北地块南缘形成了逆冲推覆的洛南—栾川逆冲推覆构造系(张国伟等,2001)。直到 238~218 Ma 完成了最后的碰撞拼贴(李曙光等,1989;Meng et al.,1999)。其后岩石圈开始拉张趋于减薄,并诱发了中国东部晚中生代大规模的岩浆活动和成矿作用(毛景文等,2005;Wu et al.,2005;Li and Li,2007)。

华北地块南缘广泛发育了中侏罗世-早白垩世的中酸性岩浆岩。代表性的岩体有合峪(Li et al.,2012)、文峪(Zhao et al.,2012a)、娘娘山(Zhao et al.,2012)、老牛山(齐秋菊等,2012)、华山(郭波等,2009)、五丈山(Mao et al.,2010)和蓝田(Wang et al.,2011)。这些岩体具有典型的埃达克质岩石特征,都形成于加厚下地壳的部分熔融。Li 等(2012) 总结这些年龄发现集中在150～130 Ma，指示了在130 Ma之前加厚下地壳一直存在。前人曾提出中侏罗世-早白垩世中酸性岩浆岩可以分为两个阶段，首先是距今160～130 Ma期间的具有埃达克质岩石特征的中酸性侵入岩，代表了形成于挤压向伸展转换的动力学背景（李永峰等，2005；毛景文等，2005；王晓霞等，2011）。第二个阶段是距今120～100 Ma期间发育的具有A型花岗岩特征的中酸性侵入岩体，代表了形成于板内伸展构造环境，指示了地壳开始全面减薄（叶会寿等，2008；周红升等，2008）。Zhao等（2012）也提出了华北南缘岩石圈的减薄至少发生在距今130 Ma之后。在大别山地区广泛分布的具有埃达克质岩石特征的中酸性岩体也都形成于距今130 Ma之前，以此认为其大别山地区的岩石圈的减薄至少发生在距今130 Ma之后（He et al.，2011）。

埃达克质岩石代表的是加厚地壳的存在仅能很好地限定岩石圈减薄的上限，但是具体的减薄标志应该是碱性岩的出露。张士英岩体主量元素特征表明其属于碱性岩，而碱性岩指示了拉张的构造环境。但是同时张士英石英正长岩又具有埃达克质岩石的地球化学特征，所以我们推测其可能是加厚下地壳减薄的初始阶段。距今123 Ma是华北南缘岩石圈减薄的开始阶段。而太山庙A型花岗岩具有A1型花岗岩的特征，A1型花岗岩代表着岩浆来于类似OIB的物质源区，岩体侵位于非造山环境如大陆裂谷或板内环境（图6.16）。所以距今112 Ma形成的太山庙花岗岩则指示了这一时期岩石圈进一步拉伸，该区域进入了板内演化的阶段。

中生代时中国大陆中东部的区域构造体制经历了一次转折，从古生代EW向构造体系转变到中生代早期的NNE向构造格局。这次构造体制转折始于距今150～140 Ma，终于距今110～100 Ma，峰期是距今120～110 Ma（翟明国等，2004；王涛等，2007）。Mao等（2011）基于辉钼矿的Re/Os年龄数据，提出东秦岭—大别山造山带钼矿的成矿时代集中分布于三个时期分别是晚三叠纪（距今233～221 Ma）、晚侏罗世到早白垩世（距今148～138 Ma）、早-中白垩世（距今131～112 Ma）。中国东部分布广泛的中生代花岗岩，成岩作用也主要在早白垩世，年龄变化范围在距今131～117 Ma（Wu et al.，2005）。张士英角闪正长岩形成于距今123 Ma左右，形成时代与构造体系大转折以及华北克拉通及其边缘的大规模成岩成矿作用时代具有很好的一致性，而华北克拉通中生代的大规模成岩成矿作用被认为是克拉通破坏的响应。

华北克拉通岩石圈地幔发生了强烈的破坏和减薄，这一地质事件已得到广泛的认同（Xu，2001；Gao et al.，2004；Yang et al.，2008；吴福元等，2008）。华北克拉通发育的伸展构造（包括拆离正断层、变质核杂岩、伸展盆地）及大规模发育的岩浆活动都是这次区域伸展构造环境的最直接证据。华北南缘及邻区也发育了大量晚中生代的变质核杂岩，这些变质核杂岩在距今131～125 Ma期间发生了快速的冷却，41个黑云母$^{40}Ar/^{39}Ar$定年结果也给出了距今125 Ma的拆沉活动的高峰期（Wang et al.，2011；Cui et al.，2012）。华北克拉通广泛发育了早白垩世时期（距今135～115 Ma）的岩浆事件，这些岩浆活动的峰期为距今125 Ma，并且具有不同来源、成因和侵位深度，反映了这一时期强烈的深部地质过程（Wu et al.，2005；吴福元等，2008；Zhao et al.，2012）。华北克拉通东部的岩石圈地幔的水含量从距今大约125 Ma时总体上高于MORB源区（50～200 ppm；Xia et al.，2013），而克拉通水化必然导致深部地幔其强度显著的降低。从而也证明了 125 Ma 左右是华北克拉通破坏的高峰期。

通过以上分析表明距今 125 Ma 左右是华北克拉通破坏的峰期，这个年龄与翟明国等(2004)提出的构造体制距今 120～110 Ma 转折峰期具有一致性，以及毛景文(2005)提出的距今 130～110 Ma 大规模成矿时代一致。张士英早期岩浆活动形成的石英正长岩形成于距今 123 Ma 左右，正好位于华北克拉通破坏的峰期，而随后形成的距今 112 Ma 太山庙花岗岩形成于峰期之后的稳定的拉张性构造环境。因此可以认为张士英岩体形成于造山后期构造体制从挤压向伸展的转变阶段和之后的岩石圈大规模伸展环境，这种构造体制的转折导致了岩石圈的减薄和华北克拉通的破坏。而构造转折的机制是受太平洋板块俯冲方向的影响，研究表明太平洋板块俯冲方向从距今 140～125 Ma 的北东方向转变为距今 125～100 Ma 的西北方向(Koppers et al. ,2001)，导致了华北构造体制由南北向的挤压转变为东西向的弧后拉张，拉张性的构造环境导致了幔源岩浆的上涌，炽热的幔源岩浆烘烤导致下地壳发生部分熔融形成原始岩浆。

第7章　新元古代浅成侵入岩：石英正长斑岩-花岗正长斑岩

新元古代潜火山岩实际上是晚元古界栾川群大红口组火山岩中的浅成侵入岩，局部伴生辉长岩。岩体与大红口组火山岩有空间上的相变关系，表明二者属于统一的构造环境。岩石类型主要有正长斑岩、石英正长斑岩、变正长斑岩和花岗正长斑岩。岩石化学显示富碱特征，地球化学示踪显示张性的构造背景。潜火山岩带分布于栾川—南召—方城—确山一线(图7.1)，大部分岩体断续出露于晚元古界栾川群大红口组火山岩中，局部伴生辉长岩。少数同期的岩体出露于晚元古界陶湾群中，可能反映大红口期火山岩浆的活动范围有所扩大。岩体与大红口组火山岩有一定的相变关系，表明二者属于统一的构造环境。岩石类型主要有正长斑岩、石英正长斑岩、变正长斑岩和花岗正长斑岩。本章主要研究三合石英正长斑岩体、草庙变正长斑岩体和云阳花岗正长斑岩体。

7.1　岩体地质和岩石类型

7.1.1　栾川西部正长斑岩、变正长斑岩类

岩体分布于栾川县干沟口、大红口、鱼库、石庙和栾川县一带，多数岩体侵位于上元古界栾川群大红口组，少数侵位于陶湾组变质岩中。总出露面积约31.5 km^2，呈NW—SE向展布，呈岩脉或岩脉群分布。岩石类型主要为变粗面岩和变正长斑岩，具有成群成段分布的特点，据Rb-Sr等时线年龄，相当于晋宁期的产物，属超浅成相富碱侵入岩(图7.1)。

岩体与围岩(火山岩)呈顺层侵入接触关系，接触面较陡，也见有岩体斜切片岩片理，接触带具有平行接触面的挤压片理及岩体沿大理岩层理顺层侵入，或切断大理岩层被捕虏于岩体中，具冷凝边和接触变质带，多改变了原岩的面貌。受挤压应力影响，岩体中的暗色矿物具定向排列与区域构造线方向一致。岩体内发育有后期伟晶岩脉和石英脉，在断裂破碎带中富集有金矿体(图7.2)。

变粗面岩，青灰-灰红色，具变余粗面结构，明显或不明显的片状构造。主要矿物为钾长石或少早钠长石，正长石具卡氏双晶，微斜长石系蚀变矿物(钾质交代)均有不同程度的绢云母、碳酸盐化、硅化，变质程度各异，二者含量为85%～90%，黑云母占5%；副矿物有磷灰石、磁铁矿。钾长石为正长石和微斜长石。粒径0.03～0.8 mm间，呈半自形板条状及不规

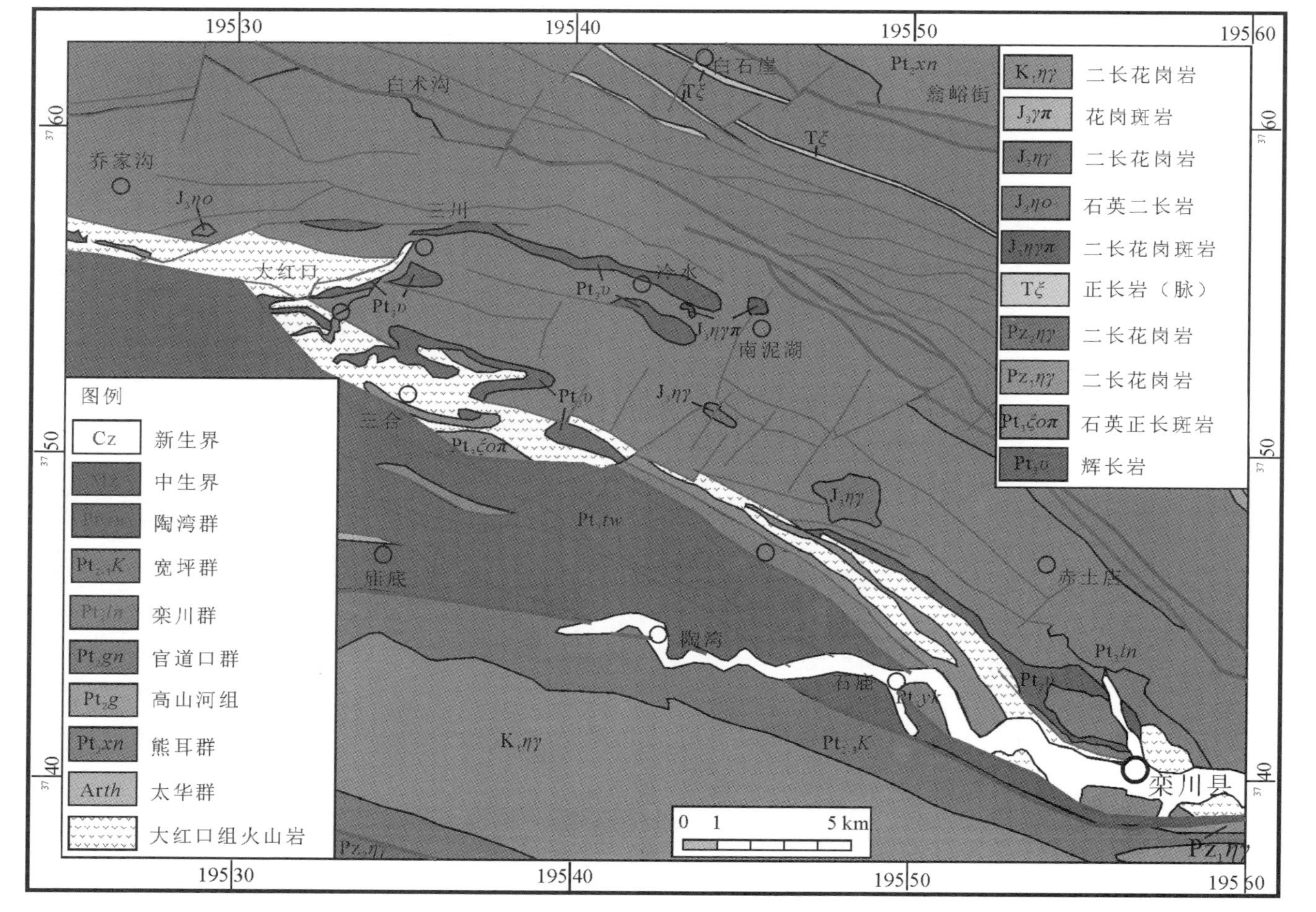

图 7.1 栾川西部区富碱侵入岩地质图

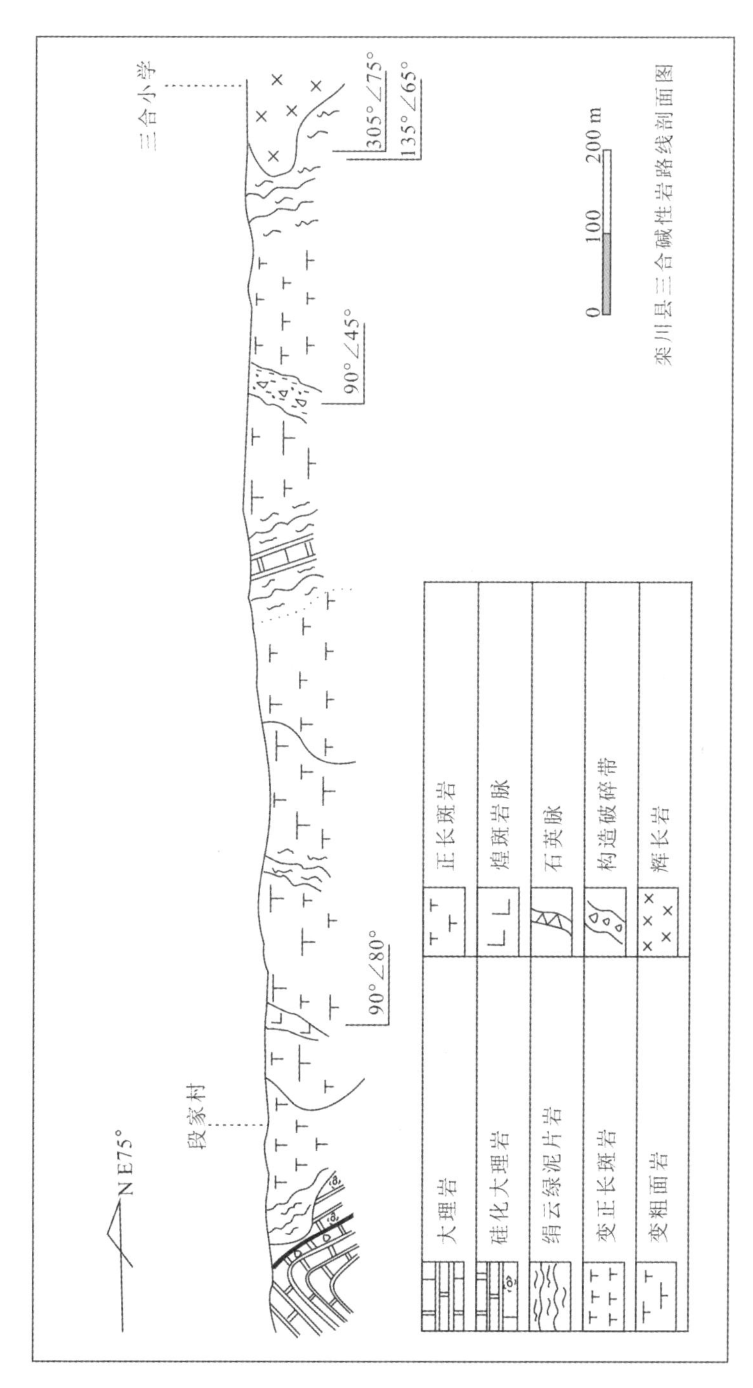

图 7.2　栾川三合岩体野外路线剖面示意图

则状，部分定向排列，多呈杂乱分布，弱变质时见有黑云母变斑晶，强变质时原生结构均被破坏，应属钾质碱性粗面岩。碎屑和胶结物主要为微斜长石和钠长石及棋盘状钠长石组成，含不等量绢云母、方解石、电气石、磁铁矿、石英等，有时电气石呈局部富集，晶体较大，长石含量为 40%～80%，当长石含量减少，相应绢云母、方解石、黑云母等含量增加，这是由于变质程度不一所造成的，微斜长石和钠长石均由正长石变来，粒径<0.4 mm，呈不规则状，格子双晶发育，黑云母部分重结晶成变斑晶。

变正长斑岩，常以岩脉顺层侵入围岩中，具成群成段分布的特点，一般长数十米到数百米，最长达 2000 米以上，宽几厘米至几十米，走向近 NW、NE，倾角较陡，岩石具斑晶，分为细晶正长岩和变正长斑岩(图 7.3)。岩石呈灰红、灰白、浅肉红色，风化面呈深灰色，具半自形粒状结构，斑状，似粗面构造；基质具半自形粒状结构，有不同程度的片理化。主要矿物成分为正长石、微斜长石，占 80%，次要矿物石英占 5%，斜长石斑晶含量 10%～40%，主要由钾长石组成，偶见斜长石，粒径<1.5 mm×3 mm；基质中的长石呈细小板条状，一般粒径<0.5 mm；副矿物为磷灰石、磁铁矿、金红石、电气石、锐太矿、白钨矿、黄铁矿、榍石等。斑晶含量为 10%～40%，由钾长石和少量斜长石组成，粒径多在 0.4 mm×1 mm～1.5 mm×3 mm，板状；基质中的钾长石呈细板条状，粒径<0.05 mm，杂乱分布，颗粒间分布有黑云母和石英；副矿物中锆石呈溶蚀/熔蚀浑圆状，受变质强弱，可分为强烈片理化正长岩，弱变质块状正长岩。

7.1.2 南召西部岩区——变正长斑岩、正长斑岩类

本岩区地处华北地块南缘与东秦岭造山带的衔接部位，呈狭长带状断续出露在栾川—确山深大断裂带附近，分布方向与断裂走向基本一致，呈 NW—SE 向展布，形态为似马蹄状的岩株(图 7.4)。主要岩石类型为正长斑岩、石英正长斑岩、变正长斑岩，岩体多具冷凝边和接触变质带，呈超浅成相产出(图 7.5)。围岩主要为栾川群，见有岩体切过围岩片理。前人有 U-Pb 同位素年龄 338 Ma，认为属海西早期的产物。我们研究认为这些岩体侵位于大红口组火山岩并有相变关系，只是受后期构造作用(贯沟韧性剪切带)导致出现变质变形现象，因此，成岩时代归属于新元古代。

沿接触带见有冷凝边和接触变质带，多改变了原岩的面貌。在岩体内见有后期正长岩脉和霏细岩脉分布。岩体从外相到内相，粒径由细变粗，斑晶由少变多，外相带基质矿物粒径一般在 0.01～0.4 mm，内相带一般在 0.03～0.10 mm。

变石英正长斑岩，浅灰红色，中细粒斑状结构。主要矿物为钾长石，石英和钠长石，钾长石斑晶呈次棱角状、椭圆状、哑铃状、三角状，局部见有长柱状、钾长石斑晶被错断为四段，正交镜下各段依次消光，推测钾长石斑晶是岩浆定位之前便开始结晶，侵位后由于理化条件改变、岩浆扰动，构造作用力影响使之发生错断而破裂的，含量 50%～70%，石英 15%～35%；次要矿物为钠长长石<5%，磁铁矿 1%～5%，铁叶云母 1%～3%；副矿物有锆石、磷灰石、萤石、赤铁矿、独居石等。斑晶矿物主要为微斜长石，少量磁铁矿和铁叶云母，含量 0.1%～20%不等，一般 5%～10%，内相带钾长石斑晶粒径一般 1～4 mm，最大为 15 mm，含量 5%～15%。

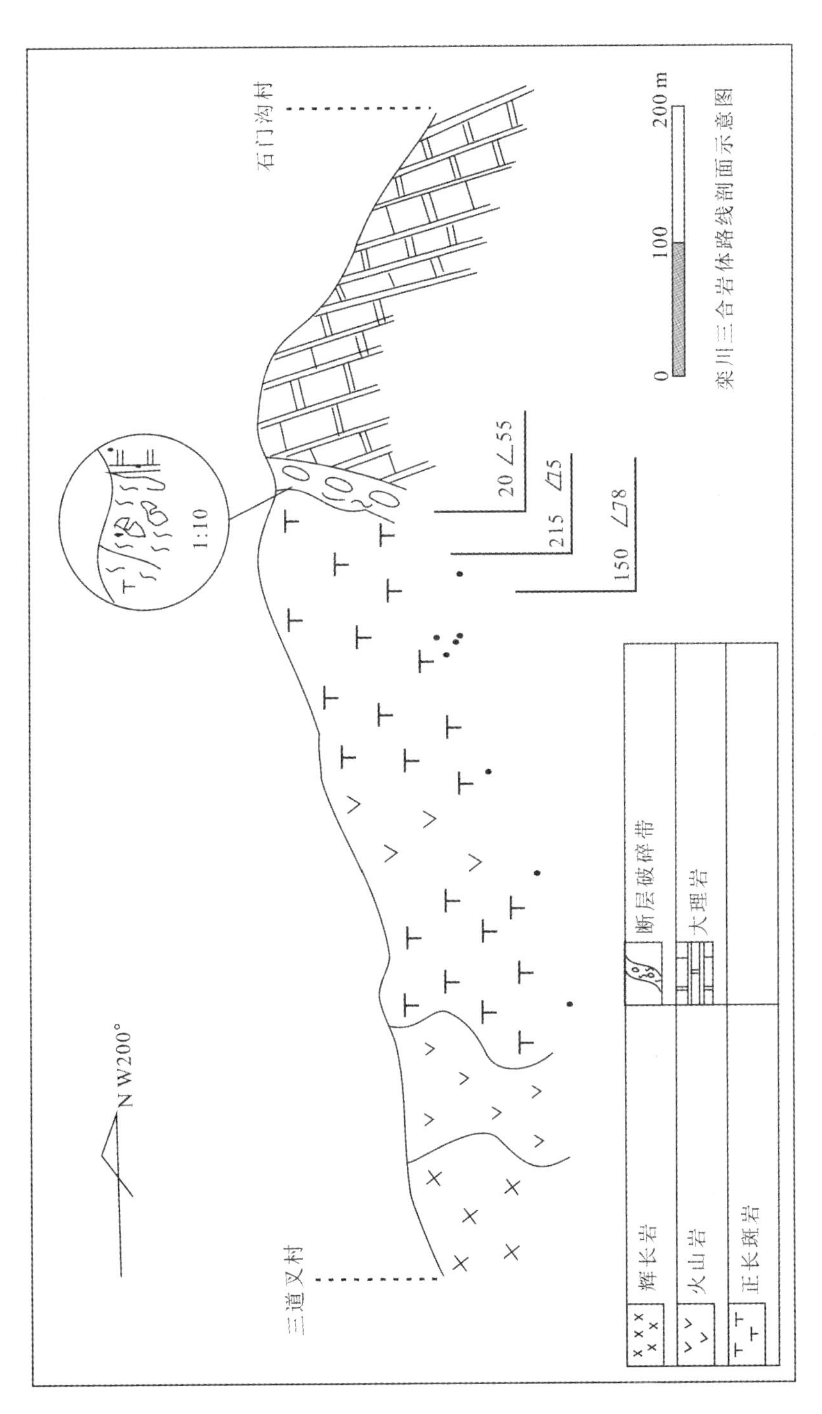

图 7.3　栾川县西部正长斑岩与围岩接触关系剖面示意图

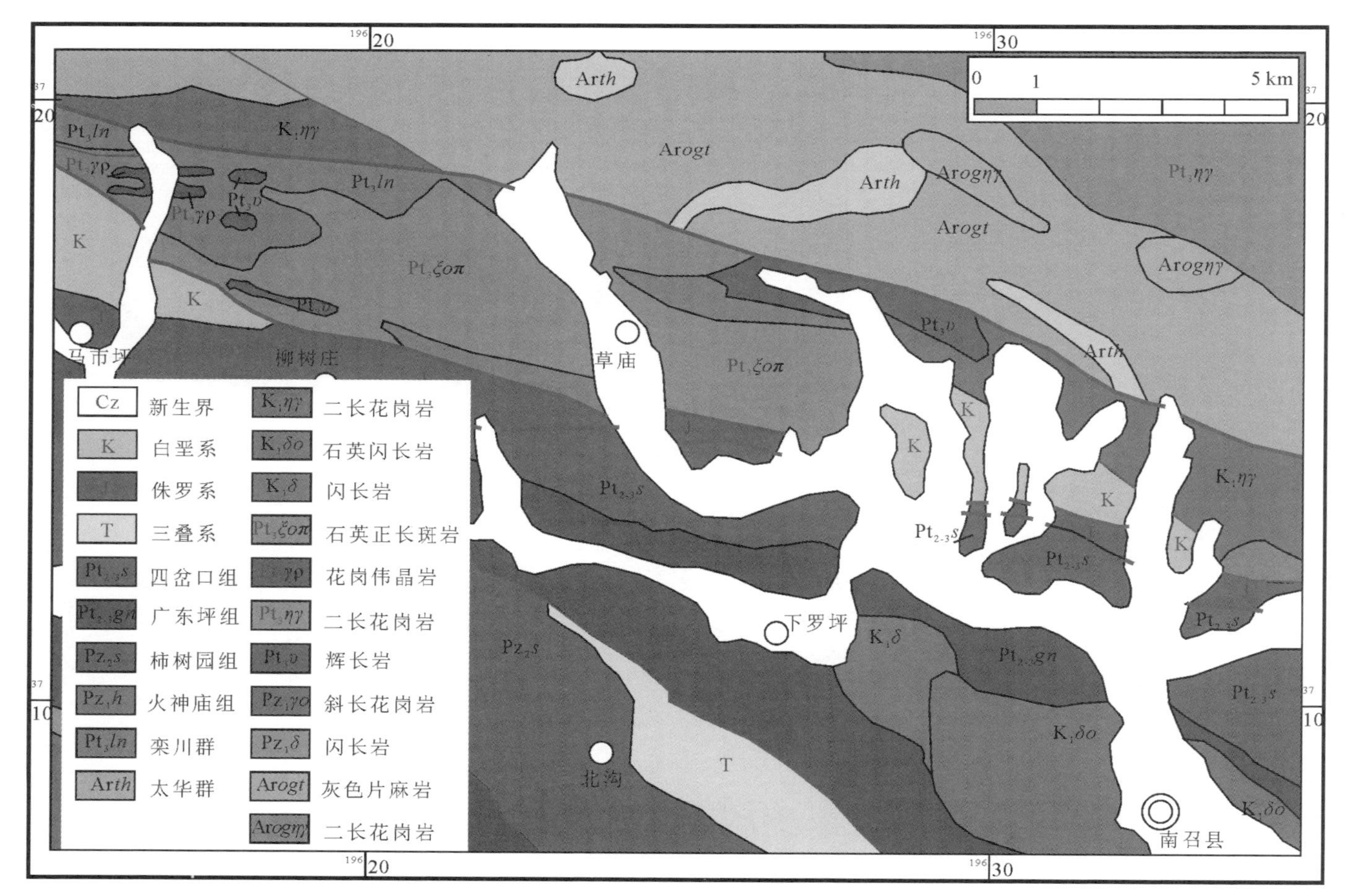

图 7.4 南召西部草庙岩体地质图

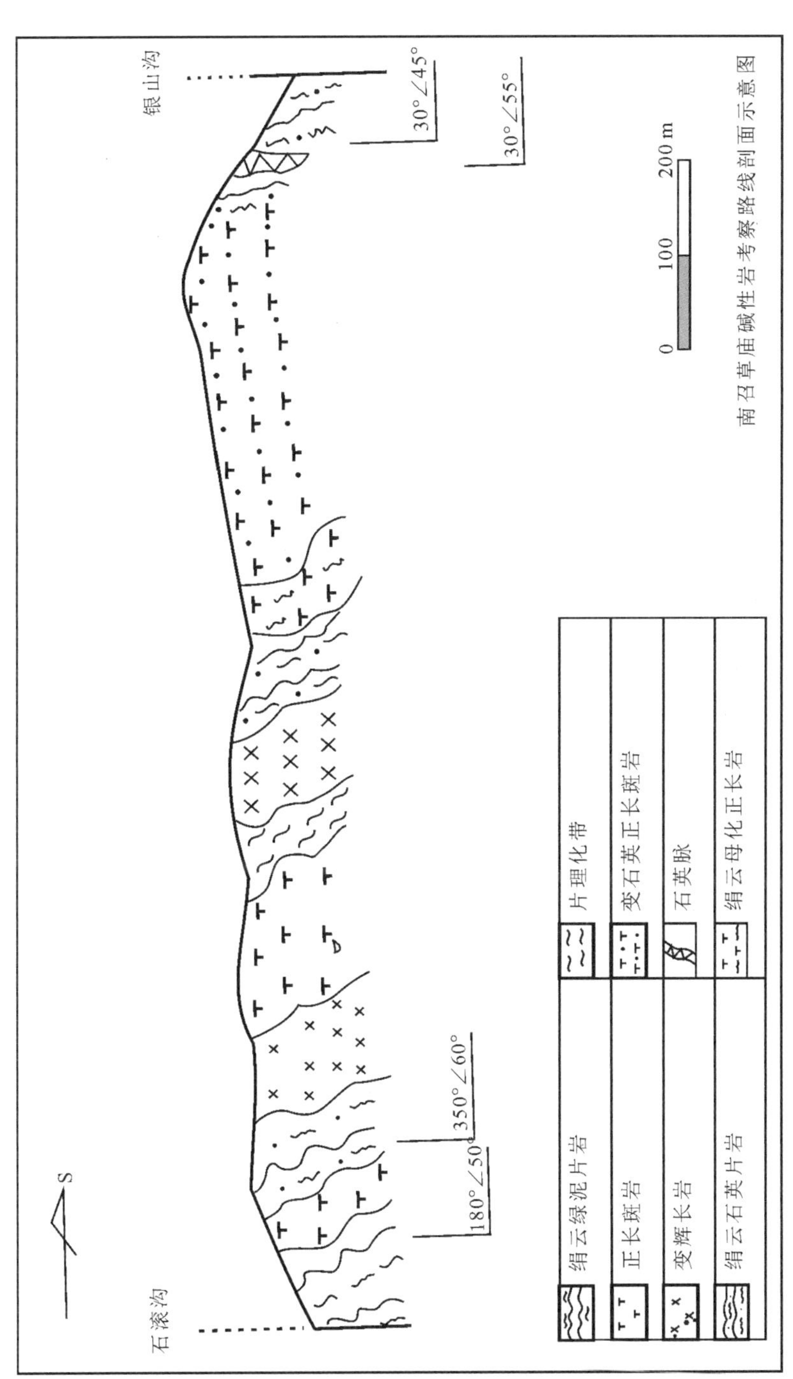

图 7.5　南召西部草庙岩体路线剖面示意图

7.1.3 云阳岩区——石英正长斑岩-花岗正长斑岩

本岩区由维摩寺—云阳岩体，四里店—杨树沟岩体组成。产于东秦岭造山带与华北地块的衔接部位，分布于南召县云阳镇，方城县四里店乡一带。岩体呈狭长带状，出露于栾川—固始深断裂带附近，分布方向与深断裂走向一致，呈 NW—SE 向展布，长约 80 km，宽 1～3 km，呈岩株和岩脉产出，属浅成或超浅成富碱侵入岩，U - Pb 同位素年龄为 338 Ma，相当于海西晚期的产物(图 7.6)。

维摩寺—云阳岩体：出露面积 75 km^2，呈 NWW—SEE 向展布，形态似带状、哑铃状、不规则状，属浅成或超浅成富碱侵入岩，产于栾川—固始深断裂带附近，侵位于中元古界宽坪群四岔口组和广东坪组、中元古界谢湾组、上元古界陶湾群和栾川群，构造接触于上侏罗及下白垩统及上三叠统。岩石类型为碱性花岗斑岩，石英正长斑岩。岩体可大致划分两个相带：外相带结晶很细，基质矿物粒度 0.01～0.04 mm，无斑晶或斑晶少而小；内相带结晶较粗，基质矿物粒度一般为 0.03～0.10 mm，斑晶相对多而大。岩体与围岩多呈侵入接触，局部见有岩体切断构造片理，呈锯齿状接触，也见有岩体斜切碳质片岩片理，接触面平整，接触带具平行接触面的挤压片理及岩体沿大理岩顺层侵入，或切断大理岩并被捕虏于岩体中；岩体交切绢云石英片岩片理，见有小岩枝沿垂直方向贯入片岩片理，岩体结构构造变化不大，主体为斑状结构、块状构造，气孔和杏仁构造不发育。

四里店—杨树沟岩体：出露面积约 30 km^2，呈 NW—SE 向展布，产于栾川—固始深断裂带内，形态似带状，侵位于中元古界宽坪群的绿片岩夹大理岩、碎屑岩和上元古界栾川群、陶湾群的浅海陆源碎屑岩及中基性火山岩。主要岩石类型为碱性花岗斑岩，斑晶多为钾长石，粒度一般 1～4 mm，最大达 15 mm；其他斑晶矿物主要为微斜长石、条纹长石和石英，次为正长石、钠长石、磁铁矿、黑云母；微量矿物有白云母、磷灰石、榍石、绿帘石、锆石、萤石。斑晶矿物主要为钾长石，粒径 2 mm 左右。最大粒径＞10 mm，另有少量磁铁矿斑晶，粒径 0.5～1.0 mm，大者＞5 mm，含量占 5%。岩石一般绢云母化，绢云母含量为 1%～5%，具有不同程度的硅化、碳酸盐化、绿泥石化、绿帘石化。岩石主要矿物成分为微斜长石，含量 50%～70%，石英 15%～35%；次要矿物有钠长石，含量＜10%，磁铁矿 1%～7%，铁叶云母 0～5%；副矿物有锆石、磷灰石、萤石、赤铁矿、独居石等；斑石晶矿物主要为微斜长石，少量赤铁矿和铁云母，斑晶含量 0～20%不等，多为 5%～10%，边缘钾长石斑晶一般为 1～4 mm，最大为 15 mm，含量 5%～15%。

7.1.4 泌阳—确山岩区——钾长花岗岩-石英正长斑岩

本岩区由新元古代钾长花岗岩和石英正长斑岩组成，产于东秦岭造山带与华北地块的衔接部位(栾川—方城—确山断裂带北侧)，分布于泌阳县王店乡—确山县石滚河乡一带，岩体侵位于中元古界熊耳群和上元古界栾川群。岩体呈狭长带状出露于栾川—确山深断裂带附近，分布方向与深断裂走向一致，呈 NW—SE 向展布，长约 30 km，宽 1～3 km，呈岩株和岩脉产出，属深成或浅成富碱侵入岩(图 7.7)。岩体主要分布于邓庄铺、王店、大路庄和石滚

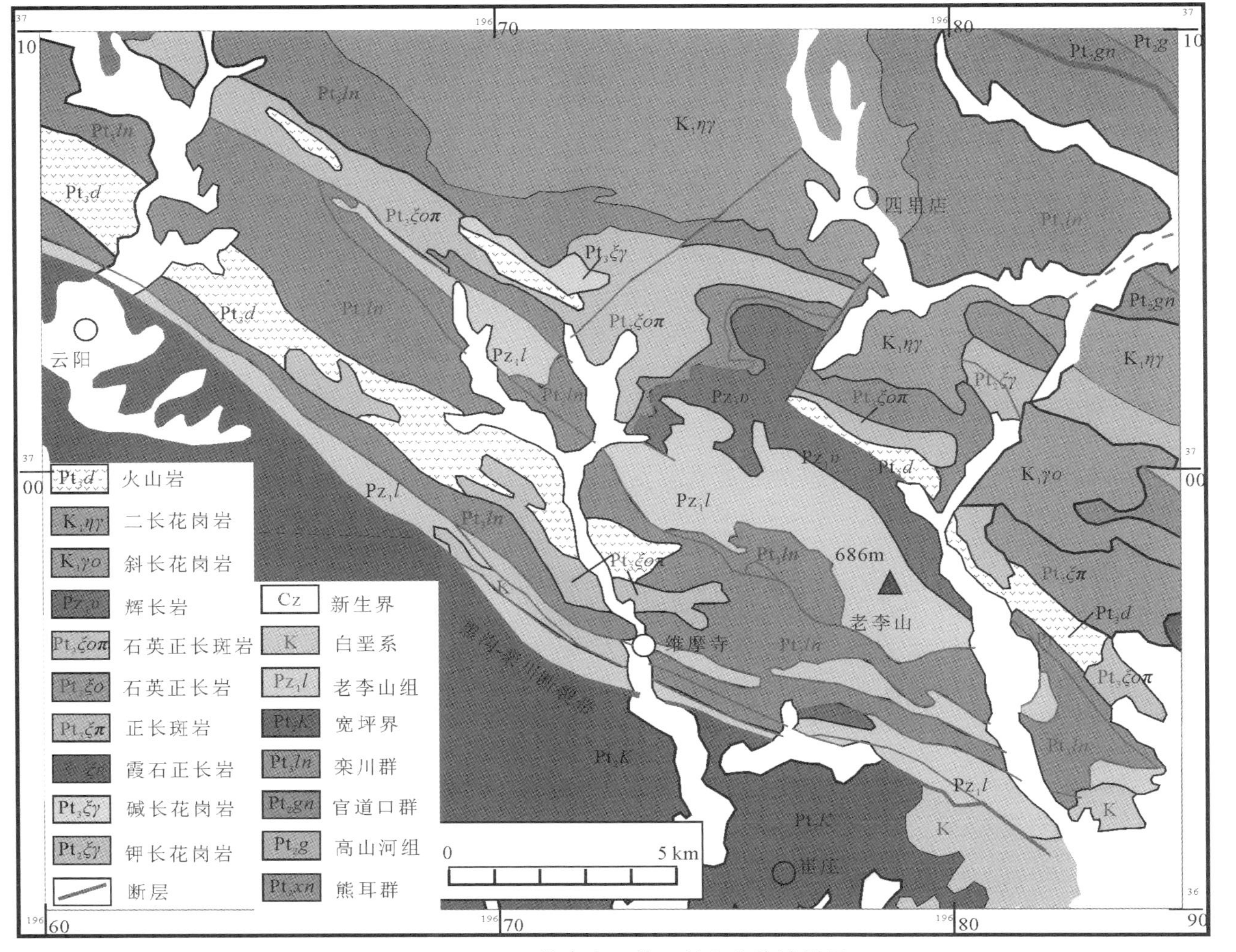

图7.6　云阳—维摩寺石英正长斑岩体地质图

河南部，岩石类型主要有钾长花岗岩和少量石英正长斑岩（与栾川群大红口组流纹岩共生），并在同一构造带中分布有新元古代变基性岩脉和钠长岩脉（图 7.7）。

石滚河岩体所处的区域岩石类型非常复杂，但就正长花岗岩而言，分别出露新元古代以及早白垩世的花岗岩体（图 7.7）。从区域地质研究结果来看（河南省地质调查院，2001），新元古代富碱岩浆侵入活动主要有大红口组碱性火山岩喷发和钾长花岗岩侵入，结束了新元古代板块构造体制演化，构成一个完整的构造岩浆演化旋回。主要表现为华北地块南缘部分熔融形成近北西—南东向展布伏牛山序列、李仙桥序列、黑石岭序列、桂花山超单元等，新元古代末期（700～600 Ma）俯冲、碰撞结束，在伸展作用下地壳裂解、减薄、地幔岩浆上侵在华北地块南缘形成大红口组碱性火山岩喷发和碱性岩侵入，结束了新元古代板块构造体制演化，构成一个完整的构造岩浆演化旋回。早白垩世的花岗岩以二长花岗岩为主，少量钾长花岗岩（大铜山岩体和天目山岩体），内部结构演化特征明显，矿物组合中黑云母含量较少，出现少量白云母。暗示中生代早期华北地块南缘发生一次明显的陆内俯冲作用，陆内俯冲过程中（可能为斜向俯冲），由走滑剪切力作用导致地壳摩擦产生热并发生部分熔融形成花岗质岩浆侵入，主要表现为早侏罗世的挤压增厚型地壳开始向拉伸减薄的构造环境的变化。

7.2 岩石地球化学

三合岩体、草庙岩体和云阳岩体主微量元素分析结果见表 7.1。

三合岩体的 SiO_2 含量为 50.81%～63.56%、TiO_2 含量为 0.70%～1.42%；Fe_2O_3 和 MgO 含量分别为 3.05%～3.84%和 0.09%～2.16%，对应的镁指数 $Mg^{\#}$ 为 6～53 之间；富碱，Na_2O 和 K_2O 含量分别为 0.68%～4.98%和 6.95%～10.3%，全碱含量为 11.43%～13.64%，K_2O/Na_2O 为 1.40～14.09；Al_2O_3 和 CaO 含量分别为 13.04%～17.60%和 0.21%～7.58%，A/CNK 在 0.52～1.12 之间，A/NK 在 0.99～1.15 之间，赖特碱度率（AR）在 2.98～7.50 之间；MnO 和 P_2O_5 含量较低，分别为 0.01%～0.32%和 0.04%～0.34%。

草庙岩体的 SiO_2 含量为 61.98%～73.66%、TiO_2 含量为 0.50%～0.98%；Fe_2O_3 和 MgO 含量分别为 3.50%～6.30%和 0.22%～1.16%，对应的镁指数 $Mg^{\#}$ 为 8～27；富碱，Na_2O 和 K_2O 含量分别为 0.02%～4.78%和 6.08%～8.00%，全碱含量在 6.38%～12.92%，K_2O/Na_2O 为 1.64%～3.04%；Al_2O_3 和 CaO 含量分别为 12.15%～17.61%和 0.16%～1.14%，A/CNK 在 1.03%～2.47%之间，A/NK 在 1.07%～2.58%之间，赖特碱度率（AR）在 2.09～5.93 之间；MnO 和 P_2O_5含量较低，分别为 0.06%～0.24%和 0.03%～0.28%。

云阳岩体的 SiO_2 含量为 56.48%～67.28%、TiO_2 含量为 0.06%～0.83%；Fe_2O_3 和 MgO 含量分别为 3.33%～9.45%和 0.31%～2.14%，对应的镁指数 $Mg^{\#}$ 为 9～41；富碱，Na_2O 和 K_2O 含量分别为 0.22%～5.43%和 5.35%～10.9%，全碱含量为 6.70%～11.60%，K_2O/Na_2O 为 0.99～43.18；Al_2O_3 和 CaO 含量分别为 13.86%～21.70%和 0.01%～3.09%，A/CNK 在 0.93～2.23 之间，A/NK 在 1.09～2.24 之间，赖特碱度率

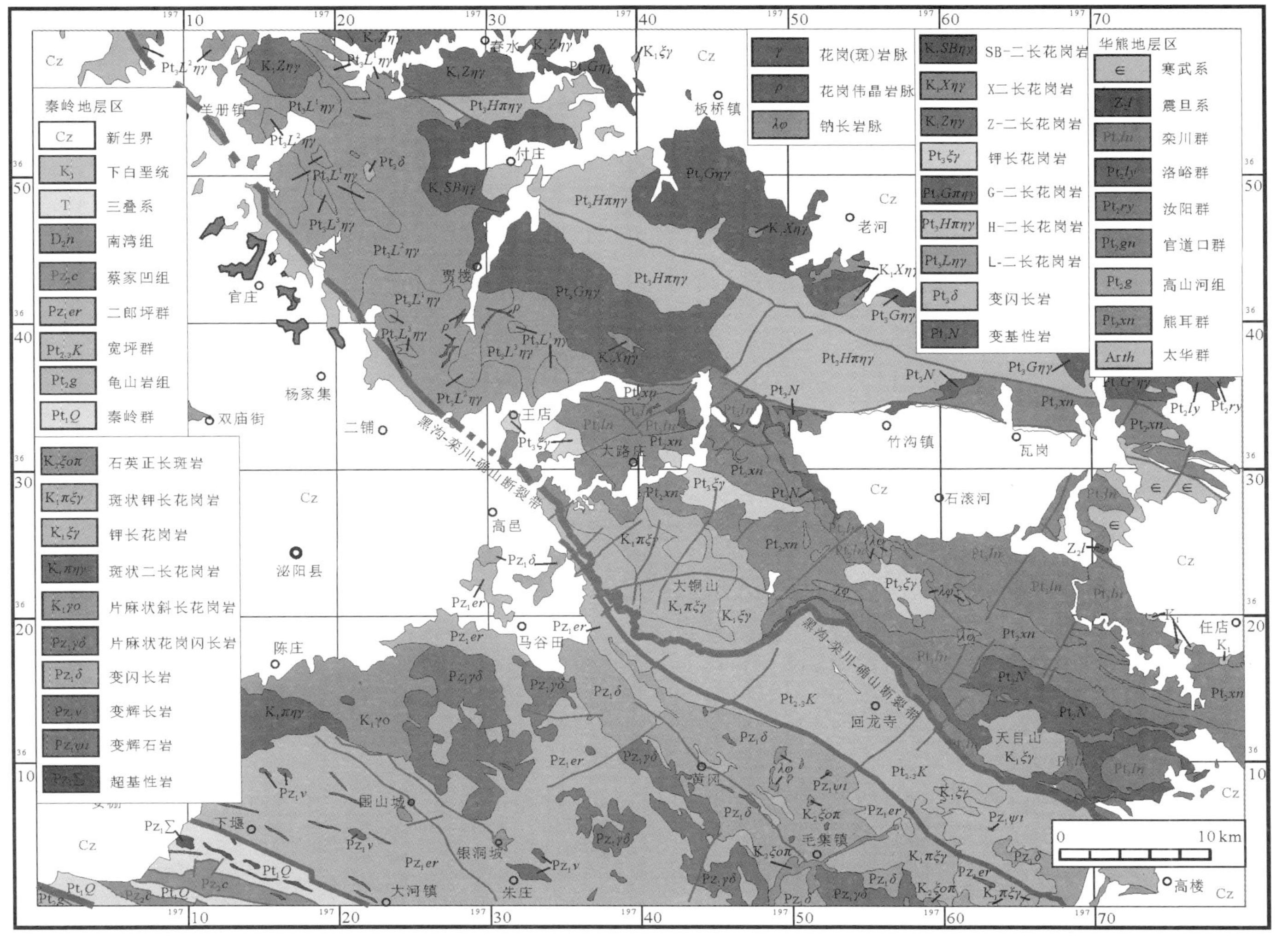

图7.7 泌阳县王店乡—确山县石滚河乡一带钾长花岗岩分布地质图

表 7.1　三合、草庙和云阳岩体主量元素(%)和微量元素(ppm)分析结果

岩体	三合				草庙				云阳								
样号	SH-1	SH-2	SH-3	SH-4	CM-1	CM-2	CM-3	CM-4	YY-1	YY-2	YY-3	YY-4	YY-5	YY-6	YY-7	YY-8	YY-9
SiO_2	63.27	63.26	50.81	63.56	73.66	61.98	62.04	63.72	56.48	58.38	65.80	61.96	60.09	67.28	66.58	60.68	64.33
TiO_2	0.70	0.90	1.42	1.07	0.50	0.96	0.98	0.80	0.45	0.75	0.83	0.72	0.45	0.07	0.06	0.38	0.51
Al_2O_3	15.57	17.60	13.04	17.40	12.15	17.61	17.13	17.07	21.29	21.70	17.36	16.11	17.92	14.01	13.86	17.74	16.03
$Fe_2O_3^T$	3.80	3.80	3.84	3.05	3.50	4.70	4.85	6.30	5.62	3.43	3.33	9.45	6.53	5.48	6.55	5.55	6.01
MnO	0.20	0.06	0.32	0.01	0.15	0.06	0.15	0.24	0.07	0.04	0.03	0.02	0.18	0.16	0.08	0.06	0.16
MgO	0.59	0.30	2.16	0.09	0.25	0.22	0.54	1.16	1.47	1.21	0.43	2.14	1.58	0.60	0.42	1.12	0.31
CaO	1.59	0.21	7.58	0.28	0.18	0.35	1.14	0.16	0.12	0.12	0.12	0.01	0.56	0.89	0.20	3.09	1.30
Na_2O	4.98	2.70	0.68	3.22	0.21	4.78	4.10	0.02	0.30	0.35	2.10	0.30	3.95	0.22	0.22	4.43	5.43
K_2O	6.95	10.00	9.58	10.30	6.10	8.00	6.72	6.08	10.70	10.90	8.20	6.20	6.70	9.35	9.50	5.74	5.35
P_2O_5	0.16	0.04	0.34	0.18	0.16	0.28	0.28	0.03	0.05	0.09	0.10	0.11	0.55	0.08	0.13	0.24	0.29
烧失量	1.88	1.06	9.36	0.29	2.00	0.59	1.63	3.41									
总量	99.69	99.93	99.13	99.45	98.86	99.53	99.56	98.99	96.55	96.97	98.30	97.02	98.51	98.14	97.60	99.03	99.72
Rb	125.9	131.2	87.7	122	174.8	130	126	213									
Sr	52	39.5	209.6	40.3	14.9	74.9	71.6	16									
Y	67.50	28.10	25.50	52.80	72.50	32.40	62.30	169.00									
Zr	417.5	516.4	171.7	445	696.3	289	292	1370									
Nb	85.4	78.5	28.1	72.1	139.6	66.6	64.3	199									
Ba	114	952	2523	517	273	1501	1816	253									
La	124.00	56.70	43.20	81.40	132.00	81.40	94.00	209.00									
Ce	232.00	94.70	97.20	164.00	250.00	197.00	176.00	452.00									
Pr	32.90	10.90	10.20	16.50	39.90	16.50	18.00	53.90									
Nd	104.00	47.90	46.40	102.00	126.00	100.00	115.00	256.00									
Sm	15.40	7.56	7.68	12.80	19.00	11.00	12.80	46.20									

续表

岩体	三合				草庙				云阳								
样号	SH-1	SH-2	SH-3	SH-4	CM-1	CM-2	CM-3	CM-4	YY-1	YY-2	YY-3	YY-4	YY-5	YY-6	YY-7	YY-8	YY-9
Eu	2.41	2.36	3.25	3.50	1.46	3.50	4.50	4.50									
Gd	10.30	5.88	6.48	12.70	12.80	8.64	11.90	37.80									
Tb	1.80	1.50	0.80	1.47	2.80	1.10	1.19	3.74									
Dy	9.24	6.02	5.88	11.00	14.80	6.24	11.20	32.40									
Ho	1.68	1.15	0.72	2.03	2.52	1.30	1.92	4.94									
Er	5.00	3.90	3.75	5.22	8.70	3.48	5.36	17.40									
Tm	1.00	0.70	0.40	0.63	1.30	0.46	0.53	1.67									
Yb	5.32	4.20	2.63	4.35	7.70	3.36	4.50	12.50									
Lu	0.80	0.60	0.40	0.40	1.10	0.40	0.40	1.60									
Hf	9.8	11	3.4	8.7	15.5	6.7	6.6	28.1									
Th	10.7	11.9	2.5	12.7	17.3	7.3	7.3	31.8									

注:空白处为低于仪器检测限的元素含量。

(AR)在 2.35～5.47 之间；MnO 和 P_2O_5 含量较低，分别为 0.02%～0.18%和 0.05%～0.55%。

在 TAS 分类图中三合岩体落在正长岩范围(图 7.8A)，在 *A/CNK*－*A/NK* 图解上数据点大部分落在偏铝质系列范围内(图 7.8B)，在 K_2O－SiO_2 图解上岩体位于超钾质岩系列中(图 7.8C)，在 AR－SiO_2 图上显示所有的样品都落在碱性岩到过碱性的范围(图 7.8D)，这些判别图表明三合岩体属于超钾质花岗岩。

三合岩体总的稀土元素含量较低，在 229～546 ppm 之间；LREE/HREE 在 9.19～14.53 之间，$(La/Yb)_N$变化范围在 9.10～15.71 之间，表明轻重稀土分异明显；Eu^* 在 0.59～1.41 之间；在球粒陨石标准化稀土配分图上呈现为向右倾斜的平滑曲线，Eu 异常不明显(图 7.9A)。

微量元素多元素图解显示相对富集 Rb、K、Th、U 和 Pb 等大离子亲石元素(LILE)，相对亏损 Ba、Nb、Ta、Sr、Ti、P 等元素(图 7.9B)。

草庙岩体在 TAS 分类图中分布范围较大，落入正长岩-石英闪长岩-花岗闪长岩范围内(图 7.8A)，在 *A/CNK*－*A/NK* 图解上数据点落在过铝质系列范围内(图 7.8B)，在 K_2O－SiO_2 图解上岩体位于高钾-超钾质岩系列中(图 7.8C)，在 AR－SiO_2 图上样品分布范围较大，落在钙碱性到过碱性的范围(图 7.8D)，这些判别图表明草庙岩体属于高钾质花岗岩。

草庙岩体总的稀土元素含量变化较大，在 434～1133 ppm 之间；LREE/HREE 在 9.12～16.39 之间，$(La/Yb)_N$ 变化范围在 11.27～16.33 之间，表明轻重稀土分异明显；Eu^* 在 0.29～1.11 之间；在球粒陨石标准化稀土配分图上呈现为向右倾斜的平滑曲线，Eu 异常不明显(图 7.9A)。

微量元素多元素图解显示相对富集 Rb、K、Th、U 和 Pb 等大离子亲石元素(LILE)，相对亏损 Ba、Nb、Ta、Sr、Ti、P 等元素(图 7.9B)。

云阳岩体在 TAS 分类图中分布范围较大，落入正长岩-石英二长岩-花岗闪长岩范围内(图 7.8A)，在 *A/CNK*－*A/NK* 图解上大部分数据点落在过铝质系列范围内(图 7.8B)，在 K_2O－SiO_2 图解上岩体位于高钾-超钾质岩系列中(图 7.8C)，在 AR－SiO_2 图上显示大部分的样品落在碱性岩范围内(图 7.8D)，这些判别图表明云阳岩体属于高钾质花岗岩。

7.3 岩体成因

前人研究对分布于栾川—南召—方城—确山一线的正长斑岩的岩石成因分歧较大，有学者认为属于火山岩，也有学者认为属于浅成侵入体(袁万明，1988)。通过对三合、草庙和云阳岩体的 SiO_2 含量为 58.10%～73.66%，小于 74%，表明它们不属于高分异花岗岩。另外，高分异的长英质花岗岩是指在岩浆结晶过程中发生了大量的斜长石的结晶分离，可以通过微量元素 Ba、Rb 和 Sr 对这一过程进行很好的反应，因为 Ba 和 Rb 作为强不相容元素，主要类质同相替代钾长石、云母；而 Sr 主要替代斜长石中的 Ca，并在较小范围内替代钾长石中的 K(Winter，2001)。当 Rb＞250 ppm 时就属于高分异的情况，在这种情况下岩体的 Sr 值会很低。McCarthy 等(1976)的研究结果表明，分异的花岗岩熔体 Rb 含量可达约 700

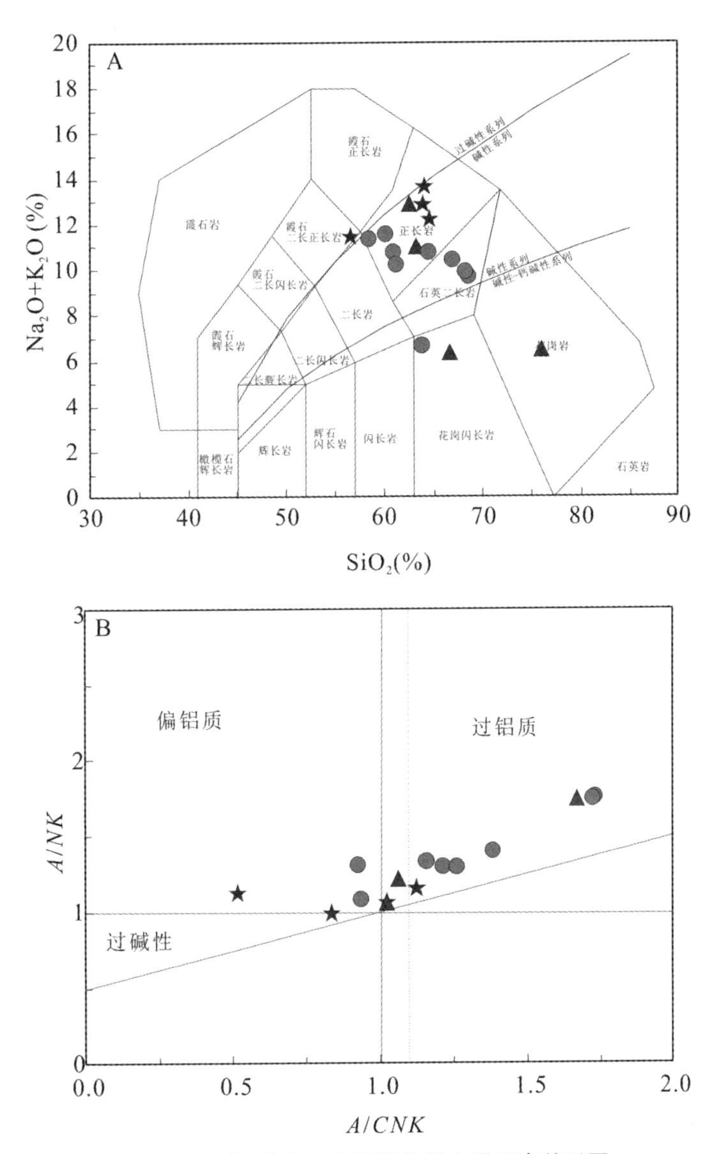

图 7.8　三合、草庙和云阳岩体的主量元素关系图

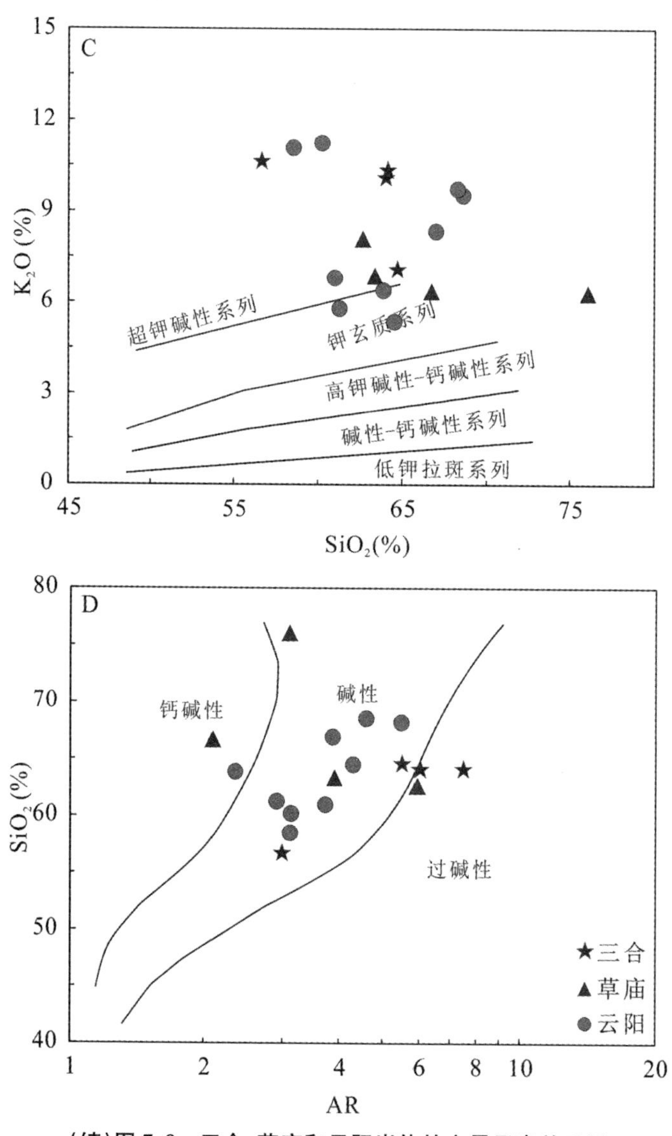

(续)图 7.8 三合、草庙和云阳岩体的主量元素关系图

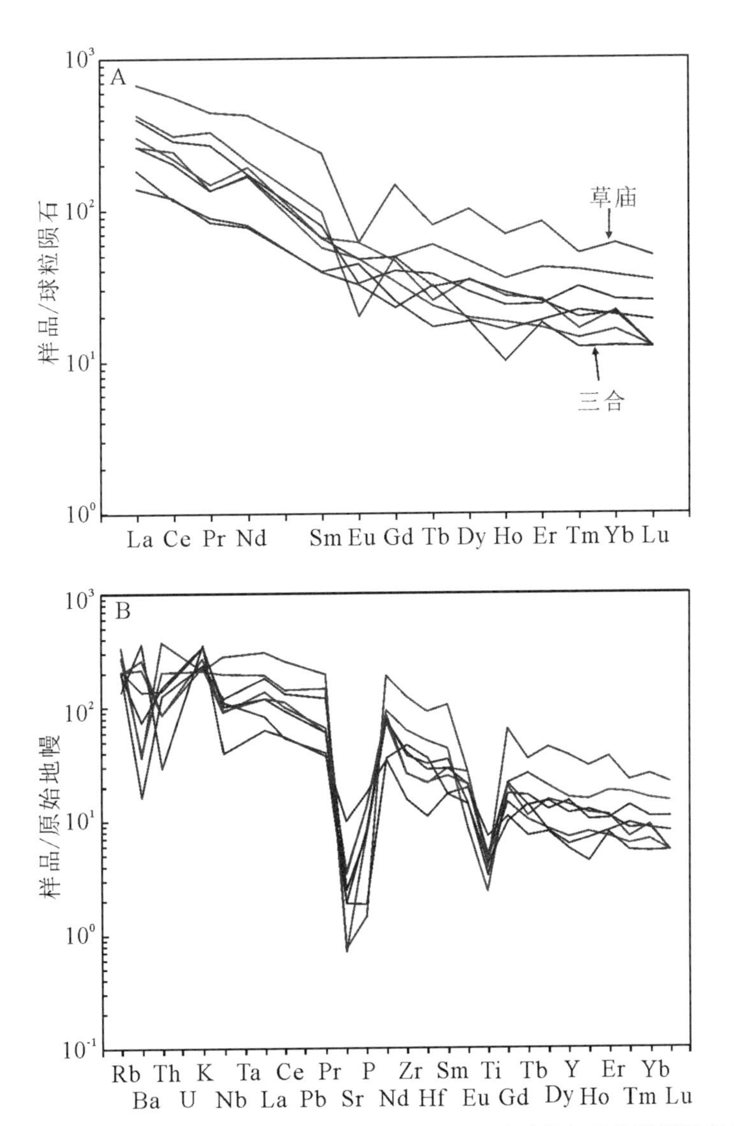

图7.9　三合和草庙岩体球粒陨石标准化稀土配分图(A)原始地幔标准化微量元素蛛网图(B)

球粒陨石值和原始地幔值据 McDonough 和 Sun(1995)。

ppm，而 Sr 含量则小于 10 ppm。而对于未分异的花岗岩熔体而言，通常具有高的 Ba 含量（King et al.，2001）。三合岩体和草庙岩体的 Rb 在 87.7～213 ppm、Sr 为 14.9～210 ppm，说明它们不属于高分异花岗岩。

三合岩体和草庙岩体具有富集高场强元素的特征，Zr + Nb + Ce + Y 含量分别为 323～802 ppm 和 585～2190 ppm，除了 SH－3 外，全部样品落入 A 型花岗岩范围内（图 7.10A、B）。此外，两个岩体的 Zr 含量分别为 172～516 ppm 和 289～1370 ppm，对应的全岩锆饱和温度分别为 650～891 ℃和 817～1103 ℃，也显示 A 型花岗岩的特征（图 7.10C）。

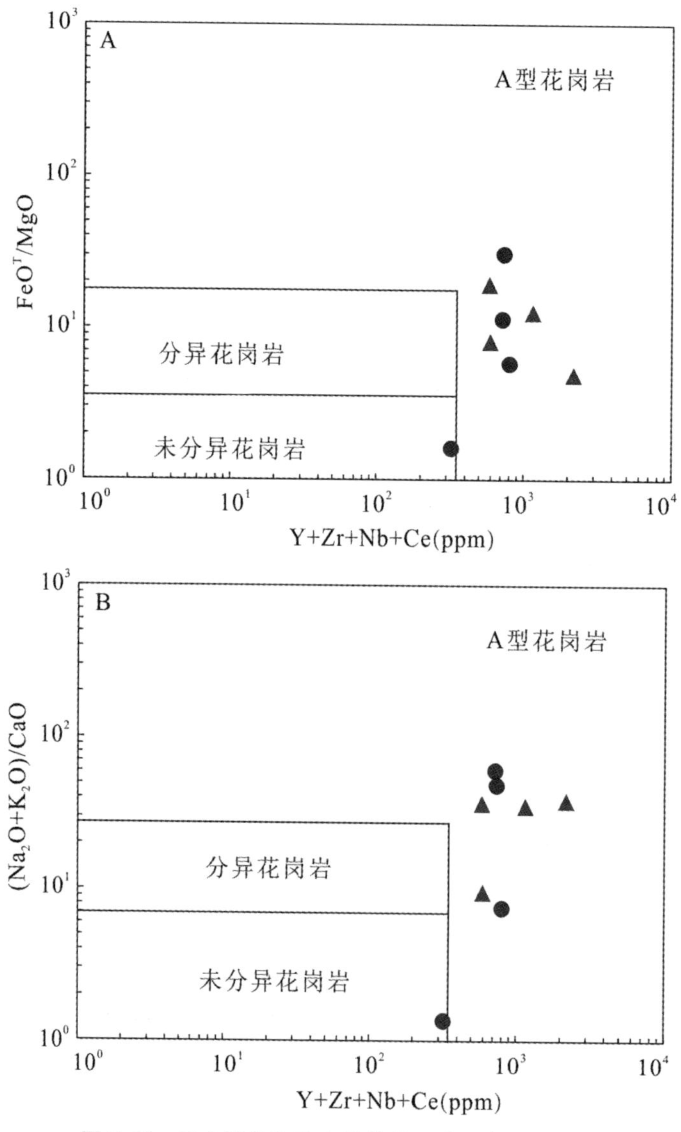

图 7.10 三合岩体和草庙岩体岩石成因类型判别图

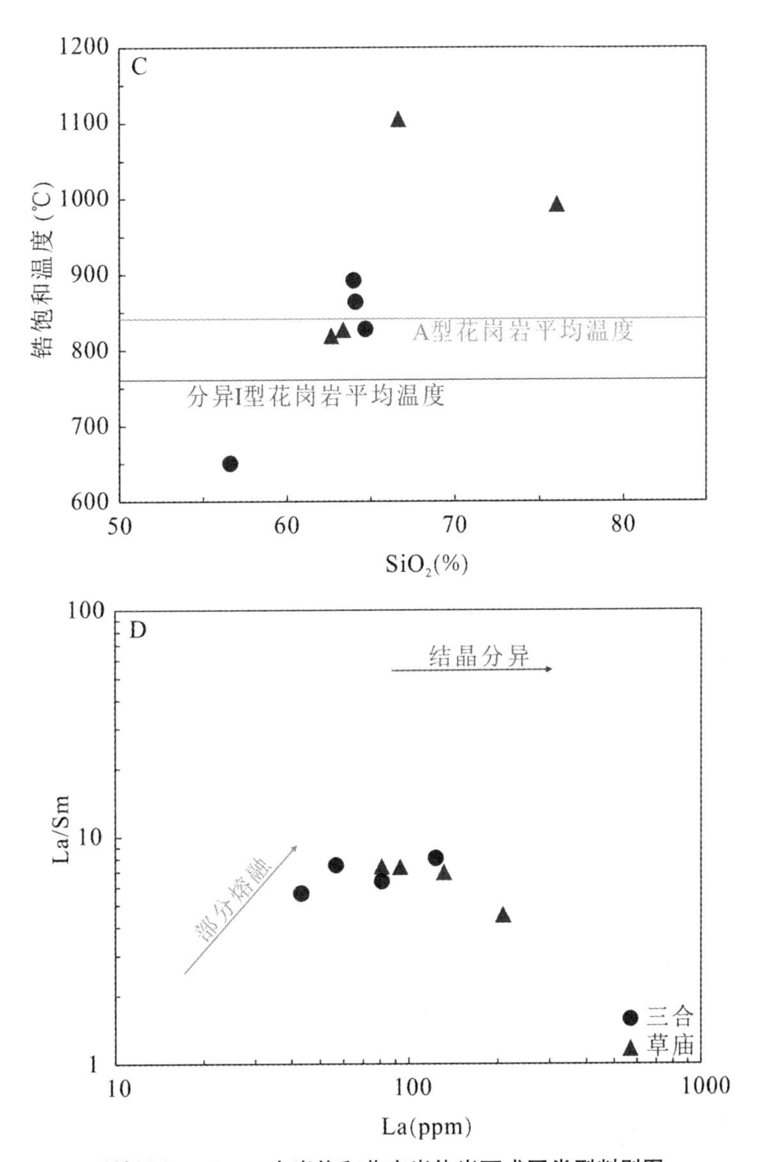

(续)图7.10　三合岩体和草庙岩体岩石成因类型判别图

两个岩体具有明显的Eu的负异常和明显亏损Sr的地球化学特征，指示了它们在岩浆演化过程中存在斜长石的残留或者斜长石作为残留相在部分熔融过程中残留。La/Sm－La图解可以用于区分结晶分异作用和部分熔融作用。在结晶分异作用过程中，熔体中La/Sm比值基本不变。在La/Sm－La图解中表现为一水平直线。而在部分熔融作用过程中，La/Sm比值会有一定的变化，在La/Sm－La图解中表现为一倾斜的直线。三合岩体和草庙岩体在La/Sm－La图解上表现为一水平直线（图7.10D），指示了岩浆主要受控于结晶分异作用。

此外，三合岩体和草庙岩体具有高的Nb和Ce含量，而Y含量较低，表明它们具有A1型花岗岩的特征（图7.11）。

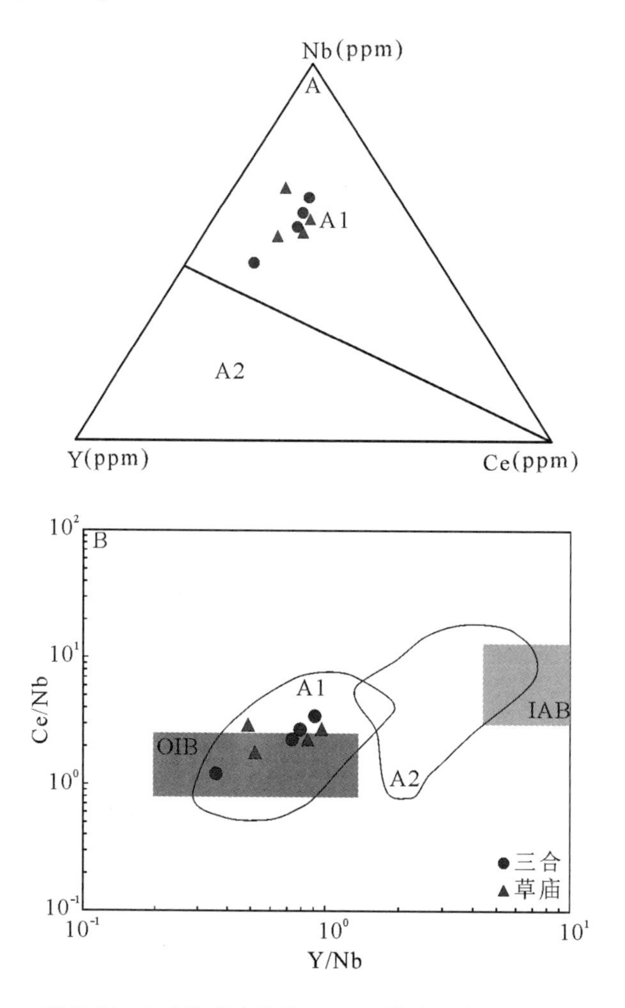

图7.11 三合和草庙岩体A1、A2判别图（据Eby，1992）

7.4　成岩时代与构造环境

前人对栾川—南召—方城—确山一线的正长斑岩的形成时代进行了广泛研究，有学者通过全岩 Rb - Sr 等时线年龄认为三合岩体形成于晋宁期，也有学者通过锆石 U - Pb 同位素年龄认为草庙和云阳岩体属于海西早期。我们认为这些岩体侵位于上元古界栾川群大红口组火山岩中并有相变关系，只是受后期构造作用（贯沟韧性剪切带）导致出现变质变形现象，因此，成岩世代归属于新元古代。

三合岩体、草庙岩体和云阳岩体形成于新元古代且具有 A1 型花岗岩区域（图 7.11），表明它们侵位于非造山环境，如大陆裂谷或板内环境（Collins et al.，1982；Whalen et al.，1987；Sylvester，1989；Bonin，1990；Eby，1992；Turner et al.，1992；Wu et al.，2003；Yang et al.，2006；Huang et al.，2011；Xu et al.，2009）。这些特征暗示它们的形成与罗迪尼亚超大陆裂解有关（Li et al.，2003；Wang et al.，2006；Zheng et al.，2008；Yu et al.，2008）。

三合、草庙和云阳这三个岩体和双山碱性岩、栾川群内辉长岩、秦岭造山带南秦岭地区发育的新元古代裂解事件群以及扬子陆块北缘新元古代裂解作用形成的火山岩、侵入岩具有相同的形成时代和构造属性，指示它们可能受控于相同的构造裂解体系。研究表明罗迪尼亚超大陆拉张裂解作用主要发生在距今 810～710 Ma，可以认为华北南缘三合、草庙和云阳碱性岩是该超大陆的裂解的响应。

第8章　区域岩石学

岩石类型主要有三大类:① 碱性岩类,代表性岩体主要有乌烧沟霓辉正长岩和塔山霞石正长岩;② 碱性花岗岩类,代表性岩体主要有龙王疃钠铁闪石花岗岩、太山庙钾长花岗岩和张士英角闪石英正长岩;③ 石英正长岩类,代表性岩体主要有三合石英正长(斑)岩、草庙英碱正长岩和云阳花岗正长(斑)岩。

8.1　岩　石　学

8.1.1　岩石种属划分

自从 Shand(1922)提出“规定碱性岩以含有似长石或碱性暗色矿物为特征”以来,人们往往沿用这一概念作为经典碱性岩研究范围,但是,随着大地构造研究的兴起,许多人偏重于成岩物质和构造背景方面考虑岩石共生组合问题。人们发现,在世界一些地区,富碱侵入岩往往代表一种特定的拉张构造环境或非造山事件产物。涂光炽(1989)通过中国“富碱岩”的系统研究,把一些地带内包括碱性岩和碱性花岗岩在内的岩石组合称之为富碱侵入岩,赋予整体构造背景下形成之产物的含义。本书即沿用这一概念,讨论在华北地块南部边缘一带集中出露的一套富碱岩石组合的地质和成矿问题(图 8.1)。

在岩石系列方面,Iddings(1892)最早提出碱性岩和亚碱性岩概念以后,岩石学上习惯把岩浆岩分为碱性岩和非碱性岩两大类,但对元素或组分范围划分的定义和标准很多。国际地科联火成岩分类学分会(Streckeisen,1974)建议碱性岩可以存在于 APF 图解区,且只要$(Na_2O+K_2O)/Al_2O_3>1$(分子比),也可以存在于 QAP 图解内。瑟伦森(1987)认为碱性岩适用于若干火成岩组合,实际上拓宽了碱性岩的研究范围。

鉴于上述,我们结合研究区实际地质背景和岩石特点,确定了以下几点作为本区划分富碱侵入岩的标准:① SiO_2 不饱和,出现似长石类矿物的侵入岩(包括浅成岩,下同);② Al_2O_3相对不饱和,出现碱性暗色矿物(碱性辉石、闪石类等)的侵入岩类;③ $K_2O+Na_2O>9.5\%$,且呈特曼指数 $\sigma>4$ 的侵入岩类;④ 落入 SiO_2 - AR 图解碱性和过碱性区,且与碱性岩有成因联系的其他侵入岩类。

在岩石分类命名方面,岩石大类的划分参照邱家骧(1985)提出的常见碱性岩分类(表

8.1)。因本章仅涉及侵入岩，在此只考虑深成岩和浅成岩类。另外，研究区除了双山岩体内出露有少量碳酸伟晶岩脉之外，极少见基性和超基性的碱性岩，绝大部分属于中性和酸性的富碱侵入范围。

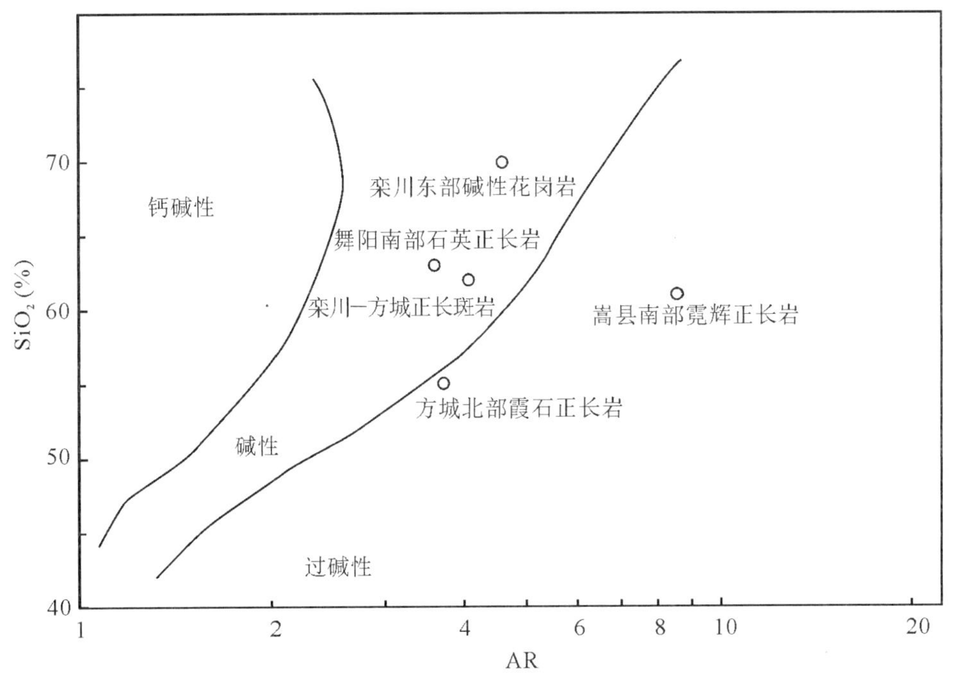

图8.1 不同类型岩石化学平均值 SiO_2 - AR 图解

表8.1 常见碱性岩分类表

	碱性岩		
	深成岩	浅成岩	喷出岩
超基性	霓霞岩 碳酸岩	霓霞玢岩 碳酸伟晶岩、细晶岩	霓石岩 碳酸熔岩
基性	碱性辉长岩	碱性辉绿岩	碱性玄武岩
中性	碱性正长岩 霞石正长岩	碱性正长斑岩 霞石正长斑岩	碱性粗面岩 响岩
酸性	碱性花岗岩	碱性花岗斑岩	碱性流纹岩

岩石进一步分类命名采用以下方法：① 结合 QAPF 双三角图解和岩矿鉴定资料确定岩石基本名称(岩石族基本种属，图8.2)；② 按含似长石或碱性暗色矿物的种属，将基本名称细分为种属、亚种，即以一种似长石或碱性暗色矿物名称冠以基本名称之前。如基本名称为正长岩，含霞石者称之为霞石正长岩，含霓石者称霓石正长岩，含绿闪石者称绿闪正长岩。次要矿物＞3%时，加于主矿物之前，如霞石正长岩中含有＞3%的绿闪石，则称之为绿闪霞石正长岩；③ 属于划分标准以内的岩石，若不含似长石或碱性暗色矿物，且从名称上反映不

出它是富碱侵入岩时，在基本名称之前冠以“富碱”二字，如富碱石英正长斑岩、富碱碱长花岗岩等；④ 对于一些不含斜长石的高碱富钾侵入岩类，采用 Orlova 和 Zhidkov(1990)提出的四面体展开图(图 8.2)分类；⑤ 其他情况下岩石命名按参加矿物前少后多、前非碱性矿物后碱性矿物的顺序原则置于基本名称之前，一般前置矿物以不超过三个为宜。

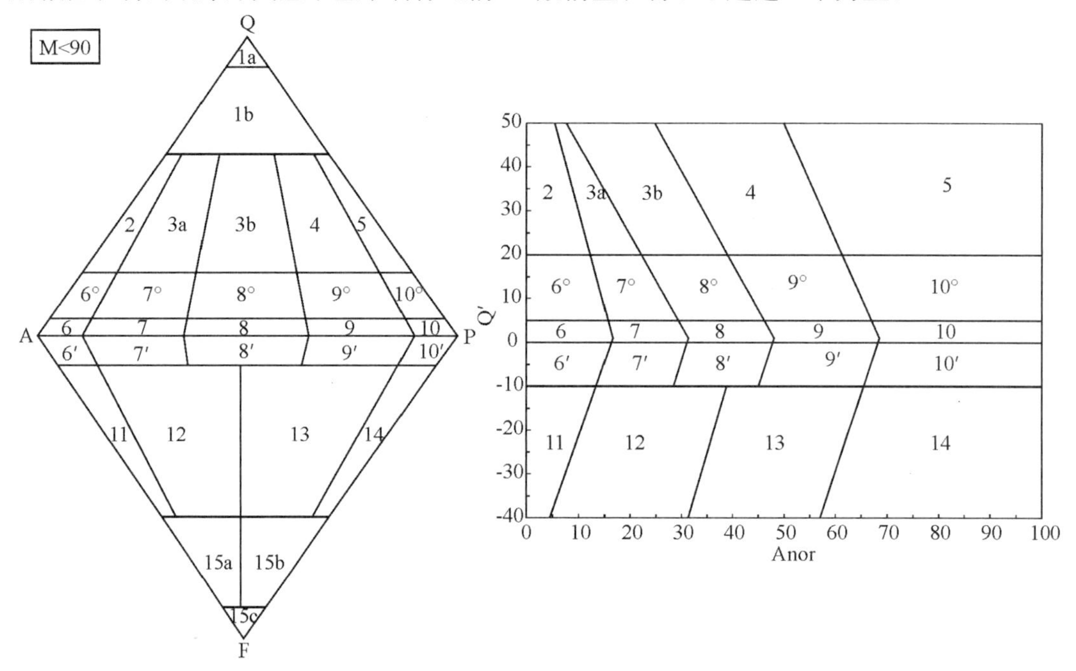

图 8.2 侵入岩基本名称图解

1a. 石英岩；1b. 富石英花岗岩；2. 碱长花岗岩；3a. 钾长花岗岩；3b. 二长花岗岩；4. 花岗闪长岩；5. 英云闪长岩；6°. 石英长正长岩；7°. 石英正长岩；8°. 石英二长岩；9°. 石英二长闪长岩/石英二长辉长岩；10°. 石英闪长岩/石英辉长岩/石英斜长岩；6. 碱长正长岩；7. 正长岩；8. 二长岩；9. 二长闪长岩/二长辉长岩；10. 闪长岩/辉长岩/斜长岩；6′. 似长碱长正长岩；7′. 似长正长岩；8′. 含似长二长岩；9′. 似长二长闪长岩/含似长二长辉长岩；10′. 含似长闪长岩/含似长辉长岩/含似长斜长岩；11. 似长正长岩；12. 似长二长正长岩；13. 似长二长闪长岩/似长二长辉长岩/碱性辉长岩；14. 似长闪长岩/似长辉长岩(霞斜岩)；15. 似长岩

$Q' = Q/(Q+Or+Ab+An)$；$F' = (Ne+Lc+Kp)/(Ne+Lc+Kp+Or+Ab+An)$；$Anor = 100\times An(An+Or)$；

Q:石英；A:碱性长石；P:斜长石；F:似长石；M:暗色矿物。

8.1.2 主要种属鉴定特征

1. 正长岩类

1) 角闪霞石正长岩

岩石灰白色、暗灰色，中粒结构，块状构造，似片麻状构造。

矿物组成主要有碱性长石(60%)和霞石(25%)，其次为钠铁闪石和绿闪石(10%)，少量黑云母，副矿物榍石含量较高(2%)，其次为磁铁矿和石榴石。岩石含萤石和绿帘石。微斜长石和钠长石不均匀聚集分布。霞石呈它形粒状分布于微斜长石之间，局部相对聚集分布。钠铁闪石和绿闪石呈半自形柱粒状。黑云母呈片状定向排列断续分布于长石、霞石之中。粒状榍石、绿帘石、石榴石、磁铁矿主要与暗色矿物一起定向排布，萤石呈粒状或细脉状疏散分布于长石、霞石之间或围绕霞石分布(造岩矿物和暗色矿物的研究见图 8.3，下同)。

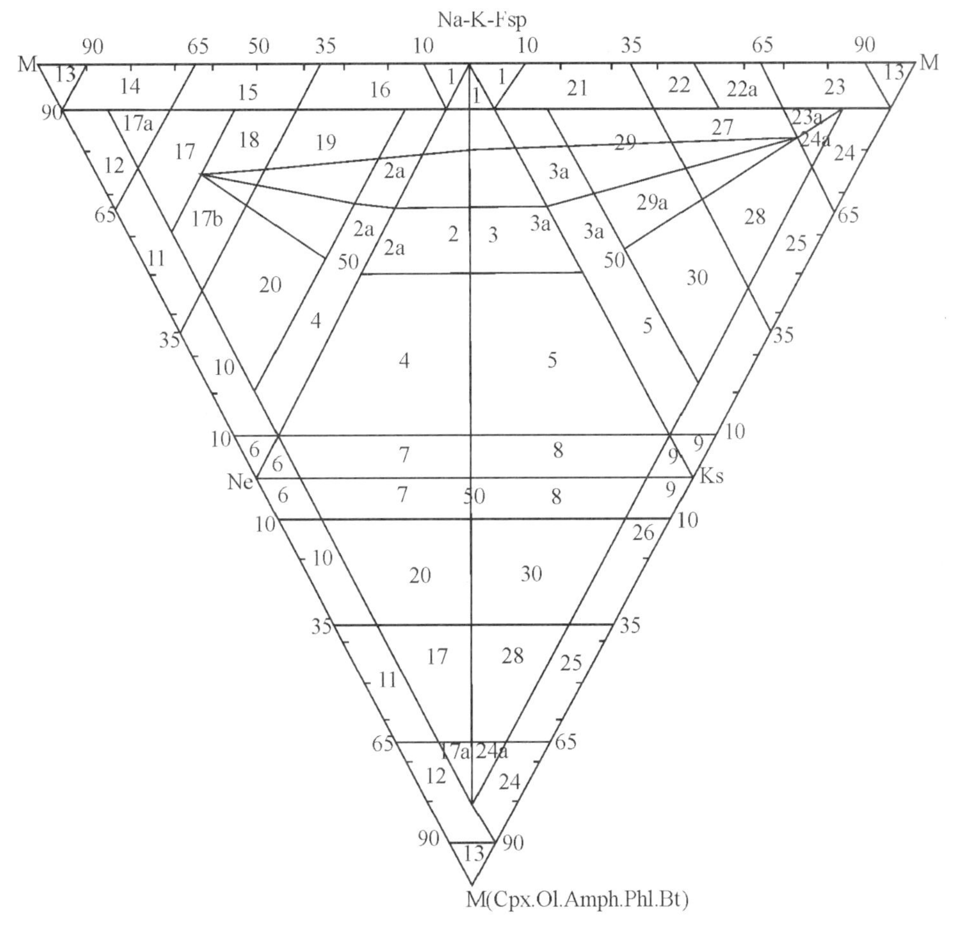

图 8.3 火成碱性岩(不含斜长石)的碱性长石-霞石-锌霞石-镁铁矿物四面体分类和命名图解

岩石名称：1. 碱性正长岩；2. 霞石淡色正长岩(a 霞石假白榴石岩)；3. 钾霞石淡色正长岩(a 钾霞石，假白榴石岩，钾霞正长岩)；4. 含钾霞石正霞正长岩-磷霞岩；5. 钾霞石正霞正长岩-磷霞岩；6. 霞石岩(淡粗霞岩)；7. 含长石碱性霞石岩；8. 含长石霞石钾霞石岩；9. 假霞石岩；10. 磷霞岩；11. 霓霞岩；12. 暗霓霞岩；13. 碱性单斜辉石岩(钛铁霞辉岩)；14、15. 含霞碱性辉长岩类(暗色、中色暗霞正长岩)；16. 含霞石斑霞正长岩；17. 暗霞正长岩(a. 暗色，b. 淡色)；18. 异霞正长岩；19. 霞石正长岩(流霞正长岩、粒霞正长岩，粗霞正长岩)；20. 正霞正长岩；21. 含钾霞石斑霞正长岩；22. 碱性含钾霞石辉长岩(a. 霓闪钠长正长岩)；23. 等色岩(富辉正长岩)；24. 钾霞石辉石岩(a. 白榴橄辉岩，密苏里岩)；25. 暗色钾霞石辉石岩；26. 淡色钾霞石辉石岩；27. 橄榄白榴岩(a－假白榴石岩)；28. 钾霞石橄榄白榴岩；29. 钾霞石正长岩(钾霞石粗霞正长岩)；30. 中色钾霞石霞石岩。

2）钾霞石正长岩

岩石灰白色、紫灰色，粗粒结构，块状构造、条带状构造。

矿物组成主要有钾长石（70%）和钾霞石（15%～20%），其次为钠-更长石（10%），副矿物有磁铁矿、磷灰石、榍石，蚀变矿物有黏土矿物、褐铁矿、绿泥石等。钾长石呈半自形-它形柱状体，部分为粒状体，粒度多为 2～5 mm，以正长石为主，微斜长石次之，多数已显示黏土化，切面透明度差，常呈浑浊状。部分微斜长石相对较清洁，受应力作用发生脆性破碎，但移位不明显。斜长石呈半自形柱状体，粒度相对小于正长石，一般 2～3 mm，微绢云母化及黏土化，双晶不明显，Np 近似树胶，系低成的更长石，受应力影响，局部与钾长石一起破碎。霞石多为粒状，部分为不规则粒状，前者粒度较小，一般 0.1～0.5 mm，常沿岩石破碎处，集中分布于裂隙中，局部有交代钾长石现象，正交镜下呈淡蓝干涉色，具环带状构造，突起低于树胶-轴晶(-)光性，系钾霞石。后者呈不规则状与钾长石相间分布，粒度 0.8～2.5 mm，无光性异常。角闪石呈不规则柱状，被褐铁矿代替，部分仅保留柱状体假象及角闪石式解理，沿解理处有少量的无色绿泥石，部分闪石似绿闪石。副矿物磁铁矿部分已褐铁矿化。磷灰石以粒状为主，个别为柱状，粒度 0.1 mm 以下。榍石为半自形-自形粒状体，局部已白钛矿化。锆石呈粒状，粒度 0.1 mm 以下。

3）霓辉正长岩

岩石灰白色，灰紫色，它形-半自形中粒到细粒不等粒结构，其中，霓辉石为中粒半自形、碱性长石为细粒半自形到自形结构，块状构造。

矿物组成主要有碱性长石（70%）和霓辉石（20%），其次为少量绿帘石、白云母（5%）和石英（3%）。碱性长石绝大多数为微斜长石，均发育良好的格状双晶，大小变化甚大，最小者存在于大晶体间隙中。少量较大的碱性长石未见双晶，且光性较均匀，可能属正长石。在大的晶体中出现小晶体长石，表明碱性长石结晶至少有两个世代。霓辉石长柱状，粒度较均一，深绿到褐绿多色性，可见近正交解理，干涉色Ⅱ级，$c \wedge Ng = 70^{\circ}$。部分霓辉石褐铁矿化（边缘发黑）。在碱性长石与霓辉石晶体间隙内，见有极细的石英与微斜长石集合体，其中，石英占多数，可能为晚期残余熔体结晶而成，反映晚期残浆可能富硅。镜下还可见岩石中分布绿帘石＋白云母、榍石＋白云母集合体，外形还保留有一个矿物的形态，可能为某种暗色矿物反应与分解的产物。这种含石英的碱性岩与钾霞石存在于同一岩体中。

4）碱性绿闪正长岩

岩石青灰色、灰白色，交代残余结构，块状构造，条纹状构造。

矿物组成主要有微斜长石（45%），钠长石（29%）和正长石（18%），其次有绿闪石（5%）和黑云母（1.5%）。蚀变矿物绿帘石（0.6%）。副矿物有榍石（1%）和石榴石（0.3%），岩石有萤石矿物（0.2%）出现。

岩石中暗色矿物绿钠闪石、黑云母、榍石、绿帘石、石榴石等集中分布，共生关系密切。暗色矿物集合体定向排列呈条纹状分布（在手标本上显示片麻状构造）。浅色矿物钠长石分两期，早期纳长石它形粒状，见机械双晶，多受微斜长石交代呈斑块状。不规则状残布于微斜长石晶体中。晚期钠长石它形糖粒状、柱粒状，粒径 $d=0.1\sim0.2$ mm，部分交代微斜长石分布于其晶体中。正长石呈它形粒状、柱状体，$d=0.15\sim1.70$ mm，多聚集在一起大致定向分布，晶体中包裹有显微绿帘石、黑云母等暗色矿物，并见有微斜长石交代分布。微斜长石它形粒状，$d=0.13\sim1.33$ mm，部分 $d=2.2\sim5.2$ mm，在后者晶体中分布着岛状、不规则状早期钠长石。部分斜长石交代绿钠闪石、黑云母，交代轻者呈斑状分布，交代强者在绿钠闪石、黑云母晶体中呈文象状分布，部分绿钠闪石、黑云母、绿帘石呈岛屿状、粒状、不规则状分布于微斜长石晶体中。绿钠闪石它形粒状、不规则状，多与黑云母、榍石、绿帘石、石榴石等相连生，其集合体呈大致定向条纹状分布，使岩石具条纹状构造。榍石呈它形粒状-半自形菱面体状、长条状，$d=0.35\sim1.2$ mm，个别长达 1.5 mm。黑云母鳞片状大致定向排布。石榴石呈它形-半自形柱状，$d=0.05\sim0.3$ mm。萤石呈它形粒状零星分布。绿帘石呈它形粒状，大致定向排布。

5）正长岩

岩石灰白色、淡紫色，半自形粒状结构，块状构造（略具定向构造）。

矿物组成主要有钾长石（95%以上），少量重晶石（1%）和褐铁矿（2%～3%）。副矿物有磷灰石、褐帘石、锆石。钾长石有两种：一种是正长石，颗粒粗大，粒径 $d=2\sim4$ mm；另一种是微斜长石，大都具格子双晶，$d=0.05\sim0.15$ mm，此种钾长石形成较晚，大多分布在大颗粒正长石边缘或呈集合体组成细脉。此外，大颗粒钾长石往往出现一些裂隙，沿裂隙亦充填晚期钾长石晶体。岩石中氧化铁的集合体中间有些重晶石的颗粒，显示柱状外形，晶形假象类似于霓辉石和角闪石，有可能是交代这些暗色矿物之产物。

6）方沸石化正长岩

岩石灰白色，半自形粒状结构，块状构造。

矿物组成主要有钾长石（85%～90%）和方沸石（10%～15%），极少量氧化铁。副矿物有磷灰石和锆石。钾长石大部分为微斜长石，其次为正长石及条纹长石，大小不一，大颗粒可达 2.5 mm×5 mm，一般 0.8 mm×1.2 mm～1 mm×1.5 mm，呈半自形板柱状，一部分自形程度较差，大多数正长石被包围于微斜长石之中，形成稍早。岩石中有部分呈自形柱状的矿物假象，内部全为方沸石，亦有脉状方沸石出现，推断这些自形柱状假象可能是碱性暗色矿物蚀变的结果。

7）含石英绢云母正长岩

岩石暗灰色，变余不等粒花岗结构，块状构造。

矿物组成主要有微斜条纹长石（70%）和微斜长石（8%）组成，其次为呈斜长石假象的绢云母组成（20%），尚见极少部分斜长石、石英和白云母。微斜条纹长石主晶为微斜长石，晶体中有土状粒土分布，其切面镜下较模糊，部分晶体可见或隐见格子双晶，$d=1.2\sim8$ mm，客晶为钠长石，呈条纹状、斑块状分布于微斜长石晶体之中，钠长石条纹一般厚度<0.1 mm，属显微条纹。条纹状钠长石全部为绢云母取代存其假象。部分微斜长石中无钠长石条纹分布。

斜长石呈半自形板柱状，少数晶体较自形，$d=0.5\sim6.5$ mm，全为绢云母取代存其假象。白云母呈显微鳞片状，$d=0.1\sim0.32$ mm，除与绢云母一起交代斜长石外，部分呈集合体分布于长石晶隙中，并有脉状集合体分布，多属次生产物。石英呈条纹状似文象状分布于微斜长石晶体之中或单独呈它形颗粒出现，含量 3%左右，参与岩石命名。

8）绿泥二云正长岩

岩石灰绿色、灰白色，变余不等粒半自形粒状结构，块状构造。

矿物组成主要有微斜长石及微斜条纹长石(70%)和绢云母、白云母(25%)组成，其次有绿泥石(4%)，偶见石英和褐铁矿。微斜长石粒径大小不一，大部分为0.64～1.5 mm和8～17 mm两个粒级。少数粒径为0.16～0.35 mm，局部分布于粒径大的微斜长石晶隙之中，部分大粒径微斜长石晶体见有斑块状、滴状及交代状钠长石条纹分布，这些钠长石全为绢云母取代，属变余微斜条纹长石。斜长石呈半自形板状、板柱状，全由绢云母取代存其假象，$d=1～10$ mm，分布于微斜长石及微斜条纹长石间隙，也有嵌布于微斜长石晶体中者。白云母显微叶层状，$d=0.06～0.5$ mm，除同绢云母-交代斜长石一起分布外，部分呈集合体分布于微斜长石晶隙中以及呈不规则状脉状集合体分布。偶见石英，它形粒状，$d=0.12～0.6$ mm。此种岩石存在于上述似长石岩侵入体的周围，二者有密切空间关系。

9）白云母石英碱长正长岩

岩石灰白色，不等粒半自形粒状结构，块状构造。

矿物组成主要有微斜长石(79%)和自云母(10%)，其次为石英(6%)，偶见钠长石。其他矿物有磁铁矿(3%)和碳酸盐(2%)。微斜长石呈它形柱状和它形粒状，部分晶体见格子双晶，少数见卡氏双晶，呈柱状者其切面大小为0.12 mm×1 mm～1 mm×6.4 mm，呈粒状者 $d=0.3～2$ mm。白云母呈半自形-它形叶片状，$d=0.06～0.86$ mm，多呈集合体分布于微斜长石晶体之中。石英呈它形粒状，$d=0.06～0.9$ mm，零散分布于岩石中，有交代微斜长石现象。方解石呈它形粒状，$d=0.06～2.1$ mm，少数呈脉状，有交代微斜长石现象，部分晶体与白云母分布在一起，二者相杂分布。磁铁矿呈自形-半自形粒状，少数呈它形粒状，$d=0.03～0.3$ mm，分布不均匀，多与碳酸盐、自云母及微斜长石相连生，部分地段有似文象状分布者。

10）混染岩化碱长正长岩

岩石灰白色、灰青色，交代结构、似角岩结构，块状构造。

矿物组成主要有微斜长石(67%)、钠长石(17.5%)，其次有黑云母(6%)和自云母(5%)，少量绿帘石(0. 5%)和方解石(0.5%)。副矿物主要有榍石(2.2%)和磷灰石(1.3%)。

钠长石分两期：早期钠长石(7.5%)呈它形柱状，多受微斜长石交代呈棋盘状、岛屿状、斑状及不规则条纹状残体分布于微斜长石晶体中；晚期钠长石(10%)呈它形糖粒状，$d=0.07～0.6$ mm，均匀分布，部分交代微斜长石。微斜长石呈它形粒状，按粒径大小可分为两群：① $d=1.5～4$ mm；② $d=0.15～1.2$ mm。粒径大的微斜长石晶体残布较多早期钠长石、黑云母、白云母、绿帘石等，粒径小的微斜长石均呈等轴或近等轴粒状分布，与等轴－近等轴粒状晚期钠长石组成似角岩结构，晶体中亦包裹有少量黑云母、白云母、绿帘石等矿物。黑云母呈鳞片状，部分脱Fe后形成白云母，多聚集在一起分布，部分晶体有被微斜长石、晚期钠长石交代现象。白云母鳞片状，部分为黑云母脱Fe形成，部分为后期热液生成，零散分布以及交代微斜长石、晚期钠长石。榍石呈它形粒状-半自形尖菱状，$d=0.25～1.5$ mm，零散分布或与黑云母等暗色矿物相连生。方解石它形粒状，交代微斜长石、晚期钠长石分布。

2. 富碱花岗岩类

1）霓辉花岗岩

岩石灰白色、粗粒等粒结构，块状构造。矿物组成主要有微斜条纹长石(60%左右)、石英(30%)、钠长石(5%)、霓辉石(3%～8%)。副矿物主要有褐帘石、锆石、磷灰石、钍石及石榴石。微斜条纹长石主晶为微斜长石,晶体中有土状黏土分布,其切面镜下模糊,隐约见格子双晶。客晶为钠长石,呈条纹状及部分斑块状分布于微斜长石晶体之中,钠长石条纹厚度一般小于0.1 mm,属显微条纹,有少部分钠长石厚度大于0.1 mm。条纹状钠长石一般为绢云母取代。霓辉石呈短柱状晶形,一般被钠铁闪石取代。

2) 钠铁闪石花岗岩

岩石灰白色,中粗粒等粒结构,块状构造。

矿物主要由微斜条纹长石(55%左右)、石英(33%左右)、钠长石(5%)、钠铁闪石(5%～10%)。副矿物主要有褐帘石、锆石、磷灰石、钍石、磁铁矿及石榴石。微斜条纹长石主晶为微斜长石,客晶为钠长石。部分钠长石呈斑块或滴状、交代状条纹分布,显示变余微斜条纹长石的特点。钠铁闪石呈它形粒状、不规则状,多与其他暗色矿物以及榍石、石榴石等副矿物连生。

3) 富碱中粗粒钾长花岗岩

岩石肉红色、花岗结构,块状构造。

矿物组成主要有钾长石(60%)、石英(23%),其次为斜长石(15%),少量白云母、绢云母和黏土矿物。副矿物有磷灰石、榍石、褐铁矿、锆石。次生矿物有白钛石等。斜长石呈半自形-它形柱状,其粒度一般为2～3 mm,部分为1～2 mm,微绢云母化,具钠长双晶,可见长钠双晶,其成分有一定变化,个别柱状体具环带状构造,最高成分Np′大于树胶,在⊥(010)切面上用晶带消光角法测得Np′(010)=7°,其成分为An 24～25号更长石,即更长环斑结构。钾长石呈柱状及它形柱状,以正长石为主,条纹长石次之,普遍具有不同程度的黏土化,粒度一般2～4 mm,相对大于斜长石,柱体中常有形态不规则的斜长石包体,部分包体因钾长石的交代形成残留体。石英呈它形体分布不均匀,其粒度大小及其形态受上述矿物粒间空隙限制,具波状消光。白云母呈片状及不规则板状,部分为黑云母析铁退色后变来。

副矿物以磁铁矿及磷灰石为主,其次为榍石和锆石。磁铁矿呈柱状,粒度大小不等,d=0.1～0.3 mm,部分已氧化为褐铁矿。磷灰石自形柱状,柱体长轴多为0.2～0.4 mm,长短轴比率为2∶1～3∶1,少数磷灰石呈粒状,粒度0.1～0.15 mm。锆石粒度0.1 mm左右。

4) 富碱碱长花岗岩

岩石肉红色,细-中粒花岗结构,块状构造。

矿物组成主要有微斜条纹长石(65%)和石英(25%),其次为更长石(8%),少量黑云母和普通角闪石。副矿物有磁铁矿和锆英石。条纹长石主晶为它形粒状钾长石,其切面中见有尖状铁质黏土密布,d=0.8～4.2 mm,客晶为条纹状、火焰状、斑块状钠长石。斑块状钠长石与火焰状、条纹状钠长石相连具同一消光位,条纹厚度一般0.005～0.1 mm,少数大于0.1 mm,客晶突起大于主晶突起,属正显微条纹长石(正微纹长石)。客晶含量约占整个条纹长石量1/4～1/5,部分钾长石有交代更长石现象。更长石半自形板状、板柱状,个别晶体呈较自形长柱状,部分晶体具弱绢云母化,Np′及Ng′均大于树胶,与石英比较Ng′<No,Np′<Ne,晶体切面大小0.2 mm×0.4 mm～1.2 mm×3.9 mm,个别晶体切面大小呈0.19 mm×2.35 mm的长柱状,有被钾长石交代现象,并有穿插正长石及包嵌于钾长石晶体中者,

偶见与钾长石连生的斜长石蠕状石化，在岩石中不均匀分布。石英多呈它形粒状，$d=0.5\sim1.9$ mm，极少数呈蠕状，有交代正长石及斜长石现象。黑云母它形叶片状，$d=0.4\sim0.6$ mm，部分晶体边缘见有白云母及蠕状石英交代。白云母它形叶片状，$d=0.5\sim0.9$ mm，部分晶体沿解理有铁质析出，多与黑云母相连生。次生黑云母及部分绢云母多呈微脉状穿切长石。普通角闪石它形粒状，晶体 0.05 mm×2.6 mm。磁铁矿自形粒状，$d=0.12\sim0.46$ mm，多呈集合体分布，有与黑云母相连生现象。锆英石偶见，自形粒状，晶体切面 0.06 mm×0.13 mm，边缘见有褐铁矿分布，包裹于石英晶体中。

5）富碱二长质混染岩(花岗岩)

岩石暗灰、灰白色，半自形粒状结构、交代结构，块状构造。

矿物组成主要有更长石(30%)、条纹长石(38%)和阳起石(20%)，其次有正长石，少量黑云母(3%)、石英(3%)。副矿物有榍石、磷灰石和磁铁矿。更长石呈柱状，晶粒大小 0.1 mm×0.25 mm～0.5 mm×1.75 mm。反条纹长石板柱状，少部分呈它形粒状，晶粒 0.3 mm×0.65 mm～1.5 mm×2.5 mm，与更长石混染分布。正长石呈它形粒状，分布于更长石之间或周围，交代更长石。在正长石与更长石接触处常有显微蠕虫状石英分布，呈蠕虫结构，正长石呈指纹状插入更长石中形似文象结构，正长石强烈交代更长石呈条纹状、微纹状、指纹状分布，形成交代成因的条纹长石。阳起石呈半自形柱状，晶粒 0.05 mm×0.1 mm～0.25 mm×1.1 mm，疏散分布于长石之间。片状黑云母和它形粒状石英疏散分布于长石、阳起石之间。粒状榍石、磷灰石、磁铁矿疏散分布于岩石中。

6）富碱更长环斑花岗岩

岩石灰白色、肉红色，中细粒花岗结构，似斑状结构、更长环斑结构，块状构造。

矿物组成主要有条纹长石(47%)、更长石(20%)、石英(20%)，其次有阳起石(6%)和黑云母(3%)。副矿物以榍石为主，其次为磷灰石和锆石，磁铁矿(1%)。次生矿物为绿泥石。条纹长石呈半自形板状和它形粒状，晶粒为 0.15 mm×0.55 mm～3.75 mm×5 mm。石英呈它形粒状，晶粒为 0.1 mm×2.75 mm。阳起石半自形柱状，晶粒为 0.05 mm×0.15 mm～0.45 mm×0.75 mm。石英、阳起石、黑云母疏散分布于长石之间。柱粒状榍石、磷灰石、锆石、磁铁矿疏散分布，局部见绿泥石。

岩石由中粒和中细粒两类矿物颗粒组成，构成似斑状结构，并且部分条纹长石斑晶呈卵圆形，外周镶嵌一圈白色更长石，构成更长环斑结构。

7）富碱似斑状正长花岗岩

岩石肉红色，似斑状花岗结构，块状构造。

矿物组成主要有条纹长石(50%)、石英(30%)，其次为更长石(18%)，有少量黑云母(1%)，轻微绢云母化。副矿物以独居石为主，其次有磷灰石、锆石、萤石。蚀变矿物有少量绿泥石。条纹长石多呈粗大似斑晶，呈半自形-它形板状，粒径 $d=12\sim7$ mm，部分 $d<7$ mm，晶粒中条纹或微纹长石均为斜长石，同时包有较早生成呈半自形板柱状斜长石和少量鳞片状黑云母。石英呈它形，粒径 $d=5.5\sim0.5$ mm，具波状消光，局部含有斜长石晶粒。斜长石为更长石呈半自形板柱状，粒径 $d=2.5\sim0.15$ mm，切面洁净，局部有绢云母化或泥化，少数晶粒中包有黑云母和磁铁矿，分布于条纹长石晶粒中的斜长石往往具等宽的亮边(净

边)。黑云母呈叶片状、鳞片状与斜长石和石英嵌布于条纹长石似斑晶之间。磁铁矿、萤石、锆石等副矿物呈星散或局部聚集分布于石英、斜长石颗粒间。

3. 正长斑岩类

1) 石英正长斑岩(张 B-2)

岩石肉红色,斑状结构,基质结构具半自形粒柱,块状构造。

岩石组成分两部分:斑晶为石英(7%)和正长石(8%),二者含量和颗粒大小相近,粒径 $d=1.8\sim3.5$ mm,石英切面明净,多为半自形粒状,少数具波状消光,且出现一些裂隙,一轴晶(+)光性。钾长石切面大都不同程度泥化且含有部分斜长石板状晶体。基质多半为自形板状钾长石(正长岩,55%),与半自形粒状石英(20%~15%)组成,粒度相对比较均匀,钾长石 d 大小多在 0.2~0.3 mm,石英 d 多在 0.12~0.2 mm,正长石切面上亦有泥化现象,两者相互镶嵌,正长石与石英之间有少量白云母、黑云母分布,正长石颗粒之间亦有钠长石双晶与肖钠双晶的钠长石(10%)分布。在局部地方钾长石与石英接触处形成蠕英石。

2) 变正长斑岩(鹿 B-3)

岩石灰白色,斑状结构,基质具微嵌晶结构,块状构造。

斑晶为正长石(5%~10%),基质为钾长石(70%)、石英 20%,少量白云母和铁氧化物。斑晶正长石被基质熔融。基质石英与正长石构成显微嵌晶结构,石英呈粒状嵌于正长石中,此外,岩石中尚有部分石英呈聚体,组成团块式透镜状,显示后生硅化产物。

3) 变余黑云石英正长斑岩(杨 B-1-1)

岩石灰白色,变余斑状结构,镜下矿物强烈定向,显示出片状构造、鳞片状变晶结构。

变余斑晶(10%)为条纹长石,变基质(90%)为碱性长石,其次为黑云母和石英、方解石组成。斑晶条纹长石半自形,粒径 $d=2\sim5$ mm,具条纹结构,客晶为钠长石,形态不规则,可能为交代形成。主晶正长石常见高岭土化等蚀变。基质碱性长石(60%)长条状,由于变质矿物边界不清晰,负低突起,少量可见格状双晶。强烈定向,但局部可见残留体。基质黑云母(15%)褐黄-黄多色性,有两种:一种为粒度较粗的黑云母,定向不甚明显,为变余黑云母;另一种鳞片较小,定向明显,显然是变质形成。基质斜长石(2%)具聚片双晶。基质石英(6%)粒度较细,边界不清楚,可能为变质形成,少数石英粒度较大,表面干净,显示岩浆结晶产物。磁铁矿(1.5%)具多边形晶,不甚透明。磷灰石(<0.5%)无色,中正突起,I 级灰干涉色。方解石(5%)闪突起,高级白干涉色,分布不均匀,为蚀变产物。

4) 变石英正长斑岩(银 R-4)

岩石灰白色,斑状结构,块状构造,斑晶为钾长石,基质为微晶质的长英矿物,最大斑晶粒度达 5 mm。

变余斑晶含量 35%,全为钾长石,基质矿物占 65%,主要有钾长(25%)、斜长石 20%,其次为石英(10%)和绢云母(5%),少量黑云母(2%)和磁铁矿(<2%),副矿物有褐铁矿、磷灰石和锆石。

斑晶钾长石呈半自形-它形柱状,少数为自形柱体,以正长石为主,少量微斜长石及条纹长石,柱体长轴为 2~3 mm,少数达 5 mm,边界不平整,颗粒中常有不均匀的绢云母化及黏土化，部分斑晶有向外增大的特征。

基质矿物以钾长石为主，粒径 $d=0.05\sim0.3$ mm，多为粒状，部分柱状及变余板条状，粒体相对较大者在高倍镜下显格子双晶，局部板条状钾长石定向组成粗面结构。斜长石多为粒状，部分为不规则柱状，常绢云母化，粒径 $d<0.2$ mm。石英呈粒状，分布不均匀，局部为集合体具波状消光，粒径 $d<0.2$ mm。绢云母及黑云母均为鳞片状，部分绢云母呈柱状体，假象为斜长石变成。磁铁矿呈粒状，局部为集合体，部分氧化为褐铁矿。方解石为微晶质集合体。

5）富碱石英斑岩

岩石灰白色，聚斑结构，基质具显微花岗结构，局部具球粒结构和显微文象结构，块状构造。

斑晶主要有石英（5%）、正长石（5%），其次有少量更长石和绢云母。基质矿物主要有正长石（40%）和石英（30%），其次为更长石（14%）和少量绢云母、白云母。

斑晶矿物石英、正长石及条纹长石呈它形粒状，斜长石呈板柱状，它们相互靠近连接在一起呈聚斑状疏散分布于基质中。条纹长石和正长石泥化透明度差，更长石绢云母化，部分全为绢云母取代残基假象。

基质矿物正长石和石英呈它形粒状，更长石柱粒状，粒径相近，$d=0.01\sim0.15$ mm，混杂分布，局部有正长石与石英呈显微文象状交生和放射状球粒。绢云母呈鳞片状疏散分布于长石、石英之中，正长石泥化、更长石普遍绢云母化。

8.2 岩石化学

岩石化学通常以岩石全分析为基础，研究岩石的化学成分、分类命名、形成演化及含矿性问题。本书新近采取岩石全分析样品 27 件，收集前人工作的 76 件，为了对比，同时引用国内外一些典型碱性岩和碱性花岗岩全岩分析数据，一并列入表 8.2。

从野外地质和岩石学角度，可以把华北地块南缘富碱侵入岩划分四类：即含碱性暗色矿物（霓辉石、钠铁闪石等）的正长岩类；含有似长石（霞石、钾霞石等）的正长岩类；含有碱性暗色矿物的碱性花岗岩类；不含似长石或碱性暗色矿物但碱性长石含量占长石量绝大多数且 $ALK>9.5$ 的石英正长岩类。对于前三类岩石，归属富碱侵入岩（涂光炽，1989）争议不大，对于第四类岩石，诸多文献都有不同程度涉及，且观点不一，我们考虑到岩石全碱度一般在 10～15，里特曼指数 σ 值一般为 4～13，属于碱性、过碱性系列，造岩矿物长石几乎全部是碱性长石，具有明显的富碱特征，因此可以作为一种特殊的富碱侵入岩类型，结合其地质背景，与其他类型岩石一起并入富碱侵入岩带。

为了验证四大岩类的化学分类和元素组合特点，进行了聚类分析、算术平均值统计，讨论岩石化学主元素共生组合及演化的对应分析等，并且在多元统计基础上，分别分析了各类岩石的主元素组成、碱性程度、钾和钠的类型、化学成分的时空变化规律。岩石化学研究的其他方面的内容将放入第 9 章讨论。

8.2.1 聚类分析

对表 8.2 中 103 件样品 11 个变量进行聚类分析表明（图 8.4、图 8.5）：本区富碱侵入体

表 8.2 华北陆块南缘富碱侵入岩化学成分(%)

序号	产地	样品号	岩石名称	SiO_2	TiO_2	Al_2O_3	Fe_2O_3	FeO	MnO	MgO	CaO	Na_2O	K_2O	P_2O_5	H_2O^+	Loss	其他
1	三合	三 H-3	粗面岩	63.27	0.7	15.57	0.71	2.78	0.2	0.59	1.59	4.98	6.95	0.16	0.73	1.88	0.08
2		11	石英正长斑岩	63.26	0.9	17.6	3.24	0.5	0.06	0.3	0.21	2.7	10	0.04	0.78	1.06	0.01
3		1500	蚀变正长斑岩	50.81	1.42	13.04	0.51	3	0.32	2.16	7.58	0.68	9.58	0.34	0.79	9.36	0.08
4		石 N-3	正长斑岩	63.56	1.07	17.4	2.58	0.42	0.01	0.09	0.28	3.22	10.3	0.18	0.21	0.29	0.04
5	草庙	草 H-1	石英绢云片岩	73.66	0.5	12.15	3.28	0.2	0.15	0.25	0.18	0.21	6.1	0.16	1.86	2	0.23
6		银 H-3-1	石英正长斑岩	61.98	0.96	17.61	4.32	0.34	0.06	0.22	0.35	4.78	8	0.28	0.62	0.59	0.14
7		-4	石英正长斑岩	62.04	0.98	17.13	4.45	0.36	0.15	0.54	1.14	4.1	6.72	0.28	1.09	1.63	0.23
8		-5	蚀变正长斑岩	63.72	0.8	17.07	5.68	0.56	0.24	1.16	0.16	0.02	6.08	0.03	2.68	3.41	0.42
9	火神庙	火 H-1	黑云正长岩	63.36	0.32	15.8	4.37	0.21	0.03	0.08	0.2	1.02	13.36	0.05	0.63	0.76	0.4
10	磨沟	宋 H-1	霓辉正长岩	62.94	0.21	17.53	1.79	0.14	0.02	0.04	0.2	0.98	15.2	0.03	0.31	0.38	0.14
11	乌烧沟	乌 H-2	细粒正长岩	69.92	0.57	12.14	4.04	0.76	0.01	0.14	0.25	0.61	9.66	0.1	0.7	0.93	0.45
12		3	霓辉正长岩	61.94	0.88	15.4	2.63	1.01	0.03	0.72	1.81	0.36	14.08	0.12	0.39	0.56	0.26
13		4	霓辉正长岩	66.1	2.56	12.39	5.78	0.24	0.02	0.03	0.15	0.06	11.04	0.07	0.55	0.72	0.1
14		7	霓霞正长岩	52.31	3.82	5.19	4.38	4.88	0.22	5.18	15.86	5.2	4.94	0.78	0.4	0.93	0.23
15	塔山	塔 H-1	绢云母化正长岩	59.61	0.19	21.52	0.98	0.18	0.01	0.52	0.14	0.44	14.3	0.01	1.02	1.28	0.02
16		3	绢绿正长岩	56.34	0.2	20.93	2.03	0.15	0.1	0.55	1.59	0.72	12.8	0.01	1.57	2.81	0.11
17		4	蚀变细粒正长岩	49.4	0.66	14.02	0.48	0.82	0.26	4.21	6.74	0.32	12	0.01	0.23	9.81	0.06
18		8	霓辉正长岩	55.78	0.7	13.96	7.82	0.8	0.34	0.22	5.29	5.2	5.84	0.03	0.47	3.13	0.1
19		9	绿帘正长岩	55.58	0.35	19	5.18	0.15	0.19	0.11	3.44	4.5	7.24	0.01	1.29	3.38	0.21
20	双山	双 H-1	角闪二云正长岩	58.58	0.25	21.24	1.38	0.25	0.05	0.6	0.14	0.48	14.24	0.03	1.59	1.84	0.38
21		2	角闪正长岩	51.98	0.42	19.31	2.55	1.38	0.41	0.33	5.94	1.84	10.02	0.03	2.05	5.85	0.45
22		3	角闪云霞正长岩	57.9	0.6	20.82	1.71	1.3	0.19	0.54	1.5	5.04	7.96	0.05	0.85	1.21	0.35
23	张士英	张 H-2	细粒石英正长斑岩	75.48	0.2	12.95	0.82	0.25	0.06	0.2	0.29	4.25	5.1	0.02	0.5	0.54	0.11
24		3	透闪石化正长岩	66.26	0.48	15.07	2.12	0.72	0.09	0.45	1.48	4.12	5.9	0.25	1.14	2.24	0.16
25		7	透闪石化正长岩	67.12	0.5	14.85	2.22	0.75	0.05	1	2.02	4.38	5.2	0.23	0.34	0.42	0.26
26		张 7-1	角闪黑云二长岩	58.09	0.75	16.2	4.12	2.25	0.13	2.58	4.8	4.46	4.46	0.78	0.62	0.97	0.29
27		8	角闪石英正长岩	67.44	0.45	15.19	1.22	1.2	0.05	0.82	1.96	4.48	5.3	0.2	0.4	0.58	0.16
28	大红口		绢云母化正长岩	61	1.51	17.06	5.4	0.36	0.2	0.25	0.34	0.82	11.8	0.04		1.88	

续表

序号	产地	样品号	岩石名称	SiO_2	TiO_2	Al_2O_3	Fe_2O_3	FeO	MnO	MgO	CaO	Na_2O	K_2O	P_2O_5	H_2O^+	Loss	其他
29	大红口		变粗面岩	58.71	1.19	17.92	1.97	2.99	0.17	1.88	2.29	2.28	8.34	0.21		1.87	
30	三合		粗面岩	43.73	1.8	14.11	6.26	6.97	0.21	7.59	3.64	4.5	5.91	0.59			
31	维摩寺	C38-3		54.55	0.68	24.94	0.96	3.34	0.09	1.36	0.48	3.4	8.61	0.07	1.05		0.05
32		A13		71.67	0.53	12.78	2.92	1.08	0.01	0.2	0.17	0.12	9.35	0.04	0.83		0.13
33		C32-3		69.32	0.59	13.95	4.24	0.39	0.03	0.25	0.24	1.94	8.42	0.08	0.47		0.06
34		C23-1		71.04	0.52	13.67	2.2	1.12	0.07	0.35	0.87	3.86	5.52	0.07	0.27		0.32
35		D5-1		66.37	0.77	15.76	3.85	0.44	0.05	0.14	0.3	3.43	8.18	0.18	0.5		0.03
36		2		63.43	0.7	16.11	1.86	2.9	0.02	0.17	0.09	0.37	12.48	0.02			
37		3		67.84	0.75	16.14	0.97	0.3	0.01	0.1	0.11	0.43	12.78	0.04			
38	草庙	4		68.28	0.65	14.34	2.1	2.89	0.11	0.47	0.54	3.79	6.16	0.14			
39	维摩寺		含磁铁矿花岗斑岩	60.09	0.45	17.92	4.62	1.72	0.18	1.58	0.56	3.95	6.7	0.05	1.86		0.001
40	云阳	Ⅱ D-GS 1013/1	粗面岩	56.48	0.45	21.29	4.64	0.88	0.07	1.47	0.12	0.3	10.7	0.05			
41		Ⅱ D-GS 1015/1	粗面岩	58.38	0.75	21.7	2.03	1.26	0.04	1.21	0.12	0.35	10.9	0.09			
42		Ⅱ D-GS 3236/1	粗面岩	65.8	0.83	17.36	2.8	0.48	0.03	0.43	0.12	2.1	8.2	0.1			
43		Ⅱ D-GS 1551/1	粗面岩	61.96	0.72	16.11	7.56	1.7	0.02	2.14	0.01	0.3	6.2	0.11			
44		1	粗面岩	60.09	0.45	17.92	4.62	1.72	0.18	1.58	0.56	3.95	6.7	0.55			
45		2	粗面岩	67.28	0.07	14.01	4.52	0.86	0.16	0.6	0.89	0.22	9.35	0.08			
46		3	粗面岩	66.58	0.06	13.86	5.95	0.54	0.08	0.42	0.2	0.22	9.5	0.13			
47		4	粗面岩	60.68	0.38	17.74	2.64	2.62	0.06	1.12	3.09	4.43	5.74	0.24			
48		5	粗面岩	64.33	0.51	16.03	2.49	3.17	0.16	0.31	1.3	5.43	5.35	0.29			
49		Ⅱ D-GS 0349/1	石英正长斑岩	68.94	0.82	14.08	4.61	0.3	0.09	0.87	0.41	4.15	3.5	0.12			
50		C38-3	石英正长斑岩	54.55	0.68	24.94	0.96	3.34	0.09	1.36	0.48	3.4	8.61	0.07			
51		A13	石英正长斑岩	71.67	0.53	12.78	2.92	1.08	0.01	0.2	0.17	0.12	9.35	0.04			
52		C32-3	石英正长斑岩	69.32	0.59	13.96	4.24	0.39	0.03	0.25	0.24	1.94	8.42	0.08			
53		C23-1	石英正长斑岩	71.04	0.52	13.67	2.2	1.12	0.07	0.35	0.87	3.86	5.52	0.07			
54	四里店	D5-1	石英正长斑岩	66.37	0.77	15.76	3.85	0.44	0.05	0.14	0.3	0.38	8.18	0.18			
55	云阳	GS-1	石英正长斑岩	71.52	0.55	13.06	3.12	0.53	0.35	0.49	0.34	0.38	8.48	0.06			
56		Ⅱ D-GS M/1	正长斑岩	57.38	0.68	21.52	1.77	1.8	0.18	1.34	1	3.1	8.7	0.06			

续表

序号	产地	样品号	岩石名称	SiO_2	TiO_2	Al_2O_3	Fe_2O_3	FeO	MnO	MgO	CaO	Na_2O	K_2O	P_2O_5	H_2O^+	Loss	其他
57		Ⅱ D-GS 5207/1	正长闪长岩	56.94	1.05	21.15	2.35	2	0.19	1.06	2.68	7.2	3.75	0.12			
58	四里店	Ⅱ D-GS 0347/1	花岗岩	75.08	0.4	10.52	4.31	2.05	0.09	0.62	0.13	0.05	5.95	0.07			
59	龙王𥕢		钾长花岗岩	70.9	0.3	13.05	1.28	3.55	0.08	0.07	1.52	5.4	4.08	0.05			
60	龙王𥕢		钠铁闪石花岗岩	70.44	0.3	12.66	1.29	2.78	0.12	0.17	1.49	3.99	5.5	0.02	0.59	0.95	
61	龙王𥕢		钾长花岗岩	70.92	0.32	14.23	1.32	1.05	0.06	0.35	1.41	4.59	4.99	0.07	0.31	0.33	
62	龙王𥕢		霓辉花岗岩	64.91	0.16	16	1.4	2	0.13	0.27	3.2	6.53	4.99	0.03	0.46	0.53	
63	龙王𥕢	龙 H-1	碱性花岗岩	70.94	0.3	14.6	0.84	1.18	0.05	0.21	1.03	4.98	5	0.07	0.31	0.47	
64	龙王𥕢	龙 H-2	碱性花岗岩	68.16	0.4	12.99	0.63	0.43	0.13	0.25	2.12	3.9	5.42	0.04	0.44	1.08	
65	龙王𥕢	龙 4(1)	碱性花岗岩	73	0.2	12.32	1.99	0.75	0.2	0.05	0.54	3.8	5.8	0.02	0.73	0.98	
66	龙王𥕢	9	碱性花岗岩	70.36	0.37	13.65	1.46	1.1	0.08	0.23	1.15	1.82	7.9	0.05			
67	龙王𥕢	10	碱性花岗岩	71.88	0.21	12.27	0.7	2.77	0.09	0.15	1.01	3.8	5.4	1.11			
68	龙头	X1/6514	黑云母斑状正长岩	63.94	0.3	15.9	2.64	0.73	0.03	0.21	0.48	1	13.2	0.89			
69	龙头	Y201	黑云母斑状正长岩	59.32	2.5	13.69	8.76	1.28	0.09	1.52	1.87	1.11	9.21	0.44	0.72		
70	龙头	Y202	黑云母斑状正长岩	50.84	1	12.52	16.52	0.9	0.07	2.22	1.79	0.57	9.95	0.03	0.56		
71	龙头	龙 47-1	黑云母斑状正长岩	63.88	0.27	15.28	3.53	0.12	0.11	0.13	0.56	0.63	12.5	0.49	0.44		
72	龙头	龙 46-1	黑云母斑状正长岩	61.77	0.3	16.64	4.39	0.19	0.05	0.54	0.26	0.53	14.1	0.03	0.11		
73	龙头	龙 50-1	黑云母斑状正长岩	62.41	0.38	14.15	6.91	0.03	0.29	0.33	0.63	0.47	11.78	0.06			
74	龙头	ξt	正长伟晶岩(脉)	62.88	0.07	17.64	2.51	0.18	0.01	0.03	0.08	0.88	14.92	0.55			
75	乌烧沟	X1/6525	霓辉石斑状正长岩	67.86	0.5	12.48	3.3	0.75	0.02	0.05	0.58	0.35	12.6	0.15	0.41		
76		Y204	霓辉石斑状正长岩	56.66	1.6	9.17	12.01	2.15	0.24	1.62	5	2.08	8.9	0.12	0.14		
77	磨沟	X2/160	霓辉石斑状正长岩	61.27	0.5	15.3	3.42	1.24	0.08	0.61	1.97	2.2	11.4	0.23	0.17		
78		磨 6-3	霓辉石斑状正长岩	61.34	0.42	16.32	2.69	1.03	0.08	0.41	1.62	2.37	11.42	0.11	0.19		
79		磨 22-1	霓辉石斑状正长岩	50.51	0.44	15.06	3.19	1.47	0.12	0.93	2.87	2.42	10.6	0.05	0.2		
80		磨 1-4	霓辉石斑状正长岩	66.74	0.25	15.21	2.64	0.36	0.05	0.25	0.6	3.79	9	0.95			
81		127	正长伟晶岩(脉)	64.47	0.1	18.21	1.23	0.06	0.01	0.09	0.18	2.66	11.78	0.22	0.22		
82	铁炉上	X1/6519	黑云角闪正煌岩	56	0.8	12.68	7.22	1.65	0.14	4.7	2.26	1.8	7.26	0.95			
83	焦沟	JG1	霓辉正长岩	60.51	0.54	15.03	4.02	1.32	0.15	0.73	2.69	2.92	10	0.22	0.22		
84	磨沟		含霓辉石正长岩	57.94	0.58	12.54	3.11	2.28	0.03	0.91	0.39	4.92	4.84	0.13		1.25	
85			含霓辉石正长岩	58.52	0.2	17.09	1.75	0.75	0.01	0.02	0.1	0.72	15.23	0.05		0.39	

续表

序号	产地	样品号	岩石名称	SiO_2	TiO_2	Al_2O_3	Fe_2O_3	FeO	MnO	MgO	CaO	Na_2O	K_2O	P_2O_5	H_2O^+	Loss	其他
86			霓辉正长岩	62.23	0.25	16.89	1.83	1.28	0.06	0.2	1.26	2.02	13.44	0.06		0.62	
87			霓细岗岩	66.71	0.25	14.02	2.17	1.11	0.05	0.38	0.46	1.63	11.44	0.1		0.89	
88			含黑云正长斑岩	63.4	0.3	15.49	3.38	2.01	0.05	0.14	0.14	0.65	12.38	0.05		1.15	
89	乌烧沟		白云母化正长岩	59.11	0.07	21.94	1.18	0.62	0.01	0.18	0.09	0.15	15.14	0.03		1.35	
90	塔山		细粒正长岩	63.28	0.18	18.2	1.15	0.23	0.08	0.08	0.05	0.64	15.2	0.02			
91	塔山		绢云母化正长岩	58.72	0.1	21.7	1.57	0.48	0.06	0.61	0.05	0.64	14.28	0.02			
92	塔山		绢云母化正长岩	56.09	0.2	22.3	0.95	2.2	0.1	0.95	0.26	0.96	12.5	0.03			
93	塔山		霓辉正长岩(脉)	62.23	0.4	13.08	2.41	9.45	0.56	0.68	0.41	6	2.81	0.05	3.34		
94	双山		碱性花岗岩	73.3	0.11	12.33	2.58	1.28	0.02	0.26	0.46	4.26	4.55	0.05	0.86		
95	张士英	H1448-1	黑云角闪花岗岩	66.08	0.5	15.14	2.08	1.8	0.15	1.61	1.69	5.01	4.3	0.28		0.68	
96		Q-14	石英正长岩	69.26	0.34	15.12	0.74	1.19	0.09	0.25	0.96	4.86	5.55	0.04	0.23	0.7	
97		Q4	石英正长岩	69.14	0.48	15.36	0.81	1.2	0.08	0.34	0.77	4.75	5.96	0.04	0.34	0.5	
98		Q2	石英正长岩	68.74	0.4	15.46	2.11	0.28	0.11	0.71	1.74	4.37	5.86	0.1		0.98	
99		Si-809	角闪石英正长岩	67.21	0.4	15.33	2.06	1.61	0.05	0.96	1.76	4.8	5.06	0.23		0.27	
100		HV-1	花岗斑岩	66.8	0.45	16.02	2.08	1.23	0.1	0.72	0.8	5	5.83	0.15		0.88	
101		Q11	石英正长岩	66.8	0.44	16.34	1.42	1.14	0.1	0.35	0.91	4.92	6	0.01	0.08	0.26	
102		Q27	正长岩	70.76	0.31	14.66	1.73	0.5	0.01	0.32	0.42	4.36	5.3	0.06	0.62	1.18	
103		Q29	正长角闪斑岩	62.86	0.74	15.16	2.29	2.4	0.1	2.22	3.28	6	4.82	0.51	0.14	0.48	

注:1.(报告中第27号前)资料来源:河南区调队,河南地质志,1989.

2. 空白处为低于仪器检测限的元素含量。

岩石主元素 SiO_2 离散较强，与其他主元素相关性很差，说明同一种岩石，尽管其他主元素相关性较高，但由于受硅质混染或硅化程度的差异，反映在 SiO_2 含量方面明显不同。Al_2O_3 和 K_2O 相关性较高，表明各类岩石的主造岩组分为钾长石系列矿物，具有共同的富 K_2O 特征。Mg、Fe^{2+}、Ti 三元素之间的相关系数在 0.9 左右，表明它们作为基性元素在岩石中分配具有类同性。

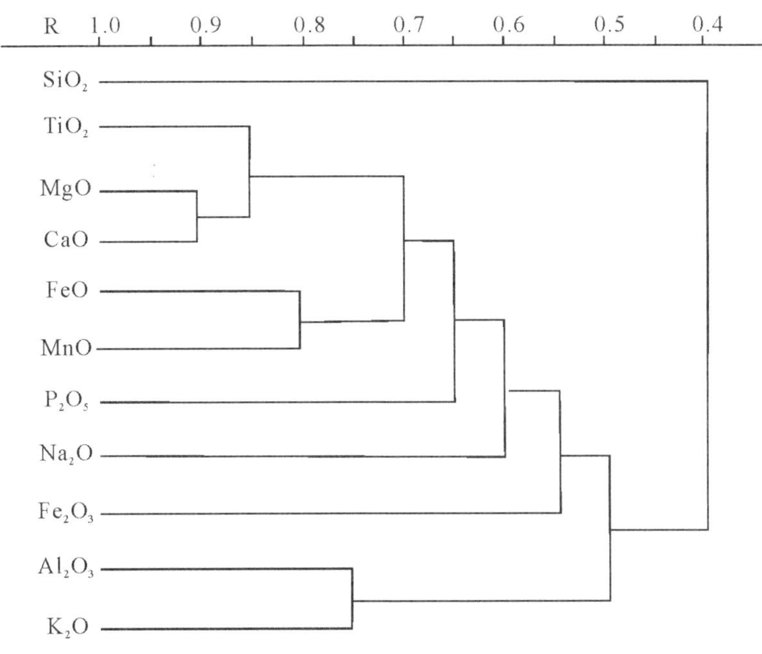

图 8.4　岩石主元素 R 型聚类分析

在主元素 Q 型聚类分析图解（图 8.5）上大体可分三大部分：一是图解上部区域分布的样品，代表了张士英岩体、龙王幢岩体和云阳、草庙、三合、维摩寺等岩体的中酸性岩石端元；二是图解中部区域分布的样品，代表了磨沟、乌烧沟、岭头等岩体的中性正长岩端元；三是图解下部区域分布的样品，代表了几乎整个富碱侵入岩带所有岩体的中、偏基性岩石。通过该图解可以说明，富碱岩带岩石种属范围从偏基性到酸性，其中以中性正长岩类为主体，产生了中、偏基性和中、酸性两个极端，是一套从中、偏基性到酸性的富碱杂岩。另一方面，不同岩体中可以出现相似函数较小的样品，说明不同岩体之间有相近的岩石种属，表现岩石形成构造环境的统一性，而同一岩体中可以出现相似函数很大的样品，显示富碱岩浆演化的复杂或构造热事件多次活动，反映复式富碱侵入体的特点。

8.2.2　岩石主元素平均值特征

由于岩石形成过程中的复杂性和岩体形成的多期性，在不同岩体，甚至同一岩体的不同部位，其化学元素的含量都会出现差异，这些在聚类分析中已经显示出来。但是在各种类型的自然体中，化学元素的分布都具有一定的规律性。所以，我们在野外岩石学调研的基础上，把本区霞石正长岩、霓辉正长岩、石英正长岩、石英正长斑岩和碱性花岗岩 5 种代表性岩

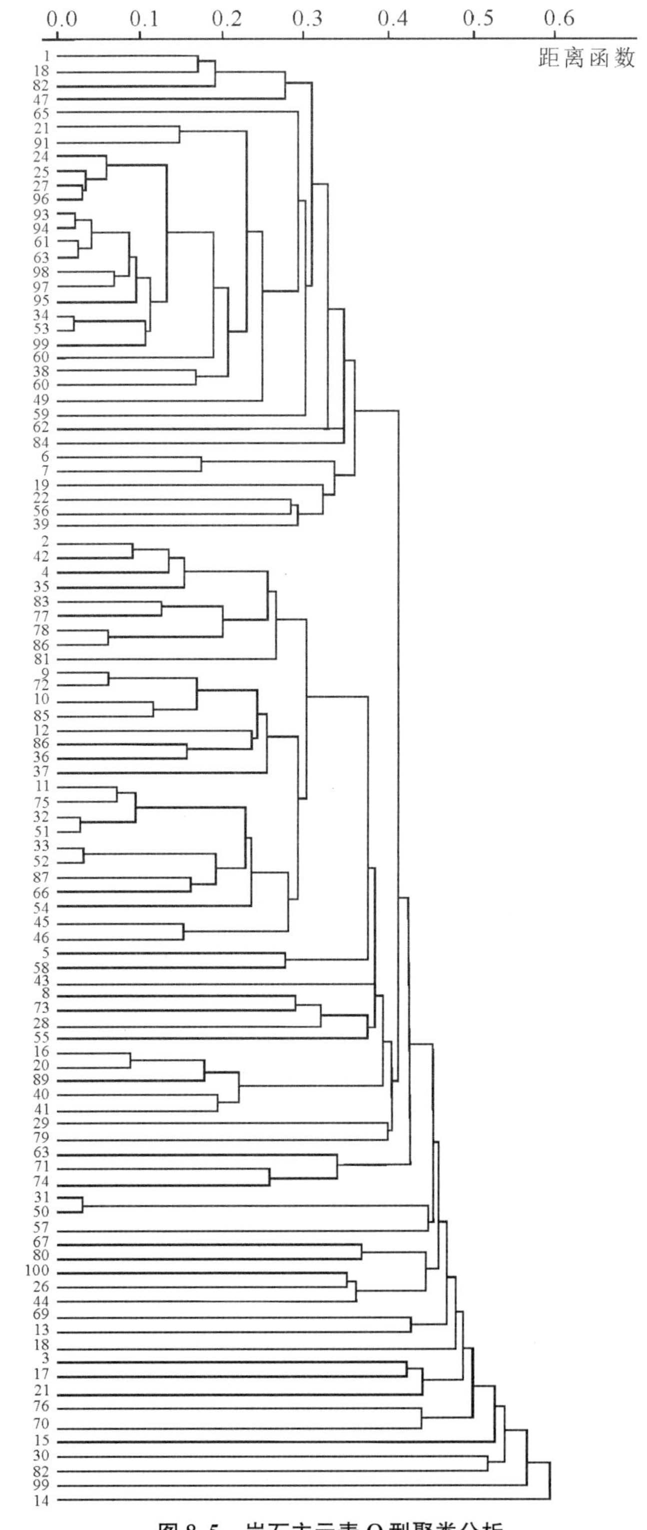

图 8.5　岩石主元素 Q 型聚类分析

石种属的样本筛选分类，计算其主元素平均值，并用标准差来度量平均值可靠性(表8.3)。

表8.3 富碱侵入岩主元素平均值

	霞石正长岩(8)(方城)	霓辉正长岩(6)(嵩县)	碱性花岗岩(9)(栾川)	正长斑岩(8)(栾川—方城)	石英正长岩(5)(舞阳)
SiO_2	55.64±2.37	62.76±4.70	70.16±1.53	62.78±4.26	66.78±5.40
TiO_2	0.42±0.14	1.39±1.17	0.28±0.05	0.91±0.18	0.47±0.17
Al_2O_3	18.85±2.16	13.07±3.502	135.53±0.80	15.94±1.51	14.85±1.03
Fe_2O_3	2.76±1.72	3.83±1.13	1.21±0.27	3.09±1.24	2.10±1.11
FeO	0.62±0.35	1.20±1.46	2.17±0.83	1.02±0.80	1.03±0.66
MnO	0.19±0.09	0.05±0.06	0.10±0.03	0.14±0.07	0.07±0.03
MgO	0.88±0.93	1.03±1.63	0.29±0.17	0.66±0.47	1.01±0.81
CaO	3.09±1.82	3.07±5.03	1.49±0.50	1.43±1.75	2.11±1.45
Na_2O	2.31±1.53	1.37±1.52	4.31±0.85	2.58±1.41	4.33±0.13
K_2O	10.56±2.26	11.38±3.00	5.45±0.67	7.96±1.22	5.19±0.45
P_2O_5	0.02±0.01	0.19±0.23	0.04±0.01	0.18±0.07	0.29±0.25
H_2O^+	1.13±0.42	0.49±0.12	0.50±0.09	1.09±0.55	0.60±0.28
Loss	3.66±2.00	0.71±0.17	0.73±0.17	2.52±2.02	0.95±0.65
$\sum$	100.18±0.67	100.58±1.37	100.32±0.42	100.37±0.46	99.91±0.60
AR	3.83	8.52	4.71	4.08	3.55
δ	13.10	8.22	3.50	5.61	3.79
K_2O/Na_2O	4.57	8.30	1.26	3.08	1.19
ALK	12.87	12.75	9.76	10.54	9.52

注：括号内数字为样品数，汉字代表岩区；主元素之后为相应标准差；资料来源同表8.1。

从计算结果来看，SiO_2 含量平均值在中、酸性范围，且正长岩类多属中性岩类，碱性花岗岩为酸性岩类。在不同类型岩石之间，霞石正长岩类 SiO_2 含量最低，其次为霓辉正长岩和石英正长斑岩，碱性花岗岩 SiO_2 含量>70%。Al_2O_3 含量与 SiO_2 呈反消长关系，而与 *ALK* 呈正消长关系。

主元素平均值计算的赖特碱度率(AR)在3.55～8.52之间，组合指数(σ)在3.5～13.1之间，表明岩石属于碱性和过碱性系列，尤以霞石正长岩碱性程度最高。K_2O/Na_2O 值在1.19～8.30之间，一般大于1.0，且尤以霓辉正长岩比值最大，属高钾系列。全碱度统计结果显示富碱特征，*ALK*>9.5，远大于中国其他富碱侵入岩带岩石的全碱度(富碱侵入岩 *ALK* 一般大于8.5；涂光炽，1989)。

8.2.3 碱性程度

1. 赖特(Wright,1969)碱度率(AR)

该法由Wright(1969)提出，$AR=(Al_2O_3+CaO+ALK)/(Al_2O_3+CaO-ALK)$ 式中的氧化物和全碱度(*ALK*)均由岩石化学全分析得到(百分数)。

在表 8.2 中，几乎所有 SiO_2 含量>50%，绝大部分 K_2O/Na_2O>2.5，因此，除了张士英岩体分析结果采用 $ALK = 2 * Na_2O$ 外，其他均采用 $ALK = K_2O + Na_2O$。投图结果(图 8.6)显示如下：

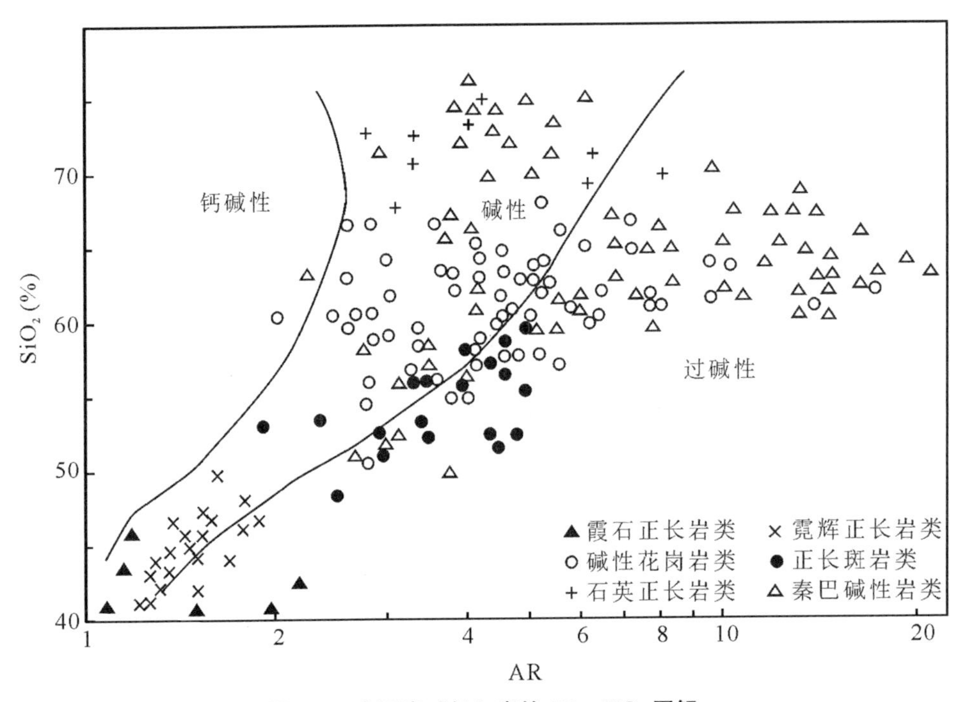

图 8.6 本区富碱侵入岩的 AR - SiO_2 图解

(1) 霞石正长岩类：采自塔山和双山岩体，8 件样品投影范围横跨在碱性和强碱性系列分界线上，其中偏重强碱性系列占多数，属于强碱性系列。

(2) 霓辉正长岩类：本书采取的 5 个样品 SiO_2 含量>50%，K_2O/Na_2O>3，故 $ALK = K_2O + Na_2O$，全部可由 AR - SiO_2 图判别碱度。除了 N10(N 为表 8.2 中序号，下同)为碱性系列外，其余均为强碱性系列。

(3) 碱性花岗岩类：根据龙王礶岩体岩石化学全分析资料(N59～67)，其 AR 值在 4～7 之间，位于 SiO_2 - AR 图解钙碱性与碱性界线右侧，且 SiO_2 含量>65%，故投影点一般限定在碱性系列范围(图 8.3)。

(4) 石英正长岩类：以张士英岩体为代表(N23～27)，位于上述碱性花岗岩投影区左下方，显然为 SiO_2 含量较低，但全部落入碱性系列范围。

(5) 正长斑岩类：以三合岩体为代表(N1～4)，其中两件落入过碱性系列区，另两件落在碱性系列区。

根据邱家骧等(1990)研究结果，认为划分碱度的赖特法，是一种比较适用的方法，与其他方法相比其优点较多：① 适用范围广，SiO_2 含量介于 40%～75%之间的岩石均可适用；② 考虑氧化物项目多，涉及因素能综合反映氧化物对碱度的影响，特别是 CaO 的相对含量直接影响斜长石的结晶；③ 与矿物学特征符合。本书在计算时，发现用赖特法判别与矿物学研究结果吻合程度最高。

另外，对表8.2中收集到的76件化学全分析样品进行赖特法碱度分析，基本上与上述结论相同。秦巴地区碱性岩的AR－SiO_2图（邱家骧等，1990）表明，碱性岩浆演化从基到酸，碱性辉长岩类、似长石正长岩类、碱性正长岩和碱性花岗岩类。在华北地块南缘，极少出现基性、超基性的碱性岩类，而是从似长正长岩和角闪石英正长岩-碱性花岗岩两个方向演化。

2. 里特曼法(Rittmann, 1957)

里特曼（Rittmann，1957）先后提出过三种指数，用以反映岩石的碱性特征，本书采用$\sigma = ALK^2/(SiO_2 - 43)$组合指数，按其界限，$\sigma$＝0～1.8为钙性，$\sigma$＝1.8～3.3为钙碱性，$\sigma$＝3.3～9为碱钙性（碱性），$\sigma$＞9为碱性（过碱性）。在岩系两分法中，里特曼根据$\sigma$值的大小，选择$\sigma$＝4为界，把火成岩划分为钙碱性和碱性两大岩系。依此计算，本书研究的一些岩体仅在赖特法中显示碱性特点，其σ＜4。若按上述四分法计算，有少半属于碱性系列，多半属于过碱性系列。其中三合岩体中近Au矿围岩的正长斑岩脉为过碱性，其余为碱性；乌烧沟岩体只有碱性辉长岩（N14）σ＝6.28，显示碱性系外，其余均为过碱性岩；草庙岩体只有两个轻变质样品显示过碱性特点；塔山、双山岩体的样品（N15～22）全部属于过碱性系列；张士英岩体除了细粒正长岩（边缘相）为钙碱性外，其余均属于碱性系列范围。

与赖特法相比较，里特曼法具有定量参数界线、易于判别岩石碱性程度的优点。但是它仅考虑岩石SiO_2和ALK含量因素，没有考虑在斜长石结晶中占重要地位的CaO含量，以至于使乌烧沟碱性辉长岩（N14）判入碱性系列，张士英细粒正长岩判为钙碱性系列，还有龙王礶碱性花岗岩在赖特图解（图8.6）上全部落入碱性岩范围，而若用σ值判别，则波动于3.3左右，显示钙碱性和低碱钙性特点。显然这些岩石都具有高碱特点，但由于SiO_2含量较高，σ值就相对降低，因此对一些高碱高硅的富碱侵入岩来说，运用赖特法效果较好。运用σ值判别，往往会使经典碱性岩与它们密切共生的碱性花岗岩类相差很远。

8.2.4　钾钠类型

Rittmann（1957）根据σ值将火山岩类型划分为钙碱性和碱性两大岩系的同时，又将每个岩系内以K_2O和Na_2O相对含量区分为若干类型；对碱性系列，划分为大西洋型（钠质型）和地中海型（钾质型）。本书采取的全岩分析结果（表8.2，N1～27）表明，绝大多数以高钾为特点。三合岩体K_2O含量6.95%～10.3%，其他岩体K_2O含量分别是：乌烧沟岩体4.9%～5.2%；草庙岩体6%～8%；双山岩体7.9%～14.2%；塔山岩体5.8%～14.3%；张士英岩体4.6%～5.9%。其他收集到的样品（表8.2，N28～103）中仅有极少数Na_2O高于K_2O含量。

秦巴地区碱性岩（邱家骧等，1990）钾钠类型显示，基性、超基性碱性岩以钠质为主，中性、酸性碱性岩类以钾质为主（图8.7）。本书研究的富碱侵入岩类大部分为中性的正长岩类，少数为酸性碱类，在Na_2O和K_2O相对含量方面，属碱性岩系钾质系列，投影在图8.7中，绝大多数样品落入高钾范围，少数落入钾质区。从岩性讲，石英正长岩和碱性花岗岩大多落入钾质区，而霞石正长岩、霓辉正长岩和石英正长斑岩类大多落入高钾区。总体上钾含量高于秦巴其他地区。

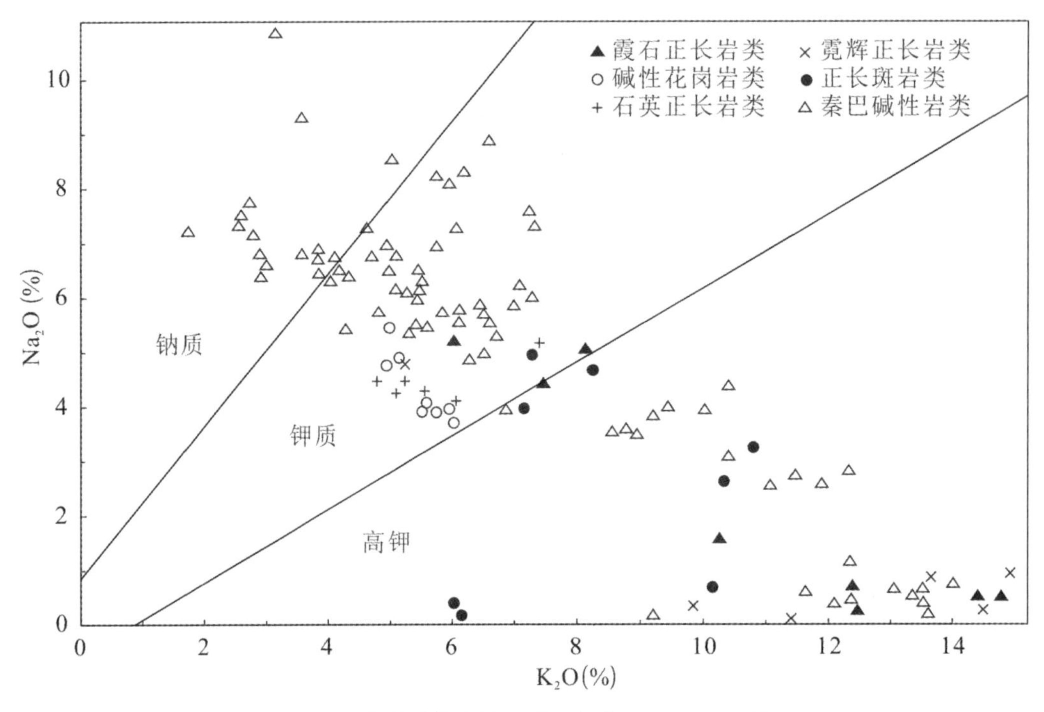

图 8.7 华北地块南缘富碱侵入岩 K_2O-Na_2O 图

8.2.5 岩石化学类型及分布

1. 岩石化学富碱标志

本书研究区富碱侵入岩在化学上共有的特点是富碱金属组分，反映在全岩分析中 $ALK>9.5$。涂光炽(1989)在总结中国富碱侵入岩特点时，曾提出其 $ALK>8.5$。在华北地块南缘或秦岭造山带北部，中酸性岩类普遍富碱（胡受奚，1988），甚至一些与碱性岩或碱性花岗岩类在成因上无关的钙碱性花岗岩类的 $ALK>8.5$。为避免岩石类型组合划分方面的混乱，我们统计了钙碱性与碱性系列不同岩石类型的全岩分析数据 800 余组，发现尽管某些钙碱性岩系的中酸性花岗岩类钠、钾含量较高，但绝大多数 $ALK<9.5$，而本书研究区出露的碱性系列的富碱侵入体岩石 ALK 值均大于 9.5，因此建议将 $ALK>9.5$ 作为本区富碱侵入岩类化学标志之一。

尽管如此，不同岩石类型反映在 SiO_2、Al_2O_3 和 CaO 方面均有明显差异（表 8.4）。在 SiO_2 和 Al_2O_3 两组分中，若任一组分出现不饱和都会引起碱金属组分的过剩，分别出现似长石类和碱性暗色矿物；另一方面，即使两者都饱和，但由于 CaO 组分强烈亏损，在岩石中很难结晶出斜长石类，形成碱长花岗岩和石英正长岩类。所以富碱侵入岩的岩石类型之间，在化学上有密切的主元素分配过渡关系，即：① SiO_2 不饱和时，有 A、B 两种情况：A. Al_2O_3 饱和，出现标准矿物刚玉，岩石类型为霞石正长岩和霞霓正长岩类；B. Al_2O_3 不饱和，不出现标准矿物刚玉，岩石类型为钠沸霞石正长岩类。② SiO_2 饱和时，也有 C、D 两种情况：

C. Al_2O_3不饱和,出现碱性暗色物质,岩石类型为霓辉花岗岩、钠铁闪石花岗岩类、霓石正长岩和霓细花岗岩类;D. Al_2O_3 过饱和,CaO 强亏损(小于 0.5%),出现碱性长石占长石总量的绝对优势(一般大于 95%),岩石类型有石英正长岩和碱长花岗岩类。

表 8.4 富碱侵入岩带代表性岩体岩石主元素平均值及变异系数

岩体	SiO_2	TiO_2	Al_2O_3	Fe_2O_3	FeO	MnO	MgO	CaO	Na_2O	K_2O	P_2O_5
三合	60.22	1.02	15.90	1.76	1.67	0.14	0.78	2.41	2.89	9.20	0.18
(6)	6.15	0.02	2.07	1.33	1.37	0.13	0.92	3.43	1.73	1.50	0.01
草庙	65.35	0.81	15.99	4.43	0.36	0.15	0.54	0.45	2.27	6.72	0.18
(10)	5.48	0.21	2.51	0.96	0.14	0.07	0.42	0.45	2.46	0.88	0.16
乌烧沟	62.76	1.37	13.07	3.83	1.20	0.05	1.03	3.07	1.37	11.38	0.19
(12)	4.70	1.17	3.50	1.13	1.46	0.06	1.63	5.03	1.52	3.00	0.23
双山	56.15	0.42	20.45	1.88	0.97	0.21	0.49	2.52	2.45	10.77	0.03
(3)	4.10	0.19	1.14	0.68	0.71	0.20	0.16	3.43	2.64	3.61	0.01
张士英	66.87	0.47	14.85	2.10	1.03	0.07	1.01	2.11	4.33	5.19	0.29
(16)	5.40	0,17	1.03	1.11	0.66	0.03	0.81	1.45	0.13	0.45	0.25
龙王礶	70.16	0.28	13.53	1.21	2.17	0.10	0.29	1.49	4.31	5.45	0.04
(9)	1.53	0.05	0.80	0.27	0.83	0.03	0.17	0.50	0.85	0.67	0.01
塔山	55.34	0.42	17.88	3.29	0.42	0.18	1.12	3.44	2.23	10.43	0.01
(20)	3.24	0.21	3.22	2.73	0.31	0.11	1.52	2.34	2.10	3.22	0.00

注:主元素之下为平均值;括号内数字为岩体参加统计的样品件数。

2. 时空变化

为了总体上表现研究区不同岩石类型的化学成分特点,我们统计了算术平均值(表8.4)。在统计过程中体现了全面性,因而也包括了岩体边缘相和一些轻变质的岩石,使其标准误差范围较大,仅供分析化学变化规律时参考,同时,把这些算术平均值投影在 SiO_2 - AR 图上(图 8.1),显示其碱性程度分布特点:

空间变化:化学成分的空间变化不够明显,从表 8.2 也可以看出,岩带自西向东,由栾川、南召、云阳三地区的正长斑岩类成分基本相同,只是到了方城地区,才出现一些局部的正长斑岩 SiO_2 含量稍微升高的趋势。这些说明岩石化学成分的变化主要由岩石类型变化所决定。岩带自北向南由于岩性变化的分带性形成了三个化学亚带,即:① 北部霓辉正长岩亚带,以 SiO_2 饱和而 Al_2O_3 不饱和,出现碱性暗色矿物为特征,主要分布在卢氏—嵩县—汝阳一带,西段受潘河—马超营断裂及其与之平行的断裂束控制,东段南距马超营断裂30 km,一般侵位于元古界熊耳群火山岩,少数侵入于元古界官道口群、汝阳群及洛峪群。岩性主要为碱性正长岩、正长斑岩类;② 中部碱性花岗岩亚带,以 SiO_2 强饱和而 Al_2O_3 不饱和出现碱性暗色矿物和大量石英为特征,分布于栾川—嵩县—遂平一带,由于 SiO_2 含量相对较高,Al_2O_3 不饱和引起在长石矿物组合过程中过剩的碱金属与 Si、Fe、Mg 等形成 SiO_2 饱和的镁铁硅酸盐矿物,如钠闪石等,岩性主要为碱性花岗岩和与之伴生的钾长花岗岩类;③ 南部石英正长岩亚带,以 SiO_2 和 Al_2O_3 都饱和但 CaO 强烈亏损,缺乏 Ca 质斜长石为特征,分布于

栾川—南召—云阳—方城—确山一带，岩性主要为石英正长斑岩和与之伴生的碱粗岩、石英正长岩和花岗正长岩等长英质杂岩。另外，在南部亚带中出露一些酸度最低、碱度最高的霞石正长岩类，与长英质杂岩有密切的空间关系，二者在化学成分上有一定的互补关系，值得进一步探索其联系。

时间变化规律：正如前述，研究区岩石形成从前寒武纪到中生代多期活动，根据掌握的同位素年龄资料，活动最早的是栾川东部的碱性花岗岩，锆石 U - Pb 年龄 2000 Ma 左右，这些数据如果能可靠地代表岩石结晶年龄，则说明酸性岩浆活动较早，如果是岩浆源区物质形成年龄，则另当别论（见第 9 章同位素讨论）；其次是南部亚带的正长斑岩和绢云母化正长岩类（700 Ma 左右）；再次是嵩县南部霓辉正长岩和方城北部霞石正长岩类（300 Ma 左右）；最后是舞阳南部角闪石英正长岩类（133 Ma 左右）。由此看出，除张士英岩体外，形成时代由老到新，酸度变小，碱度增大，这与一般钙碱系列中酸性岩的演化规律相反，是否反映华北地块南缘独特的基底源区物质组成和张性构造活动特点，需要作进一步深入探索。本书的研究所提供的资料和认识仅供参考。

8.3 矿 物 学

研究区富碱侵入岩成岩后蚀变现象比较明显，因此在研究暗色矿物和浅色矿物的同时，除辉石、角闪石、黑云母、似长石和长石外，还分析了蚀变矿物绿泥石、绿帘石、绢云母和副矿物榍石，通过探针化学成分研究，确定矿物类型和化学特征。

8.3.1 主要造岩矿物

1. 辉石类

根据岩石薄片镜下鉴定结果，在研究矿物成分时选择塔山、乌烧沟、磨沟侵入体中含暗色矿物比较明显的岩石类型作为探针分析的代表性样品，由中国地质大学（北京）电子探针室测定，结果列于表 8.5。据王濮（1984）分类方案，$NaFeSi_2O_6$ 分子大于 70%者称霓石，15%～70%者称霓辉石，因此，本研究区辉石类矿物分别属霓石和霓辉石。

塔山岩体：主岩为绢云母化正长岩，其中分布有伟晶正长岩脉和团块状的霓石正长岩和霓辉正长岩。样品取自霓石正长岩中，岩石薄片鉴定结果显示，辉石类矿物主要是霓石，也含少量霓辉石。探针分析表明，辉石化学组成 Fe^{3+} 较高，Si 原子数＞2，表明富 Si。Ac = 94.96%，属霓石成分范围。

乌烧沟岩体：主岩霓辉正长岩中出露正长伟晶岩和细粒正长岩。在局部出露有富暗色矿物团块状岩石，暗色矿物主要是辉石，根据 WB3 和 WB7 等 5 个样品电子探针分析结果，Ac = 15.76～27.92，Di = 45.22～52.18，Hd = 25.47～32.04，属霓辉石。各端元组成范围较窄，表明辉石成分在岩石中比较均一，岩石薄片镜下鉴定结果也显示大部分暗色矿物为霓辉石，很少见霓石。

表 8.5　富碱侵入岩辉石代表性成分(电子探针分析,%)

岩性	1	2	3	4	5	6	7	8
样品	TB8 - 1	WB - 3	WB7 - 1	WB3 - 1	WB7 - 2	WB7 - 3	MB3 - 1	MB3 - 2
SiO_2	53.51	52.64	53.16	52.77	53.08	53.9	52.11	51.88
TiO_2	1.93	0.06	0.1	0.08	0.18	0	0.11	0.15
Al_2O_3	0.97	0.44	0.26	0.47	0.29	0.28	0.49	0.7
Fe_2O_3								
FeO	26.29	16.15	13.56	14.41	13.43	13.43	23.29	22.96
MnO	0.71	0.52	0.26	0.41	0.38	0.32	0.48	0.86
MgO	0.88	8.33	9.46	8.73	9.63	9.52	2.93	3.12
CaO	2.35	18.47	19.81	19.79	21.63	21.53	11	12.11
Na_2O	12.3	3.96	3.48	3.08	2.23	2.52	7.86	7.05
K_2O	0.03	0	0	0	0	0	0	0
Cr_2O_3	0.03	0.07	0.15	0.18	0.08	0.1	0.17	0.01
NiO	0.17	0.04	0	0.22	0.02	0.13		0
总量	99.18	100.68	100.24	100.12	100.94	100.56	98.43	98.84

磨沟岩体:与乌烧沟岩体同属嵩县南部富碱岩区,岩性特点也比较近似,对主岩中的辉石进行探针分析,Ac = 51.31～56.37,Di = 16.16～17.46,Hd = 27.46～31.21,属霓辉石。与乌烧沟相比,Ac 端元组分含量较高,在 Na - Mg - Fe 图上分布于三角中上部,落入深成岩或结晶片岩类辉石的分布范围(图 8.8)。这可能与该岩体蚀变较强有关,在镜下几乎见不到

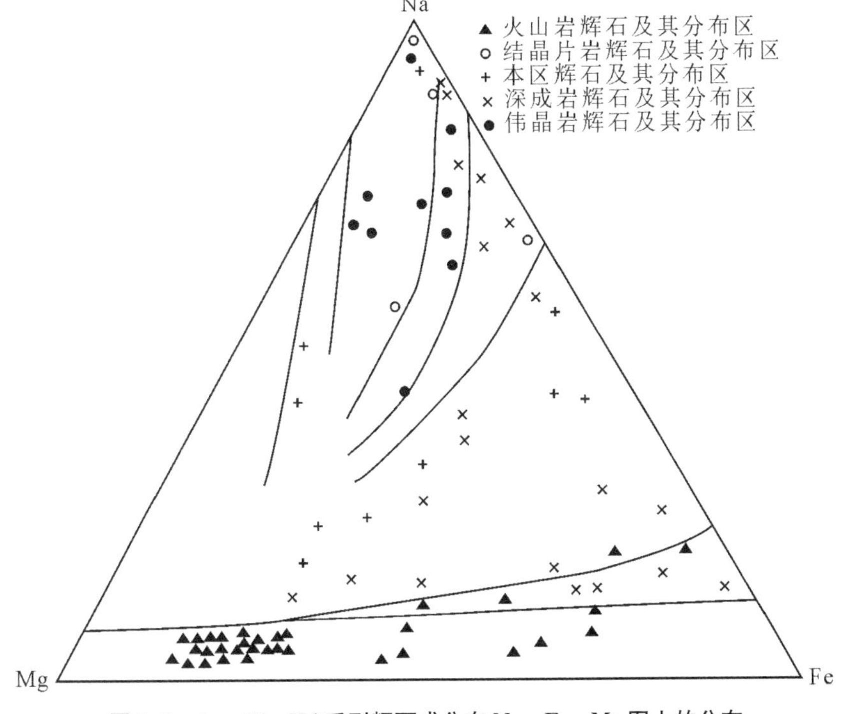

图 8.8　Ac - Di - Hd 系列辉石成分在 Na - Fe - Mg 图上的分布

晶形完整的辉石，一般见遭受蚀变后残存的辉石假象。(图 8.8 中，Na、Mg、Fe 是辉石矿物的端元分子计算结果，是以 6 个氧原子和 4 个阳离子为基础计算的结果。)

2. 角闪石类

研究区富碱侵入岩类岩石角闪石含量较少，且含有角闪石的岩石类型也很少。仅有张士英岩体和双山岩体含有较多的角闪石矿物。据这两个岩体中选取样品的电子探针分析，按 Ujike(1982)准则分属钙质角闪石和钠钙质角闪石两个亚族。另外，栾川大青沟碱性花岗岩中局部含有团块状暗色包体、含有钠铁闪石，据镜下鉴定属碱性闪石。在钙质闪石亚族的大部分样品中显示$(Na+K)_A>0.5$，$Ti<0.5$，$Fe^{3+}>Al^{VI}$，钠钙质闪石亚族一般 $Fe^{3+}>Al^{VI}$，$Mg<Fe^{2+}$，表明为钠钙质绿闪石类(表 8.6)。

表 8.6 张士英岩体富碱侵入岩类角闪石代表性化学组成

岩性 样品号	ZB7-1	ZB7-2	ZB7-3	ZB7-4	ZB8-3	ZB8-5	ZB-10	ZB8-1	ZB8-2
SiO2	49.76	49.18	49.41	51.87	50.80	48.64	50.44	37.98	39.02
TiO2	1.17	0.95	1.29	0.53	0.40	1.33	0.94	0.30	0.40
Al2O3	1.91	5.12	5.24	3.31	4.23	5.57	4.95	14.31	14.65
FeO	12.60	13.00	12.92	12.24	12.32	11.87	12.55	25.62	24.64
MnO	0.48	0.59	0.84	0.70	0.85	0.01	0.42	1.91	2.12
MgO	11.56	14.66	14.60	15.94	15.53	15.59	15.12	3.05	3.32
CaO	11.46	11.44	11.34	11.68	11.57	11.20	11.71	6.78	6.48
Na2O	2.13	2.10	2.26	1.59	2.07	2.30	1.92	4.66	5.31
K2O	0.66	0.80	0.62	0.45	0.52	0.76	0.65	3.05	2.64
Cr2O3	0.06	0.05	0.00	0.00	0.06	0.00	0.11	0.16	0.07
NiO	0.00	0.09	0.00	0.20	0.09	0.06	0.09	0.04	0.10
TATAL	97.80	97.98	98.52	98.50	98.43	97.74	98.89	97.86	98.75

张士英岩体：主岩中共采取 7 件样品，一般$(Ca+Na)_B>1.34$，且 $Na_B<0.67$，$Ca>1.34$，属钙质闪石亚族。再据 Si 原子数进一步划分，7<Si 原子数<7.5，分别属浅闪石、阳起石和镁闪石类(表 8.6)。

双山岩体：主岩角闪云霞正长岩中采取两个样品(表 8.6)，经探针分析显示，一般$(Na+Ca)_B>1.34$，且 $0.67<Na_B<1.34$，$0.67<Ca_B<1.34$，属钠钙质闪石亚族。再根据 Si 原子数<6.5，$(Na+K)_A>0.5$，$Mg/(Mg+Fe^{2+})>0.5$ 范围，属钠钙质绿闪石类。

钙质闪石亚族中的阳起石质角闪石成因一般与接触交代作用或低级区域变质作用有关，张士英岩体岩石角闪石的阳起石特点很明显，在镜下晶体呈半自形柱状疏散分布于长石之间。其化学组成显示以 O=23 为基础的阳离子 Si=7.3～7.4，接近阳起石与阳起石质角闪石的 Si 原子界限。

钠钙质闪石亚族中的绿闪石与镁绿闪石是一个过渡系列，划分以 $Mg/(Mg+Fe^{2+})\geqslant0.5$ 为界。在乌克兰碱性正长岩中比较发育。双山岩体中闪石不论在显微镜下还是电子探针分析，均显示明显的绿闪石特点。

3. 黑云母

黑云母在研究区富碱侵入体中发育比较普遍。除了少数岩体中原生黑云母遭受蚀变外，其他大部分岩体的黑云母镜下鉴定特征很明显（见前文）。以此选择代表性的样品进行探针分析（表8.7）。在金云母-黑云母系列中，习惯地把它们作为两个矿种，但是从它的Y组阳离子Mg和Fe^{2+}之间存在着完全的类质同相来看应归为一个矿种，只是有两端元之分。按Foster（1960）分类，分属镁质黑云母和铁质黑云母。若按通常人为地划分办法，即按照八面体配位的Y组阳离子中Mg∶Fe＞2∶1和Mg∶Fe＜2∶1，分划为金云母和黑云母两亚种。

张士英岩体：选择主岩中样品5件和暗色角闪黑云二长混染包体样品1件，电子探针分析显示，主岩中全部为金云母，暗色包体为铁云母。

塔山岩体：岩石蚀变较强，一般主岩中绢云母化作用很强，很难在岩石中找到原生黑云母，只是在一些呈团块状出露的霓石正长岩中，可以找到一些蚀变较轻的黑云母，镜下显示和成分分析比较一致，其$Mg/(Mg+Fe^{2+})=0.77$，属镁质黑云母。

双山岩体：主岩一般蚀变为二云正长岩，仅有一些局部性的角闪云霞正长岩比较新鲜，尽管如此，暗色矿物也显示定向排布特点，选择两件电子探针样品，其$Mg/(Mg+Fe^{2+})=0.28\sim0.35$，均属铁质黑云母。

鱼池岩体与双山岩体同属方城北部碱性岩岩区，岩性大致相同。黑云母$Mg/(Mg+Fe^{2+})$比值为0.32，属铁质黑云母。

乌烧沟岩体：主岩一般蚀变较强，很少见到黑云母，在一些呈团块状出露风化较轻的霓辉正长岩中，见少量黑云母，分析结果表明，$Mg/(Mg+Fe^{2+})$为0.27，属铁质黑云母。

三合岩体：主岩石英正长斑岩中，Fe、Mg造岩矿物一般为黑云母，见不到辉石或角闪石类。选取三件样品，分析结果相近，黑云母$Mg/(Mg+Fe^{2+})$比值0.55左右，属铁质黑云母。

关于金云母成因，一般认为接触交代作用的矿物，是酸性侵入体与富镁贫硅的碳酸盐围盐发生接触交代反应的产物。可见，塔山霓辉正长岩脉的形成与热液作用有关。在空间上，这些碱性岩脉与正长伟晶岩脉共生，生成之间有密切联系。张士英岩体中主岩富含金云母，是否说明现代侵蚀面即为岩体顶部，即剥蚀较浅，反映岩体顶部内接触带热液蚀变矿物的特点，这与闪石类矿物阳起石出现的解释是一致的。暗色包体中出现铁质黑云母，可能是热液蚀变作用未涉及的岩石残留体，保留了原生铁质黑云母的特点。

黑云母在岩浆岩中分布很广泛，尤其是酸性岩浆岩中主造岩矿物之一。除了结晶片岩中黑云母外，黑云母受热水溶液的作用可蚀变为绿泥石、白云母和绢云母。原生黑云母遭受蚀变后还降低Fe含量，在分析的所有铁质黑云母中，三合岩体的黑云母$Mg/(Mg+Fe^{2+})$比值最高，含Fe量明显较低，说明该岩体遭受蚀变作用相对较强。

4. 长石

研究区富碱侵入体的长石以碱性长石为主，包括透长石、正长石、微斜长石和钠长石；少

表 8.7 富碱侵入岩类黑云母代表性电子探针化学组成(%)

岩体	ZB7-1	ZB8-1	ZB8-3	ZB8-2	ZB10-1	ZB10-2	TB-1	SB3-2	SB8	YD-2	WB-3	3B-3	3B15-1	3B15-2	3B15-3
SiO_2	37.01	40.08	40.52	40.42	39.05	39.60	40.66	34.45	34.10	33.89	35.72	37.26	38.37	37.80	39.02
TiO_2	1.60	1.86	2.13	2.41	3.66	2.95	1.21	1.04	0.93	1.44	4.68	2.29	2.71	2.61	2.46
Al_2O_3	12.39	11.18	11.50	11.40	11.76	12.04	10.42	17.80	17.66	15.52	10.63	13.30	13.70	13.97	13.51
Fe_2O_3	16.94	13.05	13.79	14.38	15.98	15.98	9.62	23.06	25.31	23.86	30.17	24.88	17.75	17.46	17.92
MnO	0.38	0.51	0.45	0.46	0.49	0.89	2.08	2.74	2.52	2.83	0.22	0.54	0.14	0.42	0.24
MgO	13.65	17.38	17.42	17.09	15.61	15.62	17.95	6.92	5.53	6.38	6.36	8.26	12.89	12.63	12.61
CaO	0.13	0.05	0.07	0.04	0.05	0.03	0.03	0.03	0.22	0.06	0.29	0.24	0.15	0.31	0.29
Na_2O	0.54	0.59	0.62	0.91	0.74	0.77	1.25	0.66	0.59	0.98	0.47	0.43	0.85	0.94	0.70
K_2O	9.55	9.20	9.02	9.21	9.17	9.17	9.30	10.00	9.75	9.77	9.21	9.13	9.79	9.70	9.75
Cr_2O_3			0.16	0.02	0.11				0.01						0.06
NiO	0.09				0.09		0.15	0.18	0.18		0.15	0.28	0.12		
TOTAL	95.29	94.63	95.68	96.32	96.72	97.04	92.68	96.88	96.81	94.84	97.90	96.60	96.48	95.86	96.54

注:空白处为低于检测限的元素含量。

量斜长石，包括钠长石和更长石。岩石长石组合有：透长石-钠长石；正长石-斜长石；微斜长石-钠更长石；正长石-微斜条纹长石；钠长石-更长石。不同岩体的长石组合有一定差异，但是在长石组分或结构态方面却有类同之处。

为查明长石类型、组成和结构特点，以镜下鉴定为基础，选择代表性样品进行电子探针分析（表8.8），配以单矿物X粉晶衍射（表8.9）。研究结果分述如下。

表8.8　华北地块南缘富碱侵入岩长石的代表性探针分析（%）

序号	岩体名	长石	样品号	SiO_2	TiO_2	Al_2O_3	FeO	MnO	MgO	CaO	Na_2O	K_2O	TOTAL
1			ZB7-1	65.31	0.20	18.04	0.22	0.00	0.14	0.00	1.18	15.01	100.09
2			ZB7-2	65.71	0.00	21.00	0.05	0.05	0.00	2.71	10.17	0.21	99.90
3	张士英		ZB7-3	65.35	0.03	21.01	0.40	0.00	0.10	2.70	10.17	0.36	100.12
4			ZB8-1	64.79	0.00	20.79	0.14	0.07	0.19	2.77	10.02	0.49	99.39
5			ZB8-2	69.23	0.10	18.54	0.15	0.01	0.00	0.11	3.90	7.49	99.52
6			SB3-1	64.44	0.03	17.73	0.09	0.00	0.14	0.17	0.86	15.04	98.51
7			SB3-2	69.34	0.00	19.08	0.00	0.11	0.16	0.07	11.65	0.19	100.60
8	双山		SB3-3	64.10	0.00	17.98	0.04	0.12	0.30	0.11	0.62	16.67	99.94
8			SB8-1	64.66	0.03	18.01	0.04	0.02	0.37	0.20	0.59	15.92	99.84
10			SB8-2	63.98	0.00	18.36	0.15	0.09	0.57	0.30	0.62	15.82	99.90
11			WB3-1	63.92	0.07	16.43	2.68	0.00	0.44	0.23	0.23	15.79	99.72
12			WB3-2	63.86	0.36	16.66	1.79	0.11	0.15	0.12	0.24	16.70	100.00
13			WB2-1	66.60	0.16	18.45	0.26	0.13	0.31	0.14	0.33	14.03	100.42
14	乌烧沟		WB2-2	65.50	0.16	18.34	0.11	0.00	0.37	0.15	0.36	14.92	99.90
15			WB3-3	63.94	0.36	16.68	1.79	0.11	0.15	0.12	0.24	16.72	100.12
16			WB3-4	62.58	1.18	18.18	0.28	0.16	0.38	0.13	0.37	15.08	98.34
17			WB3-5	64.99	0.20	18.07	0.43	0.00	0.50	0.22	0.21	16.02	100.38
18			WB7-1	64.46	0.07	15.49	3.25	0.03	0.27	0.20	0.27	16.69	100.73
19			SHB3-1	64.33	0.14	17.73	0.54	0.00	0.30	0.23	1.28	15.53	100.08
20	磨沟		SHB3-2	63.25	0.18	17.81	1.24	0.01	0.46	0.26	0.70	15.96	99.87
21			SHB3-3	64.77	0.24	18.16	0.66	0.11	0.43	0.29	1.30	14.96	100.87
22			SHB3-4	64.00	0.06	17.56	0.43	0.00	0.41	0.17	1.14	15.16	98.99
23	草庙		IB4-1	67.80	0.00	19.09	0.10	0.00	0.45	0.00	11.55	0.04	99.10
24			IB4-2	68.67	0.00	19.24	0.11	0.00	0.43	0.01	12.00	0.13	100.77
25			3B1500-1	65.15	0.04	18.01	0.21	0.09	0.32	0.10	0.43	16.36	100.87
26			3B1500-2	63.45	0.13	18.09	0.01	0.00	0.62	0.26	0.82	16.62	99.58
27			3B1500-3	64.19	0.16	17.98	0.05	0.09	0.31	0.29	0.58	16.62	100.26
28	三合		3B1500-4	64.01	0.06	18.10	0.01	0.21	0.44	0.19	0.69	16.28	100.00
29			3B3-1	64.42	0.00	17.96	0.21	0.00	0.31	0.24	0.49	16.25	99.88
30			3B3-2	64.34	0.00	18.14	0.06	0.05	0.45	0.31	2.08	14.31	99.75
31			3B3-3	64.17	0.01	18.01	0.07	0.00	0.60	0.27	0.67	16.17	99.99
32			HB1-1	64.28	0.14	17.25	0.79	0.11	0.47	0.19	1.27	15.43	99.93

表 8.9　富碱侵入岩长石代表性化学组成(探针分析)阳离子数

样品号	阳离子															长石名称
	Si	Ti	Al	Fe^{3+}	Fe^{2+}	Mn	Mg	Cr	Ni	K	Na	Ca	Ab	Or	An	
1	2.89		1.089	0.001		0.002		0.006	0.007	0.012	0.867	0.127	86.16	1.19	12.63	更长石
2	3.001	0.007	0.977	0.003	0.006		0.009		0.007	0.88	0.105		10.64	89.35		正长石
3	2.882	0.001	1.092	0.001	0.013		0.006	0.002		0.02	0.87	0.127	85.52	1.96	12.5	更长石
4	2.879		1.089	0.056		0.002		0.002	0.008	0.028	0.863	0.132	84.36	2.73	12.9	更长石
5	3.072	0.003	0.967	0.002	0.003			0.001	0.004	0.424	0.335	0.006	43.82	55.43	0.73	微斜长石
6	3.005	0.001	0.974		0.004	0.004	0.009	0.011		0.895	0.078	0.009	7.9	91.19	0.89	微斜长石
7	3.01		0.976			0.004	0.01		0.002	0.1	0.981	0.003	98.63	1.04	0.32	钠长石
8	2.982		0.986		0.016	0.005	0.021	0.002		0.99	0.055	0.005	5.25	94.21	0.53	正长石
9	2.994	0.001	0.982	0.018		0.001	0.026		0.003	0.94	0.054	0.009	5.34	93.7	0.95	正长石
10	2.9656		0.996	0.018		0.003	0.04	0.004		0.935	0.056	0.015	5.56	92.92	1.51	正长石
11	2.997	0.002	0.908	0.013	0.092		0.03		0.01	0.941	0.021	0.012	2.13	96.63	1.23	正长残斑
12	2.995	0.012	0.921		0.257	0.005	0.104			0.999	0.022	0.006	2.17	97.17	0.62	正长嵌晶
13	3.018	0.005	0.986	0.006	0.003	0.005	0.021	0.003	0.007	0.811	0.029	0.006	3.49	95.75	0.75	条纹斑晶
14	3.004	0.013	0.991	0.002	0.002		0.021	0.003		0.873	0.03	0.007	3.5	95.7	0.78	正长微粒
15	2.995	0.041	0.922		0.07	0.005	0.01			0.999	0.022	0.006	2.17	97.19	0.62	正长嵌晶
16	2.935	0.006	1.005	0.005	0.006	0.006	0.026	0.011	0.003	0.902	0.033	0.006	3.35	95.75	0.67	正长碎晶
17	2.985	0.002	0.978	0.001	0.016		0.034	0.006		0.939	0.018	0.011	1.89	96.94	1.15	微斜残晶
18	3.017	0.005	0.854	0.01	0.117	0.001	0.019	0.002	0.001	0.997	0.024	0.01	2.32	96.66	1.00	微斜长石
19	2.0981	0.006	0.968	0.002	0.018		0.021	0.004		0.918	0.115	0.11	11.02	87.9	1.07	条纹微斜
20	2.955	0.009	0.981	0.006	0.042		0.032		0.001	0.951	0.063	0.013	6.15	92.6	1.24	微斜长石
21	2.972	0.002	0.982	0.001	0.025	0.004	0.029			0.875	0.115	0.012	11.49	87.31	1.19	正长石
22	2.996		0.977		0.014	0.003	0.022	0.002		0.96	0.038	0.005	3.82	95.69	0.47	正长石
23	2.989		0.992	0.003			0.029	0.001		0.002	0.787		99.75	0.24		钠长石
24	2.986		0.986	0.007			0.028	0.002	0.006	0.007	1.012	0.001	99.21	0.1	0.70	钠长石
25	2.988	0.007	0.946	0.002	0.029	0.004	0.033	0.003		0.915	0.114	0.01	11	88.06	0.92	微斜长石

续表

样品号	阳离子															长石名称
	Si	Ti	Al	Fe^{3+}	Fe^{2+}	Mn	Mg	Cr	Ni	K	Na	Ca	Ab	Or	An	
26	2.989		0.982	0.003	0.005		0.022		0.001	0.962	0.044	0.012	4.32	94.49	1.17	正长石
27	2.994	0.002	0.967	0.002	0.014		0.028			0.904	0.104	0.009	10.22	88.9	0.86	微斜长石
28	2.973		0.988	0.007		0.002	0.03	0.001	0.007	0.843	0.186	0.015	17.84	80.7	1.45	歪长斑晶
29	2.977	0.001	0.985		0.002		0.042	0.002		0.958	0.06	0.014	5.81	92.86	1.31	正长石斑晶
30	2.96	0.005	0.994		0.001		0.043			0.965	0.074	0.013	7.07	91.71	1.21	正长石
31	2.978		0.983		0.001	0.006	0.22		0.001	0.983	0.052	0.014	4.95	93.67	1.37	条纹长石
32	2.974	0.002	0.991	0.002		0.001	0.03			0.965	0.062	0.01	6.01	93.05	0.92	长石

注:空白处为在仪器检测范围之内没有检出的数值。

张士英岩体：钾长石类主要为正长石，占岩石矿物量40%～60%，斜长石占矿物量25%～30%。钾长石之间嵌有钠长石双晶与肖钠双晶，出现蠕英石。条纹长石斑晶呈卵圆形，外围镶嵌一圈更长石，呈更长环斑结构。正长石在更长石包围之中，呈条纹状分布，形成反条纹长石，并交代更长石形成正长石(高岭土化)“脏边”。微纹长石主晶为钾长石、客晶钠长石。

对环斑更长石(N4，序号，下同)和内部的微斜长石(N5)探针分析发现，斑晶外环斜长石为钠更长石，内部钾长石部分为微斜长石(表8.8)。除环斑结构长石外，无环斑结构的钾长石(N2)和斜长石(N1、N3)成分都有变化，首先表现为无环斑钾长石为正长石(N2)，Or = 89.35%占绝对优势，其次是环斑斜长石与无环斑斜长石相比，Ab变低，Or升高，而Au组成不变。这种现象表明局部岩石存在先期结晶正长石和后期微斜长石化，并在外围结晶晚期更长石(表8.9)。

X衍射长石样品分别采自岩体内部相和边缘(ZX - 2，ZX - 3)，131峰显示不明显(图8.9)，说明样品长石成分较复杂。根据镜下进一步观察，ZX - 2出现微小的更长石和石英连体，ZX - 3是不彻底交代钠长石形成的钾长石，因此属钾、钠两相长石的混合。在“三峰法”图解(图8.9)中，落入中间微斜长石范围，用△131和Ragland系数δ计算结果也显示较低值。

塔山岩体：镜下显示长石以微斜长石为主，微斜条纹长石次之，有钠长石假象出现。微斜长石格子双晶明显，由于蚀变作用形成变余微斜长石。在两个世代微斜长石中，早世代颗粒大，镶嵌着晚世代小粒径的微斜长石。微斜条纹长石主晶微斜长石，隐见格子双晶，客晶钠长石。假象钠长石大部分由绢云母、白云母组成。钠长石有两个世代，早者是机械双晶，晚者出现聚片双晶，且双晶带较宽。

X衍射长石样分别采自岩体内部相(TX - 1)和边缘相(TX - 3)，结果(表8.10)显示131、13l峰分裂很明显，△131 = 0.88～0.93，δ = 0.89～0.94，分别为接近最大微斜长石和最大微斜长石。在2θ参数测定碱性长石的结构状态和成分图解(图8.10)上，落入最大微斜长石边线附近。

双山岩体：镜下鉴定长石绝大部分是微斜长石，其次有少量钠长石和微纹长石斑晶。微斜长石中有细粒化以后重结晶形成且与钠长石连晶。钠长石有两个世代，早者呈机械双晶，棋盘格状、斑块状及不规则条纹状残余分布于微斜长石晶体中构成微纹长石；晚者交代微斜长石形成交代结构。侵入体中心相岩石出现一些正长石和碱性暗色矿物共生的连体特点。探针分析结果表明(表8.8)，岩体边缘相中长石有微斜长石(N6)、钠长石(N6)和正长石，中心相角闪云霞正长岩中绝大部分长石为正长石(N9、N10)。

X粉晶衍射表明，Kf有序度δ = 0.91，131与13l峰分裂不明显，可能是样品中有细小的钠长石连体或后期钠长石化作用影响了正长石纯度，据谱线图(图8.9)判断，很可能以钠长石为主，即大部分钾长石被钠化。

鱼池岩体：岩体边缘相长石镜下鉴定以微斜条纹长石为主，其次为少量微斜长石和钠长石。微斜条纹长石之中包嵌有碱性暗色矿物，形成包嵌晶结构，边缘呈锯齿状、港湾状和不规则状。在微斜长石中出现钠长石客晶，呈支脉状、云朵状、火焰状和条带状分布形成交代条纹长石。中心相绿闪霞石正长岩中长石以微斜长石为主，钠长石次之。

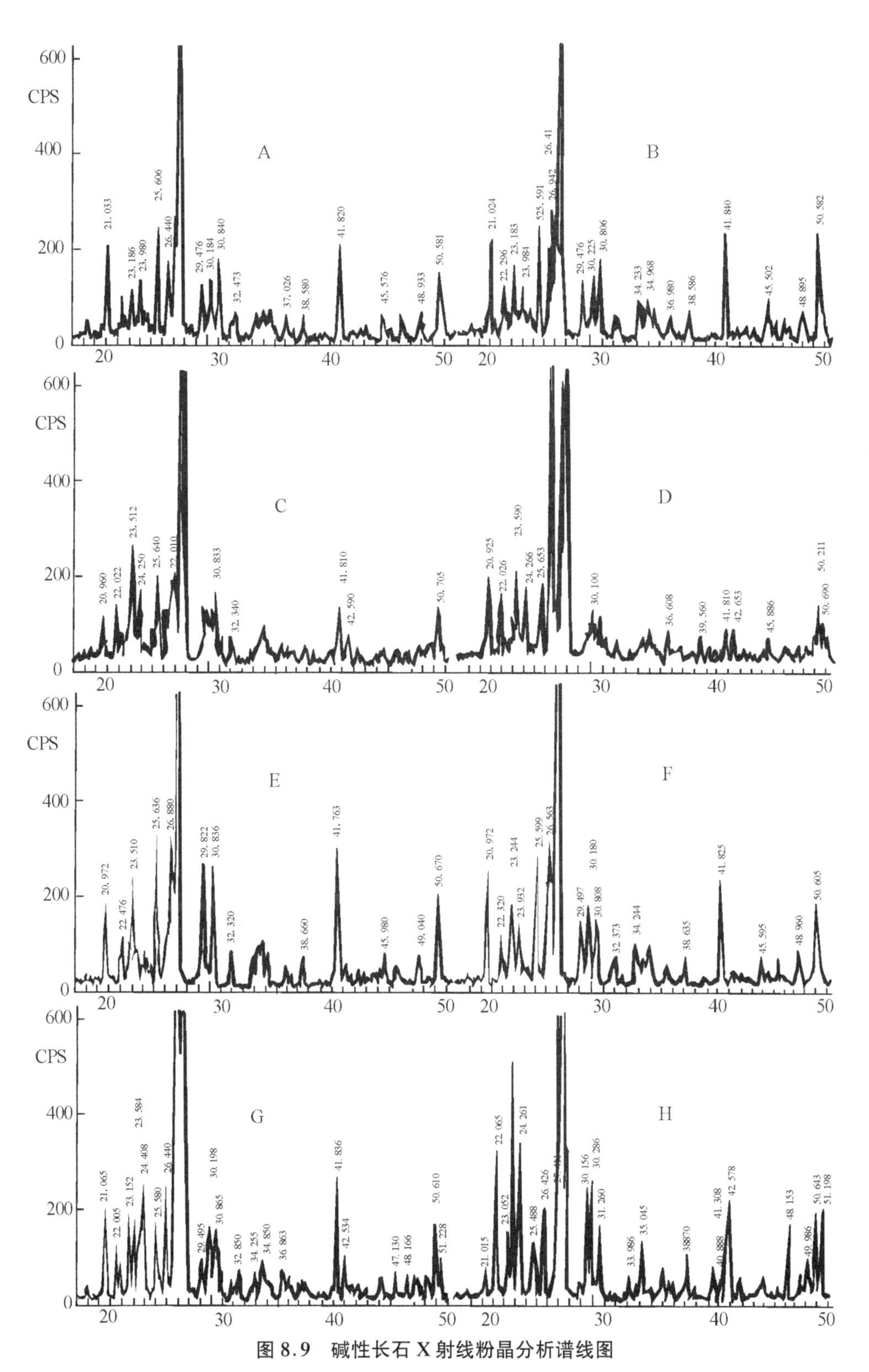

图8.9　碱性长石X射线粉晶分析谱线图

表 8.10 碱性长石特征 X 衍射和结构态代表性数据

No	样品号	ZO 值(CuKa)及其指标					三斜度	有序度	四面体位置中 Al 的占位率				ΔY	ΔZ
		ZO1	131	131	060	204	△131	δ(δ′)	T1O	t1m	t2O	(t2m)		
1	TX-1	21.02	29.46	30.22	41.84	50.58	0.93	0.94	0.96	0.01	0.015		0.95	0.94
2	-3	21.03	29.47	30.18	41.82	50.58	0.88	0.89	0.93	0.03	0.020		0.90	0.92
3	ZX-2	20.92			41.81	50.69		0.54						
4	-3	20.96			41.81	50.70	0	0.49	0.425	0.425	0.075		0	0.70
5	WX-2	20.97	29.49	30.18	41.82	50.60	0.85	0.83	0.90	0.04	0.030		0.86	0.88
6	-5	20.97	29.82		41.76	50.67	0	0.46	0.42	0.42	0.080		0	0.68
7	SHD-3-2	21.01			41.88	50.64		0.92						
8	YD-2	21.06	29.47	30.19	41.83	50.61	0.86	0.85	0.92	0.03	0.025		0.89	0.90
9	S1500	21.02	29.58	30.20	41.84	50.61	0.76	0.86	0.86	0.09	0.025		0.77	0.90

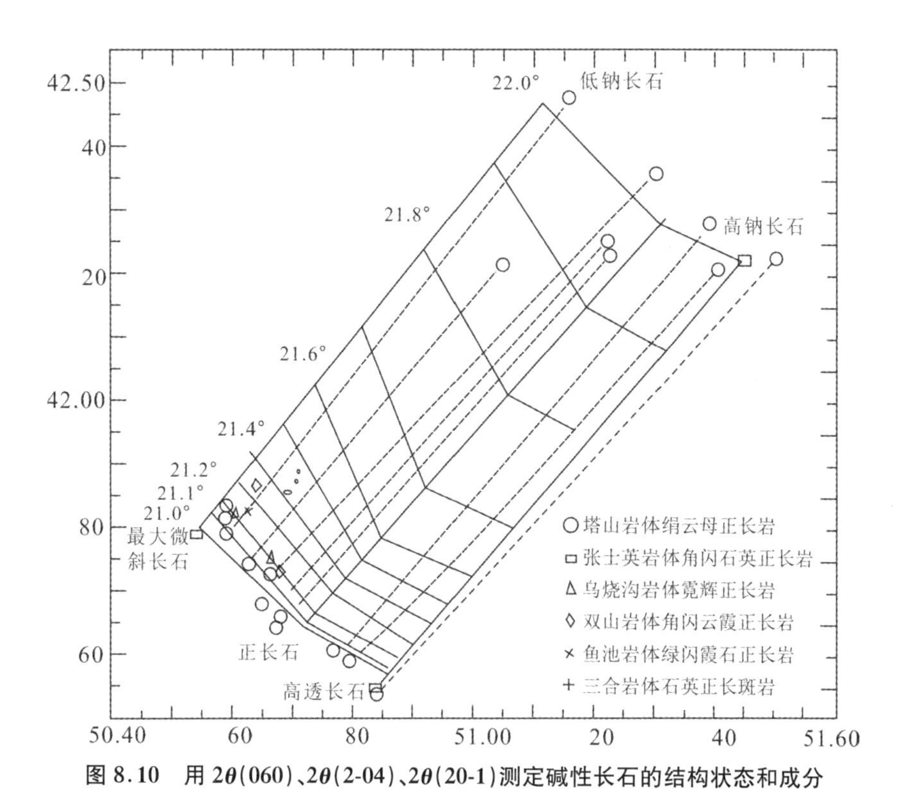

图 8.10 用 $2\theta(060)$、$2\theta(2\text{-}04)$、$2\theta(20\text{-}1)$测定碱性长石的结构状态和成分

X 粉晶衍射表明,131 峰分裂非常明显,钾长石量相对较多,接近最大微斜长石。

乌烧沟岩体:镜下鉴定造岩矿物 80%为正长石,其间包裹有少量细粒钠长石,局部岩石以微斜长石为主,呈格子双晶和残余格子双晶,沿裂隙充填钠长石。正长石分两世代,早者晶粒大,晚者呈细小颗粒充填在前者裂隙中。电子探针分析选择样品长石分斑晶和基质,斑晶几乎全为正长石(N13、N14),在一些中粗粒结构的岩石中正长石边部破碎形成正长石碎晶和内部嵌晶(N16、12、15),正长石残斑和碎斑与嵌晶成分基本一致(表 8.8),表明构造破碎作用影响了斑晶的完整性,但对长石成分影响不大。X 粉晶衍射表明,边缘相细粒正长岩长石为接近最大微斜长石,中心相霓辉正长岩长石为正长石。131 峰分裂非常明显,尤其以中心相长石分裂最清楚。

三合岩体:镜下鉴定长石分斑晶和基质,斑晶多为条板状歪长石,少量宽板状钠长石。基质以钾长石为主,少量钠长石呈肖钠双晶,定向性明显。

探针分析确定长石斑晶为钾微斜长石(N28),基质成分为正长石(N30),在一些变石英正长斑岩中长石为微斜长石和条纹长石。

X 衍射分析表明长石 131 峰特别高,异常因素尚不清楚,根据参数计算,可以假定为微斜长石。

草庙岩体:镜下鉴定长石分斑晶和基质,斑晶以正长石为主,其次为微斜长石及条纹长石,正长石斑晶周边通常被钠化形成交代钠长石(N23、24)。基质主要为微斜长石,局部显示格子双晶,其次为钠长石,占基质长石量 20%左右。探针分析表明 Ab>99%,属钠长石。

5. 霞石

霞石见于研究区乌烧沟、双山和鱼池等岩体，尤以双山岩体含霞石量最高(20%左右)。关于此种矿物的镜下鉴定特征，见前文“岩石类型”部分，这里就电子探针分析结果说明霞石化学组成特点。

双山岩体：主岩角闪云霞正长岩中选取两件样品 SB8－2－3 和 SB8－3－4(表 8.11)，测定结果相近，据 K、Na、A1、Si 含量比例，按霞石化学式($KNa_3[AlSiO]_4$)计算，以 O＝16 为基础的阳离子数表明 Si∶Al 不是 1∶1，表现含有较多的硅而不足铝，但硅和铝(以及 Fe^{3+})原子总数仍接近 8，这与王濮(1984)表列的霞石组成接近。

表 8.11 双山岩体和鱼池岩体霞石电子探针成分(%)

	SiO_2	TiO_2	Al_2O_3	Fe_2O_3	FeO	MnO	MgO	Cr_2O_3	NiO	CaO	Na_2O	K_2O
SB8－2－3	42.48		33.64		0.29	0.04	0.32			0.21	16.3	7.64
SB8－3－4	41.76		33.71		0.17	0.05	0.91	0.15	0.1	0.21	15.83	7.11
YD2－2－3	35.4		28.71		0.23	0.13	0.49	0.02	0.21	7.62	15.69	
					以 O＝16 为基础的阳离子数							
$KNa_3(AlSiO_4)_4$	4.09		0.82	0.00	0.02	0.03	0.05			0.02	3.05	0.94
$KNa_3(AlSiO_4)_4$	4.05	0.02	3.85	0.02	0.01		0.13	0.01	0.01	0.02	2.98	0.88
					以 O＝29 为基础的阳离子数							
$Na_2Ca_6(AlSiO_4)_6(OH)_2$	7.02		6.72		0.04	0.15	0.02	0.00	0.03	1.62	6.03	

鱼池岩体：样品取自绿闪霞石正长岩(YD2－2－3)，对薄片镜下鉴定属钙霞石族，经探针测定(表 8.11)显示以 O＝29 为基础的阳离子数 Si 比较高，而 Ca^{2+} 显得不足。根据化学式($Na_2Ca_6[AlSiO_4]_6(OH)_2$)配平，总体上属于钙霞石。此种矿物往往形成于碳酸溶液和硫酸溶液作用于早期结晶的霞石，是霞石的一种指示矿物，因此，我们可以推测鱼池岩体形成后遭受热事件的作用。

6. 白云母

研究区富碱岩体中白云母发育比较普遍，标志着岩体遭受热液活动影响或变质变形，几乎各个岩体岩石都有不同程度的白云母化，大颗粒的白云母很少见，一般呈非常细小的白色云母，即绢云母。对双山岩体中白云母经探针分析(表 8.12)，按白云母亚族矿物化学式以 O＝11 为基础计算的阳离子数表明，矿物中钾大于钠，富硅贫铝，混入物 Fe、Mn、Na 含量较高，总体上属白云母矿种。

表 8.12 双山岩体白云母电子探针成分(%)

	SiO_2	TiO_2	Al_2O_3	Fe_2O_3	FeO	MnO	MgO	Cr_2O_3	NiO	CaO	Na_2O	K_2O
SB3－2－1	48.1	0.23	30.68		5.96	0.06	1.25	0.04	0.06	0.02	0.16	7.62
					以 O＝11 为基础的阳离子数							
	Si	Ti	Al	Fe^{3+}	Fe^{2+}	Mn	Mg	Cr	Ni	Ca	Na	K
$K(Al_2(AlSi_3O_{10})(OH)_2)$	3.2491	0.001	2.443	0.003	0.339	0.003	0.127	0.002	0.003	0.001	0.099	0.657

7. 榍石

在研究区富碱岩体岩石副矿物中，榍石比较发育(有关副矿物鉴定特征见本章副矿物部分)，尤以张士英岩体和双山岩体最为明显，经探针分析(表 8.13)表明，以化学式($CaTi[SiO_4]O$)计算，O = 5 为基础的阳离子数 Si：Ti：Ca 均接近 1：1：1，只是 Si 原子数稍高于 Ti，Fe^{2+} 和 Al 混入量较高，其中张士英岩体样品(ZB8－1－2 和 ZB8－1－4)混入 Fe^{2+} 较多，双山岩体样品(SB－3－2－3)混入 Al 较多。

表 8.13 张士英和双山岩体榍石电子探针成分(%)

	SiO_2	TiO_2	Al_2O_3	FeO	MnO	MgO	Cr_2O_3	NiO	CaO	Na_2O	K_2O	Total
SB8－1－2	30.08	34.74	1.31	2.26	0.16	0.15	0.2		27.4	0.14		96.42
ZB8－1－4	29.83	34.51	1.21	2.54		0.04			27.16		0.05	95.34
SB3－2－3	30.03	33.25	2.1	1.31	0.02	0.08			26.52	0.28		93.59
$CaTi(SiO_4)OH$	Si	Ti	Ca	Fe^{2+}	Mn	Mg	Cr	Ni	Al	Na	K	Fe^{3+}
$CaTi(SiO_4)OH$	1.025	0.89	1	0.064	0.004	0.007	0.005		0.053	0.009		0.001
1.028	0.895	1.003	0.073		0.002			0.049		0.002	0.001	
1.045	0.87	0.989	0.038	0.001	0.004			0.086	0.019			

8. 绿帘石

绿帘石与黝帘石为一完全类质同相系列($Ca_2AlAl_2[SiO_2O_7][SiO_4]O[OH]$－$Ca_2Fe^{3+}Al_2[SiO_2O_7][SiO_4]O[OH]$)，按晶体化学式中的离子数计算，当 Fe^{3+} <0.07 称为黝帘石，Fe^{3+} >0.07 称为铁黝帘石，Fe^{3+} <0.45 时称为斜黝帘石，Fe^{3+} >0.33 时属绿帘石。据双山岩体两个样品探针分析(表 8.14)，以化学式 O = 12 为基础计算阳离子数 Si 接近 3，但 A_{II} 位置上仅有<0.15 个 Al 原子，大部分被 Fe 取代，因此判属绿帘石。绿帘石是基性岩浆岩动力变质矿物，是中酸性岩低温钙质交代的主要特征矿物，亦可由热液结晶而成。

表 8.14 双山岩体绿帘石电子探针成分(%)

	SiO_2	TiO_2	Al_2O_3	Fe_2O_3	FeO	MnO	MgO	Cr_2O_3	NiO	CaO	Na_2O	K_2O
SB3－2－1	36.79	0.05	22.54		10.98	0.75	0.04		0.09	22.22	0.3	
SB8－3－2	35.8		20.86		13.21	0.13	0.57			19.97	0.42	
					以 O = 12 为基础的阳离子数							
	Si	Ti	Al	Fe^{3+}	Fe^{2+}	Mn	Mg	Cr	Ni	Ca	Na	K
$Ca_2FeAl(Si_2O_7)$	2.988	0.002	2.158	0.001	0.745	0.024	0.049		0.006	1.933	0.047	
$(SiO_4)O(OH)$	3.018		2.072		0.932	0.009	0.074			1.805	0.068	

9. 绿泥石

绿泥石是富碱侵入体中较为普遍存在的蚀变矿物。对张士英岩体样品分析表明，以化学式$(Mg、Fe、Al)_3(OH)_6\{(Mg、Fe、A1)_3[(Si、A1)_4O_{10}](OH)\}$计算，O = 14 为基础的阳离子数 Y=4,m=6.097,Fe^{2+} ：R^{2+} =0.312,Si 在 2.75～3.10 之间按 Foster(1962)划分准则,属铁镁绿泥石(表 8.15)。

表 8.15　张士英岩体绿泥石电子探针成分(%)

	SiO_2	TiO_2	Al_2O_3	FeO	MnO	MgO	Cr_2O_3	NiO	CaO	Na_2O	K_2O	$X_MY_4O_{10}(OH)_8$
SB10-1-5	29.14	0.05	17.97	18.31	21.31	1.59	0.38	0.2	0.08	0.88	0.01	X
				以 O=14 为基础的阳离子数								m=5～6
Si	Ti	Al	Fe^{3+}	Fe^{2+}	Mn	Mg	Cr	Ni	Ca	Na	K	Y=Al.Si
2.919	0.004	2.119		1.518	3.178	0.134	0.029	0.017	0.008	0.171	正绿泥石	

8.3.2　副矿物

为查明研究区富碱侵入岩副矿物特征,除了前述的岩矿薄片鉴定工作外,还选择了三合、乌烧沟、草庙、双山、塔山、张士英 6 个岩体中 7 件代表性大样,由河南省区调队实验室协助进行人工重砂分析,内容包括副矿物种类及含量、副矿物特征描述和某些重要副矿物晶体形态对比研究三个方面。

1. 副矿物种类及含量特征

在人工重砂大样分离以后,分别按粒径 $d>0.25$ mm、粒径 $d>0.1$ mm 和粒径 $d<0.1$ mm 三级换算主要副矿物含量,最后合计总量,对少量以下的副矿物按大于 50 颗为少量、11～50颗为微量、小于等于 10 颗为极微量,归入其他副矿物相对含量范围(次要副矿物),一并列入表 8.16。从副矿物种类对比来看,每个代表样中都含有磁铁、褐铁和黄铁矿、金红石、榍石、磷灰石、锆石和锐钛矿。特殊情况有:塔山和双山出现萤石,乌烧沟和草庙出现重晶石,三合和草庙出现电气石,除双山外其他岩体均出现白钛石。在主要副矿物含量方面,大部分岩体出现磁铁矿(7.5～34.1 g/10 kg)和褐铁矿(0.1～72 g/10 kg),除三合和草庙外,其他还出现锆石(0.04～0.14 g/10 kg)。在副矿物组合类型方面,双山岩体为榍石-锆石-磷灰石;塔山岩体为磁铁矿-磷灰石-萤石-锆石;三合和草庙均为磁铁矿-褐铁矿-磷灰石;乌烧沟为褐铁矿-重晶石-白钛石-锆石;张士英为磁铁矿-锐钛矿-磷灰石-锆石。这些表明三合岩体与草庙岩体岩石类型近似,副矿物组合类型基本相同,其他岩体岩石类型差异较大,其副矿物组合类型也不尽相同,但在副矿物组合中均有锆石,且总体上组合类型相近,富含高 Mg、Fe、Ti 元素和 Zr 等高场强元素的矿物,显示富碱岩石的共同特点。

2. 副矿物特征描述

1) 双山不等粒黑云正长岩副矿物

造岩矿物有钾长石、黑云母、钠长石、角闪石和少量霞石。

磁铁矿:黑色、金属光泽,强磁性,条痕黑色,主要呈不规则粒状,个别颗粒为不完整八面体状,个别具较完整的八面体歪晶,大多数磁铁矿与黑云母、长石连生,或磁铁矿以包体形式出现于长石或黑云母中,粒径 $d=0.03$～0.40 mm,含量为少量(见表 8.16,下同)。

表 8.16 富碱侵入岩代表性岩石副矿物组成以及含量(g/10 kg)

序号	岩体岩性	主要副矿物及含量			其他副矿物及含量		
1	嵩县南部	磷灰石	褐铁矿		锐钛矿	黄铁矿	锆石
	霓辉正长岩	0.9101	19.8389		a	a	a
					磁铁矿	白钛矿	
					a	b	
2	南召草庙	磁铁矿	褐铁矿	磷灰石	黄铁矿	金红石	锐钛矿
	变石英正长斑岩	75.6036	1.9459	2.3227	b	b	b
		重晶石			电气石	白钛矿锆石	
		0.3027			c	c	c
3	舞阳张士英	磁铁矿	褐铁矿	锐钛矿	白钛石	板钛矿	金红石
	角闪石英正长岩	76.7063	0.3097	3.6074	a	a	b
		磷灰石	锆石		黄铁矿	孔雀石	黄铜矿
		160106	0.4448		b	c	c
4	栾川三合	磁铁矿	褐铁矿	金红石	锆石	黄铁矿	榍石
c	石英正长斑岩	170.8605	0.8372	0.6352		b	b
		磷灰石			白钛石	电气石	锐钛矿
		0.9401			c	c	c
5	方城塔山	磁铁矿	金红石	白钛石	褐铁矿	黄铁矿	铌铁金红石
	绢云母正长岩	341.3619	0.0858	0.960	b	b	b
		磷灰石	萤石	锆石	硬锰矿	方铅矿	锐钛矿
		1.6413	1.0094	0.444	c	c	c
6	方城双山	榍石	锆石	磷灰石	磁铁矿	电气石	褐铁矿
	角闪云霞正长岩	67.3067	1.4570	0.6927	a	a	b
		萤石			赤铁矿	黄铁矿	金红石
		0.6485			c	c	c

注:表中数字为相应矿物含量;a. 少量;b. 微量;c. 几颗。

赤铁矿:钢灰色,光泽暗淡,呈不规则粒片状,条痕樱红色,粒径 $d=0.05\sim0.30$ mm,含量为几颗。

褐铁矿:褐黄色,光泽暗淡,土状、不规则粒状,个别具黄铁矿立方体假象,条痕为浅黄褐色,粒径 $d=0.1\sim0.25$ mm,含量为微量。

金红石:金刚光泽.呈不完全柱状,粒径 $d=0.1$ mm,含量为几颗。

黄铁矿:浅铜黄色,金属光泽,条痕绿黑色,呈不规则粒状,粒径 $d=0.03\sim0.15$ mm,含量为几颗。

榍石:主要为蜜黄色,其余为极浅的黄色或近于无色,金刚光泽,断口不平坦,为树脂光泽。主要呈不规则碎屑状,少数颗粒为较不完整的信封状,少数榍石内部因含有小磁铁矿包体而落入磁性部分,另有少数榍石与长石、黑云母连生,个别与磁铁矿连生,粒径 $d=0.03\sim0.40$ mm,含量 67.3067 g/10 kg。两种不同颜色榍石光谱分析结果(表 8.17)表明,稀土含量有较大差异。

表 8.17 两种颜色榍石光谱分析结果(%)

元素	蜜黄色榍石单矿物						极浅黄色榍石单矿物					
	Ca	Ti	La	Ce	Y	Yb	Ca	Ti	La	Ce	Y	Yb
含量	>10	>10	0.2	0.1	0.2	0.03	>10	>10	0.05	0.04	0.2	0.01

萤石:紫色,个别颜色较深为深紫色,玻璃光泽,主要为不规则粒状,少量为不完整的立方体晶形,少数萤石因含有磁铁矿包体或与磁铁矿连生而落入磁性部分,部分萤石与长石、黑云母连生。萤石透明-半透明,粒径 $d = 0.04 \sim 0.30$ mm,含量 0.6485 g/10 kg。

电气石:浅黄色,透明度良好,玻璃光泽,表面光滑,主要为不完整复三方柱状(其中少数颗粒呈细长柱状,个别为针状,其晶棱清晰,晶面平滑),横断面为球面三角形,硬度较大。少数颗粒因熔蚀,其表面坑凹、裂纹明显,个别颗粒裂纹横穿柱体。个别含黑云母包体与长石、黑云母连生。油浸下观察:一轴晶负光性、负延性、吸收性弱。粒径 $d = 0.05 \sim 0.30$ mm,含量为少量。

磷灰石:无色、透明度良好,玻璃光泽,主要为不规则粒状,表面不平坦,少量颗粒具较不完整的柱状或六方柱状,晶棱不完整,晶面不平滑。由于粒度小,熔蚀现象不易观察,粒径 $d = 0.03 \sim 0.15$ mm,含量 0.6927 g/10 kg。

锆石:灰褐色,油脂光泽,透明度差,半透明-不透明,主要呈不规则粒状,其次为较不完整的柱状或柱状双锥。仅有微量颗粒具较完整晶形,为四方柱与四方双锥组成的简单聚形。个别包有锆石连晶,熔蚀现象发育,熔蚀坑洞普遍,锆石表面粗糙不平,柱状锆石晶棱较平直,部分锆石与长石连生,个别锆石中嵌入有白云母,含量 1.4570 g/10 kg。

2) 塔山岩体中细粒白云正长岩

造岩矿物有长石、石英、白云母、绿帘石、方解石、石榴石。副矿物有磁铁矿、褐铁矿、锰矿、金红石、白钛石、磷灰石、方铅矿、萤石、锐钛矿、铌铁金红石、榍石、锆石等。

磁铁矿:铁黑色,微量表面分布有不均匀的靛蓝色、铜黄色之锖色,金属光泽,少数为半金属光泽,以不规则粒状为主,少数呈不完整状,但还可隐约看出以八面体和八面体歪晶为主。少数为板状,微量连晶。粒径 $d = 0.05 \sim 0.3$ mm,普遍已赤铁矿化,条痕呈赤红色,磁性很弱。据有晶形者来看,晶棱晶面清晰,熔蚀现象特别显著,也可能因熔蚀、破碎等因素的影响,使晶体残缺不完整,有的颗粒仅保留少量晶面,部分晶面上有坑洞和凹陷,完整八面体者仅占极少数。分布在粒径 $d > 0.25$ mm 和粒径 $d > 0.1$ mm 粒级中的磁铁矿绝大多数都是呈微粒状和细小颗粒,分布在长石、石英之中,还有一部分与石英、长石连体,微量与白云母、金红石连体。磁铁矿含量为 341.3619 g/10 kg。

褐铁矿:褐色、褐黄色和褐红色,光泽暗淡,不规则粒状,$d = 0.1 \sim 0.2$ mm,条痕褐黄色,含量为微量。

锰矿:黑色,光泽暗淡,不规则粒状,条痕黑褐色,$d = 0.1 \sim 0.15$ mm,含量几颗级。

金红石:橙红色,极少数呈橙黄色,金刚光泽,部分金红石已发生程度不同的白钛石化,以不规则状为主,其次呈不完整的短柱状,有的并具晶纹,极少数呈集合体状和连晶,$d =$

0.03～0.15 mm，条痕浅黄色，微量和磁铁矿连体。个别和轻矿物连体，含量约 0.08589 g/10 kg。

白钛石：黄色、少数黄色中分布有黑色质点状物质，光泽较暗淡，不规则粒状，$d=0.1$～0.3 mm，条痕浅黄色，多数颗粒中含有星点状金红石残骸，极少表面覆有碳酸盐，含量约 0.0960 g/10 kg。

磷灰石：无色，玻璃光泽，透明度良好，少部分表面呈毛玻璃状，透明度差。主要为不规则粒状，大约有 1/3 为不完整柱状，但多数呈浑圆柱状；少数从断口可看出六边形，或者呈发育不均一的六边形，柱面已不清晰，晶棱晶面清晰者极少。$d=0.05$～0.25 mm，含量约 1.6413 g/10 kg。

方铅矿：铅灰色、金属光泽，呈立方体，个别断口呈阶梯状，$d=0.03$～0.07 mm，条痕铅灰色，硬度小，仅含几颗。

萤石：颜色为不均匀的浅紫色，少数无色略带不均匀紫色，个别呈深紫色，微量表面粘覆有星点状磁铁矿及黑色物质，有些含磁铁矿包体，玻璃光泽，透明度好，极少数半透明，呈不规则状，$d=0.1$～0.3 mm，含量大约 1.0094 g/10 kg。

锐钛矿：灰色、灰黄色，金刚光泽，呈不完整之锥状，$d=0.05$～0.1 mm，条痕浅灰色，碎片透明，仅含几颗。

黄铁矿：浅铜黄色，金属光泽，个别表面具褐红色薄膜，不规则状，个别呈棱角圆滑的立方体，某些立方体与八面体聚形，$d=0.05$～0.12 mm，条痕绿黑色，含量为微量。

榍石：浅褐黄色，玻璃光泽，透明度良好，呈不完整状和不规则状，$d=0.05$～0.1 mm，条痕浅黄色，含量为几颗。

铌铁金红石：黑色，半金属光泽，断口呈沥青光泽，不规则粒状，个别颗粒还保留少量晶面或晶纹，$d=0.1$～0.3 mm，条痕灰褐色，个别颗粒和长石、石英连体，含量为微量（表 8.18）。

表 8.18　铌铁金红石光谱分析（%）

元素	Ti	Fe	Nb	Ta	La	Ce	Y	Yb	
含量	3	>10	0.7	0.3	0.5	0.5	0.03	0.5	0.05

锆石：粒级分布在 $d>0.1$ mm 和 $d<0.1$ mm 内，绝大部分均呈微粒状和细小颗粒状聚集或稀散分布在长石、石英之中。在 $d<0.1$ mm 粒级内有一部分为单体锆石，颜色为浅红色，极少数为浅紫红色，微量表面有褐色、褐黑色斑点，透明度较差，少数透明度好、金刚光泽，以不规则粒状为主，少数以集合体和连晶出现。其次为不完整状、完整晶体，约占锆石单体的 2%，具不完整和完整晶形，其晶棱平直，晶面清晰者占绝大多数，晶棱圆滑、晶面模糊者占少数。晶面上有坑洞和凹陷、晶棱残缺的熔蚀现象显著。锆石粒径特细，$d=0.02$～0.06 mm 者多见，最大粒径为 0.09 mm。部分完整晶体统计表明，长宽比值接近 1∶1，近等轴状，少数长宽比值在 1.5∶1 左右，最大 2∶1。锆石总含量为 0.444 g/10 kg。

3）三合岩体变石英正长斑岩

岩石造岩矿物长石、石英、云母类，副矿物有磁铁矿、褐铁矿、金红石、磷灰石、榍石、白钛石、电气石、黄铁矿、锐钛矿、锆石等。

磁铁矿：铁黑色，微量表面分布有不均匀的靛蓝色及其他锖色，金属光泽，以不规则粒状为主，少数为板状，少量呈不完整及完整之八面体，偶尔可见到连晶。$d=0.05\sim0.35$ mm，粒径在 0.1～0.2 mm 为多数，普遍已赤铁矿化，条痕呈暗红色，磁性很弱。据有晶形者看，晶棱平直，晶面清晰，有晶体残缺不全及晶面上出现坑洞和凹陷的熔蚀现象。部分磁铁矿与绢云母、石英连体。磁铁矿总量为 170.9605 g/10 kg。

褐铁矿：褐黑色，少量呈暗红色、光泽暗淡，以不规则状为主，少数为半金属光泽，呈黄铁矿假象，五角十二面体、立方体及与八面体聚形等，还有歪晶与连晶，晶体棱角圆滑，晶面不清，$d=0.1\sim0.3$ mm，条痕为褐红色，含量为 0.8372 g/10 kg。

金红石：橙黄色，少数黄色、红色，极少呈褐色、灰褐色，金刚光泽，透明度较差，以不规则粒状为主，少部以集合体状，其次为柱状，并具晶纹，微量呈连晶。$d=0.05\sim0.2$ mm，条痕浅黄色，少量表面白钛石化，微量金红石与磁铁矿、石英、长石连体。含量约为 0.6352 g/10 kg。

磷灰石：无色，少数颗粒表面覆有星点状褐黑色物质，玻璃光泽，透明度良好，少数表面毛糙，半透明。主要为不规则粒状，其次呈柱状，晶棱晶面大多数已经被破坏。微量呈不完整六方柱状，晶面清晰，晶棱平直，$d=0.05\sim0.25$ mm，部分呈熔蚀现象。含量为 0.9401 g/10 kg。

榍石：浅褐黄色，玻璃光泽，透明度良好，多呈不完整状，晶棱晶面清晰，极少不规则状，$d=0.05\sim0.2$ mm，条痕浅黄色，含量为几颗。

白钛石：土色，光泽暗淡，板状，$d=0.05\sim0.2$ mm，条痕土色，含量为几颗。

电气石：茶褐色，树脂光泽，表面具熔蚀坑洞和小凹陷，呈不完全柱状，个别与石英连体，$d=0.05\sim0.1$ mm，含量为几颗。

黄铁矿：浅铜黄色，金属光泽，个别表面具褐铁矿薄膜，多呈不规则状，个别立方体及立方体与八面体聚形，棱角较圆滑，$d=0.05\sim0.15$ mm，条痕绿黑色，含量为微量。

锐钛矿：灰褐色，金刚光泽，半透明，呈不规则状，$d=0.05\sim0.15$ mm，条痕浅灰褐色，含量为几颗。

锆石：浅紫红色，极少呈浅红色，个别因染色表面分布有不均匀褐色，透明度良好，金刚光泽，晶体表面一般可见轻度熔蚀现象，使晶面上具微小坑洞。以完整晶体为主，少数呈半截柱状，多晶棱平直，晶面清晰。个别晶棱角圆滑，晶面不清。粒径 $d=0.026\sim0.091$ mm，长宽比 2∶1～3∶1 之间。

4）乌烧沟岩体霞石正长岩

造岩矿物钾长石、霞石、角闪石、绿泥石和斜长石，副矿物有磁铁矿、褐铁矿、赤铁矿、重晶石、榍石、锆石、磷灰石、金红石、黄铁矿、锐铁矿、白钛石、板钛矿等。

磁铁矿：铁黑色，粉末黑色，晶形八面体或不完整八面体，性脆，不透明，无解理，断口为贝壳状，半金属光泽，强磁性，部分已赤铁矿化，粉末暗红色，个别颗粒表面有蓝紫锖色，可见长石与磁铁矿连体，粒径较小，$d=0.05\sim0.15$ mm，含量为少量。

褐铁矿：褐黑色、褐红色，粉末红褐色、棕褐色。晶形棱角粒状，大小不一，表面粗糙。硬度低，光泽较暗，个别呈立方体黄铁矿假象与长石连体，粒径变化大，$d=0.05\sim0.5$ mm。总含量为 72.7172 g/10 kg。

赤铁矿：钢灰色，粉末樱红色，晶形板状、片状，金属光泽，性脆，无解理，表面较光滑，粒径较小，$d=0.05\sim0.1$ mm。含量为几颗。

重晶石：无色、浅红色，晶形不规则棱角板状，不规则片状，个别不规则粒状，玻璃光泽，断口参差状，油脂光泽，透明度好，硬度低，解理完全。$d=0.05\sim0.4$ mm，裂纹常见，部分颗粒表面有褐红色斑点或斑块，其含量为 8.8951 g/10 kg。

榍石：黄褐色、黄绿色，晶形多不完整的信封状，个别完整信封状，棱角突出，断口参差状，半透明，金刚光泽，断口树脂光泽，性脆，部分颗粒表面有灰白色斑点，多数颗粒表面光滑、无坑凹，粒径 $d=0.05\sim0.15$ mm。含量为少量。

锆石：浅红色、褐红色，少数无色，黄褐色，晶形为不整四方双锥，少数四方锥柱状，晶棱平直，晶面清楚，个别连晶、歪晶，透明度好，玻璃光泽，断口参差状，油脂光泽，绝大部分颗粒表面有星点状褐红色斑点，裂纹与熔蚀现象极发育，80%以上锆石具不完整、棱角突出、表面坑凹现象。粒径变化大，含量为 0.8875 g/10 kg。

磷灰石：无色、白色，个别浅黄色。晶形主要为不完整的六方柱，少数为完整的六方柱，个别不规则棱角粒状，晶形完整，晶棱平直，晶面清楚。透明度好，断口不平坦，油脂光泽。部分颗粒表面粗糙，坑洼不平，局部可见褐红色斑点或斑块。粒径 $d=0.05\sim0.2$ mm。含量为少量。

金红石：棕红色、褐红色，粉末黄褐色、黄色，晶形主要为不完整柱状，常见晶面纵纹，少数为不规则棱角粒状，个别板状，部分颗粒有膝状双晶，金刚光泽。断口参差状，树脂光泽。性脆、有解理。个别颗粒局部有白钛石化现象，多数颗粒表面粗糙，坑洼不平。透明度较好，个别颗粒有磁铁矿包体，并与长石、褐铁矿连体。粒径 $d=0.05\sim0.3$ mm，含量为 1.3338 g/10 kg。

黄铁矿：浅铜黄色，粉末绿黑色，晶形不规则棱角粒状，个别为立方体与五角十二面体聚形，晶棱晶面清楚，表面光滑，强金属光泽。断口参差状，性脆，无解理。个别颗粒局部有蓝紫锖色或褐红色薄膜。粒径 $d=0.05\sim0.2$ mm，含量为几颗。

锐钛矿：蓝色、黄褐色、蓝绿色，晶形为不完整的四方双锥，少数为完整的四方双锥，个别为板状、粒状，金刚光泽。解理完全，晶面常见横纹，断口参差状，半透明。粒径 0.05～0.2 mm，个别有连晶连体。含量为 0.1417 g/10 kg。

白钛石：灰白色、浅黄色，个别为黄褐色。晶形不规则粒状，少数板状，个别不规则信封状。微透明、土状光泽，表面较粗糙，棱角不圆滑，部分颗粒与褐铁矿连体，偶尔见褐红色的铁质薄膜，粒径 $d=0.05\sim0.3$ mm，含量为 9.7280 g/10 kg。

板钛矿：黄褐色、灰绿色。晶形板状、不规则粒状，一些较好板状晶面常有条纹，半透明，断口参差状，金刚光泽，棱角突出。粒径 $d=0.05\sim0.2$ mm，含量为微量。

5) 张士英岩体

主体为钾长花岗岩，造岩矿物钾长石、石英、斜长石、云母、角闪石，副矿物有磁铁矿、褐铁矿、黄铁矿、白钛石、孔雀石、锐钛矿、金红石、板钛矿、黄铜矿、磷灰石、锆石。

磁铁矿：黑色、大部表面暗红色薄膜，半金属-金属光泽。大多被赤铁矿化，使磁性减弱，粉末赤红色、暗红色。晶形不规则状，多数呈不完整或不甚完整的八面体，少数八面体表面具梯状突起，个别呈完整八面体或棱角圆滑粒状。少部分与石英、长石连生。$d=0.05\sim$

0.60 mm，含量为 0.3097 g/10 kg。

褐铁矿：颜色浅黄色、黄褐色，粉末浅黄褐色、黄色，暗淡无光泽。形状大多不规则状，个别为肾状。硬度低，个别颗粒与石英、长石连生。d = 0.05～0.45 mm，含量为 0.3097 g/10 kg。

黄铁矿：浅黄铜色，少数表面带有黄褐锖色，粉末绿黑色，金属光泽，断口参差状。性脆，形状不规则状，个别与石英连生。d = 0.05～0.45 mm，含量为微量。

孔雀石：翠绿色，粉末浅绿色。玻璃光泽，半透明，硬度低。形状纤维放射状集合体。d = 0.10～0.15 mm，含量为几颗。

白钛石：灰白色、黄白色，个别浅灰色，粉末白色。土状光泽，硬度低，形状不规则状。微量中保留有锐钛矿的残余，少量与石英、长石连生。d = 0.05～0.60 mm，含量为少量。

金红石：黄褐色、棕红色，个别浅黄褐色，粉末黄白色-浅黄褐色。金刚光泽，不透明-半透明，晶体多不规则状，少数不完整柱状晶体，个别可见到晶面纵纹，极个别金红石与石英连生。d = 0.03～0.25 mm，含量为微量。

黄铜矿：黄铜色，粉末绿黑色。金刚光泽，硬度低，性脆，形状不规则状。d = 0.02～0.08 mm，含量为几颗。

锐钛矿：蓝黑及黑色，个别灰色、浅黄褐色、褐色，粉末浅灰白色。金刚光泽，晶体多数不规则碎块状，少数呈长短不一的不完整平顶四方双锥状，微量呈不完整板状及锐角双锥状，个别呈完整平顶四方双锥状、锐角双锥状及板状。略显晶形的晶面横纹皆清晰。个别见锐钛矿连晶。极个别见锐钛矿歪晶。一部分与石英、长石连生或被包裹。d = 0.05～0.60 mm，含量为 3.6074 g/10 kg。

板钛矿：浅黄色、浅黄褐色、褐色，粉末浅色。金刚光泽，半透明-不透明，晶形板状碎块，板面上均见细晶纹。d = 0.03～0.30 mm，含量为少量。

磷灰石：多数乳白色、白色，少数无色、浅黄白色。玻璃光泽，透明-半透明，性脆，断口参差状，晶体形状多数不规则状，部分不完整或不甚完整六方柱状、六方锥柱状，显示晶棱模糊、晶面不平、晶面凹陷和印痕等熔蚀现象。d = 0.05～0.60 mm，含量为 16.0106 g/10 kg。

锆石：大多淡化色，微量呈淡黄色、无色，金刚光泽，透明-半透明，显示破碎晶形，但晶面晶棱清晰可见，个别颗粒已成不规则状。少数锆石晶体结晶完好，晶棱平直，晶面清晰明净，晶体熔蚀现象明显。个别与长石连生，极个别锆石连晶。d = 0.027～0.109 mm，含量为 0.4448 g/10 kg。

6）草庙岩体

主体为变石英正长斑岩，造岩矿物有钾长石、石英、云母类；副矿物有磁铁矿、褐铁矿、黄铁矿、锐钛矿、金红石，白钛石、电气石、锆石、磷灰石、重晶石。

磁铁矿：黑色，多数不规则状，少数见晶形为完整或不完整八面体。金属光泽。颗粒多与长石、石英、云母等连生呈集合体，表面多粗糙，个别见三角纹。大多已赤铁矿化。d = 0.03～0.6 mm，含量为 75.6036 g/10 kg。

褐铁矿：褐色、粉末褐黄色。土状，半金属光泽，显示完整、不完整黄铁矿假象，多数为立方体、八面体与五角十二面体聚形，个别见其他复杂晶形，各晶面发育不均。颗粒少数与长石、石英连生，个别连晶。d = 0.03～0.5 mm，含量为 1.9459 g/10 kg。

黄铁矿：浅黄铜色，粉末绿黑色。金属光泽，个别表面褐铁矿化。主要晶形不规则状，个别呈不完整状。$d=0.05\sim0.3$ mm，含量为微量。

金红石：棕红、橘黄色，粉末黄白色。金刚光泽，半透明，多细小柱状集合体，少数呈不规则状。$d=0.05\sim0.12$ mm，含量为微量。

电气石：蓝黑色，粉末灰色。玻璃光泽，半透明，为不完整三方柱。$d=0.07\sim0.1$ mm，含量为几颗。

白钛石：灰白色，粉末白色。毛玻璃光泽、不透明，颗粒保留锐钛矿、榍石晶体假象及不规则状。$d=0.07\sim0.1$ mm，含量为几颗。

磷灰石：无色、白色，个别呈淡黄色，玻璃光泽，透明至半透明，晶形不规则粒状，其次不完整柱状。晶棱模糊不清，但见长轴（C 轴）延长方向，个别见六方柱状。$d=0.03\sim0.2$ mm，含量为 2.3227 g/10 kg。

锐钛矿：颜色多种，灰色、蓝灰色、褐蓝色等。晶形为不完整锐角双锥，个别见平顶双锥及板状。金刚光泽，锥面见清晰横纹。个别见白钛石化。$d=0.03\sim0.15$ mm，含量为微量。

锆石：无色、淡黄色，透明度好，金刚光泽，双锥柱状。晶体主要由柱面(100)(110)及锥面(111)、(131)、(311)组成聚形。晶体棱角圆滑，颗粒见熔蚀痕迹。$d=0.0195\sim0.0780$ mm，含量为几颗。

重晶石：白色，半透明，玻璃光泽。晶形为板状、薄板状，个别呈不规则状。解理发育，见梯状解理面。$d=0.05\sim0.7$ mm，含量为 0.3027 g/10 kg。油浸下观察：无色，透明度好，板状，干涉色Ⅰ级灰，二轴晶(—)光性。

3. 副矿物鉴定对比

1) 锆石油浸观察及晶形对比

双山黑云正长岩（双 R－3）大样中锆石含量较多，锆石油浸下观察：灰褐色，透明度差，呈混浊状，包体以及熔蚀现象不明显。对较完整晶形测量统计表明：锆石长宽比差别不大，最小 1.4，最大 2.1，一般在 1.7～2.0 之间。完整颗粒最小粒径为 0.0544 mm，最大粒径为 0.2448 mm，一般为 0.068～0.204 mm。一般长×宽在 0.136 mm×0.0816 mm～0.3808 mm×0.1904 mm 之间，最大长×宽为 0.4488 mm×0.2448 mm。将灰褐色锆石与 NaF 一起烧熔球，置于荧光灯下照射，发较深黄、绿色光，显示含铀量较高。

塔山中细粒正长岩（塔 R－9）大样中锆石含量较少，且多为不规则状。油浸下观察：绝大多数颗粒表面浑浊不清，透明度差，很难观察包体。含铀试验表明含铀量较低。

乌烧沟霞石正长岩（乌 R－4）大样中锆石含量较高。油浸下观察：晶体锥柱状，透明度好，正高突起，平行消光，多数颗粒表面有星点状褐斑或褐红斑状，裂状和熔蚀现象极发育，部分颗粒常见港湾状和树枝熔蚀沟。个别小锆石包体轴向与主体轴向斜交，铁质包体呈星点状分布。含铀试验显示铀含量较低。

张士英岩体钾长花岗岩大样中锆石含量较高，油浸下观察：浅红色或无色，透明度较好，大部分晶体柱面清晰，锥面棱角部分清晰。大多锆石有包体，以小锆石包体为主。大部分颗粒熔蚀不明显。含铀试验显示铀含量低。

草庙岩体变正长斑岩中锆石熔蚀现象普遍，颗粒大都遭受了比较严重的熔蚀作用，颗粒表面坑坑洼洼，粗糙不平。个别大颗粒锆石含有2～3颗小锆石包体。含铀试验显示含铀量较低。

不同岩体的锆石特征有一定差异，但总体上可以类比，表现在颗粒大小、熔蚀程度、含铀量等方面差别较大(图8.11)。

2）磷灰石油浸观察及晶形对比

双R-3号样磷灰石油浸观察结果：磷灰石无色透明，主要为不规则粒状，少量有较不完整柱状，颗粒表面普遍具有熔蚀印痕，大多晶体内含有小晶体包体，个别小晶体包体内又见小包体，另外还有锆石、铁质包体。磷灰石表面裂纹不发育。

塔R-9号样品磷灰石油浸观察结果：少数颗粒表面染有不均匀褐黄、褐红色，其余为无色，大部分透明度好。多数颗粒含有程度不同的黑色质点状包体。

三R-11号样磷灰石油浸观察：以不规则粒状为主，其次有不完整柱状，无色，少数因铁染分布有不均匀的褐黄色。几乎所有磷灰石颗粒均含有包裹体，一般为柱状和粒状磷灰色，少数为锆石、金红石及黑色不透明粒状物，含量不等，分布无明显规律，磷灰石晶面极少裂纹。

乌R-4油浸观察：晶形柱状，透明度好，其包体与熔蚀现象均不发育，个别见裂纹，少数颗粒表面有褐红色斑点，包体主要是磷灰石，其轴向与主体轴向平行，显一轴晶(+)中突起，平行消光。

张R-1油浸观察：无色，少量铁染表面分布不均匀浅黄褐色斑点，镜下晶体熔蚀现象比较普遍，熔蚀程度不一，大多数颗粒表面均见凹坑、蚀痕现象。少数磷灰石晶体含小磷灰石、锆石、黑色物包体，其中以磷灰石包体为主，多数包体平行主体长轴分布，少数斜交。锆石包体极少。主体晶面有方向不一的裂纹。

银R-4油浸观察：无色，透明度好，主要为不规则粒状，其次为不完整柱状，个别见完整柱状。多数见熔蚀痕迹，一部分颗粒内含有磷灰石和锆石包体。磷灰石包体多沿主体长轴方向排列，锆石包体杂乱排布。个别晶面见裂纹。

贯R-1油浸观察：熔蚀作用明显且普遍，晶面凹坑和熔蚀印痕较多。含磷灰石和锆石包体。

磷灰石熔蚀作用比较普遍和明显，包裹体一般为磷灰石和锆石。晶形对比见图8.12。

3）榍石探针分析结果对比

双山正长岩中榍石为样本，与比较酸性的张士英岩体石英正长岩中榍石作比较，除了前述的晶形及颗粒大小接近外，矿物化学成分基本接近。

8.4 岩石组合与分布

研究区富碱侵入岩的分布主要在卢氏—确山一带(图8.13)，西段近东西向，中段缓折为南东向(SE 120°)，东段走向约SE 130°。在岩带横向上，自北向南按不同岩石组合类型可进一步分为三个亚带，即北部霓辉正长岩-正长岩亚带；中部碱性花岗岩-钾长花岗岩亚带；南

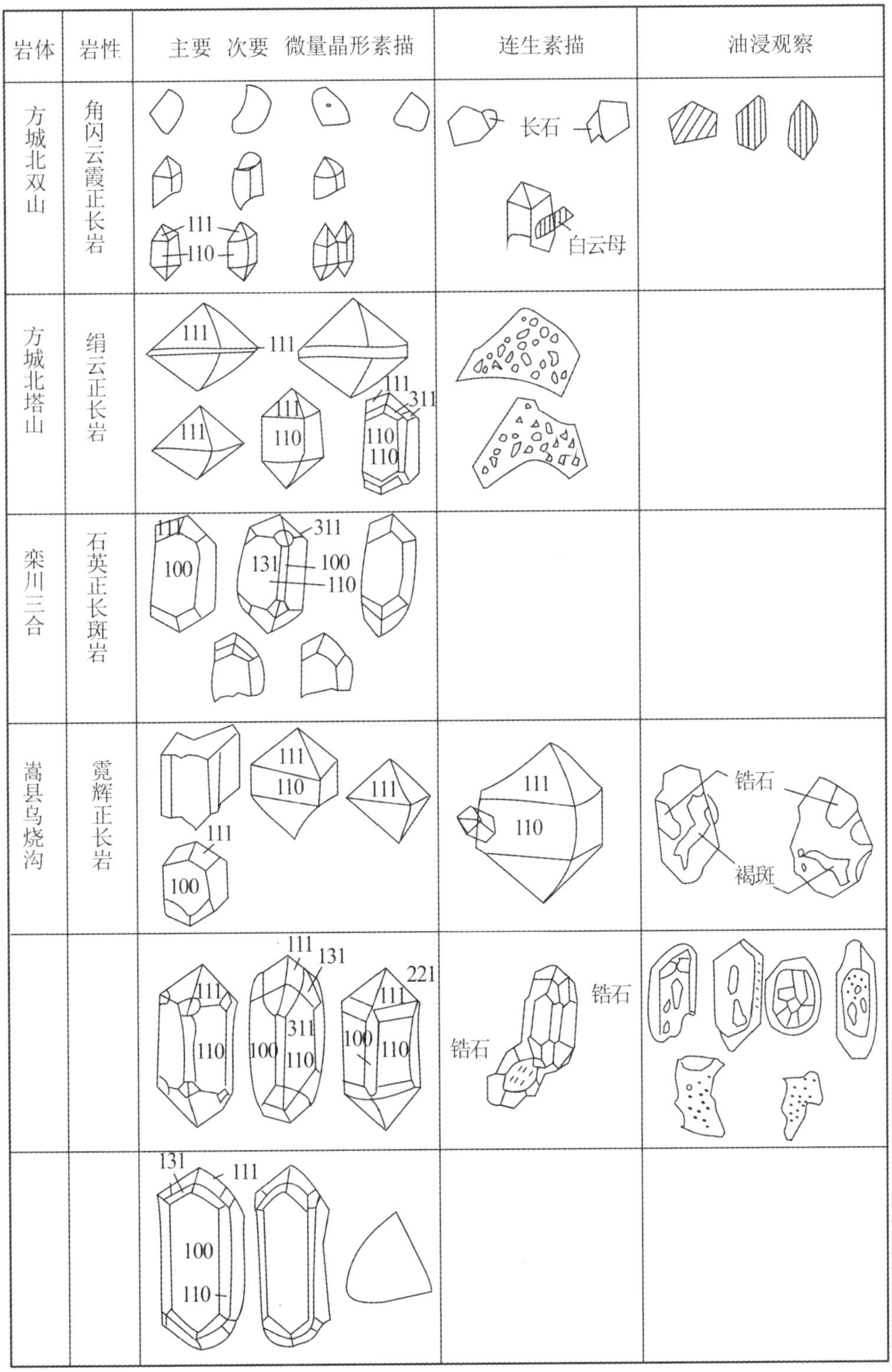

岩体	岩性	主要　次要　微量晶形素描	连生素描	油浸观察
方城北双山	角闪云霞正长岩	111 110	长石 白云母	
方城北塔山	绢云正长岩	111 111 111 110 111 311 110 110		
栾川三合	石英正长斑岩	111 100 311 131 100 110		
嵩县乌烧沟	霓辉正长岩	111 110 111 111 100	111 110	锆石 褐斑
		111 131 111 221 111 110 100 311 110 100 110	锆石 锆石	
		131 111 100 110		

图8.11　富碱性岩带代表性岩石锆石晶型对比

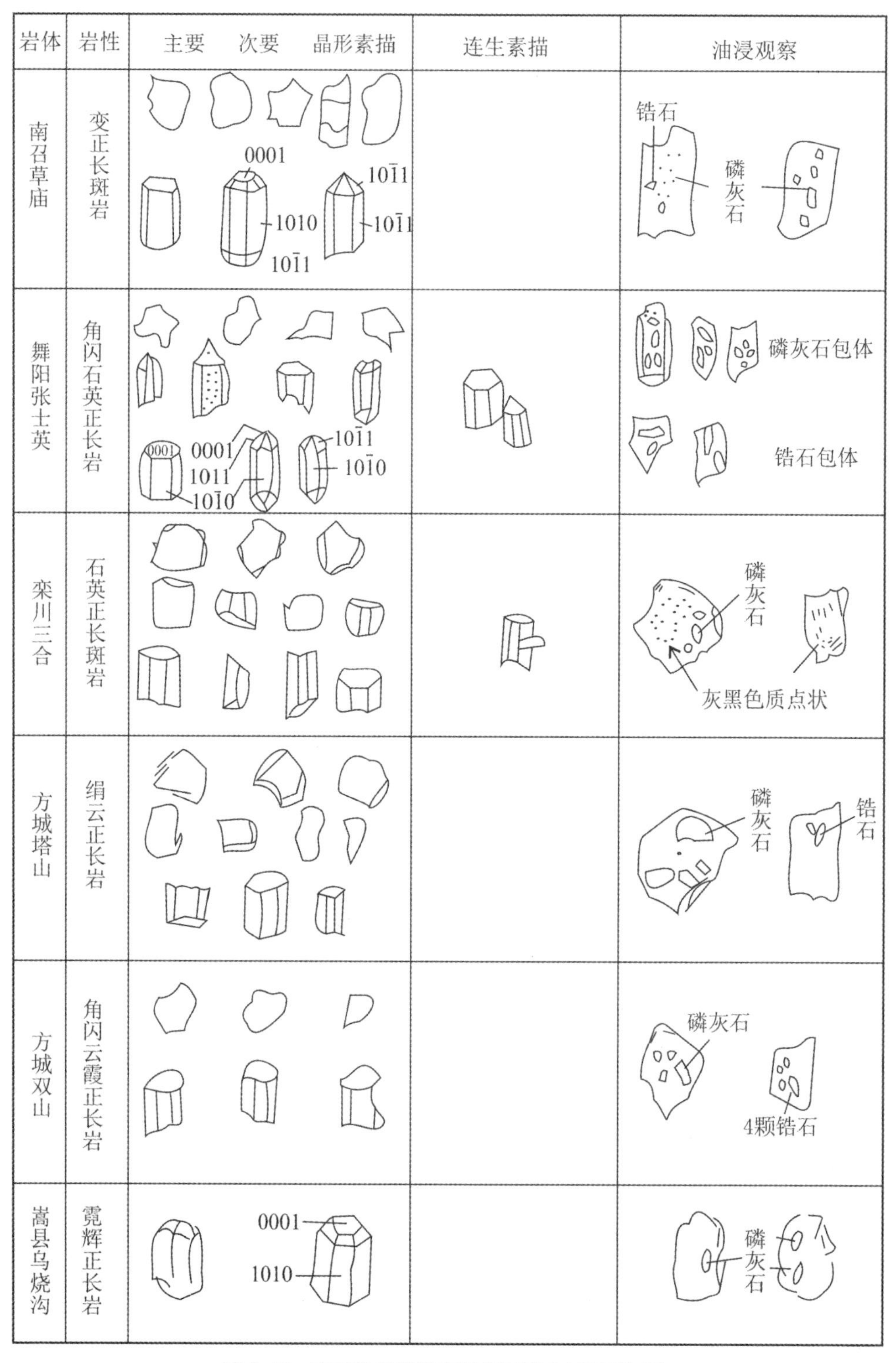

图 8.12 富碱性岩带代表性岩石磷灰石晶型对比

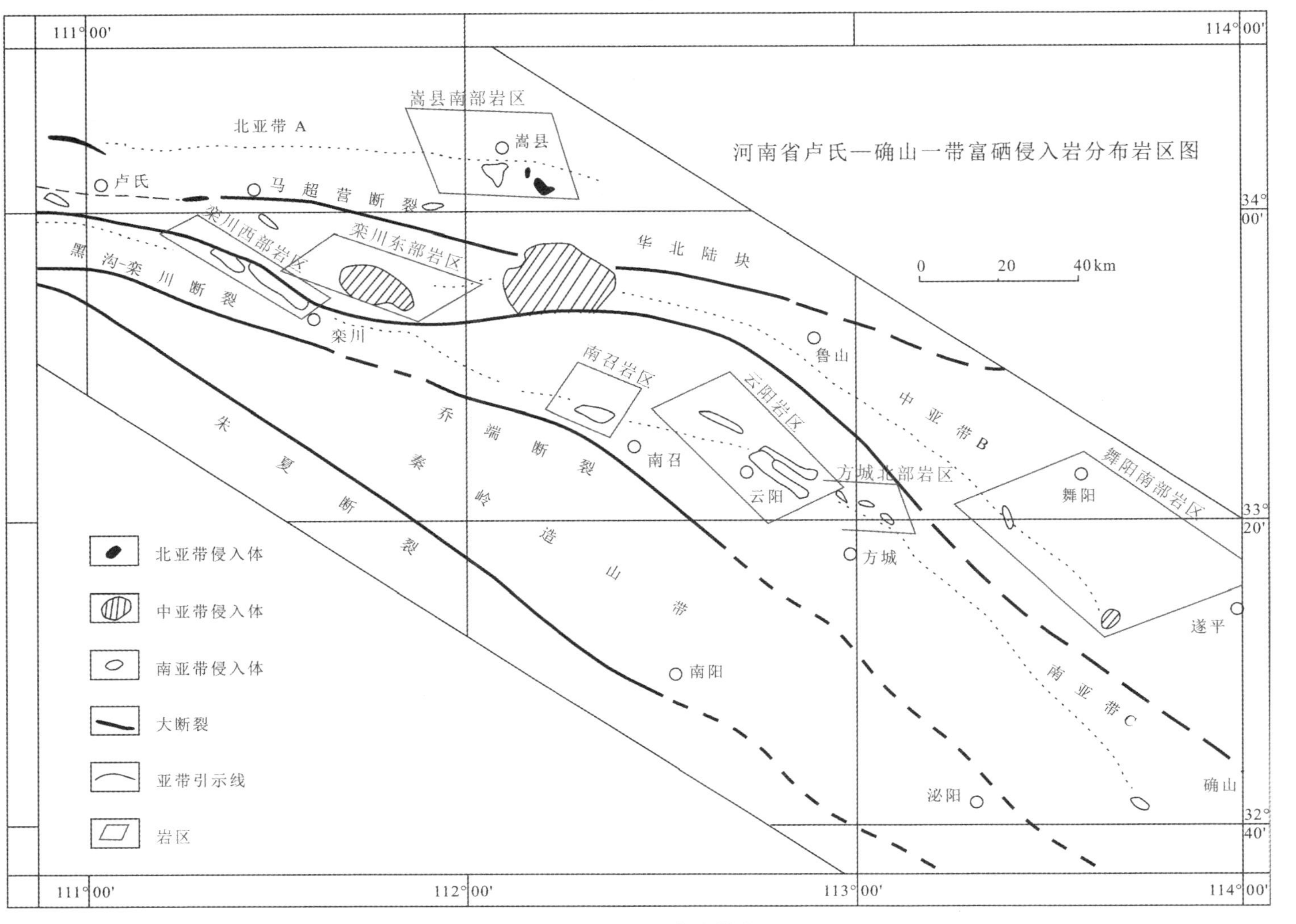

图8.13　研究区富碱侵入岩岩带岩区分布图

部石英正长岩-霞石正长岩亚带(图8.13)。岩石种属常见有霓石正长岩、霓辉正长岩、钠铁闪石花岗岩、霓辉花岗岩、钾长花岗岩、霞石正长岩和花岗正长岩类。既有深成岩类也有浅成-超浅成斑岩类。岩石结构有等粒、不等粒、斑状、似斑状、交代等结构,构造有块状和片麻状构造。

三个亚带按空间位置和岩石组合关系划分为七个代表性岩区,在各岩区之外有零星的岩体脉体出露,其中以卢氏一带产出的富碱岩脉较多。各岩区岩石组合(表8.19)分述如下。

表8.19 本区富碱侵入岩的亚带、岩区及岩石组合

亚带名称	岩区		岩区所在县、乡	岩石组合主要名称
	序号	名称		
北亚带	Ⅰ	嵩县南部	嵩县黄庄乡	霓石正长岩-霓辉正长岩-霞石正长岩-碳酸岩
中亚带	Ⅱ	舞阳南部	舞钢八台乡	角闪正长岩-二长岩-石英正长斑岩-钾长花岗岩
	Ⅲ	栾川东部	栾川庙子乡	钠铁闪石花岗岩-霓辉花岗岩-钾长花岗岩
南亚带	Ⅳ	方城北部	方城扬集乡	霞石正长岩-霓辉正长岩-伟晶正长岩-正长岩
	Ⅴ	云阳	南阳云阳镇	石英正长斑岩-正长岩-碱长花岗岩
	Ⅵ	南召	南召马市坪乡	正长斑岩-绢云石英正长岩-绢云石英片岩
	Ⅶ	栾川西部	栾川县陶湾乡	正长斑岩-石英正长斑岩-粗面岩

8.4.1 北亚带

分布于卢氏县冠云山—嵩县黄庄一带,位于马超营断裂带及北侧,西段大多出露脉状正长岩,以冠云山钠长斑岩和细晶正长岩脉为代表;东段出露霓辉正长岩和正长岩侵入体,以嵩县南部岩区(Ⅰ)为代表,岩石组合主要为霓辉正长岩-绿闪正长岩-霞石正长岩-正长岩、富碱正长岩和脉状碳酸岩,以环状富碱杂岩侵入体产出为特征。出露岩体主要有磨沟、龙头和乌烧沟侵入体。

8.4.2 中亚带

夹持于黑沟—栾川断裂与马超营断裂之间,侵入体一般南接前者。西段以碱性花岗岩为主,以栾川东部岩区(Ⅲ)为代表;东段岩石种属主要有石英正长岩和钾长花岗岩,以舞阳南部岩区(Ⅱ)为代表。

(1) 栾川东部岩区(Ⅲ):富碱侵入岩类主要为钠铁闪石花岗岩、霓辉花岗岩和孪生的钾长花岗岩组合,碱性花岗岩在岩体中呈团块出露,以不规则状分布的杂岩体为特征。常见岩石种属钠铁闪石花岗岩、钾长花岗岩和花岗斑岩。

(2) 舞阳南部岩区(Ⅱ):富碱侵入岩类主要为阳起石石英正长岩-角闪黑云正长岩-石英正长岩-石英正长斑岩-细粒碱长花岗岩组合。侵入体相带划分明显,中心相为角闪石英正长岩和石英正长岩,边缘相为石英正长斑岩和二长花岗岩。在局部可见钠沸石脉体出露,走向一般与侵入接触面垂直,推测是岩体构造侵位断裂形成的热液蚀变产物。

8.4.3 南亚带

富碱侵入体多数位于黑沟—栾川断裂带以及北侧附近，大地构造位置相当于华北地块南缘前锋带。该带构造背景十分复杂，故有人称之为“洛南—栾川过渡带”（胡建民等，1990）。亚带西段以栾川西部岩区（Ⅶ）为代表，是已知的成金岩区。中段以南召岩区（Ⅵ）和云阳岩区（Ⅴ）为代表，东段以方城北部岩区（Ⅳ）为代表。在亚带东端确山县石滚河一带，出露一些 $SiO_2>70\%$ 的石英斑岩类，岩性已超出了富碱侵入岩标准范围，但从构造位置和侵入的地质层位角度分析，应属于西、中段石英正长斑岩的富硅端元产物。

1. 栾川西部岩区（Ⅶ）

富碱侵入岩主要为石英正长斑岩-正长斑岩-粗面岩组合，常见岩石种属有石英正长岩、碱长正长岩、粗面岩。侵入体多为脉状或岩墙状产出，与栾川群大红口组粗面岩和其中出露的辉长岩类在空间和成因上关系密切。大红口组粗面岩是喷出部分，石英正长斑岩是浅成-超浅成侵入部分。

2. 南召岩区（Ⅵ）

富碱侵入体主要为正长斑岩-绢云石英正长岩-绢云石英片岩组合，常见岩石种属有变石英正长斑岩、石英钠长斑岩、碱长花岗斑岩和石英粗面岩。侵入体变质作用较强，以草庙岩体为代表，除了一般绢云母、绿泥石化和硅化外，岩体南部一侧发育一条脆韧性剪切带，经查明为一条含金剪切带，其中岩石蚀变作用引起的片理化现象更明显。

3. 云阳岩区（Ⅴ）

富碱侵入体主要为正长岩-石英正长岩-碱长花岗岩组合，常见岩石种属有正长斑岩、花岗正长斑岩、变石英正长斑岩和绢云石英片岩。局部有伟晶正长岩和细晶纳长斑岩。岩石出露顺地层分布，与栾川群大红口组变粗面岩关系密切。

4. 方城北部岩区（Ⅳ）

富碱侵入体主要为霞石正长岩-霓霞正长岩-霓辉正长岩-正长岩-伟晶正长岩组合，主要岩石种属有绿闪云霞正长岩、霓辉正长岩、伟晶正长岩和细晶正长岩，局部有碳酸岩脉体侵入。岩体普遍绢云化，岩性为绢云母化正长岩，黑云碱长正长岩，黑云碱长花岗岩类。其他蚀变有钠长岩化、黑云母化、矽卡岩化、霓石化、磁铁矿化、绿帘石化、绿泥石化、碳酸盐化和硅化。岩区岩石组合最明显特点是集碱性岩、碱性花岗岩与石英正长岩于一体，在空间上密切伴生，在时间上早晚不一，其中二云母正长岩（789 Ma）与绿闪霞石正长岩（298 Ma）时限差达 500 Ma。说明该岩区在复式张性构造活动中多次受热事件影响，形成相应的复式富碱侵入体。

上述岩区岩石组合表现在岩石化学类型方面也不同。嵩县南部岩区岩石以 SiO_2 饱和、Al_2O_3 不饱和出现碱性暗色矿物为特征；栾川东部岩区岩石以 SiO_2 过饱和而 Al_2O_3 不饱和，在高含基性元素的花岗岩中出现碱性暗色矿物形成碱性花岗岩为特征；舞阳南部岩区岩石以 SiO_2 过饱和 Al_2O_3 饱和(或准铝质)，但 CaO 强烈亏损致使碱性长岩占长石量的绝对优势，形成石英碱长正长岩类和碱长花岗岩类为特征；方城北部岩区岩石以 SiO_2 不饱和、Al_2O_3 过饱和形成含似长石类矿物的似长正长岩类为特征；栾川西部、南召和云阳岩区岩石化学组成大体上与舞阳南部岩区岩石相近，不同点是前者具有高钾低钠特点。

上述三个亚带岩区侵位地层也不同。北亚带西段受潘河—马超营断裂及一些与之平行的断裂束控制，岩体一般位于断裂带北侧，侵位于中元古界熊耳群火山岩区，少数侵位于中元古界官道口群和洛峪群。包括岩体 20 多个，大多沿熊耳群火山岩分布区南部边缘一带出露，侵入接触关系十分明显。中亚带近临栾川—确山断裂北侧夹持于车村断裂与马超营断裂之间。岩体一般侵位于中元古界官道口群和汝阳群，一般呈较大(大于 10 km^2)岩体出露。南亚带位于栾川—确山断裂带中，在中部断裂及南侧呈线状分布，一般侵位于晚元古界栾川群，越往亚带东部岩石 SiO_2 升高，变质作用增强。局部岩体夹持于乔端断裂与黑沟栾川断裂之间，与中元古界宽坪群有一定侵入接触关系。

8.5 岩 体 构 造

岩体构造是岩浆熔融体和岩体运动的产物。从岩浆开始入侵到定位结晶以后的各阶段，包括定向组构的晶体未发生变形的流动构造和发生晶内变形或重结晶的变形构造，以及岩浆上升和侵位过程中引发的相关构造，因此岩体构造研究是非常复杂和庞大的课题。近些年来，花岗岩体的侵位机制及派生的构造是当代花岗岩地质学研究的前沿。如何把花岗岩体构造研究的方法引入碱性岩领域，是值得探索的问题。本书受研究方向的限制，没有对本区富碱侵入体进行全面的岩体构造研究，仅就一些侵入体的某些岩体构造作用现象进行粗浅的分析，提供富碱侵入体侵位机制方面的证据。

富碱侵入体平面形态：根据 1∶50000 区调成果，把一些代表岩体组合在图 8.14 上。野外路线剖面图显示侵入接触面倾角 β 一般较陡($\beta>45°$)，可以用岩体地表出露大致代表岩体平面形态。在图 8.14 上，A－J 有一个共同特点，即平面形状不规则，接触面弯弯曲曲，尤以 B、C、D、I 等特别明显，局部呈锯齿状，J 岩体三角状。F、G 岩体成群出现，中间夹杂围岩与各岩体围岩是统一的，且长轴方向一致。这些形状不规则的岩体在平面上展布形态不受区域构造控制，对侵入前断裂构造也无入侵扰改造现象。K 岩体为一浅成侵入体，其形态呈脉状、长条状、与区域构造线和区域地层构造线走向比较一致。

顶蚀作用：在乌烧沟岩体南侧外接触带，发育一个隐爆角砾岩筒，其角砾成分大多为岩体围岩产物(熊耳群流纹斑岩)，粒度大小不一，磨圆度很差，一般呈棱角状和不规则状。胶结物为硅碱组分较高的熔岩产物。根据岩筒的野外地质(图 8.15)和岩石组成分析，形成方式很可能是岩浆顶蚀作用。即岩浆在围岩中引起的热致围岩炸裂，炸裂块下沉的同时被侵入裂隙中的熔岩胶结而成。

关于岩浆顶蚀作用，Daly(1910)认为一般仅在不整合深成侵入体的边缘带出现，围岩可能在侵位期间引起作用的区域变形作用过程中经历断裂作用。顶蚀作用还指示围岩在熔浆侵位过程中的被动作用。乌烧沟侵入体南侧的一些区域性构造很可能是岩浆侵位期间的同期构造活动，在野外剖面上显示的区域线性断裂中充填的硅质物，与围岩的界面比较清楚，且呈岩墙状，倾角在80°以上，表现为张性断裂的特点。这些线性构造运动性质和顶蚀作用显示了岩浆侵位期间区域张性构造活动和岩浆不整合深成侵位的特点。

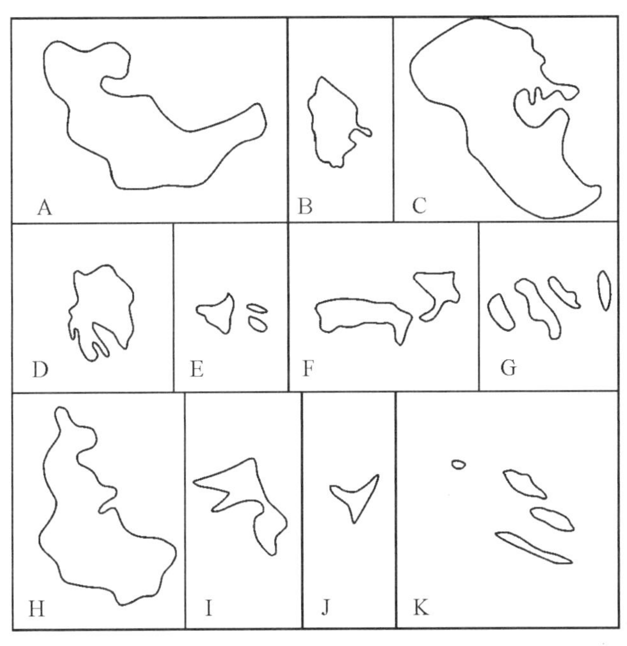

图8.14　研究区富碱侵入体出露形态图

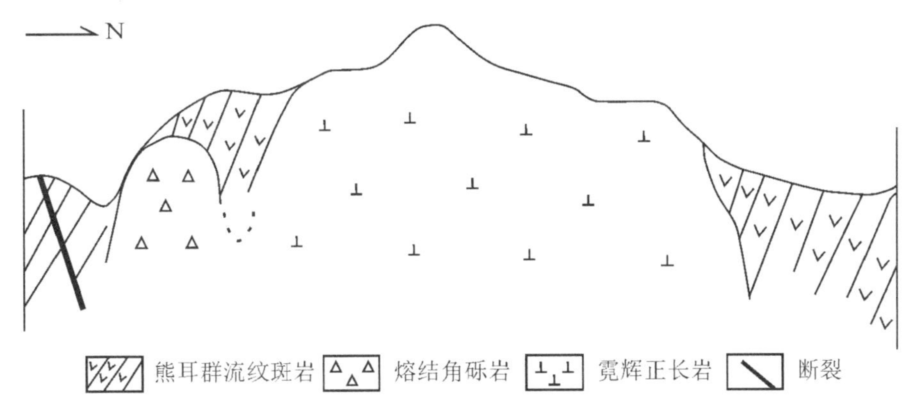

图8.15　嵩县南部乌烧沟岩体路线信手剖面图

关于不整合岩体的典型形式，一般认为有以下几点：① 在水平剖面上形状不规则；② 接触面弯弯曲曲，往往与围岩互相穿插；③ 一般无内部构造；④ 围岩在岩浆侵位期间是被动的，侵入作用以前的围岩构造在接触面附近并未被扰动；⑤ 小型顶蚀构造发育。根据这些特点，结合研究区富碱侵入体野外调查（见第3到7章），认为一般具有不整合侵入的特点，侵入岩从深成到浅成，一般北亚带、中亚带多为深成岩，南亚带多为浅成和超浅成岩。

表8.20收集了研究区富碱侵入岩侵位年龄及侵入后期热事件年龄时代。

表 8.20　研究区富碱侵入岩侵位年龄及侵入后期热事件年龄时代(收集资料)

岩区		岩浆侵位年龄及时代(锆石 U－Pb)						其他测法及后期地质事件影响年龄					资料
序号	名称	年龄(Ma)	测定方法	资料来源	代	期	阶段	年龄	测法	岩矿	纪	阶段	
Ⅰ	舞阳南部	122.8±1.5 112.1±3.2	U－Pb	本书 本书	中生代	燕山期		133	Rb－Sr	全岩(6件)			①
Ⅱ	方城北部	806±11	U－Pb	本书	古生代	海西期	三阶段	298	Rb－Sr	榍石、霞石、钾长石、角闪石、全岩			
			U－Pb		元古代	晚元古代	三阶段	786	Rb－Sr	混染岩化碱长正长岩(4件)			②
Ⅲ	云阳		U－Pb		古生代	海西期	二阶段	338	U－Pb	石英正长岩	侏罗纪	燕山一阶段	③
Ⅳ	南召		U－Pb					189	K－Ar	碱长花岗斑岩			
	嵩县南部		U－Pb		古生代	海西期	三阶段	382±29	Rb－Sr	霓辉正长岩(5件)			
		246.2±3.9 245±4	U－Pb	梁涛等,2017 刘楚雄等,2010	中生代	印支期	一二阶段	226 242 221	Rb－Sr K－Ar K－Ar	霓辉正长岩			② ② ②
	栾川西部	830	U－Pb	Wang et al.,2011	元古代	晚元古代	三阶段	660±27 682±60	Rb－Sr Sm－Nd	变石英正长斑岩			④ ④
	栾川东部	2021	U－Pb	钠闪石花岗岩	元古代	中元古代							⑤
		1637±33 1602±6.6 1616±20	U－Pb	陆松年等,2003 包志伟等,2009 Wang et al.,2013				1035 339 212	Rb－Sr K－Ar K－Ar	碱性花岗岩			⑥

① 张正伟等,1993;②邱家骧等,1990;③王铭生等,1987;④张宗清等,1986;⑤周玲棣等,1993;⑥ 卢欣祥等,1989

第9章 区域岩石地球化学

岩石微量元素分配的共同特点是富含挥发组分和地幔不相容元素。一些岩体富集 Rb、Th、U、K 等大离子亲石元素，亏损 Nb、Ta、Zr、Hf 等高场强元素。多数岩体 REE 总量和 LREE/HREE 比值较高，除某些碱性花岗岩显示强烈负 Eu 异常外，其他岩石的 REE 标准化曲线模式极其相似，表现为 LREE 富集向右陡倾、MREE 下凹、HREE 稍微抬升的上凹曲线模型。根据 REE 定量计算显示，碱性岩浆衍生于地幔中的 0.5%～1.5%部分熔融产物，然后在地壳中长时间存留并受地壳物质不同程度混染。岩石锶-钕-铅同位素和锆石 Hf 同位素特征暗示岩浆源于下地壳并存在壳幔混合作用，成岩动力环境分别为陆内拉张和由地壳加厚到岩石圈减薄的过程。长石铅模式年龄 300～1000 Ma，显示大陆基底古铅混染特点。Sm－Nb 同位素模式年龄 1000～2900 Ma，$\varepsilon_{Nd}(t)=-14\sim-23$，反映强烈的陆壳源特点。$\delta^{18}O=8.5\sim14$，相当于幔壳源和壳源范围。锶同位素$(^{87}Sr/^{86}Sr)_i=0.704\sim0.735$，显示岩浆物源遭受地壳混染作用影响。

9.1 稀土元素地球化学

9.1.1 REE 含量和分布特点

在华北地块南缘有关的岩石学研究中，有大量的 REE 资料可供查寻(胡受奚等，1990；石铨曾，1990；关保德，1993；陈衍景，1992)，但涉及富碱侵入岩的 REE 资料甚少。本书共采集代表性样本 34 件，采用等离子光谱法测定，结果一并列入表 9.1。计算过程中稀土总量($\sum$REE)包括镧系元素 La－Lu＋Y；轻稀土和重稀土采用二分法，LREE 为 La－Eu，HREE 为 Gd－Lu＋Y。

计算表明，$\sum$REE 范围较大，一般为 200～900 ppm，高者达 1300 ppm，低者为 70 ppm。平均值约 600 ppm；Ce/Y 比值范围在 2.55～20.95 之间，大部分为 4～8，均值约等于 6；δEu 值一般表现为轻微负 Eu 异常或无 Eu 异常，只有少数碱性花岗岩显示强烈负 Eu 异常；在一些石英正长斑岩中出现局部正 Eu 异常。这些特点与世界其他一些碱性岩地区相比$\sum$REE 偏高。如北贝加尔地区布帕拉正长岩$\sum$REE 为 460 ppm，δEu 为 0.5；阿拉依山

表 9.1　华北陆块南缘富碱侵入岩稀土元素分析结果(ppm)

序号	岩体岩性	编号	La	Sm	Pr	Nd	Sm	Eu	Gd	Tb	Dy	Ho	Er	Tm	Yb	Lu	Y
1	三合石英正长斑岩	三-3	124.00	232.00	32.90	104.00	15.40	2.41	10.30	1.80	9.24	1.68	5.00	1.00	5.32	0.80	67.50
2	三合石英正长斑岩	三-11	56.70	94.70	10.90	47.90	7.56	2.36	5.88	1.50	6.02	1.15	3.90	0.70	4.20	0.60	28.10
3	变石英正长斑岩	三-1500	43.20	97.20	10.20	46.40	7.68	3.25	6.48	0.80	5.88	0.72	3.75	0.40	2.63	0.40	25.50
4	变石英正长斑岩	石-3	81.40	164.00	16.50	102	12.80	3.50	12.70	1.47	11.00	2.03	5.22	0.63	4.35	0.40	52.80
5	草庙变石英正长斑岩	草-1	132.00	250.00	39.90	126	19.00	1.46	12.80	2.80	14.80	2.52	8.70	1.30	7.70	1.10	72.50
6	草庙变石英正长斑岩	银 3-1	81.40	197.00	16.50	100	11.00	3.50	8.64	1.10	6、24	1.30	3.48	0.46	3.36	0.40	32.40
7	石英正长岩	银-4	94.00	176.00	18.00	115	12.80	4.50	11.90	1.19	11.20	1.92	5.36	0.53	4.50	0.40	62.30
8	变石英正长斑岩	银-5	209.00	452.00	53.90	256	46.20	4.50	37.80	3.74	32.40	4.94	17.40	1.67	12.50	1.60	169.00
9	岭头霓辉正长岩	火-1	11.40	30.50	2.64	12.20	1.85	0.42	1.73	0.40	1.10	0.26	0.93	0.15	1.10	0.20	7.20
10	磨沟霓辉正长岩	磨-1	20.70	60.90	4.62	16.20	2.97	0.68	2.65	0.40	2.02	0.39	1.45	0.30	1.62	0.30	10.80
11	乌烧沟霓辉石英正长岩	乌-2	97.80	214.00	22.00	120.00	19.80	4.50	21.10	2.49	20.90	3.77	12.80	1.33	9.28	1.36	114.00
12	霓辉正长岩	乌-3	37.40	98.70	11.40	60.00	9.24	1.68	7.83	0.70	5.04	0.91	2.46	0.38	1.83	0.30	24.00
13	霓辉正长岩	乌-4	88.00	210.00	22.00	142.00	19.40	4.25	14.00	0.90	8.64	1.56	4.12	0.53	3.62	0.60	45.60
14	霓辉正长岩	乌-7	114.00	277.00	34.10	175.00	37.40	7.75	25.10	2.00	12.00	1.92	3.89	0.51	2.90	0.60	38.40
15	塔山细粒正长岩	塔-1	43.20	91.80	6.65	21.50	2.28	0.53	1.54	0.30	1.20	0.24	1.32	0.20	0.90	0.20	6.25
16	绢云母化正长岩	塔-3	170.00	358.00	49.90	125.00	13.40	2.58	7.80	1.30	5.04	1.03	3.45	0.60	3.85	0.60	24.00
17	绢云母化正长岩	塔-4	62.10	108.00	13.00	50.80	8.16	1.51	6.00	1.80	5.32	0.86	4.20	1.00	5.18	0.80	30.00
18	霓辉正长岩	塔-8	374.00	484.00	38.00	94.60	14.70	3.70	11.60	1.48	9.88	2.11	6.50	0.92	5.00	0.80	58.50
19	绿帘正长岩	塔-9	187.00	242.00	26.60	74.80	11.30	2.69	8.20	1.20	6.24	1.21	3.75	0.60	3.58	0.60	35.00
20	双山角闪黑云正长岩	双-1	126.00	172.00	17.20	52.80	6.30	1.30	4.00	0.40	2.18	0.33	1.15	0.16	1.18	0.20	8.32
21	绿闪霞石正长岩	双-2	226.00	330.00	46.00	114.00	25.20	2.16	15.20	2.00	14.30	2.86	9.75	1.28	7.25	1.20	78.00
22	绿闪霞石正长岩	双-3	205.00	341.00	42.00	114.00	26.20	3.96	15.20	1.80	12.50	2.38	6.50	0.92	6.00	1.00	58.50
23	张士英石英正长斑岩	张-2	41.80	68.80	6.82	33.00	5.28	0.56	3.96	0.70	3.99	0.67	2.46	0.40	2.02	0.30	17.00
24	角闪石英正长岩	张-3	81.00	113.00	11.60	36.20	4.56	1.09	4.08	0.80	3.64	0.60	2.46	0.40	1.96	0.30	15.00
25	角闪石英正长岩	张-7	74.80	136.00	14.00	48.40	7.35	1.54	5.40	0.60	3.64	0.66	1.95	0.40	1.95	0.40	19.00
26	黑云角闪二长岩	张-7-1	96.80	145.00	18.40	70.40	11.60	2.69	7.80	0.60	5.07	0.88	2.35	0.60	2.00	0.60	26.00
27	角闪石英正长岩	张-8	79.20	139.00	14.40	48.40	7.77	1.58	5.60	0.60	3.77	0.66	2.05	0.40	2.00	0.40	19.20

脉图尔辟霞石正长岩 $\sum$REE 为 310 ppm；科拉半岛希宾岩体霞石正长岩 $\sum$REE 为 590 ppm，罗沃泽碱性岩体 $\sum$REE 高达 1020～1788 ppm；高夫岛粗面安山岩 $\sum$REE 为 640 ppm，粗面岩 1069 ppm（Hermann，1970）。这些地区除罗沃泽碱性岩体外，其他一般低于本区相应岩石种类的 $\sum$REE 。中国赛马碱性岩体 $\sum$REE 为 338～3039 ppm，紫金山碱性岩体 $\sum$REE 为 76～274 ppm，它们的 LREE/HREE 比值分别为 16.5 和 11.1，通常无 Eu 异常（周玲棣，1991）。因此，本区富碱侵入体（碱性花岗岩除外）岩石具有典型的高 $\sum$REE 、低 LREE/HREE 比值和无 Eu 异常特点（图 9.1）。

REE 在空间上分布规律不太明显，但就同类岩石来讲，岩带自西向东，$\sum$REE 有增高的趋势（岩石化学方面表现为 SiO_2 含量增高），LREE/HREE 比值变化不大、δEu 向着 Eu 亏损方向演化。对于不同类型岩石，$\sum$REE 由高到低的变化顺序是霞石正长岩→霓辉正长岩→碱性花岗岩→石英正长斑岩→石英正长岩。在不同类型岩石中，一般霞石正长岩和霓辉正长岩类 δEu 分馏比较稳定，多数表现为轻微负 Eu 异常或无 Eu 异常；碱性花岗岩类一般为强烈负异常；石英正长岩类一般向两个极端演化，一部分表现为强负 Eu 异常，另一部分则出现正 Eu 异常。尽管这三大类岩石的 Eu 异常变化较大，但总体上都出现 LREE 富集、HREE 球粒陨石标准化配分线向上抬升的“上凹模式”，具有 LREE 和 HREE 演化趋势的一致性。

三合岩体石英正长斑岩 $\sum$REE 为 254.49～613.5 ppm，LREE/HREE 为 4.05～4.46，δEu 为 0.55～1.38，其中 2、3 号样代表近 Au 矿围岩中脉体，其 $\sum$REE 相对较低，δEu 为正异常；1、4 号样为远矿围岩（主岩粗面岩和正长斑岩），其 $\sum$REE 较高且显示强负 Eu 异常。正 Eu 异常是否与 Au 矿化有关，目前未做深入研究工作，据粗略估计，三合一带的粗面岩和正长斑岩一般无斜长石，几乎不存在斜长石的早期分离结晶作用，就不会引起岩浆熔融体负 Eu 异常，但是近 Au 矿围岩是富碱岩浆最晚期结晶之产物，有多金属硫化物和碳酸盐化，伴随富碱质流体的活动，携带了其中离子电位较低的 Eu^{2+}，故在后期形成的近矿正长斑岩中出现正 Eu 异常和 $\sum$REE 偏低现象，在粗面岩中引起轻微负 Eu 异常，形成正、负异常的分离现象，但这种分离幅度较小，反映在球粒陨石标准化模式图上，其分布形式基本一致（图 9.1A），属轻稀土富集型，与华北地块南缘其他富碱侵入岩相比，$\sum$REE 含量和 LREE/HREE 比值较低而 δEu 值较高。

草庙岩体岩性为变石英正长斑岩，原岩性质接近于三合岩体，岩石受成岩后变质变形作用较强（见前述），$\sum$REE 为 466.78～1302.15 ppm；LRRR/HREE 为 3.63～7.13；δEu = 0.27～1.11。其中又可分两种情况：一种是 REE 含量较高和强负 Eu 异常；另一种是 REE 含量相对较低而出现正 Eu 异常。前者是近 Au 矿围岩绢云石英片岩，后者是岩体主岩，这种 REE 含量差异的趋势似乎与三合岩体的特点相反，但进一步研究其成矿标志就可以加以合理解释。即草庙岩体南侧内接触带是一条含 Au 韧性剪切带，成矿围岩发生绢云母化、硅

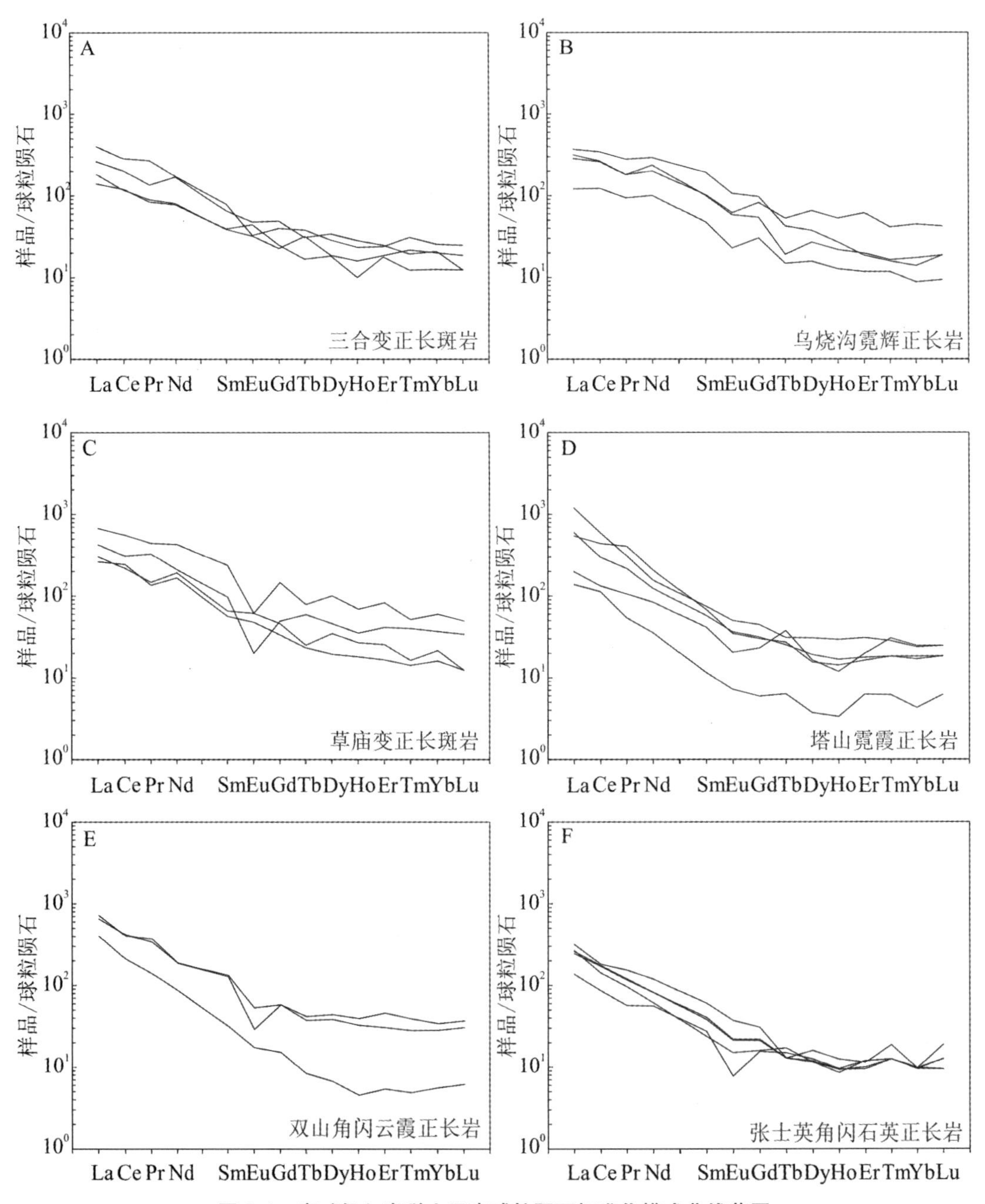

图 9.1 富碱侵入岩稀土元素球粒陨石标准化模式曲线范围

化和局部出现金属硫化物，成矿流体由构造韧性变形和变质作用形成，变质流体携带围岩中大量 REE，而 Eu^{2+} 则存留在残余钠、更长石之中，造成矿体围岩强烈负 Eu 异常和高 REE 含量。主岩 REE 的正 Eu 异常和相对低的 REE 含量的特点与三合岩体类似。由此推断，变质流体作用形成岩石的负 Eu 异常，而岩浆流体（三合 Au 矿）往往引起岩石正 Eu 异常。草庙岩体主岩与近 Au 矿围岩的球粒陨石标准化模式相比，除了后者表现强负 Eu 异常外，REE 分配形式基本一致，说明它们之间有亲衍关系，同属轻稀土富集型（图 9.1C）。

乌烧沟岩体为一套含暗色矿物的碱性杂岩，主岩为中粗粒霓辉正长岩（3、4 为表 9.1 编号，下同），其中出露暗色包体（7），岩性相当于霓辉岩，岩体边缘出露细粒正长斑岩（2）。总体 $\sum$REE 261.87～732.57 ppm；LREE/HREE 为 2.55～7.38；δEu 为 0.59～0.76。其中霓辉正长岩 $\sum$REE 相对最低，晚期活动的正长斑岩（2）和主岩中暗色包体（7）表现为轻重 REE 互补，即前者 LREE 较低 HREE 较高，后者 LREE 较高 HREE 较低，$\sum$Ce/$\sum$Y 比值前者为 2.55，后者为 7.38。假设暗色包体为岩浆早期析离体，细粒正长斑岩为晚期岩浆活动产物，那么稀土元素提供的证据恰恰得出相反的显示，所以只能假定暗色包体是主岩的原始岩浆，在侵位过程中遭受地壳上部硅铝质的强烈混染（这种假设得到 Rb－Sr 和 Sm－Nd 同位素的支持），随着混染作用的增强，SiO_2、Al_2O_3 和 K_2O 含量增高，降低了 REE 含量。该岩体与华北地块南缘其他富碱岩石相比，REE 含量范围和 LREE/HREE 比值中等，并出现轻微负 Eu 异常（图 9.1B）。

塔山岩体为一套绢云化、绿泥化碱性正长杂岩类，主岩为绢云化正长岩，出露霓辉正岩脉体和霓霞正长岩团块，局部还有绿帘石化正长岩。总体 REE 含量范围 178.11～1105.8 ppm，LREE/HREE 比值为 4.41～15.08；δEu 为 0.63～0.84。其中 REE 含量最高的样品代表霓辉正长岩（8），其他依次降低的顺序是绿泥石化正长岩（3）、绿帘石化正长岩（9）、绢云母化正长岩（1）和细粒正长岩（4）。在球粒陨石标准化模式图（图 9.1D）上，霓辉正长岩（8）和绿帘石化正长岩（9）REE 分布形式一致。与之相比，绢云母化正长岩和绿泥石化正长岩 LREE/HREE 比值升高，细粒正长岩 LREE/HREE 比值降低并出现较低负 Eu 异常，这种情况与乌烧沟岩体边部细粒正长岩 REE 特征相类似。

双山岩体岩性为角闪霞石正长岩和二云正长岩类，前者出露在岩体中部，后者为主岩部分。在采取的三个稀土样品中，1、2 代表二云正长岩和角闪二云正长岩（团块状），3 代表角闪云霞正长岩。总体 REE 393.5～875.2 ppm；LREE/HREE 5.63～20.95；δEu 0.31～0.74。2、3 两个样品 REE 含量及轻重分配形式基本相同，但 2 号样显示强负 Eu 异常，3 号样属轻稀土富集型，显示轻微负 Eu 异常（图 9.1E）。

张士英岩体主岩为角闪石英正长岩（7、8、10），边部出露细粒石英正长斑岩（2、4、5）和细粒花岗岩（9），主岩中有沸石脉穿插（6）和暗色二长岩包体（7）。总体 REE 为 188.76～390.79 ppm；LREE/HREE 为 4.96～8.46；δEu 为 0.36～0.82。其中，细粒石英正长岩 REE 含量最低，LREE/HREE 比值最小，出现强负 Eu 异常，其余样品均表现出一致的球粒陨石标准化模式（图 9.1F）。

通过以上各岩体代表性样品 REE 分布特点分析，明显有以下规律：① REE 含量普遍较高,LREE/HREE比值较大,δEu一般表现为无Eu异常或轻微正负Eu异常;② 同一岩体内各类岩石REE分布特点基本一致,但是在一些近矿围岩、后期岩浆活动以及遭受蚀变较强的岩石中就会发生REE分馏的变化,凡是出现负Eu异常者,其HREE升高,出现LREE/HREE减小的趋势。如张士英、塔山、乌烧沟岩体中的细粒正长岩类均出现强烈负Eu异常和较高的HREE含量。对花岗岩类来讲,随着岩浆分异程度增强,斜长石的早期结晶引起熔体负Eu异常,轻重REE矿/熔分配系数的变化引起后期活动岩浆熔体富集LREE,导致LREE/HREE比值升高。这些推论也被许多人引入碱性岩研究领域。我们通过本区富碱侵入岩研究发现,许多岩体边缘相的细粒正长岩在野外地质方面均表现为后期岩浆活动的产物,REE分布分别比主岩具有高的负Eu异常和较低的LREE/HREE比值,明显与上述REE演化途径相悖,说明富碱岩浆有一套REE分配以及演化规律。

9.1.2 稀土元素分馏

REE为不相容元素,在岩浆作用过程中大部分保留在熔体相。在部分熔融过程中,假如$\sum$REE值低于成因模型中假定的源区,则可以判定结晶过程中有富REE相残留物;在结晶分异过程中,对中性岩和长英质碱性岩而言,橄榄石、辉石和长石的分离结晶作用会使残余熔体的REE和SiO_2含量增加,而长石的结晶作用会使熔体LREE/HREE比值降低并出现负Eu异常,但是,如果结晶过程中有富REE矿物相晶出,就会导致熔体REE含量降低。因此,通过分析REE总量、轻重比值和δEu变化规律,可以确定岩浆作用过程中REE分馏特点,用以指示岩浆活动期次和物质来源。在一定温度范围内,不同矿物REE分配系数也有很大差别,如从轻稀土到重稀土,暗色矿物辉石、角闪石和黑云母类的REE分配系数是增加的;而浅色矿物斜长石和钾长石类REE分配系数是减小的;在副矿物中,锆石、石榴石REE分配系数急剧升高,而褐帘石急剧降低。因此,REE总量变化和轻重REE分馏等特点可以很好地指示岩浆结晶过程中矿物学特点和源区性质。因此,选取$\sum$REE反映岩石性质和源区特征;$\sum Ce/\sum Y$确定轻重REE分馏,La/Sm比值反映LREE之间的分馏;Gd/Yb比值反映HREE之间的分馏;Sm/Nd比值反映岩浆物质来源。以地幔0.26～0.375、大洋玄武岩0.234～0.425、地壳0.3等为参照标准,以球粒陨石Sm/Nd=0.333为界,Sm/Nd>0.333者为LREE亏损型,Sm/Nd<0.333者为LREE富集型;Eu/Sm比值用以表示Eu异常特点,以Eu/Sm=0.35为标准,Eu/Sm>0.35者为正Eu异常,反之为负Eu异常。这些参数的计算结果列入表9.2。

首先假定要讨论的富碱侵入体为部分熔融模式,那么,岩浆熔体中REE含量除了决定于源区REE含量外,还决定于残留相矿物的类型。如果富碱侵入岩源区假定为大陆壳,那么较高的REE总量指示了较高程度的部分熔融。岩浆源区的脉动作用形成早期熔体富含REE,而岩浆侵位期间的多次脉动作用形成早期分离的熔体贫REE,两情况下的REE含量变化顺序是相反的。另外,解释REE配分特征的热动力扩散模式(Robert,et al,1984)假定HREE可以形成较稳定的络合物集中于岩浆房顶部,那么岩浆房下部或后期脉动之熔体将会更加富集LREE,并显示小幅度的负Eu异常。

根据以上假设和推论，通过 REE 分馏特征分析，解释岩浆活动时序和演化过程。本区富碱侵入岩 REE 模式在球粒陨石标准化图解上呈上凹形式，从表 9.2 计算参数中也可以显示 REE 轻、重变化趋势。为了解释“上凹”模式可以引入南部非洲 Namaqualand 层状杂岩研究例子进行对比(McCarthy，1978)，即其中层状片麻岩作为残余母体，花岗质片麻岩作为熔体、后者 REE 含量出现亏损，是因为递进熔融过程中 REE 分配系数的变化和在原始熔体中副矿物结晶作用控制了 REE 分配，导致 LREE 减少和 HREE 增加，在残余岩浆中形成 REE 和上凹模式。对具无 Eu 异常的富碱性长石熔体来讲，通常的形成模型被假定为部分熔融而不是分离结晶。

表 9.2 华北地块南缘富碱侵入岩稀土元素参数值

序号	岩体岩性	编号	$\sum$REE (ppm)	$\sum$Ce/$\sum$Y	La/Sm	Gd/Yb	Sm/Nd	Eu/Sm
1	三合石英正长斑岩	三-3	613.35	4.95	8.05	1.94	0.15	0.16
2	三合石英正长斑岩	三-11	272.17	4.22	7.50	1.40	0.16	0.31
3	变石英正长斑岩	三-1500	254.49	4.46	5.63	2.46	0.17	0.42
4	变石英正长斑岩	石-3	470.80	4.19	6.36	2.92	0.13	0.27
5	草庙变石英正长斑岩	草-1	692.58	4.57	6.95	1.66	0.15	0.08
6	草庙变石英正长斑岩	银 3-1	466.78	7.13	7.40	2.57	0.11	0.32
7	石英正长岩	银-4	519.60	4.23	7.34	2.64	0.11	0.35
8	变石英正长斑岩	银-5	1302.65	3.63	4.52	3.02	0.18	0.10
9	岭头霓辉正长岩	火-1	72.08	4.51	6.16	1.57	0.15	0.23
10	磨沟霓辉正长岩	磨-1	126.00	5.32	6.97	1.64	0.18	0.23
11	乌烧沟霓辉石英正长岩	乌-2	665.13	2.55	4.94	2.27	0.17	0.23
12	霓辉正长岩	乌-3	261.87	5.02	4.05	4.28	0.15	0.18
13	霓辉正长岩	乌-4	565.22	6.10	4.54	3.87	0.14	0.22
14	霓辉正长岩	乌-7	732.57	7.38	3.05	8.66	0.21	0.21
15	塔山细粒正长岩	塔-1	178.11	13.65	18.95	1.71	0.11	0.23
16	绢云母化正长岩	塔-3	766.55	15.08	12.69	2.03	0.11	0.19
17	绢云母化正长岩	塔-4	298.73	4.41	7.61	1.16	0.16	0.19
18	霓辉正长岩	塔-8	1105.79	10.42	25.44	2.32	0.16	0.25
19	绿帘正长岩	塔-9	604.77	9.01	16.55	2.29	0.15	0.24
20	双山角闪黑云正长岩	双-1	393.52	20.95	20.00	3.39	0.12	0.21
21	绿闪霞石正长岩	双-2	875.20	5.63	8.97	2.10	0.22	0.09
22	绿闪霞石正长岩	双-3	836.96	6.98	7.82	2.53	0.23	0.15
23	张士英石英正长斑岩	张-2	187.76	4.96	7.92	1.96	0.16	0.11
24	角闪石英正长岩	张-3	276.69	8.46	17.76	2.08	0.13	0.24
25	角闪石英正长岩	张-7	316.09	8.29	10.18	2.77	0.15	0.21
26	黑云角闪二长岩	张-7-1	390.79	7.51	8.34	3.90	0.16	0.23
27	角闪石英正长岩	张-8	325.03	8.37	10.19	2.80	0.16	0.20

具体来说，三合岩体岩性有正长斑岩、粗面岩和近 Au 矿脉状正长斑岩，它们的 REE 比值参数基本相近，反映了 REE 轻重分馏、LREE 和 HREE 之内部分馏是一致的。相对于其

他岩体则表现为LREE/HREE比值较低，反映LREE内部分馏程度的La/Sm比值也较低，而反映HREE内部分馏的Gd/Yb。比值较高，Sm/Nd＜0.16，一般显示地壳源特点的LREE亏损型REE模式。

草庙岩体主岩$\sum Ce/\sum Y$比值为4～7，La/Sm比值为7.4，$(Gd/Yb)_N$为2.0～2.2，Sm/Nd比值为0.11，总体表现类似于三合岩体、最突出的差异是草庙岩体Sm/Nd比值较低，陆壳源特征更加明显。近Au矿围岩REE参数比值与主岩相比也有一定差异，前者REE总量增高，$\sum Ce/\sum Y$比值较低，正如前述的变质流体携带大量REE进入近矿围岩，增加了围岩中REE总量。尽管我们在上文已解释了岩浆熔体后期热液活动导致正Eu异常、变质流体活动引起负Eu异常的REE原理和地质实事，但是不同性质流体携带REE和Eu^{2+}的化学机理还需要进一步研究。尽管如此，三合金矿区和草庙金矿区近矿围岩REE含量和Eu异常相反的现象是十分有趣的。

乌烧沟岩体三种岩石类型参数$\sum Ce/\sum Y$比值为2.55～7.78，其中细粒正长斑岩最低，霓辉岩最高，主岩霓辉正长岩居中；LREE内部分馏La/Sm比值为3.04～4.93，以细粒正长岩最高，霓辉岩最低；HREE内部分馏Gd/Yb比值为1.82～6.95，明显表现为细粒正长岩最低、霓辉岩最高。三个参数明显指示了正长斑岩的强"上凹"模式以及霓辉岩LREE强富集特点。根据上述部分熔融上凹模式对比，可以假设细粒正长斑岩是后期岩浆活动的产物，而呈团块状出露的霓辉岩则是陆壳源原始熔体早期结晶的富含副矿物熔体包体，这种解释能够与野外地质实际吻合起来，从而进一步佐证乌烧沟岩体的形成是陆壳源部分熔融上侵的结果。

塔山岩体内部相有霓辉正长岩包体，边缘相为细粒正长岩，它们的REE参数显示，$\sum Ce/\sum Y$比值为4.41～15.08，其中细粒正长岩最低。Gd/Yb比值为0.93～1.86，细粒正长岩最低，与乌烧沟岩体相对比，霓辉正长岩LREE强富集特点更明显。

双山岩体REE参数也反映出陆源区的LREE富集以及负Eu异常特点，其中绢云母化正长岩与塔山同类岩石表现出非常相似的REE参数（表9.2）和球粒陨标准化模式（图9.1）。角闪二云正长岩与角闪云霞正长岩REE模式大体类似，但前者出现强负Eu异常和低Gd/Yb比值，绢云母化正长岩具有轻微负Eu异常和较大的LREE/HREE比值，如果假定岩浆熔体为部分熔融产物，那么它需要相当于榴辉岩类作为源岩。加拿大安大略省东北部和美国明尼苏达州西北部的太古代英安岩和英云闪长岩是由太古代拉斑玄武岩母体经过5%～35%部分熔融出的岩浆形成，而玄武岩经部分熔融后留下一种由石榴石和单斜辉石组成的榴辉岩残留体（汉森，1978），因此，我们可以假设方城北部塔山和双山以及羊头山一带分布的绢云母正长岩是古陆壳源部分熔融产物（后文将专门讨论部分熔融程度），后期叠加在先期形成岩石之上的云霞正长岩和霓辉正长岩则是残留体进一步部分熔融的产物，如果在岩石中出现较多的暗色矿物，将引起负Eu异常和HREE抬升的REE上凹模式。

张士英岩体主岩与其中包含的暗色二长岩包体具有近似的REE参数（表9.2）和相似的球粒陨石标准化模式（图9.1），显示同源包体的特点，只是后者REE总量稍高，LREE/HREE比值稍低，LREE内部分馏参数较低而HREE内部分馏参数较高。岩体边缘出露的细粒石英正长岩 REE 参数(表 9.2)表现出 REE 总量较低，且 REE 轻重分馏、LRRE 分馏、HREE 分馏参数都比较低，反映在球粒陨石标准化模式曲线中出现平坦的形式。细粒石英正长岩 REE 的另一特点是具有强烈负 Eu 异常，对于此问题的解释往往是斜长石的早期晶出或在熔体中存留较多的角闪石，野外地质观察表明后者不成立，由此可以判断岩浆早期晶出矿物中有斜长石存在，实际上主岩中粗粒角闪石英正长岩中有相当组分呈斜长石存在，说明岩体北侧出露的细粒石英正长岩是主岩岩浆活动后期的产物，REE 配分的相似性证明了二者之间的亲衍联系。

9.1.3 REE 图解

在(La/Yb)-$(Yb)_N$图解(Martin，1999)上可以确定岩石源区和岩石成因。在该图解支持下，Martin(1999)论证了澳大利亚太古代富钠花岗片麻岩不是来自上地幔，而是玄武岩地壳重熔的产物，源区可能是 LREE 相对富集的玄武质成分的角闪岩或榴辉岩。我们考虑到华北地块南缘富碱侵入岩的 Sm - Nd、Rb - Sr 及 Pb 同位素系统等证据支持了它们源于古老陆块基底的假设，因此可以引用该图解对岩石源区性质进一步研究。REE 参数投影(图 9.2)表明，几乎所有投点落入 Martin(1999)标定的大陆壳源区上部区域，显示出华北地块南缘富碱侵入岩源区为大陆块基底的明显特点。

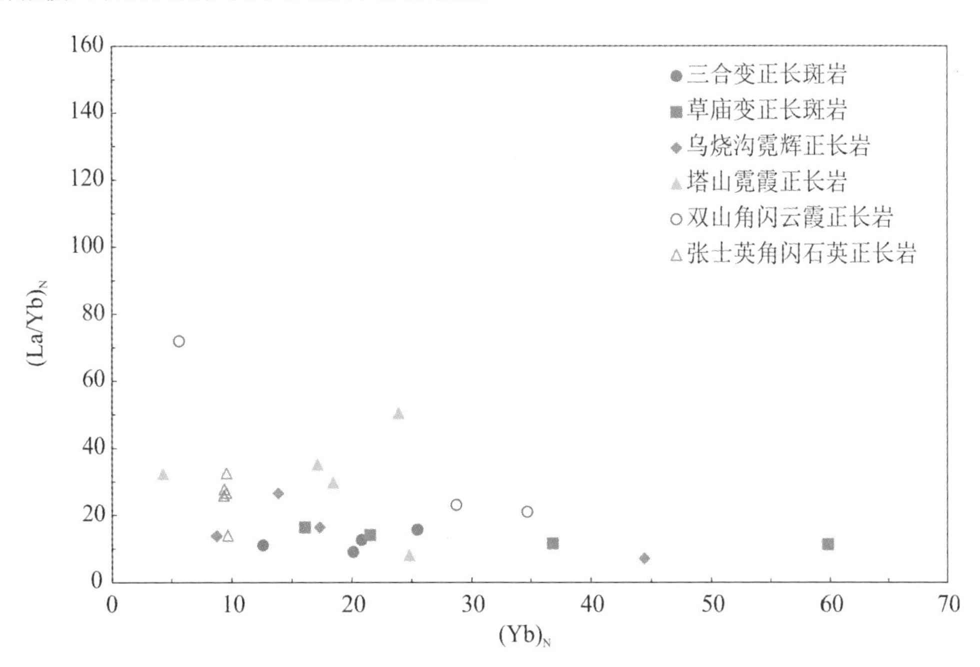

图 9.2 华北地块南缘富碱侵入岩$(La/Yb)_N$ -$(Yb)_N$图解

为了从 REE 方面区分岩石类型，选用 La/Yb - REE 图解(Allegre et al.，1978)。从图 9.3 看出，三合岩体和草庙岩体集中于花岗岩和碱性玄武岩重叠区，表明这两个岩体同属一类，显示出长英质碱性岩特点；乌烧沟岩体和塔山岩体位于花岗岩和金伯利岩接合部位，显示出硅铝质陆壳源的强碱性岩特点，即富 REE 和高 LREE/HREE 比值的 REE 配分特点；

双山岩体是华北地块南缘典型的似长石正长岩类，REE 类型与含碱性暗色矿物的霓辉正长岩类相似，张士英岩体的 REE 分馏更强，投影点落入沉积岩与金伯利岩接合区，可能反映了源区性质偏重于碎屑沉积岩的特点。

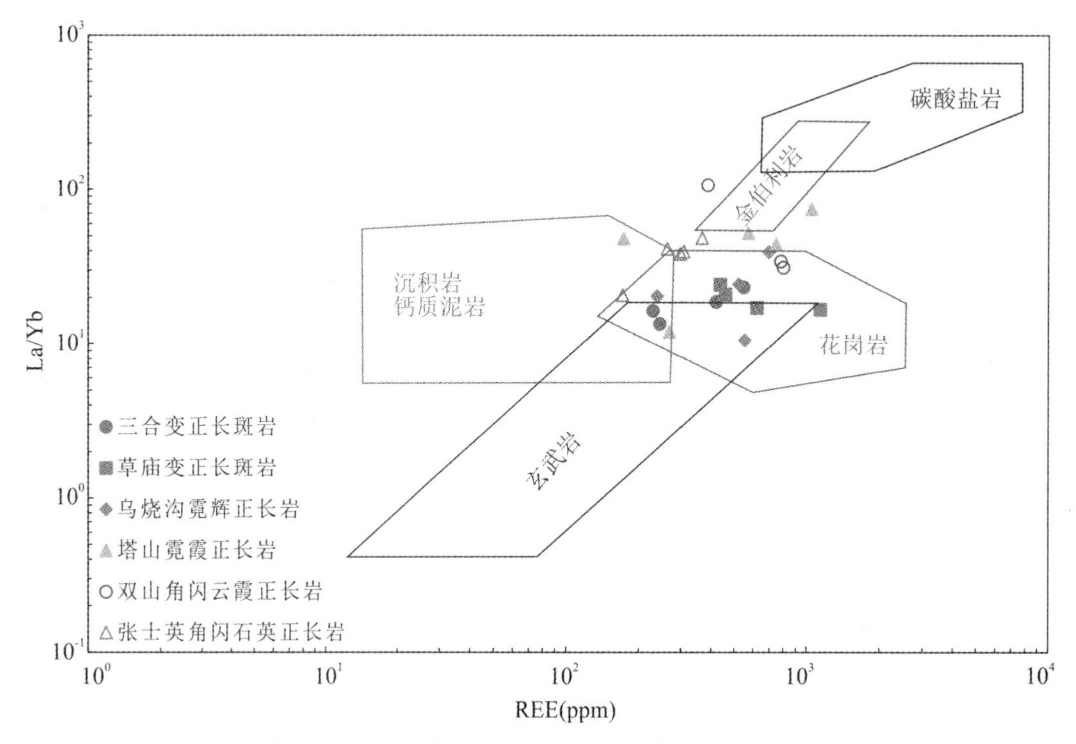

图 9.3 华北地块南缘富碱侵入岩 La/Yb - REE 图解

9.2 微量元素地球化学

华北地块南缘富碱侵入岩微量元素丰度资料比较缺乏，在前人文献中也很少见到报道，因此，需要充实这方面的内容，但是，由于本书研究内容的限制，仅采取了代表性样品 27 件，由地矿部河南岩矿测试中心用 X -荧光光谱法分析（表 9.3）。测试的元素偏重于不相容元素，很少金属成矿元素。

9.2.1 微量元素分布

由表 9.3 可知，研究区富碱侵入岩微量元素变化范围比较大，但在总体上反映了类同构造环境特点以及在区域空间上和岩浆作用方面具有的复杂性。

Rb 含量 87.7～845 ppm，剔除个别异常，一般范围为 120～500 ppm，普遍高于秦巴地区其他富碱岩的 Rb 丰度。Sr 含量 14.9～1173 ppm，剔除少数异常，一般为 40～600 ppm，普遍低于秦巴地区富碱侵入岩。另外，Ba 为 114～1206 ppm，Nb 为 79～373 ppm，Zr 为 171～

1764 ppm,Th 为1.3～106 ppm,Hf 为2.7～36.5 ppm,与秦巴地区其他同类岩石相比,含量普遍偏高。由此看出华北地块南缘富碱侵入岩类大离子亲石元素丰度高于其他地区,反映出富大离子亲石元素的明显特点。

表 9.3 研究区富碱侵入岩微量元素含量(ppm)

序号	岩体	编号*	Rb	Sr	Ba	Nb	Zr	Th	Hf	Rb/Ba	Zr/Hf
1	三合	三V-3	125.9	52	114	85.4	418	10.7	9.8		42.6
2	三合	三V-11	131.2	39.5	952	78.5	516	11.9	11		46.9
3	三合	三V-1500	87.7	209.6	2523	28.1	172	2.5	3.4		56.5
4	三合	石N-3	122	40.3	517	72.1	445	12.7	8.7		51.14
5	草庙	草V-1	174.8	14.9	273	139.6	696.3	17.3	15.5		44.92
6	草庙	银3-1	130	74.9	1501	66.6	289	7.3	6.7		43.13
7	草庙	银V-4	126	71.6	1816	64.3	292	7.3	6.6		44.24
8	草庙	银V-5	213	16	253	199	1370	31.8	28.1		48.75
9	火神庙	火V-1	466	145	1473	7.9	191	7.2	4.6		41.52
10	磨沟	宋V-1	328	499	4073	18.3	222	24	5.1		43.52
11	乌烧沟	乌V-2	179	79.4	6130	44.7	442	14.1	10.3		42.91
12	乌烧沟	乌V-3	331	135	5137	14	140	1.3	2.7		51.85
13	乌烧沟	乌V-4	269	86.1	12061	57.5	854	106	14.7		58.09
14	乌烧沟	乌V-7	124	993	1833	77.1	832	7.8	13.9		59.85
15	塔山	塔V-1	684.1	163.9	1431	79.1	546.7	9	8.5	0.477	64.31
16	塔山	塔V-3	845	100.5	2582	117.9	760.8	13.7	11.4	0.327	66.73
17	塔山	塔V-4	292.2	77.9	344	136.8	760	14.2	12	0.848	63.33
18	塔山	塔V-8	114	776	636	370	1764	97.2	36.5	0.179	43.32
19	塔山	塔V-9	205	1173	578	121	612	13.3	14.8	0.354	41.35
20	双山	双V-1	621	127	750	86.5	436	5.6	6.5		67.07
21	双山	双V-2	429	282	1580	373	1364	53.3	23.3		58.54
22	双山	双V-3	277	359	229	213	588	24.8	12		49
23	张士英	张V-2	184.5	38.7	153	37.3	175.5	44.8	5.8		30.25
24	张士英	张V-3	213.3	380.1	1849	29.8	249.2	42.7	6.7		37.19
25	张士英	张V-7	193	600	1478	37.6	269	42	7.8		34.48
26	张士英	张7-1	168	899	2157	30.8	319	25.2	9		35.44
27	张士英	张V-8	193	555	1438	37.1	258	47	7.9		32.65

9.2.2 微量元素洋脊花岗岩标准化模式

按照 Pearce 等(1984)提出的 K_2O 和不相容元素洋脊花岗岩标准化模式,可以较好地区分洋脊花岗岩、火山弧花岗岩、板内花岗岩和碰撞带花岗岩等不同构造环境产出的花岗类,近来也有人把它引入碱性花岗岩领域(Santosh,Drury,1988)。我们也尝试把华北地块南缘富碱侵入岩微量元素测定数据投入洋脊花岗岩标准化模式图解,从图 9.4 显示,大部分样品富 Rb、Th、Ne、Ce,贫 Zr、Hf、Y 和 Yb,一些样品出现负 Ba 异常,相似于苏丹萨布卢卡和奥斯陆板内裂谷型花岗岩。尽管如此，还存在着该图解引入碱性岩领域是否适合的问题，但可以根据它们的模式图解投影点连线分布形式来比较不同岩体之间以及与其他地区碱性岩之间的微量元素分配特点。

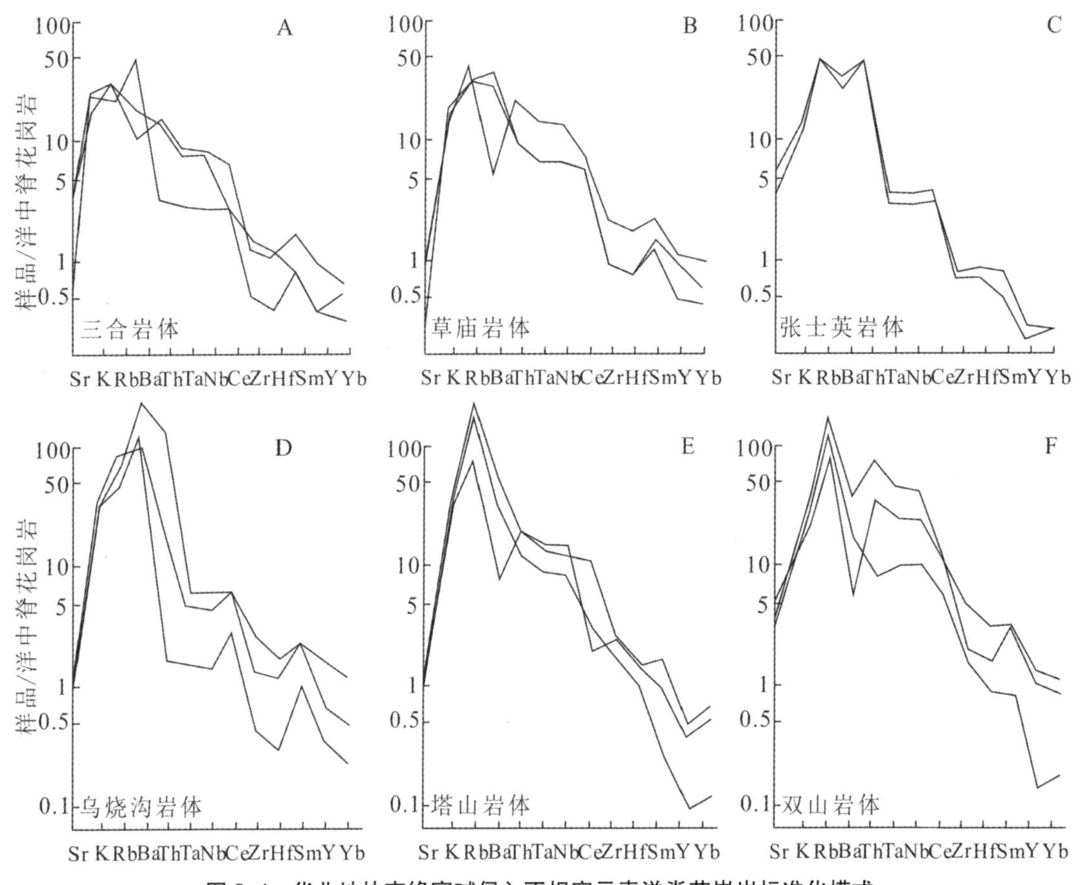

图 9.4 华北地块南缘富碱侵入不相容元素洋脊花岗岩标准化模式

(Pearce et al.,1984)

在大离子亲石元素之间，Ba 丰度变化幅度最大，值得特别注意，因为 Ba^{2+} 和 K^{+} 离子半径相近，二者较多地产生类质同相。在岩浆演化过程中首批钾长石晶出时，可见岩石中 Ba 含量迅速地增加。如在辉长岩中 3 ppm，花岗岩与流纹岩 480 ppm，正长岩与粗面岩增高到 1800 ppm，甚至在白榴岩中达 1000～4000 ppm。岩浆源及岩石形成过程的不同可以影响钡的含量，如德国亚布特尔花岗岩的交代作用使钡进入岩体，基质的钾长石含钡 1600 ppm，而交代作用形成的巨晶钾长石含钡 4600 ppm；大不列颠北部的彭奈因花岗岩云英岩化作用降低钡含量。因此，钡在岩石中的变化具有成因指示意义。图 9.4 表明，Ba 在同一岩体中因样品代表的岩石蚀变程度的不同分别出现正、负异常，草庙岩体 1、4 号代表近 Au 矿围岩，是原岩正长斑岩(2、3 号样)变质变形的产物，因此明显出现强负 Ba 异常，与上述云英岩化降低 Ba 含量的解释相一致。负 Ba 异常的另一例子是张士英岩体中暗色包体(张 V-7-1)，表明有斜长石的先期结晶作用形成的包体被岩浆带到上部，属同源包体。另外，塔山岩体中霓辉正长岩(塔V-8)和正长细晶岩(塔V-3)与围岩(塔V-9)相比,Ba含量分别升高和降低,Rb/Ba比值也有规律地变化(表9.3),以此可以用来判别岩浆分异程度。由于Ba易进入钾长石,随着钾长石的结晶,熔体中Ba含量下降,而Rb、Ba比值升高,由此判定,塔山岩体南部边缘相细粒正长岩是熔体结晶晚期产物,这与野外地质和REE模式解释都比较一致。这些例证进一步证明:Ba正异常由交代作用引起,而Ba负异常的原因是复杂的,如云英岩化、熔浆中早期包体的析离、钾长石的后期结晶等都可以使岩石出现负Ba异常。

在图9.4中Th异常也比较明显,除三合岩体之外,其他岩体几乎都不同程度出现Th正异常。Th是放射性的亲石元素,离子半径较大,一般富集在淡色岩石的残余岩浆内,最富集的往往是霞石正长岩和响岩类。Th含量较高的矿物是独居石和褐帘石,其次是锆石、榍石和磷灰石。因此Th含量变化可以指示岩浆演化程度和副矿物类型,根据表9.3,乌烧沟霓辉正长岩Th含量最高,其次是塔山霓辉正长岩和双山云霞正长岩。

洋脊花岗岩采用的Zr/Hf比值是37.77,以此为界,除了张士英岩体Zr/Hf比值<37.77外,其他岩体Zr/Hf比值波动在50左右,反映在图9.4中出现高Zr低Hf的右倾曲线模式。由于Zr与Hf的关系比其他元素对更为密切,Zr/Hf值对于岩浆成因演化有重要意义。根据比较成熟的研究(刘英俊等,1986),Zr/Hf比值在30.05~67.07之间相当于碱性花岗岩和碱性正长岩范围,远低于钠质火成岩(74~153)。所以本区岩石属于钾质火成岩的Zr/Hf比值范围。另外,Zr与Hf的相容性也有一定差异,Hf总是优先进入液体相,Zr/Hf比值就会随着岩浆演化而降低,因此,塔山、乌烧沟和张士英岩体中出露的细粒正长岩Zr/Hf比值都低于主岩,表明为岩浆演化晚期产物,这与上述地质和REE地球化学解释相吻合。

9.2.3　某些亲石元素之间的变异关系

在亲石元素中,包括活动性元素、非活动性元素和放射性元素等,下面我们运用这些元素之间的变异关系显示微量元素之间的分配趋势。

Zr-Nb变异关系:Zr和Nb同为非活动性元素,图9.5表明,除个别样品外,二者元素之间同步增长,且表现出塔山和双山两岩体的Zr、Nb含量较高,而三合岩体Zr、Nb含量相对较低。若按岩石类型而论,霓霞正长岩类Zr、Nb含量最高,霓辉正长岩次之,再者是角闪石英正长岩和花岗正长斑岩类。实际上,塔山岩体的Nb、Ta铁矿化作用很强,出现一些原生的铌钽铁矿脉,双山岩体中也出露有含Nb的伟晶岩脉体,这就从元素地球化学角度证实了在塔山、双山一带寻找铌钽铁矿和稀有矿床的潜在可能性。

Rb-Nb关系:运用图9.6显示活动性元素Rb与非活动性元素Nb之间的关系。从各个岩体投影范围来看,在岩体之间,Rb与Nb呈正相关,即含Rb量高的岩体一般含Nb量也较高,表现最明显的是塔山和双山两岩体,具有最高的Rb和Nb含量。在各岩体内部,Rb与Nb呈负相关的有塔山、双山、乌烧沟这些真正的碱性岩体,随着岩石中Rb丰度的减少,Nb丰度增大;Rb与Nb呈正相关的有三合、草庙等长英质碱性岩,随着Nb的增加,Rb具有较缓的上升趋势。这说明含暗色碱性矿物或似长石的碱性岩与长英质碱性岩在Rb-Nb变异方面差异较大。

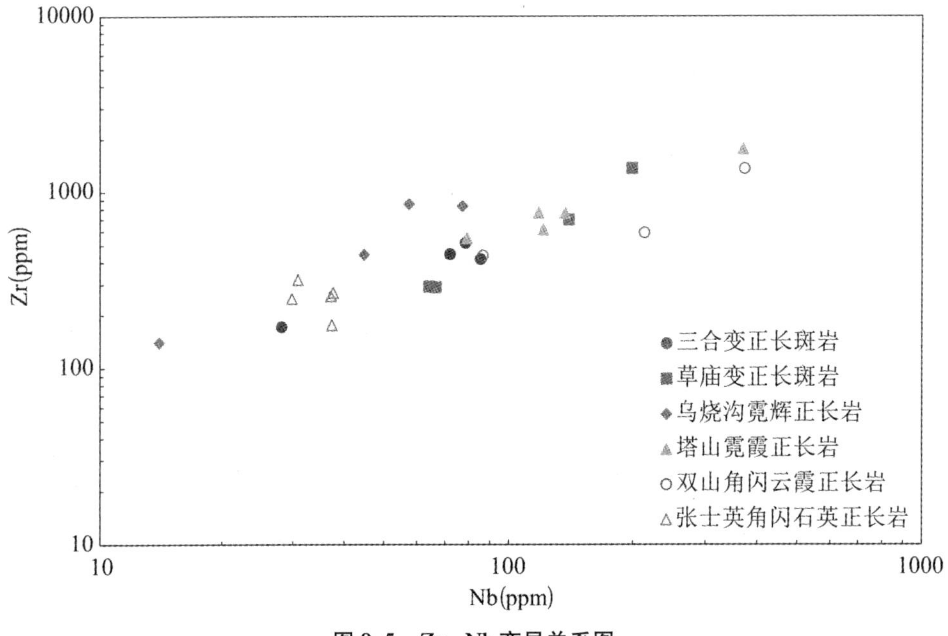

图 9.5　Zr－Nb 变异关系图

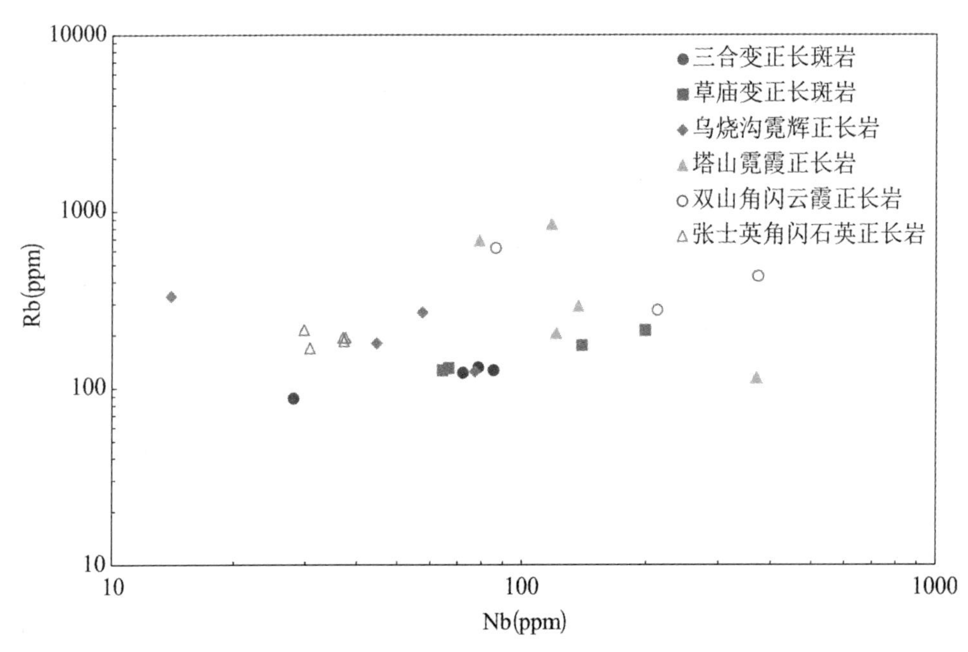

图 9.6　Rb－Nb 变异关系图

Th－Nb 变异关系：运用图 9.7 显示放射性元素 Th 与非活动性元素 Nb 之间的变异关系，其中张士英岩体和乌烧沟岩体显示较强的 Th 高异常。而显示 Nb 高异常的双山和塔山岩体却表现出最低 Th 异常，这种 Th 与 Nb 的负相关特点表明，放射性元素 Th 的找矿前景区应放在乌烧沟和张士英岩体代表的富碱岩石区，而不是塔山和双山地区。

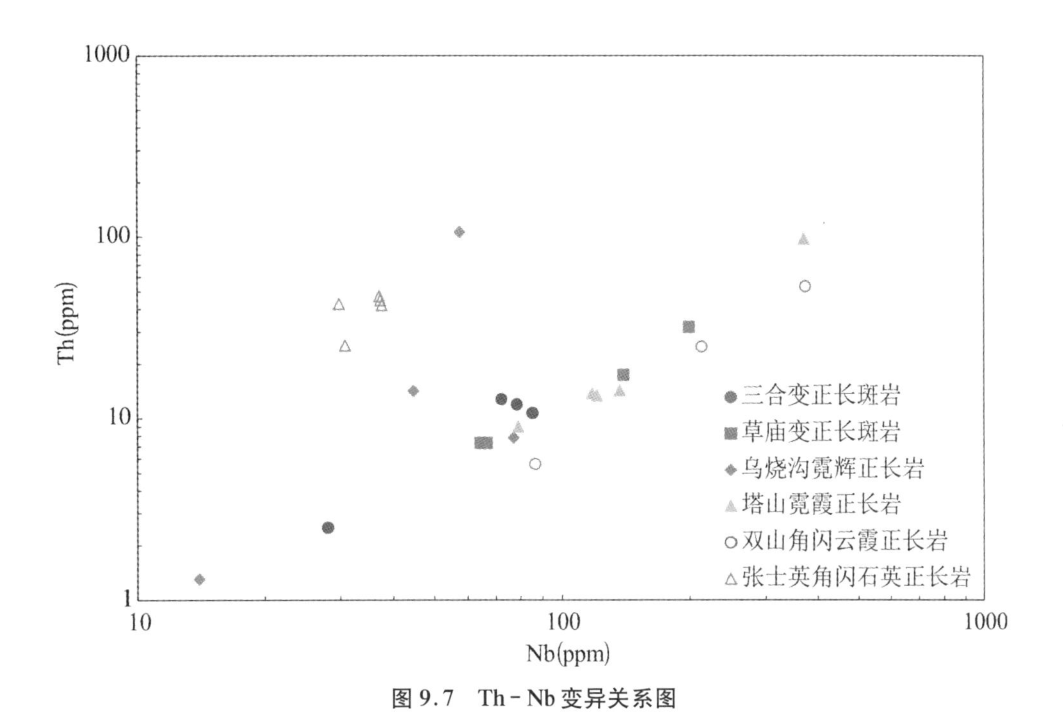

图9.7 Th-Nb变异关系图

9.2.4 过渡族元素分配特点

图9.8显示本区某些富碱侵入岩的过渡族元素分配特点,与秦巴地区其他较基性的碱

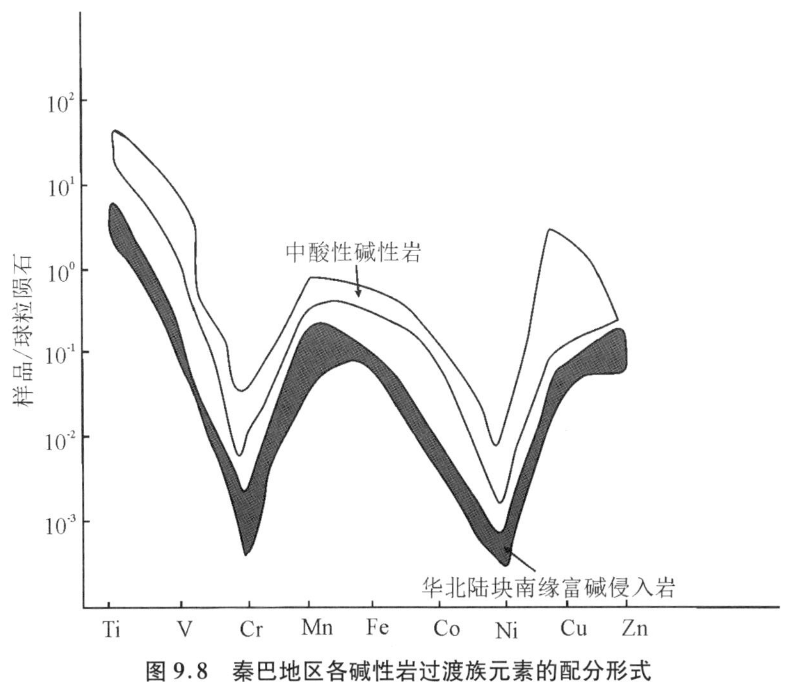

图9.8 秦巴地区各碱性岩过渡族元素的配分形式

性岩相比，含量范围较低，表现为中酸性碱性岩的特点。总体上反映本区岩石 Cr、Ni 相容元素亏损，Ti、Mn、Cu 等适度不相容元素富集的特点，说明岩浆熔体源区物质初始来源于部分熔融亏损地幔源的特点。

9.3 同位素地球化学

9.3.1 Sm－Nd 同位素特征

1. 模式年龄

Sm－Nd 模式年龄（T_{CHUR}^{Nd}或 T_{DM}^{Nd}）首先由 DePaolo 等（1976）提出，随后 Arndt 等（1987）认为，如果 Nd 模式年龄与锆石 U－Pb 年龄或造山事件的其他独立证据一致，那么该 Nd 模式年龄就可以用来确定地壳形成年龄（亦称壳幔分异年龄）；如果 Nd 模式年龄介于几组锆石 U－Pb 年龄之间，而且不与特定造山事件一致，那么该模式年龄可以解释为混合源区的"平均年龄"。

以根据某种模式假设的钕同位素初始比值计算的模式年龄，若采用公式计算，其中取

$$({}^{143}Nd/{}^{144}Nd)_{0\ CHUR} = 0.512638$$

$$({}^{147}Sm/{}^{144}Nd)_{0\ CHUR} = 0.1967$$

则可得到分异地幔球粒陨石（CHUR）模式年龄 T_{CHUR}^{Nd}；取

$$({}^{143}Nd/{}^{144}Nd)_{0\ DM} = 0.513144$$

$$({}^{147}Sm/{}^{144}Nd)_{0\ DM} = 0.222$$

则可得亏损地幔（DM）模式年龄 T_{DM}^{Nd}，式中 λ_{Sm}取 6.54×10^{-12}/a（Faure，1986）。

据上述公式计算，分别得出六个岩体的全岩 T_{DM}^{Nd}和 T_{CHUR}^{Nd}（表 9.4）。首先分析未分异地幔球粒陨石和亏损地幔年龄范围，六个岩体的 T_{CHUR}^{Nd}范围 2976.57～928.59 Ma，相当于华北地块青阳沟运动-卢监运动，后者相当于华南的晋宁运动，T_{DM}^{Nd}一般比相应的 T_{CHUR}^{Nd}大300 Ma 左右。

张士英岩体形成比较年轻（距今 133 Ma 左右），但 Sm－Nd 模式年龄显示初始源非常古老，对于未分异地幔球粒陨石初始源而言，主岩（张 R－10）与暗色细粒包体（张 R－7－1）的 T_{CHUR}^{Nd}分别为 1683 Ma 和 1595 Ma，模式年龄差很小，反映二者同属一次壳幔分异事件产物；对亏损地幔模式而言，T_{DM}^{Nd}分别为 1918 Ma 和 1848 Ma，接近豫西地区中岳运动（1850 Ma）的时限，该事件是克拉通形成和古大陆增生两个巨旋回的分界，具有一定的全球性，通常作为早前寒武纪（early Precambrian）与中晚前寒武纪（late Precambrian）的分界，因此，从模式年龄需要特定的地质事件支持的角度来看，采取亏损地幔模式年龄 T_{DM}^{Nd}比较合适。

塔山绢云母化正长岩（塔 R－9）和双山角闪云霞正长岩（双 R－3）T_{CHUR}^{Nd}分别为 928 Ma 和 1092 Ma，两者差距较小，可能属同一次壳幔分异产物，时限接近豫西地区卢监运动（1050 Ma），相当于官道口群、汝阳群和五佛山下部与上覆栾川群、洛峪群和五佛山上部之间的平

表 9.4　富碱侵入岩 Sm - Nd 同位素分析结果

样号	Sm	Nd	$^{147}Sm/^{144}Nd$	$^{143}Nd/^{144}Nd$	1δ	t(Ma)	$\varepsilon_{Nd}(t)$	$\varepsilon_{Nd}(0)$	T_{DM}	T_{CHUR}	T_{Nd}	$f_{Sm/Nd}$
张-10	3.38	21.08	0.097	0.511536	20	133	-21.535	-21.53	1919.19	1683.84	0.5115359	-0.50686
张 7-1	5.81	36.13	0.0972	0.511596	17	133	-20.365	-20.36	1848.63	1595.99	0.511959	-0.50584
塔 9	17.23	144.41	0.0721	0.511881	29	700	-14.805	-14.8	1252.57	928.59	0.511882	-0.63345
双 3	16.9	113.21	0.0902	0.511876	26	300	-14.903	-14.9	1429.53	1092.98	0.511876	-0.54143
乌 3	2.02	8.82	0.1383	0.511492	15	300	-22.393	-22.39	2934.76	2976.57	0.5114919	-0.2968
三 11	0.98	5.07	0.1171	0.511573	21	700	-20.813	-20.81	2229.86	2036	0.511573	-0.4046

行不整合，同期运动在华南称晋宁运动，被称作中元古代与新元古代的界线，它们的 T^{Nd}_{DM} 则分别为 1252 Ma 和 1429 Ma，时间接近嵴熊运动（1400 Ma）（符光宏，1981），是豫西中元古代早期和晚期的分界。

乌烧沟霓辉正长岩代表样品 R－3 的 T^{Nd}_{CHUR} 和 T^{Nd}_{DM} 分别为 2976 Ma 和 2934 Ma，二者接近豫西地区的青阳沟运动（陈衍景等，1988，1990；胡受奚，1988）的时代，该运动表现为石牌河变闪长岩（2997 Ma）和于窑杂岩（2890 Ma）等中酸性岩浆侵入活动，导致硅铝质陆核的出现，被作为中太古代与新太古代的分界（王鸿祯，1982）。

三合石英正长斑岩代表样品三 R－11 的 T^{Nd}_{DM} 和 T^{Nd}_{CHUR} 分别为 2229 Ma 和 2036 Ma，二者差别较大，但 T^{Nd}_{DM} 接近豫西郭家窑运动（2300 Ma）的时代（孙枢等，1985；胡受奚，1988），被作为豫西太古宙与元古宙分界。

根据上述模式年龄与地质事件的吻合程度，张士英岩体和三合岩体样品的 T^{Nd}_{DM} 吻合程度较高，分别表现为中岳运动前和郭家窑运动后期的活动。乌烧沟岩体的 T^{Nd}_{CHUR} 和 T^{Nd}_{DM} 较接近，都表现为青阳沟运动期后活动。塔山岩体的 T^{Nd}_{DM} 和 T^{Nd}_{CHUR} 分别在嵴熊运动和卢监运动后期，而双山岩体则分别在上述前期。就此而言，可以说明两个问题：一是大部分模式年龄相对应于构造运动事件的后期；二是模式年龄不论取 T^{Nd}_{DM} 和 T^{Nd}_{CHUR} 都有相应的地质构造事件的支持，因此，这些侵入体初始源区究竟是亏损地幔或是未分异球粒陨石地幔，仅根据 Sm－Nd 模式年龄证据无法给予合理解释。

2. 主要参数特征

$\varepsilon_{Nd}(0)=[(^{143}Nd/^{144}Nd)/T^{Nd}_{CHUR}(0)-1]\times 10^4$ 是岩石中 Nd 同位素的现今比值相对于 CHUR 地幔源中 Nd 同位素现今比值的万分偏差，它与分馏因子 $f_{Sm/Nd}$ 有关，其中

$$f_{Sm/Nd=}(^{147}Sm/^{144}Nd)(^{147}Sm/^{144}Nd/)^{0}_{CHUR}-1$$

表示地壳岩石产生时 CHUR 地幔源分馏程度的参数。当 $f_{Sm/Nd}>0$ 和 $\varepsilon_{Nd}(0)>0$ 时，往往是海洋玄武岩的特征，若二者均小于 0 则是大陆岩石的特点。据此计算结果（表 9.4）表明：所有样品 $f_{Sm/Nd}>0$ 和 $\varepsilon_{Nd}(0)>0$，且出现高负值异常，明显表现为大陆岩石的特点。

我们再用 $\varepsilon_{Nd}(t)$ 验证上述的结论。$\varepsilon_{Nd}(t)$ 表示岩石形成时 Nd 同位素的初始比值的万分偏差，当 $\varepsilon_{Nd}(t)\approx 0$ 时，证明岩石形成于 CHUR 地幔源，此时等时年龄的含义与模式年龄一样；当 $\varepsilon_{Nd}(t)$ 明显偏离于 $\varepsilon_{Nd}(t)=0$ 的演化线时，T^{Nd}_{CHUR} 年龄值没有意义，等时线年龄则代表岩石从非 CHUR 地幔源的二次源区形成的时间，即 $\varepsilon_{Nd}(t)>0$ 时，岩石形成于亏损地幔源区；$\varepsilon_{Nd}(t)<0$ 时，岩石源区是大陆地壳或富集地幔。据此，本书没能够作出 Sm－Nd 等时线，只是根据 Rb－Sr 等时年龄和锆石 U－Pb 年龄的支持，把岩浆最后形成岩石的结晶年龄 t 代入 $m=e^{\lambda\varepsilon}-1$ 式，反推出 T_{Nd}，然后把 T_{Nd} 与 $T^{Nd}_{CHUR}(t)$ 比较，得出 $\varepsilon_{Nd}(t)<0$，且出现较高负值。负值越高，大陆成分源区的可能性越大，因为原始地幔 $\varepsilon_{Nd}(t)=0$，大陆地壳 $\varepsilon_{Nd}(t)<0$，亏损地幔 $\varepsilon_{Nd}(t)>0$，所以，岩石中 $\varepsilon_{Nd}(t)<0$ 的原因可能有两种：①成岩源区来自地壳物质的重熔；②初始岩浆来自地幔，但在上侵过程中遭到地壳物质的强烈混染。鉴于所有样品 $\varepsilon_{Nd}(t)$ 负值很高并相互接近，故混染的可能性很小，支持了岩石源区为大陆壳或富集地幔的假设。

钕同位素^{143}Nd的增长与REE分配类型有关，在岩浆演化过程中，LREE会相对地富集或贫化，所以，在LREE亏损型的岩石中，Sm/Nd比值较高，$^{143}Nd/^{144}Nd$比值增长速度较快；相反，在LREE富集型的岩石中，Sm/Nd比值较低，$^{143}Nd/^{144}Nd$比值增长速度较缓，Sm/Nd比值类似于CHUR体系（平坦型REE）的$^{143}Nd/^{144}Nd$比值，增长速度介于上述二者之间。若取现今CHUR的Nd同位素比值$^{143}Nd/^{144}Nd=0.511836$，地球形成时CHUR的Nd同位素比值为0.50687，则可由图9.9表示REE类型与Nd同位素比值增长的关系。由表9.4可知现今样品只有塔R－9和双R－3出现稍微亏损或平坦型特点外，其余样品的$^{143}Nd/^{144}Nd$和T_{Nd}均<0.511836，表现为LREE富集型。

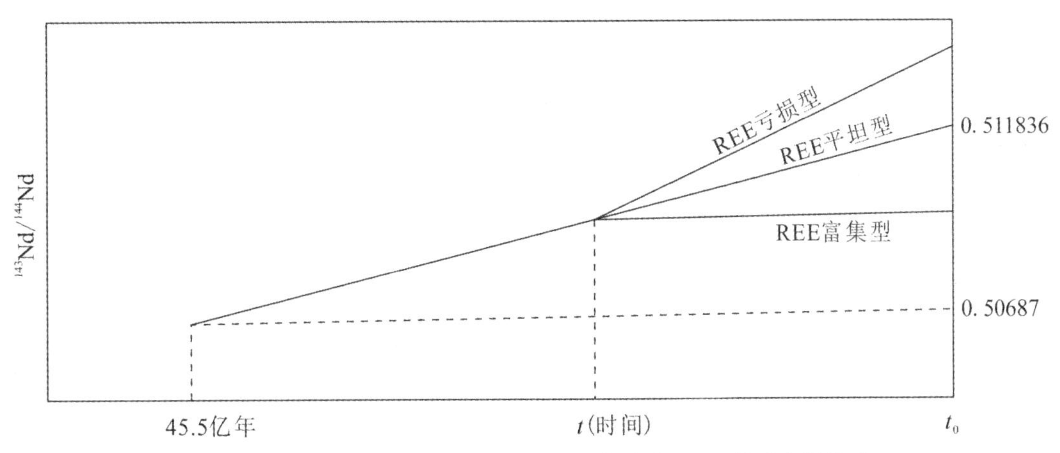

图9.9　$^{143}Nd/^{144}Nd$比值增长与CHUR标准化REE类型之间关系

黄萱等(1989)在研究华南古生代花岗岩Nd－Sr同位素及基底物特征时，总结了全球主要花岗岩的$\varepsilon_{Nd}(5)$值随时代的演化（图9.10）。我们尝试用该图判断华北地块南缘富碱侵入岩源区地壳形成年龄区间为1.3～2.6 Ga，表明该源区最老基底时代约为2.6 Ga，相近于石牌运动（该运动被作为新太古代早期与晚期的分界），最新基底时代为1.3 Ga。

9.3.2　Rb－Sr同位素

1. Rb/Sr比值

Rb在火成岩中的主要载体矿物是云母类（黑云母、白云母、锂云母）及钾长石类矿物（正长石和微斜长石）。虽然钾和铷的地球化学行为非常接近，但大量研究证明，K/Rb比值随着花岗岩岩浆分异而减小，因为在残余岩浆中铷高于钾，Rb^+(1.52 Å)比K^+(1.38 Å)大，离子电位较钾小，所以在硅酸盐格架中对Rb^+吸引较弱，导致在残余岩浆中富集。

Sr是二价元素，既能在许多含钙矿物中置换Ca，又可被钾长石捕获在K^+位置上，其主要载体是斜长石和磷灰石，在岩浆结晶过程中，Sr^{2+}最初以置换Ca^{2+}方式进入钙斜长石，在残余岩浆中进入钾长石，从而引起Sr含量与岩浆分异程度负相关。

根据上述基本问题讨论，可以假定Rb/Sr比值的地球化学意义在岩浆分异程度方面的相关性，即Rb/Sr比值与岩浆分异程度呈正相关。如南加利福尼亚花岗岩早期Rb/Sr比值略低于2.5,随着分异程度的增加,其比值很快上升到10(Nockolds et al.,1953)。Rb、Sr含量在岩浆分异过程中迅增迅降的特性具有重要的地球化学意义:① 在同一系列岩石中富Rb的岩石将含有更多的放射成因$^{87}Sr^*$;② 富Sr贫Rb的岩石$^{87}Sr/^{86}Sr$比值接近岩石形成结晶时初始比值,可进一步推断岩浆的来源性质。

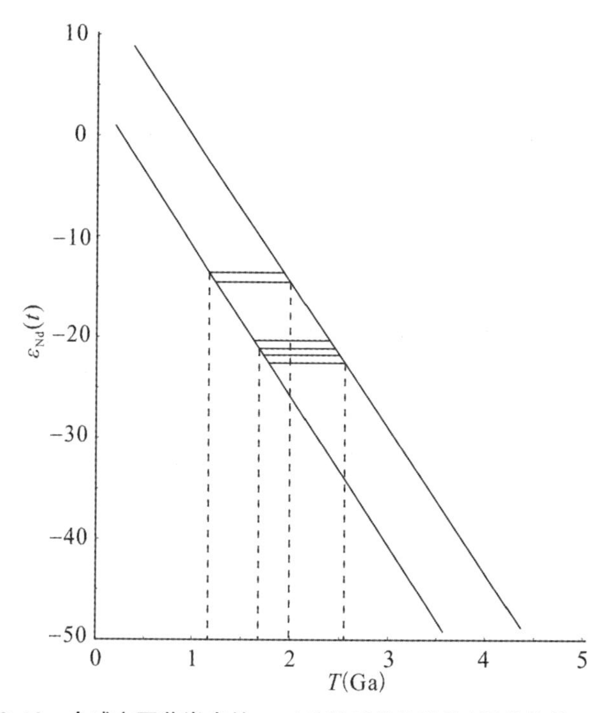

图9.10 全球主要花岗岩的$\varepsilon_{Nd}(5)$随时代的演化(据黄萱等,1989)

为反映本区富碱侵入岩Rb、Sr丰度及比值特征,我们分析了30余件样品,列于表9.5。

张士英角闪石英正长岩体缘相为石英正长斑岩(张V-2),Rb/Sr比值明显较高,其他5个样品在0.18~0.56之间,其中(张V-7-1)是主岩中细粒暗色二长岩包体,Rb/Sr比值最低,表明为岩浆分异早期产物,而细粒正长斑岩是最晚期产物。因此,选择Rb-Sr、Sm-Nd和Pb全岩同位素综合分析样品中,分别选择了张R10和张R-7-1为代表样品。

塔山岩体1~3号样均为绢云母化正长岩,蚀变性强,且Rb/Sr比值偏高,而塔R-9是绿泥石正长岩,Rb/Sr比值较低,与脉状产出的霓辉正长岩(塔V-8)值接近,故选择塔V-9为塔山岩体代表性综合同位素分析样品。另一方面塔V-3是细粒正长岩,Rb/Sr比值高达8.4,说明是塔山岩体中岩浆分异晚期产物,这与前面REE解释结果一致。

双山岩体1~3号样分别代表岩体围岩、岩体边部和中部,其中双R-3为中部出露的较新鲜角闪云霞正长岩,且Rb/Sr比值最低,故选择双-3为综合分析代表样。

乌烧沟岩体共分析4件样品,其中乌V-7是主岩中呈团块状出露的碱性辉长岩,Rb/Sr比值最低,显示岩浆分异早期的析离包体特点,乌V-3和乌V-4同是霓辉正长岩,但后者接近酸性岩的SiO_2含量,故取较中性的乌V-3为代表样品。乌V-2不显示Rb/Sr升高的特点,表明不是分异后期活动产物,而是侵入体边缘相淬火作用导致细粒化。

表 9.5　富碱侵入岩 Rb、Sr 丰度及比值(ppm)

样品编号	Rb	Sr	Rb/Sr	样品编号	Rb	Sr	Rb/Sr	样品编号	Rb	Sr	Rb/Sr
1 三 V-3	125.9	52.0	2.4	16 塔 V-3	845.0	100.5	8.4	31 张 V-5	180.4	60.5	2.9
2 -11	131.2	39.5	3.3	17 -4	292.2	77.9	3.7	32 鱼 D-2	152.8	133.2	1.1
3 -1500	87.7	209.6	0.4	18 -8	114.0	776.0	0.1	33 TW_2-2	300.1	1573	0.2
4 石 N-3	122.0	40.3	3.0	19 -9	205.0	1173	0.1	34 -7	281.7	507.1	0.5
5 草 V-1	174.8	14.9	11.7	20 双 V-1	621.0	127.0	4.8	35 -4	282.2	1542	0.1
6 银 V-3	130.0	74.9	1.7	21 -2	429.0	282.0	1.5	36 -3	275.8	991.6	0.2
7 -4	126.0	71.6	1.7	22 -3	277.0	359.0	0.7	37 -1	275.9	647.0	0.4
8 -5	213.0	16.0	13.3	23 张 V-2	184.5	38.7	4.7	38 嵩 1-1	192.0	429.1	0.4
9 火 V-1	466.0	145.0	3.2	24 -3	213.3	380.1	0.5	39 6-2	304.8	767.8	0.3
10 宋 V-1	328.0	499.0	0.6	25 -7	193.0	600.0	0.3	40 4-2	275.4	646.5	0.4
11 乌 V-2	179.0	79.4	2.2	26 7-1	168.0	899.0	0.1	41 22-2	275.5	354.7	0.7
12 -3	331.0	135.0	2.4	27 -8	193.0	555.0	0.3	42 22-1	263.8	1445	0.2
13 -4	269.0	86.1	3.1	28 -9	367.3	8.9	41.2	43 JG	198.1	780.6	0.2
14 -7	124.0	99.3	1.2	29 -10	196.9	655.0	0.3	44 45-1	2552	158.8	16.0
15 塔 V-1	684.1	163.9	4.1	30 -4	175.3	27.8	6.3	45			

三合石英正长岩共分析 4 件样品，其中三 V-1500 取自三合金矿近矿围岩中正长斑岩脉体，伴随矿体形成过程的钾化作用，岩石也遭受一定的钾化作用，Rb^+ 被钾化流体带走，而 Sr^{2+} 则有可能被钾长石捕获，因而显示 Rb/Sr 比值降低。代表远矿围岩的其他三件样品 Rb/Sr 比值接近，三 V-11 号斑晶比较明显，代表性强，所以被选择为综合同位素分析样品。

根据上述分析挑选，分析了共 6 件样品的 Sm-Nd、Rb-Sr 和 Pb 同位素测试值(表 9.4，表 9.6，表 9.11)。

表 9.6　富碱侵入岩 Rb-Sr 同位素组成(ppm)

	Rb	Sr	$Rb/^{87}Sr$	$Sr/^{87}Sr$	I.	Rb/Sr	T 表	$\varepsilon_{Sr}(0)$	$\varepsilon_{Sr}(t)$
张 Rb-10	193.38	579.47	0.96251	0.71249	0.7106	0.33	291.37	113.41	89.82
张 Rb-7-1	159.30	896.63	0.51224	0.70879	0.7078	0.17	39.86	60.89	49.31
塔 Rb-9	144.77	1264.3	0.3302	0.71024	0.7069	0.11	793.29	81.47	46.43
双 Rb-3	245.28	247.07	2.8698	0.73538	0.7231	0.99	58.38	438.32	270.69
钨 Rb-3	366.91	84.93	12.5127	0.75598	0.7067	4.31	276.85	730.33	2.66
三 Rb-11	123.42	42.54	8.4073	0.76132	0.7060	2.90	261.94	826.52	-35.44

2. Rb-Sr 等时线年龄测定

本书共测定两条 Rb-Sr 等时线年龄。其中张士英岩体岩石比较新鲜，选择了正长斑岩、中粗粒正长岩、暗色二长岩包体和细粒花岗岩共 6 件样品进行测试处理，结果列于表 9.7。目前，该岩体还无其他同位素年龄与之验证，但根据所选择样品的岩性差异和 Rb/Sr 比值范围来看，该年龄代表岩浆结晶年龄比较可信。

表 9.7　张士英岩体和双山岩体 Rb - Sr 同位素测定结果

岩体	送样号	分析编号	样品名称	Rb(ppm)	Sr(ppm)	$^{87}Rb/^{86}Sr$	$^{87}Sr/^{86}Sr$
双山鱼池岩体	鱼 D - 2 - Am	392650	角闪石	185	113.32	4.7277	0.75359 1
	Or	392651	钾长石	234.12	771.80	0.87551	0.71911 5
	Ne	2	霞石	149.12	60.993	9.4727	0.77337 5
	Tn	3	榍石	15.576	169.94	0.26493	0.73433 9
	TR	5	全岩	152.87	133.26	3.3216	0.75213 2
张士英岩体	张 Rb - 9	392660		367.33	8.933	121.22	0.93836 10
	10	1		196.93	655.01	0.8670	0.71034 20
	8	392659		197.47	608.09	0.91739	0.70975
	5	8		180.42	60.561	8.6024	0.72402 10
	4	7		175.36	27.895	18.1856	0.74282 10
	2	6		201.41	458.70	1.2664	0.71195 7

分析者:地质矿产部宜昌矿产地质研究所 5 室,1992。

从地质方面看,双山岩体遭受一定的蚀变和混染作用影响,表现在绢云母化和绿泥石化和碱性闪石发生绿闪石化,暗色矿物出现云雾状定向排布,显示一定的条带状构造,采用全岩等时年龄不可能保证 Rb - Sr 系统的封闭性,因此采用内部矿物等时线法,挑选富锶贫铷的榍石、富铷贫锶的霞石为主要两端员矿物,再选配钾长石、角闪石和新鲜的全岩共 5 件样品进行分析处理(表 9.7)。在拉等时线时,考虑到富 Sr 贫 Rb 的榍石 $^{87}Sr/^{86}Sr$ 比值应该接近初始值,但却出现钾长石 $^{87}Sr/^{86}Sr$ 比值远低于榍石,表明主造岩矿物钾长石的 Rb - Sr 系统已遭受破坏,实际上岩石中钾长石的绢云母化和高岭土化及其他混杂现象明显,故剔出钾长石不参加计算。又因钾长石是岩石主矿物,考虑到样品的数量有限,采取两套方案计算:① 全岩样品参加计算,得等时线 I,$t = 289$ Ma,$I_0 = 0.735 \pm 0.0016$,$\gamma = 0.9893$;② 全岩不参与计算,得等时线 I,$t = 298.05$ Ma,$I_0 = 0.7332$,$r = 0.9999$。第 1 套方案中,等时线确定的初始值 $I_0 = 0.7350 >$ 榍石的 $^{87}Sr/^{86}Sr$ 测试值,相关系数也较低,显然采用第 2 套方案比较理想。

嵩县南部的霓辉正长岩 Rb - Sr 同位素年龄有两套数据可以参考。一是 1∶50000 嵩县

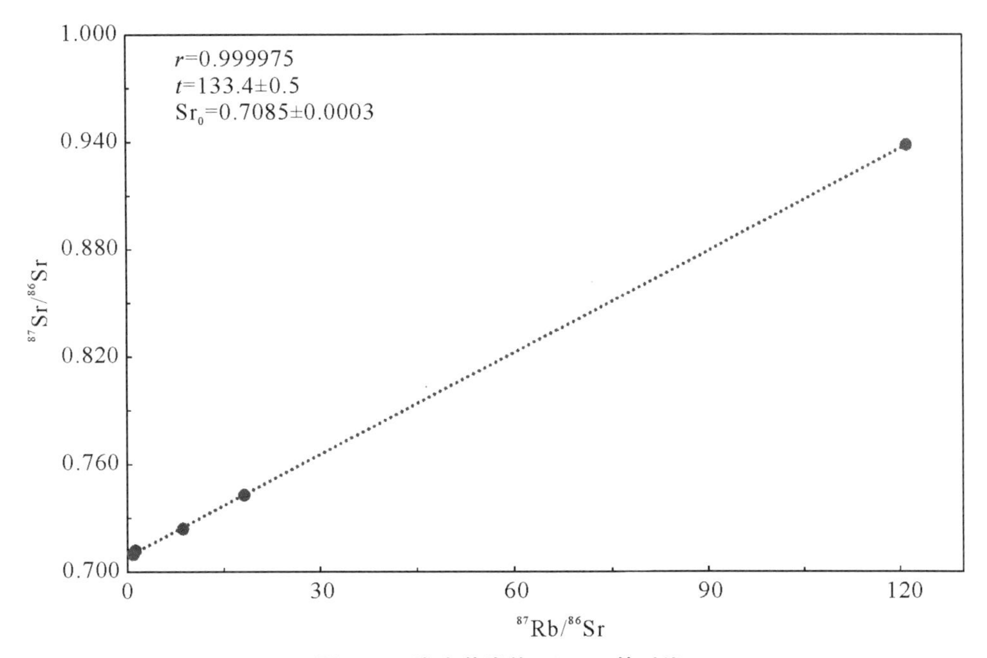

图 9.11　张士英岩体 Rb-Sr 等时线

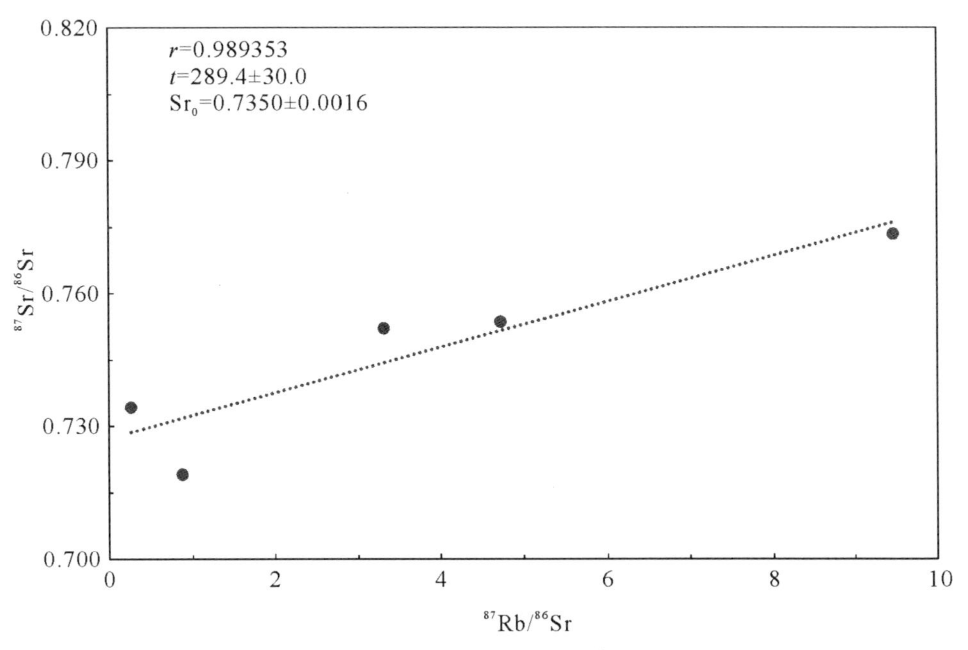

图 9.12　双山岩体 Rb-Sr 等时线

幅区调报告中磨沟岩体 Rb－Sr 等时线(河南省地质矿产厅地调一队,1988),$t=(318\pm29)$ Ma,$I_0=0.7067\pm0.0002$,$r=0.99$(表 9.8,图 9.14)。测定样品的 Rb/Sr 比值范围 0.18～0.55,含 Sr 最高的 Tw2－9 号样品$^{87}Sr/^{86}Sr$ 比值为 0.7067;二是"秦巴碱性岩"研究报告中涉及的嵩县碱性杂岩(曾广策,1990)Rb－Sr 等时年龄,$t=(226\pm0.8)$ Ma,$I_0=0.7081\pm0.0002$,$r=0.87$(表 9.9,图 9.14)。后者存在两个问题,一是相关系数太低,二是没有考虑岩体边部岩石被强烈混染的因素。前文已述,岩体边缘及过渡带的 Rb－Sr 系统在岩石遭受混染或蚀变过程中必然受到干扰,很大可能地影响等时年龄的线性处理和可信程度。若以第 1 套年龄为参考,取岩石$(^{87}Sr/^{86}Sr)_i=0.7067$,分别计算表 9.9 中 1～5 号样品的表面年龄为 302 Ma、316 Ma、302 Ma、256 Ma,除 5 号样品表面年龄偏低外,其余总体表现为 300 Ma 左右。这与第 1 套年龄十分接近,进一步证明嵩县南部霓辉正长岩的岩浆活动时限很可能属于海西中期。

表 9.8 磨沟岩体 Rb－Sr 同位素测定结果

样品编号	岩石名称	采样地点	Rb(ppm)	Sr(ppm)	$^{87}Rb/^{86}Sr$	$^{87}Sr/^{86}Sr$
TW_2-9	霓辉正长岩	磨沟脑	300.10	1573.40	0.54988	0.70869 ± 0.0002
7	霓辉正长岩	磨沟脑	281.76	507.16	1.60247	0.71381 ± 0.0002
4	斑状霓辉正长岩	磨沟中部	282.29	1542.12	0.52775	0.70914 ± 0.00007
3	斑状霓辉正长岩	箭沟西伊河北岸	275.82	991.61	0.80207	0.71094 ± 0.00009
1	斑状霓辉正长岩	箭沟西伊河北岸	275.90	647.01	1.2297	0.71103 ± 0.0001
7 检	霓辉正长岩	磨沟脑	280.06	497.86	1.62258	0.71408 ± 0.0006

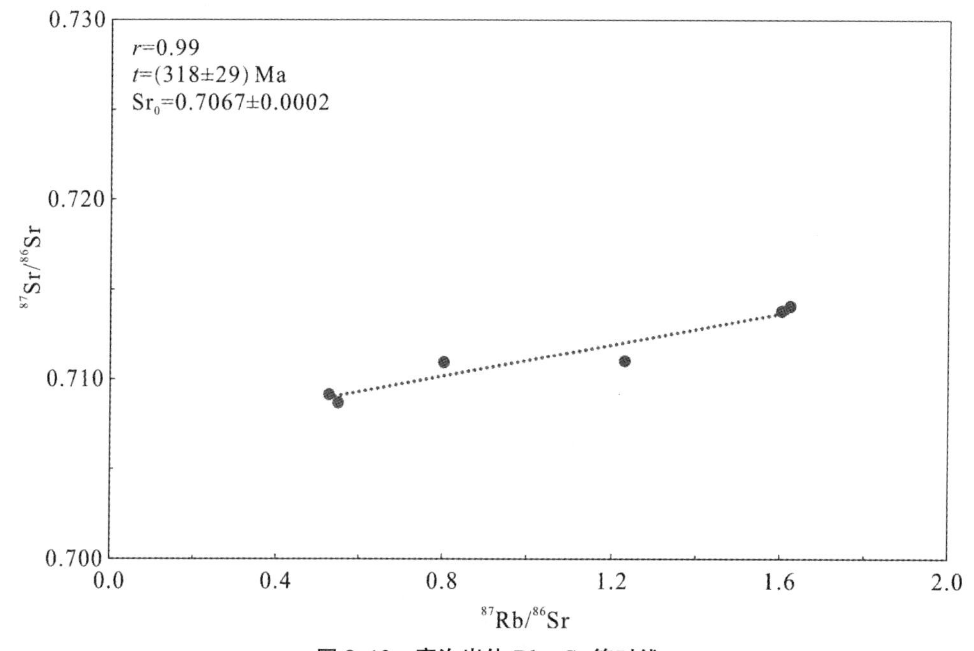

图 9.13 磨沟岩体 Rb－Sr 等时线

表 9.9　嵩县南部碱性杂岩 Rb-Sr 同位素测定结果

编号	1	2	3	4	5	6	7
样品号	1-1	6-2	4-2	22-2	22-1	JG	45-1
岩石	霓辉正长岩	霓辉正长岩	正长伟晶岩	正长伟晶岩	霓辉正长岩	霓辉正长岩	霓辉正长岩
Rb	192.01	304.80	275.43	175.50	263.83	298.23	2552.2
Sr	429.18	767.88	646.51	354.74	1445.91	780.69	158.80
$^{87}Rb/^{86}Sr$	1.2902	1.1447	1.2286	2.2402	0.52606	0.73180	47.018
$^{87}Sr/^{86}Sr$	0.71226	0.71185	0.71198	0.71488	0.70926	0.71125	0.85953
	0.0003	0.00008	0.00004	0.00008	0.00006	0.0001	0.00006

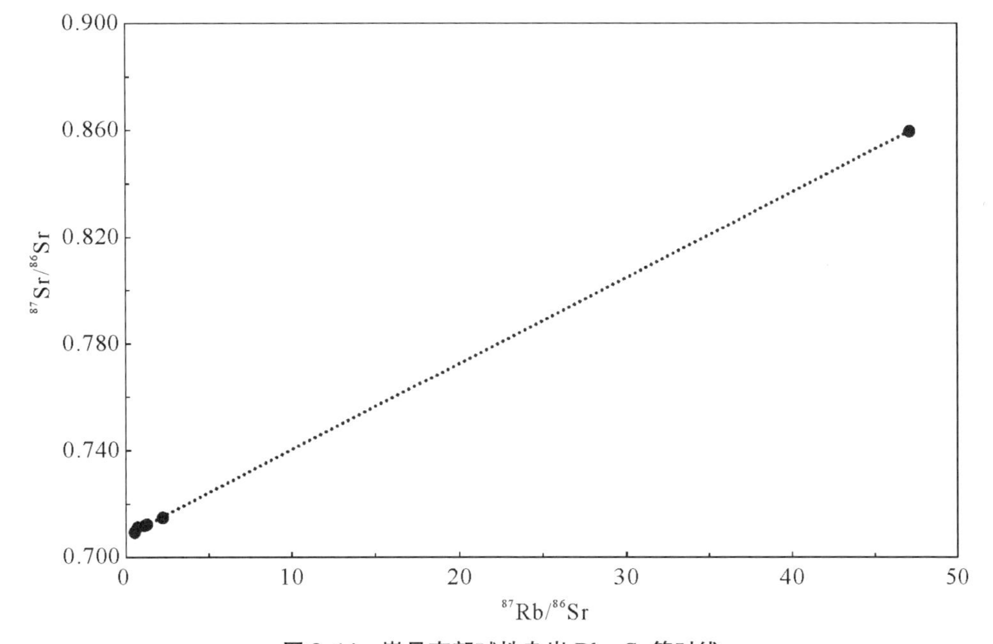

图 9.14　嵩县南部碱性杂岩 Rb-Sr 等时线

9.3.3　Pb 同位素

1. U-Th-Pb 地质解释

在普遍岩石中，酸性岩石最富集 U、Th，即它们的丰度随岩石酸性程度增高而增大。在地壳单元中，大陆地壳的 U、Th 丰度较大。U 的独立矿物是晶质铀矿和沥青铀矿，Th 的独立矿物是方钍石、钍石和硅钍石。U 和 Th 还经常富集在锆石、褐帘石、独居石、磷钇矿、烧绿石、易解石、磁灰石和榍石等副矿物中。在地表条件下，U^{4+} 易转化为$(UO_2)^{2+}$，呈六价 U，易溶于水，因而与不溶于水的 Th^{4+} 件发生分离，改变它们的 Th/U 比值。

对 Pb 来讲，往往在地壳或酸性岩中富集。岩石 Pb 的最重要载体是钾长石，其次是云母。造岩矿物中 Pb 含量最低的是石英、橄榄石等。水溶液中 Pb 的溶解度很低，但在卤水中含量可达 80 ppm,因此,卤水可能是 Pb 富集成矿的重要搬运者。在地表条件下,由造岩矿物风化释放的 Pb,迁移能力很小,大多被黏土所吸收。方铅矿分解成不溶于水的铅矾、白铅矿等,富集在原生 Pb 的氧化带。

自然界中 Pb 有四种同位素,^{204}Pb1.4,^{206}Pb24.1,^{207}Pb22.1,^{208}Pb52.4,其中^{204}Pb 是非放射成因,后二者分别是^{238}U、^{235}U 和^{232}Th 经一系列 α、β 衰变形成的。在地质历史中,当这些衰变建立起来长期平衡时,根据同位素衰变规律,就可以有各自独立方程,作为 U－Th－Pb 法原理和年龄计算的基础。

根据 Pb 的不同来源可以分为原生铅、原始铅、放射成因铅和普通铅。原始 Pb 通常取自美国亚利桑那州的 Canyon Diablo 铁陨石中陨硫铁的原始 Pb 同位素组成,即^{204}Pbl,^{206}Pb9.307,^{207}Pb10.294,^{208}Pb29.476。放射成因 Pb 往往被普通 Pb 污染。普通 Pb 通常指方铅矿和钾长石中的 Pb。

通常与 Pb 同位素有密切联系的 Th/U 和 U/Pb 比值具有指示源区性质意义。U、Th、Pb 含量从超基性到花岗岩逐渐升高,但它们增高的幅度并不相同,一般讲 Th 增约 306 倍,U 增约 285 倍,Pb 增约 80 倍;因此,反映在 Th/U 和 U/Pb 比值方面显示相应的增高趋势。一般岩石 Th/U 比值在 3～4 范围内,大洋拉斑玄武岩 Th/U 比值低,反映亏损地幔的部分,而高原玄武岩 Th/U 比值高,反映原始地幔特点。与地球 Th/U 比值相近的球粒陨石为 3.58,地壳与地球相比,U、Th 增长倍数相近,因此二者 Th/U 比值比较近似;但上地壳相对富 U,下地壳相对富 Th,所以,上地壳 U/Pb 比值最高,下地壳 U/Pb 比值最低。本区岩石 Th/U 比值一般大于 4,显示非亏损地幔源区特点。

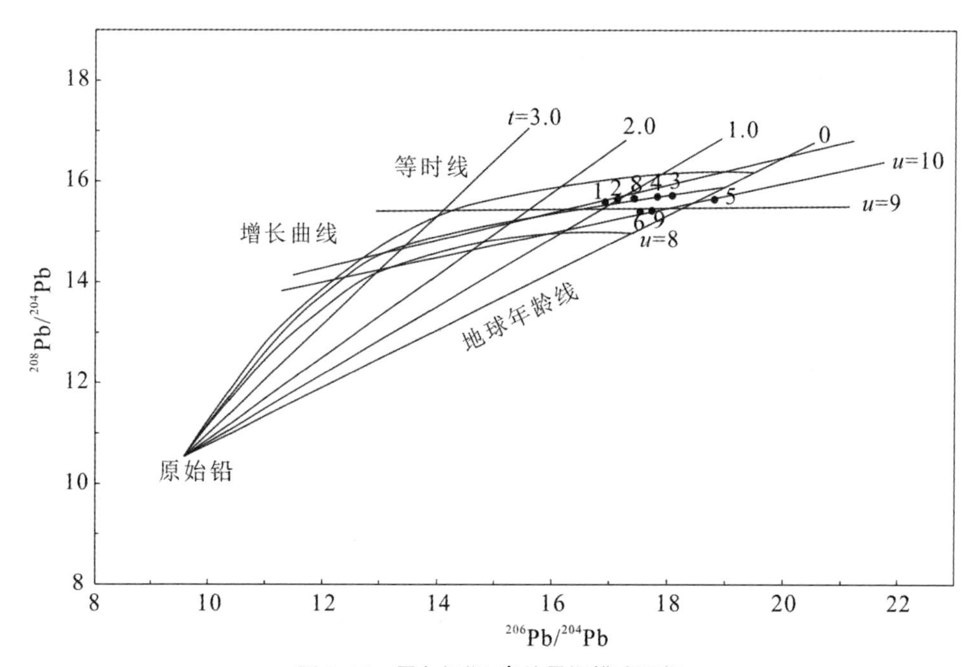

图 9.15　霍尔姆斯-豪特曼斯模式图解

2. 正常Pb计算

正常Pb是普通Pb同位素演化的一个U－Th－Pb体系单阶段产物，指非含U、Th矿物中的Pb。因此，针对这一要求，结合岩石U、Th元素的丰度特点，挑选岩石中钾长石或矿石中黄铁矿测定其Pb同位素组成（表9.10）。

表9.10　富碱侵入岩钾长石Pb同位素组成

样号	岩性	^{204}Pb	^{204}Pb	^{207}Pb	^{208}Pb	Th/U	U/Pb	T	t_{206}	t_{208}
1	细粒石英正长岩	1.401	24.008	21.594	53.042	4.163	0.153	829	397	262
2	角闪石英正长岩	1.380	23.786	21.555	53.279	4.505	0.161	1010	375	104
3	绢云母化正长岩	1.348	24.445	21.040	53.167	4.316	0.159	376	165	－72
4	细粒正长岩	1.350	24.476	21.011	53.163	2.282	0.157	325	167	－59
5	角闪云霞正长岩	1.338	25.395	20.782	52.485	3.751	0.155	－351	－48	－30
6	细粒正长斑岩	1.374	24.290	21.276	53.060	4.205	0.156	559	272	100
7	霓辉正长岩	1.358	23.724	20.953	53.965	4.854	0.154	644	322	－136
8	石英正长斑岩	1.350	25.640	21.033	51.977	3.474	0.156	－294	－50	125
9	黄铁矿（半氧化）	1.368	24.676	21.217	52.739	3.966	0.155	326	189	116
10	黄铁矿（原生）	1.413	23.856	21.713	53.068	4.150	0.154	993	453	330

模式年龄（$T_{模}$）计算表明，与真实年龄相比，$T_{模}$有高有低，某些出现负值，这种情况可以说明两个问题：① 某些样品可能反映源岩物质的年龄；② 由非正常Pb混入或正常Pb混合，异常老的$T_{模}$反映岩石形成过程遭受古Pb混染。

进一步研究发现，$^{208}Pb>52.75\%$者较多，出现Th、Pb混染形成异常Pb的特点，尤其是显示Th地球化学异常的乌烧沟岩体和张士英岩体表现更加明显；$^{204}Pb>1.2\%$，$^{207}Pb<22\%$，$^{206}Pb<26\%$，与U混染形成异常Pb的特点相反，说明研究区岩石Th、Pb混染明显的特点。按照异常Pb特点，其同位素组成不均一、变化范围较大，比同时期产生的单阶段Pb要富含放射成因（^{206}Pb，^{207}Pb，^{208}Pb），但贫^{204}Pb，通常异常Pb的$^{204}Pb<1.2\%$，$^{206}Pb>26\%$，$^{206}Pb/^{207}Pb>16$。根据表9.10，岩区钾长石Pb同位素组成似乎不符合上述参数范围，应该接近正常Pb特点，这与前述的$T_{模}$特点相悖。

为解决上述矛盾，我们首先选取H.H模式，它不涉及^{208}Pb，仅涉及^{207}Pb和^{206}Pb，恰恰^{208}Pb与Th、Pb混染关系密切，仍然不能解决问题，因此又尝试用拉-法-卡法，其中

$$t_{206} = 6.51 \times 10^9 \lg[(29.82 - {}^{206}Pb/{}^{204}Pb)/11.02]$$

$$t_{208} = 20 \times 10^9 \lg[(79.9 - {}^{208}Pb/{}^{204}Pb)/40.8]$$

依上式计算结果列于表9.10，涉及Th混染的t_{208}负值很普遍，进一步证明Th、Pb混染的明显特点。

把钾长石Pb同位素组成投影在二阶段体系模式图中（图9.15），可见大部分岩体的样品投影点连线只与增长曲线交于一点，t_1点一般在30亿年左右，反映基底物质相当于Sm－Nd显示的青阳沟运动的时限，而在增长曲线上找不到t_2点，表现为^{207}Pb亏损，显示岩石源区可能发生^{235}U丢失现象。

3. 表面年龄计算

研究区岩石 U、Th 含量一般较高(表 9.3),因此可通过全岩 Pb 同位素测定计算岩石表面年龄(表 9.11)。普通 Pb 扣除采取长石 Pb 同位素组成,计算结果表明只有塔山岩体不一致,表面年龄值接近,并且大致相当于岩石结晶年龄(700 Ma 左右)。其他岩体表面年龄都表现很强的不一致性,且不出现规律变化,说明岩石中钾长石 Pb 同位素比值作为普通 Pb 扣除不甚合理。

表 9.11 富碱侵入岩 Pb 同位素比值及模式年龄(Ma)

岩体	岩石	$Pb^{206/204}$	$Pb^{207/204}$	$Pb^{208/204}$	T_{206}	T_{207}	T_{208}	$T_{207/206}$
张士英	角闪石英正长岩	17.3160	15.3950	38.176	124.94	193.41	164.16	
张士英	混合二长岩	19.3630	15.4010	38.123				
塔山	绿帘石化正长岩	19.2090	15.650	40.954	693.30	674.94	729.70	
双山	角闪云霞正长岩	19.5790	15.634	41.811	391.96	889.64	1172.3	
乌烧沟	霓辉正长岩	19.7570	15.513	38.351	124.00	515.93	166.74	
三合	石英正长斑岩	18.6660	15.560	40.351	419.82	577.36	843.86	

9.4 岩体侵位世代

研究区富碱侵入岩的侵位结晶年龄的确定主要根据同位素年代学数据,测年方法主要有 Rb - Sr 等时线法,其次有 K - Ar、U - Pb 和 Sm - Nd 法。成岩后热事件影响时限的确定主要靠同位素地球化学和年代数据,同位素地球化学方法主要有 Sr、Nd 和 Pb,年代学方法主要为 K - Ar 法。同位素年龄的地质年代及构造-岩浆期的划分,主要参考《中国地质图(1∶5000000)》编图要求(地矿部直属局,1989),其次结合河南省西南部地质特点,进行了个别处理。结果列入表 8.20。

研究区富碱侵入岩活动最早追溯到 2021 Ma,最晚有 133 Ma,在不同岩区其活动时序均有差异,即使在同一个岩区内,往往有多期的富碱岩浆活动,因此可以解释为复式富碱侵入岩带中存在复式富碱侵入体(表 8.20)。各期活动分述如下:

(1) 中条期(2021 Ma)第二阶段,侵位相当于华北克拉通嵩阳运动后期,以栾川东都岩区碱性花岗岩锆石 U - Pb 法年龄为代表。

(2) 晋宁期(1035 Ma)第一阶段侵位,相当于华北克拉通卢监运动前期,以栾川东部岩区碱性花岗岩 Rb - Sr 等时年龄为代表。

(3) 晚新元古期(660～786 Ma)第二阶段震旦纪时侵位,主要分布于南亚带,以栾川西部岩区石英正长斑岩和方城北部岩区黑云母正长岩为代表。

(4) 海西期(298～338 Ma)早、中期侵位,早期有云阳岩区 U - Pb 年龄,中期有嵩县南部岩区 Rb - Sr 等时线年龄为代表。

(5) 印支期(212～242 Ma)侵位,以嵩县南部岩区和栾川东部岩区为代表。

(6) 燕山期(133～147 Ma)侵位,以舞阳南部岩区张士英角闪石英正长岩 Rb - Sr 等时年龄为代表。

据舞阳南部岩区 Rb - Sr 等时年龄,表明岩区存在燕山期的富碱岩浆活动,在东秦岭其他地区,如卢氏兰草碱性花岗岩体显示 K - Ar 年龄 147 Ma,洛南地区一些碱性岩也显有燕山期活动的同位素年龄证据。

从空间分布来看,北亚带富碱岩浆活动主要集中在海西中期和印支期;中亚带富碱岩浆活动时限较大,现有年龄数据中最早 2021 Ma,最晚 133 Ma,其中以龙王磘碱性花岗岩体活动时序最复杂,据卢欣祥(1989)和周玲棣等(1993)研究资料,是一个典型的复式富碱侵入体;南亚带岩浆活动时间集中在新元古代末期和海西中期。因此,富碱岩带活动以中亚带最为复杂,表现为活动期次多,活动时间长,并以此为中部构造岩浆带,对南亚带影响较早,对北亚带影响较晚。

从构造位置来看.在华北地块南缘前锋带,即南亚带分布区富碱岩浆活动主要集中在新元古代末期(700 Ma)和海西中期(300 Ma 左右);在前锋以北的陆块边缘部,即中亚带分布区富碱岩浆活动从中条期(2021 Ma)到燕山期(133 Ma)多次复合,活动时间相差很远,但后期活动的岩浆往往叠加在先期活动之上;在陆块边缘内侧的北亚带,富碱岩浆活动相对较弱,涉及的空间范围也相对较小。

根据邱家骧(1993)资料,在东秦岭南部的扬子地台北缘米苍山—武当山—随枣一线,与本研究区相对应存在一个富碱侵入岩带,岩浆活动时限最早为新元古代末期(687 Ma),最晚在印支期(214 Ma)。其中在岩带中、东段以印支期活动比较突出。在桐柏地块内,也有印支期富碱岩浆活动(松扒岩体,214 Ma)。

9.5 岩浆演化物理化学条件

岩石形成的物理化学条件主要有温度、压力、氧逸度、水逸度和水压。定量地确定这些参数对研究岩石成因、演化等有重要意义。精确地测定物化条件比较困难,但在一定误差范围内定量地确定物化条件的方法很多。本节主要采用辉石、角闪石、黑云母、霞石、长石等矿物化学组成计算法和作图法,其次运用一些同位素测定计算法。

9.5.1 温度和压力

温度和压力的确定主要采用辉石、角闪石、黑云母、霞石和长石温度计或压力计。

(1) 单斜辉石温压计(周新民等,1982):该方法根据 Thompson(1974)实验资料推导,公式为

$$T(℃) = 1056.8986 + 902.7978\mathrm{Al} \quad r = 0.95$$

$$P(\mathrm{kb}) = -7.5382 + 83.1692\mathrm{Al} \quad r = 0.95$$

式中,Al 为单斜辉石中 Al 摩尔分数。

在本研究区,富碱侵入岩辉石类一般为霓辉石,利用上述方法计算的温度、压力仅作参

考，有待与其他计算方法互相验证。

(2) 角闪石温度计和压力计：该方法主要根据 Helz(1979)和 Brown(1977)提供的计算法或图解法获得，公式为

$$\ln K_D = (-4258/T) + 3.25$$

式中，$K_D=(X_K/X_{Na})_{Hb}\times(X_{Na}/X_K)_{molt}$，其中，$(X_K/X_{Na})_{Hb}$为角闪石中 A 位上 K、Na 摩尔分数比，$(X_{Na}/X_K)_{molt}$为熔体中 Na、K 摩尔分数比(可用全岩化学成分中 Na、K 摩尔分数代替)。

压力计算公式为

$$P = -3.93 + 5.03\mathrm{Al}^T (r^2 = 0.80)$$

式中，Al^T为角闪石中全铝。

角闪石中 $\mathrm{Na}^{M4}-\mathrm{Al}^{IV}$关系压力图解用图 9.16 来表示。

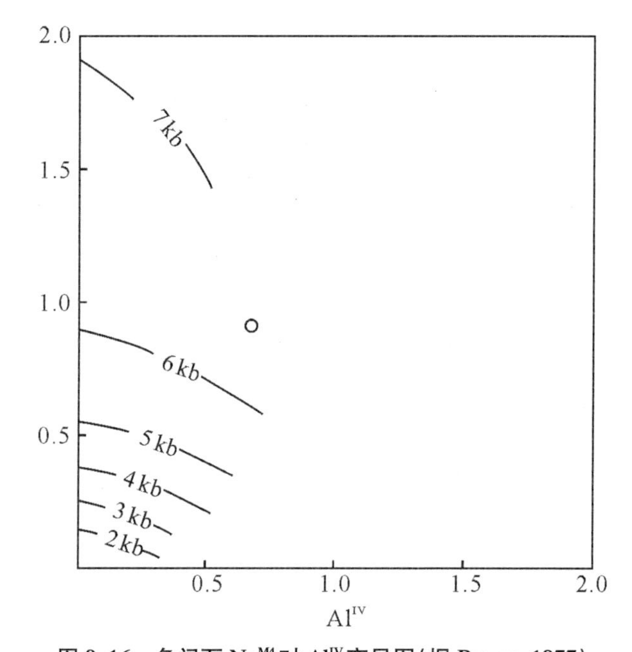

图 9.16 角闪石 Na^{M4}对 Al^{IV}变异图(据 Brown，1977)

(3) 黑云母温度计(图 9.17)：以黑云母的 Fe/(Fe+Mg)- t(℃)关系确定黑云母的结晶温度(Wones 和 Eugster，1965)。

(4) 霞石温度计：以霞石-熔体成分计算霞石的结晶温度和用霞石中 Ne - Ks - Q 成分与温度关系图解估算霞石结晶温度。

霞石-熔体成分计算公式为

$$T = a + \sum Bi\ln\left[X_i^{Ne} + \sum Cj\ln(X_j^L\right]$$

式中，X_i^{Ne}是霞石中组分 i 的摩尔分数；X_j^L是熔体(可用全岩代替)中组分 j 的摩尔分数；a、b、c 为各组分的常数。

此法最初用于计算火山岩中霞石斑晶的结晶温度，当应用于计算侵入体中霞石时，选取霞石核心的成分进行计算，用全岩化学成分代表熔体成分，其结果应为岩浆结晶时的液相线

温度。

霞石中 Ne－Ks－Q 成分与温度关系见图 9.18。

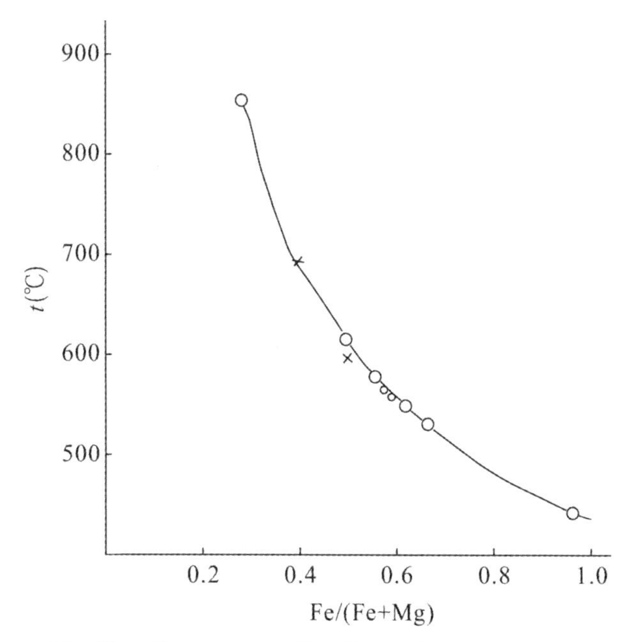

图 9.17　黑云母 Fe/(Fe＋Mg)－ t(℃)关系图(据 Wones 和 Eugster,1965)

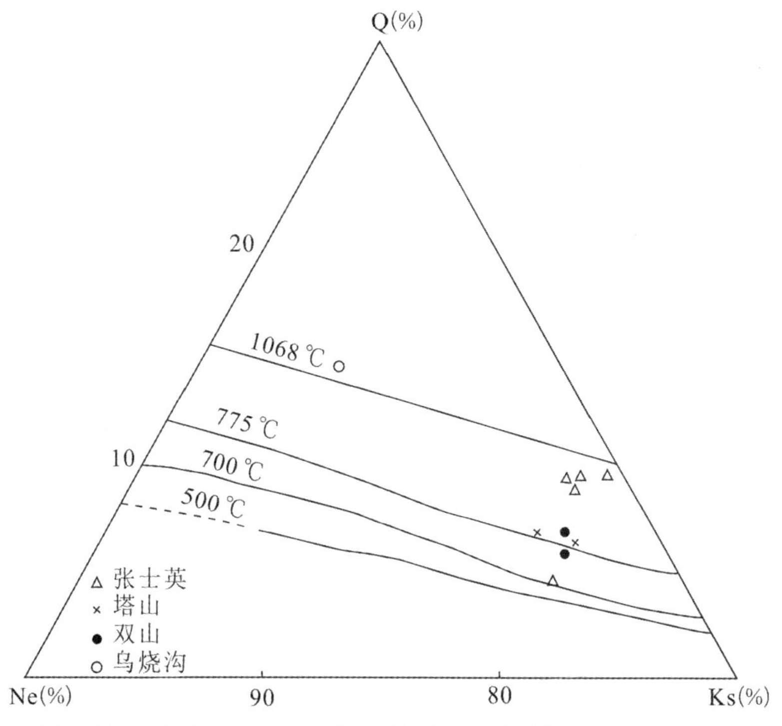

图 9.18　霞石中 Ne－Ks－Q 与 t(℃)关系图(据 Woolley et al.,1986)

(5) 长石温度计:采用岩石中斑晶与基质成分计算方法。

(6) 氧同位素温度计:采用石英和长石矿物对 $\delta^{18}O$ 计算作图方法。

运用上述 6 种方法计算或作图得出的研究区富碱侵入岩矿物结晶温度和压力值一并列入表 9.12。

表 9.12 研究区富碱侵入体岩石结晶温度、压力值

岩体名称	岩石类型	t(℃)	P(kb)	估算方法
张石英	角闪石英正长岩	769～1048 460～550	0.3～0.8 3.5～3.6	角闪石计算黑云母角闪石作图
塔山	霓石正长岩	824 599	11.2	辉石计算 黑云母
双山	绿闪霞石正长岩	1068 928～1054 750～820	6.0～6.5 9.5～9.6	霞石 角闪石作图 角闪石计算 黑云母
乌烧沟	霓辉正长岩	794～824 802～812 860	11.3～11.5	辉石 辉石 黑云母
三合 草庙	石英正长斑岩	560～700		黑云母

一般来说,用矿物温度、压力计估算温度和压力值只能代表该矿物结晶时的温度压力条件,与岩石成岩温度和压力不完全相符,因此,矿物温压计估算的温度、压力值可以代表岩浆房的温度和深度条件。由表 9.12 中压力值可以推算,研究区富碱侵入岩类的岩浆房深度为 12～38 km,岩石在岩浆房中的结晶温度为 460～1070 ℃左右。

9.5.2 氧逸度(f_{O_2})和水逸度(f_{H_2O})

采用计算方法如下:

(1) 用黑云母的 $100 * Fe^{3+}/(Fe^{3+}+Fe^{2+})$ 比值和结晶温度求 f_{O_2}(图 9.19;周洵若,1985)。

(2) 用黑云母的 $100 * Fe/(Fe+Mg)$ 和温度求 f_{O_2}(图 9.20)。

(3) 用角闪石的 $100 * Fe^{3+}/(Fe^{2+}+Fe^{3+})$ 比值和结晶温度求 f_{O_2}(图 9.21)。

(4) 根据岩石化学成分,用计算公式(已知 t ℃和 P)求 f_{O_2}。

$$\ln f_{O_2}{}^{PT} = \frac{1}{a}\left[\ln(X^{L}_{Fe_2O_3})/(X^{L}_{FeO}) - \frac{b}{T} - c - \sum id_iX_i\right] + \left[\frac{0.52126}{t} - 8.126\times10^{-5}(p-1)\right]$$

式中 X_i 为岩石中主要氧化物 mol 分数,a、b、c 及回归常数 d 从有关文献查出。

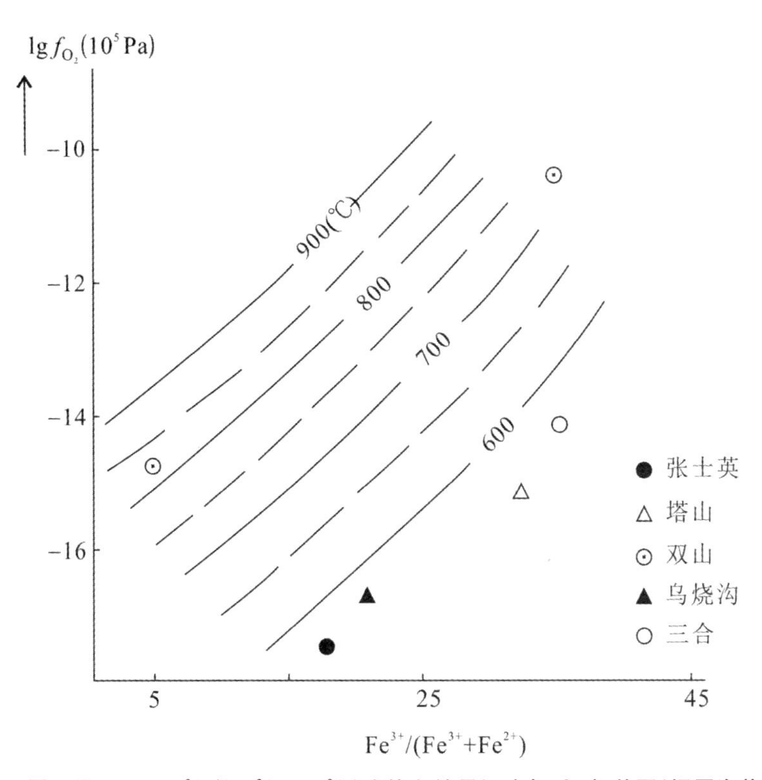

图9.19　黑云母100 * $Fe^{3+}/(Fe^{3+}+Fe^{2+})$比值和结晶温度与$f_{O_2}$相关图(据周洵若,1985)

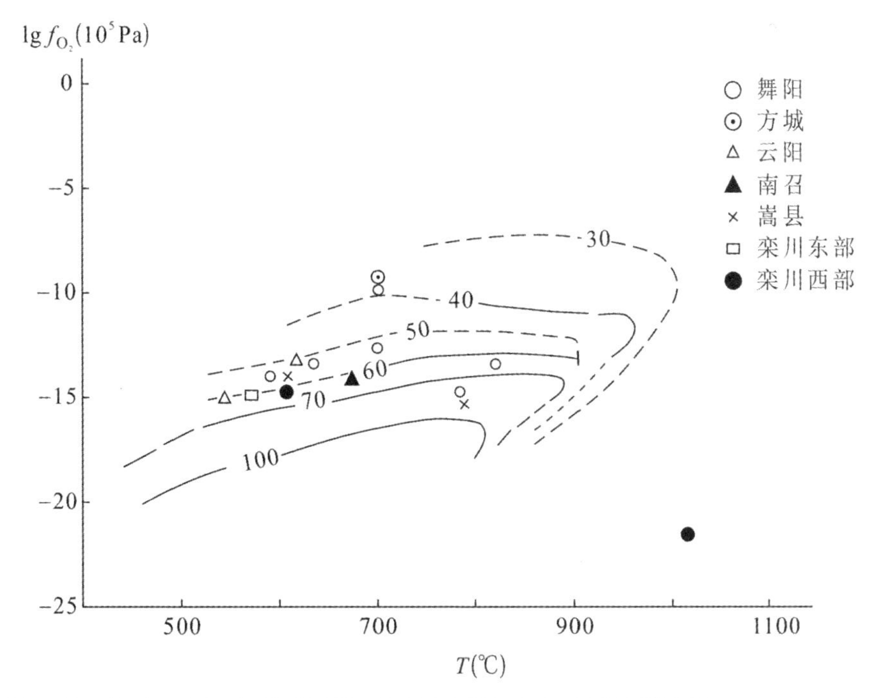

图9.20　黑云母100 * $Fe^{3+}/(Fe^{3+}+Fe^{2+})$比值与$\ln f_{O_2}$相关图(据Wones et al.,1965)

（5）水逸度计算全部采用Wones（1972）修正的经验公式

$$\ln f_{H_2O} = \frac{7409}{T} + 4.25 + \frac{1}{2}\lg f_{O_2} + 3\lg X - \lg a_{(KAlSi_3O_8)} - \lg a_{(Fe_3O_4)}$$

式中，X 黑云母中羟铁云母的摩尔分数，且令 $X = Fe^{2+}/(Fe^{2+} + Fe^{3+} + Mg + Mn + Ti^{IV} + Al^{IV})$，$a_{(KAlSi_3O_8)} = 1$，$a_{(Fe_3O_4)} = 1$。

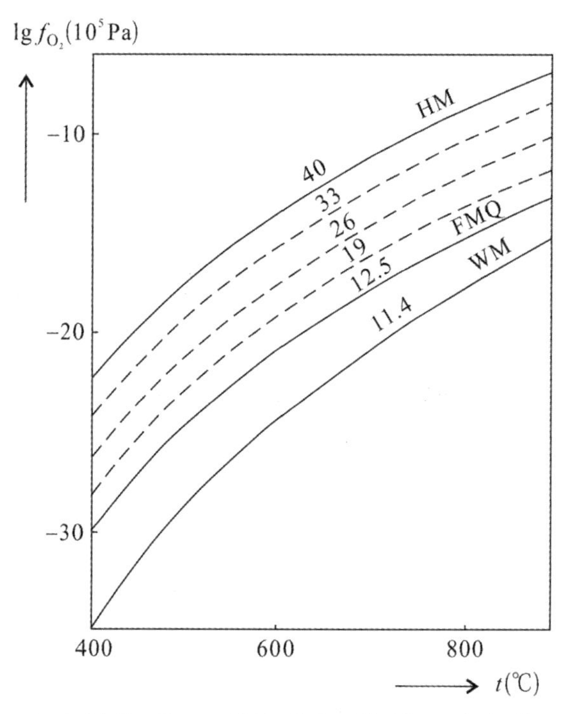

图9.21 黑云母 100 * $Fe^{3+}/(Fe^{3+} + Fe^{2+})$ 比值和 t(℃)与 ln f_{O_2} 相关图(据周洵若,1985)

用上述方法计算和作图得出的 f_{O_2} 和 f_{H_2O} 一并列入表9.13。

表9.13 本区富碱侵入岩 f_{O_2} 和 f_{H_2O}

岩体名称	岩石类型	lg f_{O_2} (10^5 Pa)	f_{H_2O} (10^5 Pa)	P_{H_2O}	计算方法
张石英	角闪石英正长岩	$10^{-16.8}$ 10^{-8}～10^{-15}	1976		黑云母 100Fe/(Fe + Mg) 角闪石 100Fe^{3+}/(Fe + Mg)
塔山	霓石正长岩	$10^{-15.5}$	2493		黑云母 100Fe/(Fe + Mg)
双山	绿闪霞石正长岩	10^{-17} 10^{-15} 10^{-9}～10^{-11}	2370		黑云母 100Fe^{3+}/(Fe^{3+} + Fe^{2+}) 黑云母 100Fe/(Fe + Mg) 角闪石 100Fe^{3}/(Fe^{3+} + Fe^{2+})
乌烧沟	霓辉正长岩 黑云碱性正长岩	$10^{-14.8}$ $10^{-14.8}$	3198		黑云母 Fe/(Fe + Mg)
三合	石英正长斑岩	10^{-10}～10^{-15}	111		黑云母 100Fe/(Fe + Mg)

9.6　岩浆源区及物质来源

岩浆活动源区及物质来源问题，在岩石学研究中占有重要地位。如何确定岩浆源区性质及物质来源，选取什么样方法都是有争议的问题。本节尝试采用岩石和矿物同位素地球化学和矿物化学资料相互印证，以期得到相对合理的解释。

9.6.1　同位素地球化学

主要有Sr、Nd、Pb和O同位素。

（1）Sr同位素：$^{87}Sr/^{86}Sr$初始比值（SrI）与其岩浆侵入结晶年龄可通过Rb－Sr等时线法求得（表9.14），单样$^{87}Sr/^{86}Sr$比值可以代表现代岩石中的比值。投影在SrI－t关系图（图9.22）上，可以大致确定岩浆物质来源区性质。结果表明，大部分样品落入C_{I}区，其次是Mc区，极少C_{II}区，即大部分岩体岩浆来源于地壳，少量属于幔壳混源。栾川东部岩区的碱性花岗岩和方城北部岩区霞石正长岩落入上地壳源区。据物理化学条件计算，方城北部岩区霞石正长岩浆房深度32 km左右，侵入深度11 km左右，与源区性质相矛盾。如果以物化条件计算结果近真实情况，那么Sr同位素显示特征表明岩浆在上升过程中受上地壳强烈混染，这与本书第5章地球化学解释相一致。

表9.14　Rb－Sr等时线所确定的年龄与初始值

岩区	舞阳南部	方城北部		栾川北部	嵩县南部	栾川西部
岩石	角闪石英正长岩 细粒石英正长岩	角闪云霞 正长岩	二云碱长 正长岩	碱性花岗岩	霓辉正长岩 正长岩	石英正长斑岩 粗面岩
年龄（t）	133	298	786	1035	318	
初始值Sri	0.7084	0.7356	0.7083	0.7250	0.7067	

（2）氧同位素：据Taylor等（1984）研究，幔源岩浆（M）的占$\delta^{18}O$ 5.5%～5.7%；据吴利仁（1985）研究，中国东部幔壳混源岩浆（Mc）与壳源岩浆（C）的$\delta^{18}O$分界值在10‰处，因此，可以用$\delta^{18}O$值判别本区富碱浆物质来源。舞阳南部岩区角闪石英正长岩中石英和钾长石$\delta^{18}O=8.5$左右，属于幔壳源范围；栾川东部岩区碱性花岗岩$\delta^{18}O=11～14$（胡受奚，1988），为壳源范围。

（3）Nd同位素：$\varepsilon_{Nd}=-14～-21$，显示强烈陆壳源特点。

（4）Pb同位素：显示大陆基底古铅混染特点。

9.6.2　矿物化学证据

主要采用黑云母和角闪石的矿物化学组成。

（1）黑云母铁与镁关系图：据本区富碱侵入体黑云母电子探针测定化学成分，以O＝11为基础计算的Fe^{3+}、Fe^{2+}和Mg离子数一并列入表9.15后分别投影在图9.23和图9.24。

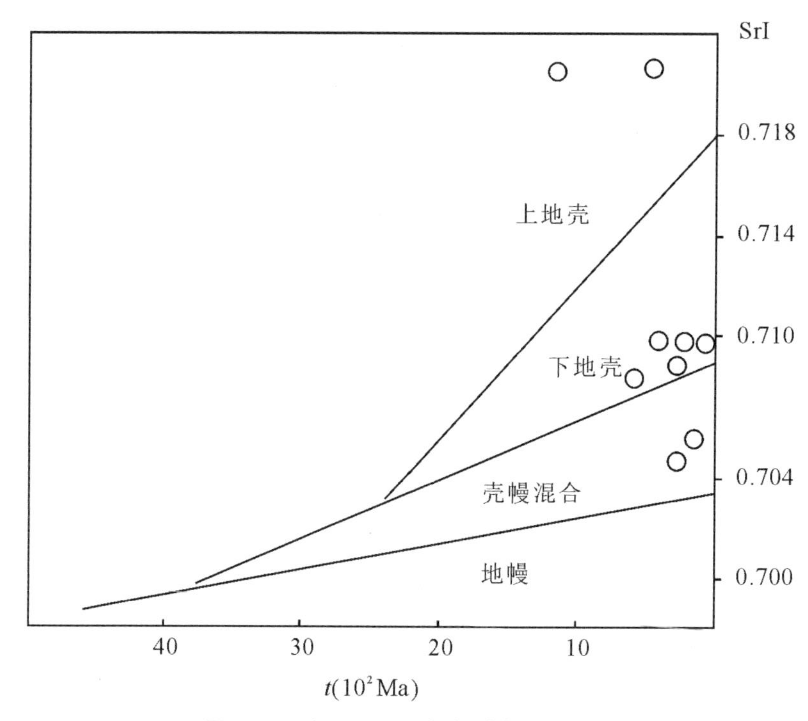

图 9.22　本区 SrI - t 与物质来源关系图

表 9.15　富碱侵入岩中黑云母铁镁组分值

岩区	$\sum$FeO	$\sum$FeO/($\sum$FeO + MgO)	MgO(%)	Fe^{3+}	Fe^{2+}	Mg	$\sum$
Ⅲ	16.94	0.5537	13.65	2	40.8	58.9	2.625
	13.05	0.4288	17.38		29.64	70.35	2.739
	13.79	0.4418	17.42		30.71	69.24	2.767
	14.38	0.4569	17.09		32.05	69.94	2.761
	15.98	0.5058	15.61	0.14	36.32	63.52	2.717
	15.88	0.5056	15.62		36.43	63.49	2.709
	9.62	0.3489	17.95	0.26	22.83	76.89	2.632
Ⅳ	23.06	0.7691	6.92	0.38	64.73	34.87	2.308
	25.31	0.8206	5.53	0.38	71.57	28.01	2.318
Ⅴ	13.66	0.789	6.38	0.08	67.62	32.29	2.375
Ⅰ	30.17	0.8258	6.36	0.43	72.26	27.3	2.747
Ⅶ	24.88	0.7507	8.26	0.7	62.1	37.19	2.57
	17.75	0.5793	12.89	0.3	41.87	54.64	2.639
	17.46	0.5802	12.63		43.68	56.31	2.527
	17.92	0.5869	12.61		44.34	55.65	2.53

可以看出，在图 9.23 上，大多岩体样品落入 Mc 区，少数落入 M 和 C 区；在图 9.24 上，大多数样品落入 Mc 区，少数则落入 C 区。显示物源为陆壳源区或接近陆壳与幔质混合区特点。

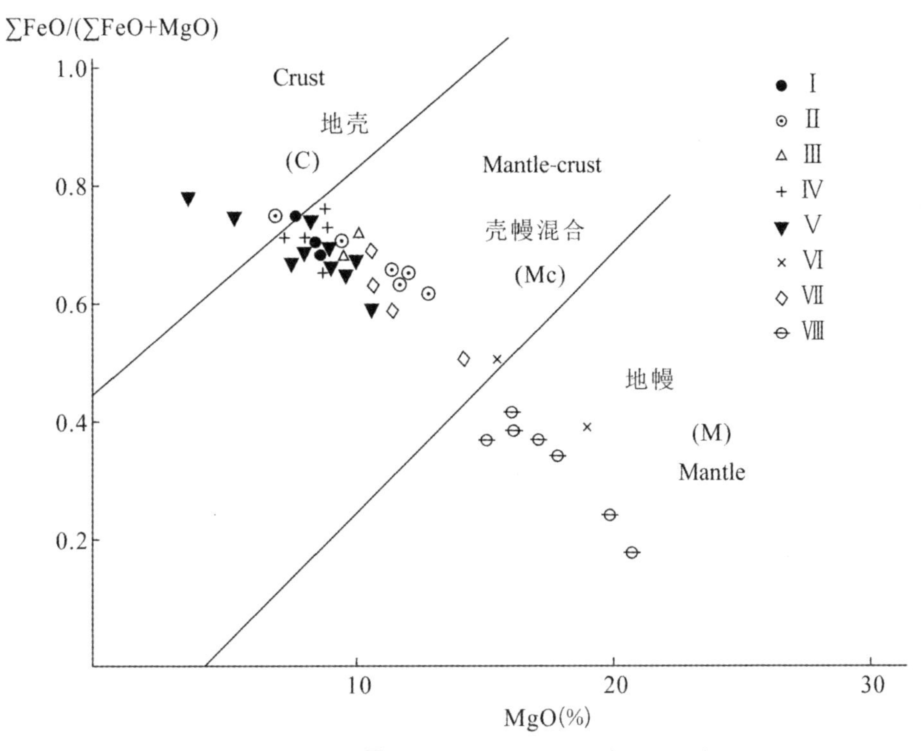

图 9.23　黑云母∑FeO/(∑FeO + MgO)-MgO 与岩浆物质来源关系图

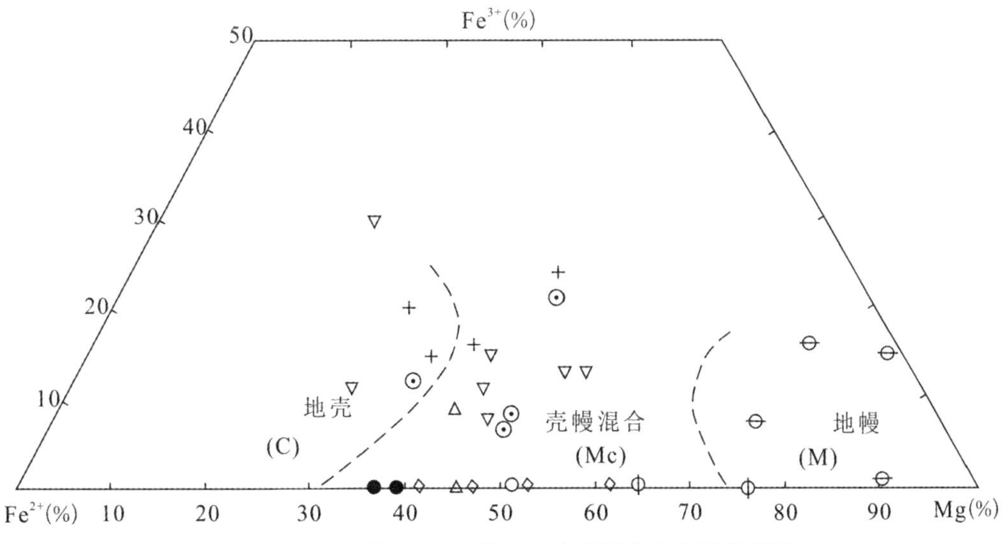

图 9.24　黑云母 $Fe^{3+}-Fe^{2+}-Mg$ 与岩浆物质来源关系图

(2) 角闪石 TiO_2 - Al_2O_3 关系图：本研究区闪石类主要为绿闪石，其次有阳起石质角闪石和钠铁闪石。据姜常义等(1984)资料，角闪石 TiO_2 - Al_2O_3 与岩浆物质来源有关，因此选取本研究区一些代表性闪石的化学组成(表 9.16)，投影在图 9.25 上，用以确定岩浆物源。可以看出，舞阳南部岩区样品落入 C 区，而方城北部岩区霓石正长岩样品落入 M 区。

表 9.16 角闪石 TiO_2、Al_2O_3 成分

岩区	舞阳南部							方城北部	
样号	1	2	3	4	5	6	7	8	9
Al_2O_3	1.91	5.12	5.24	3.31	4.32	5.57	4.95	14.31	14.65
TiO_2	1.17	0.95	1.29	0.53	0.40	1.30	0.94	0.30	0.40

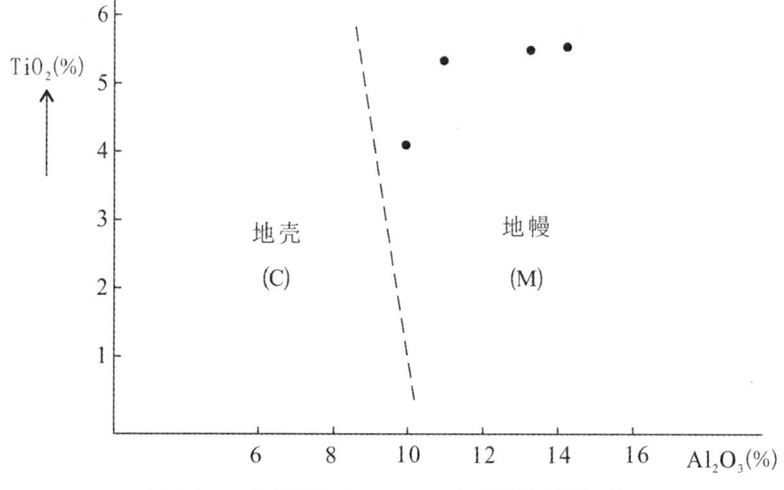

图 9.25 角闪石 TiO_2 - Al_2O_3 与岩浆物质关系图

9.6.3 稀土元素证据

由以上同位素地球化学、矿物化学和稀土元素证据，认为本区富碱侵入岩岩浆源区主要为下地壳、仅个别来自地幔且受到地壳物质强烈混染，尤其是上地壳物质对岩浆的混染，致使 Sr、Nd 和 Pb 同位素系统显示强烈的上地壳源特点。

9.7 构造动力背景分析

研究区富碱侵入岩成带分布，在空间上与栾川—确山深大断裂带密切相关，但是岩石产出的构造环境十分复杂，就通过岩石学和地球化学以及岩体构造分析，得出的一些构造环境证据互相矛盾，表明富碱岩带岩浆来源和形成方式十分复杂。岩浆侵位的时代从元古代到中生代，不同时代的岩石受地壳演化不同阶段特点的控制，因此，在分析构造环境时需要考

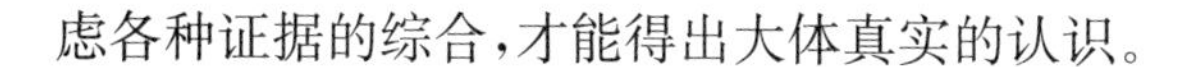

虑各种证据的综合，才能得出大体真实的认识。

9.7.1 大地构造环境

(1) 时空分布证据：岩带集中分布于华北古陆块南缘，岩体出露面积约450 km^2，占河南省富碱侵入岩90%以上，一般产于古老地体之中。它们侵位结晶时代一般比围岩褶皱造山时代晚，有些岩体侵位于大陆裂谷环境形成的沉积建造（石铨曾，1990），有些则形成于造山间歇或造山后的构造松弛阶段。岩体分布与跨越一级不同构造单元、不同时代的深断裂（如栾川—确山深大断裂带）有关，常以环状杂岩、岩株、岩脉为主，仅有少数碱性花岗岩为小型岩基，与大陆板内火成岩分布组合特点一致。

(2) 岩石成分证据：在三个亚带，既有含似长石的正长岩类和含碱性暗色矿物的正长岩类，又有中、酸性的长英质岩类，它们在空间上与基性岩密切共生，与大陆板内岩浆岩成分一致。

(3) 岩石化学证据：本区基性碱性岩比较少见，一般为中、酸性正长岩类和碱性花岗岩类。SiO_2 - AR图解显示绝大部分样品落入碱性和强碱性区（图9.26）。在适合中、酸性岩类的R_1 - R_2图解上，一般落入④⑤区，显示为造山晚期花岗岩或造山后期特点（图9.27）。在$\lg\tau - \lg\sigma$图解上，大部分落入C区，为A区或B区演化的碱性火山岩区，其中以钾质为主，应与消减带有关（图9.28）。以各岩区岩石$SiO_2 > 60\%$之样品投入图9.29，大部分落入非造山区（相当于裂谷或大陆弧或大陆碰撞带）。说明本区长英质富碱岩类形成于非造山环境，而$SiO_2 < 60\%$的中性岩类大部分显示为造山后环境。

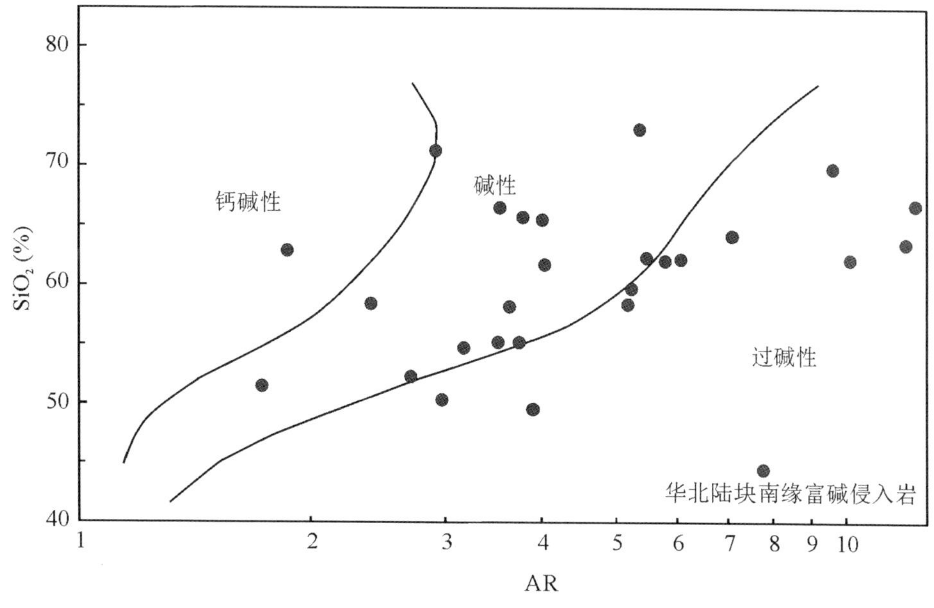

图9.26 SiO_2 - AR图解

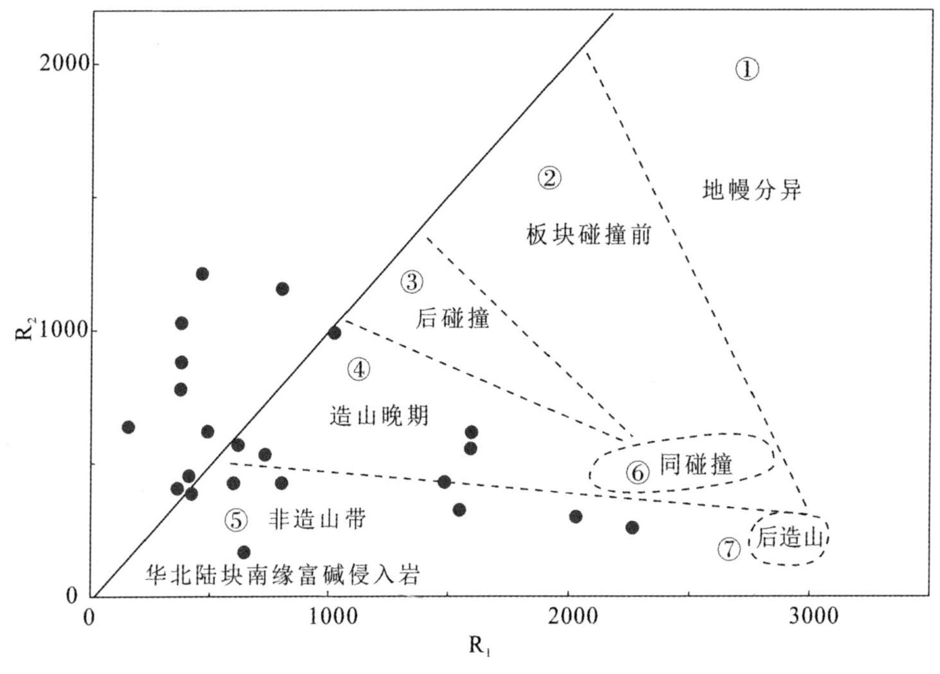

$R_1 = 4Si - 11(Na + K) - 2(Fe + Ti)$；$R_2 = 6Ca + 2Mg + Al$

图 9.27　$R_1 - R_2$ 图解(Batchelor 等,1970)

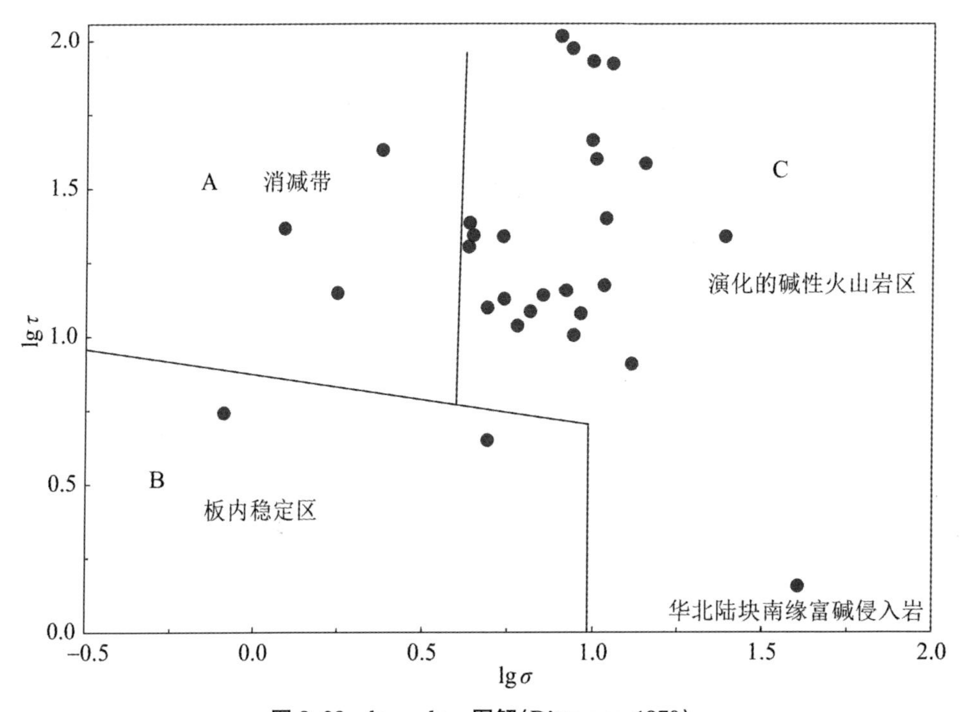

图 9.28　lg τ - lg σ 图解(Rittmann,1970)

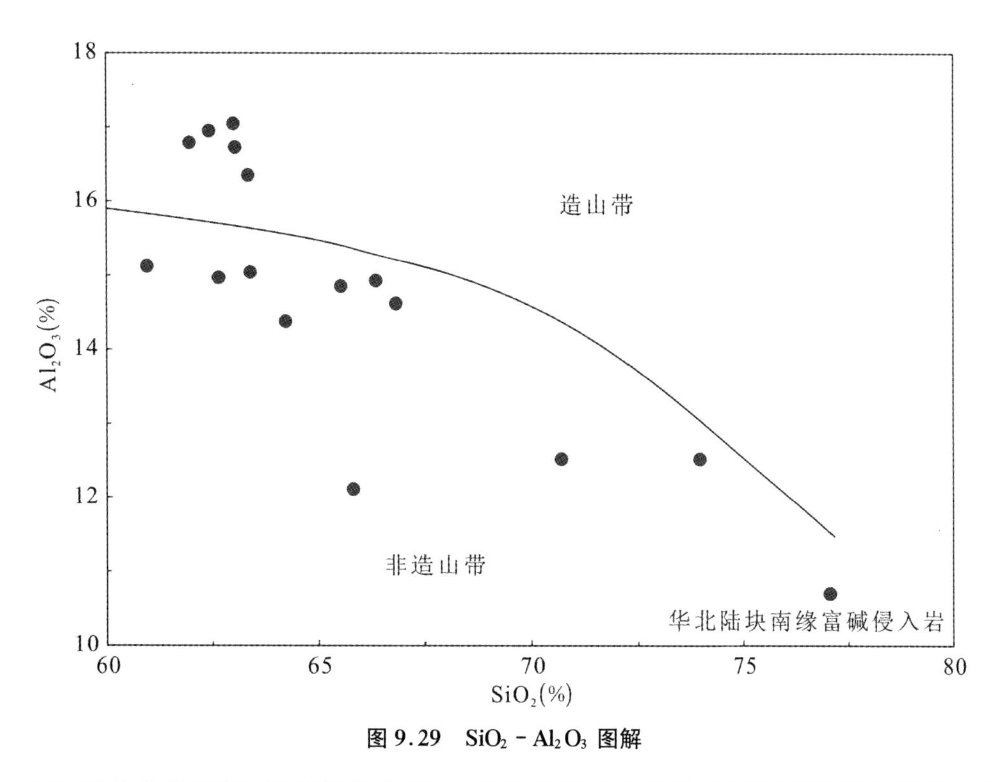

图9.29　$SiO_2-Al_2O_3$ 图解

（4）矿物化学证据：据前部分计算，由矿物化学成分确定本区辉石类型为霓石和霓辉石，均属非造山带的碱性辉石。但在一些样品中 Ti + Cr 较低，落入图9.30造山区；在

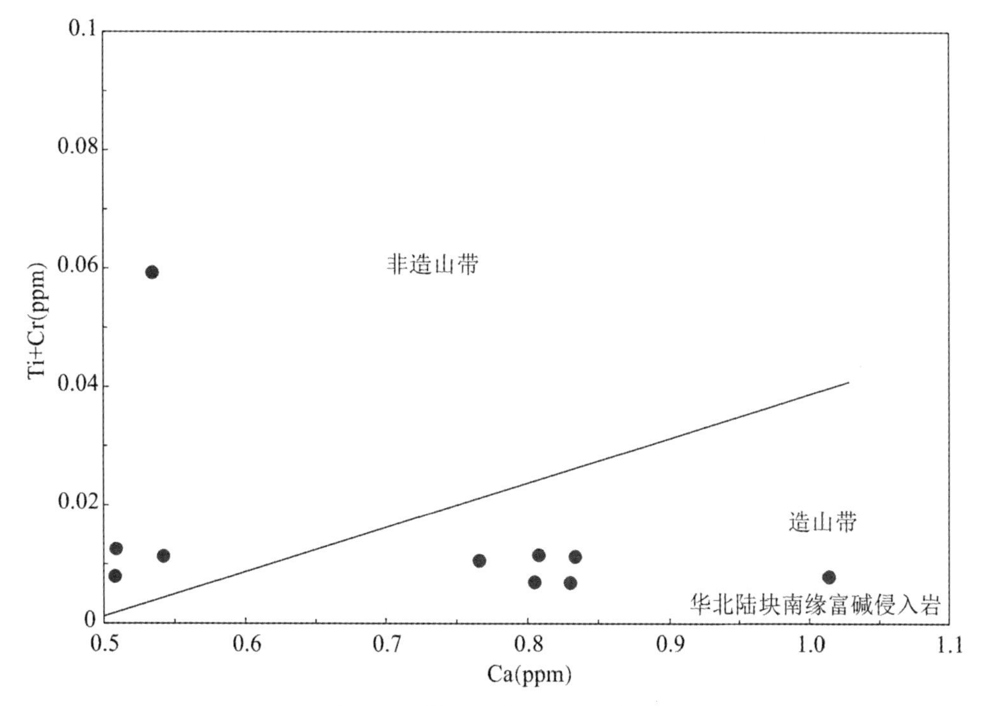

图9.30　单斜辉石的(Ti + Cr)-Ca关系图

TiO_2 - MnO - Na_2O图解上(图 9.31),大部落入 WPA 区,与板内碱性玄武岩中辉石一致,故应为板内环境。

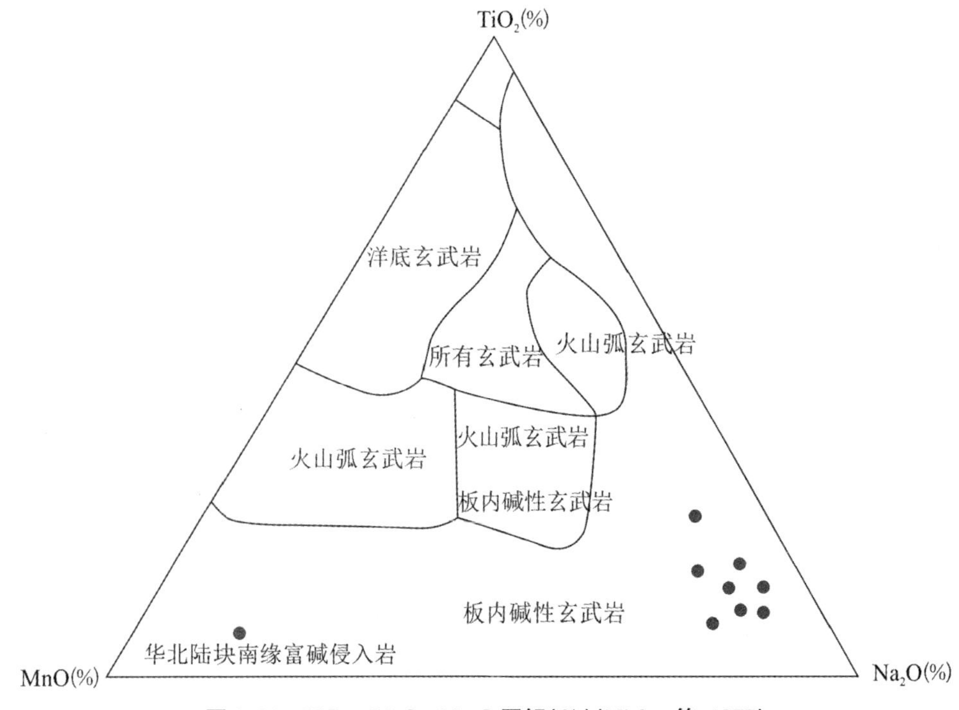

图 9.31 TiO_2 - MnO - Na_2O 图解(%)(Nisbet 等,1977)

(5) 地球化学证据:富碱侵入岩中 SiO_2、Nb 含量投入图 9.32 中,显示大部分样品落入 WP 区,少部分为 VAL + WP 区。在 REE 球粒陨石标准化图解(图 9.33)上均为 LREE 富集型,与板内碱性玄武岩 REE 配分形式相似。运用 Zr/Y - Ti/Y 和 Ti/Y - Nb/Y 判别图解(图 9.34,图 9.35),均显示大部分样品落入 WPB 区,属板内环境。在 Rb - Y 和 Rb - (Y + Nb)(图 9.36)中,样品落入 WPG 与 Syn - COLG 接合区,显示与板内同碰撞构造环境有关。铅同位素测定也表明,岩石 Pb 同位素组成是受源区影响的。根据本研究区岩石 Pb 与各种地质环境的 Pb 同位素对比(表 9.17)本区介于地幔与造山带之间,岩浆类型属壳幔混染型,由下地壳物质的混入使"老铅"异常,表现出 Pb 同位素模式年龄远大于岩石结晶年龄(图 9.37)。

综合分析,大多数证据表明本区富碱岩浆活动于板内环境。岩浆来源于早先地幔分异产物,经下地壳中长期存留后"地壳化",由张性构造引起"减压扩容"在 10~34 km 深处形成岩浆房,然后在 1~12 km 深处定位结晶。因而表现强烈的地壳混染作用,在地球化学方面,显示强烈"地壳源"特点。

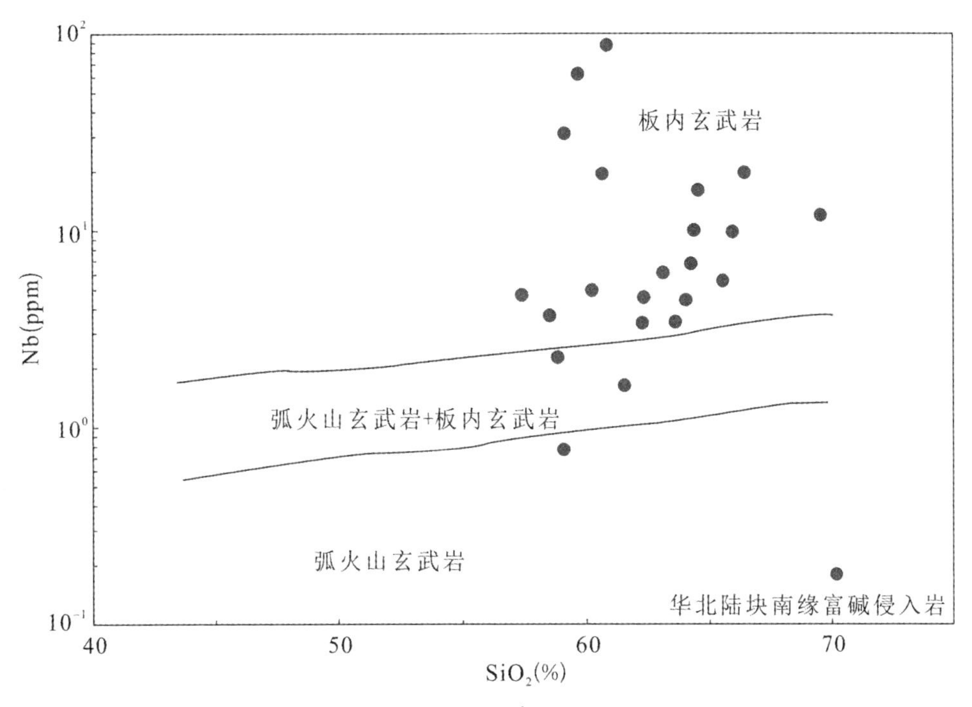

图 9.32　SiO_2 - Nb 图解(Pearce,1977)

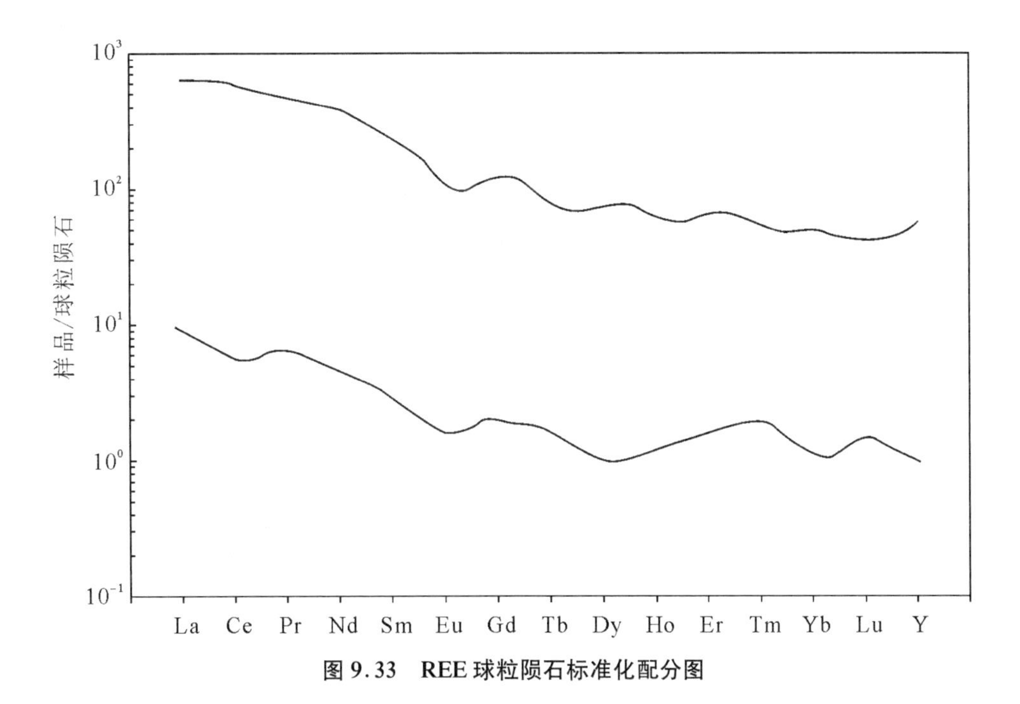

图 9.33　REE 球粒陨石标准化配分图

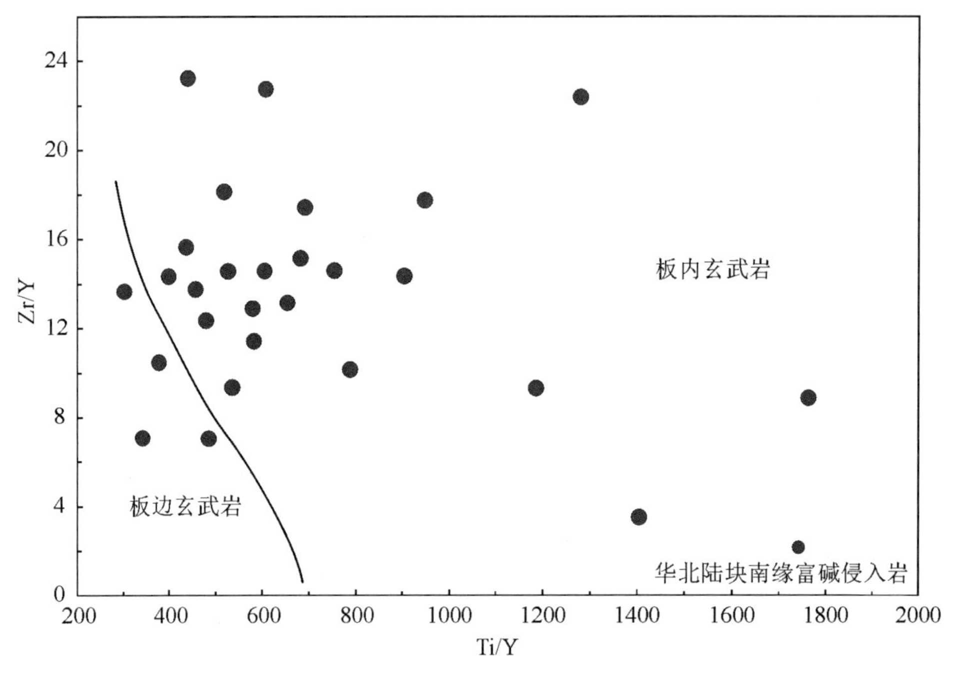

图 9.34 Zr/Y - Ti/Y 图解(Pearce,1982)

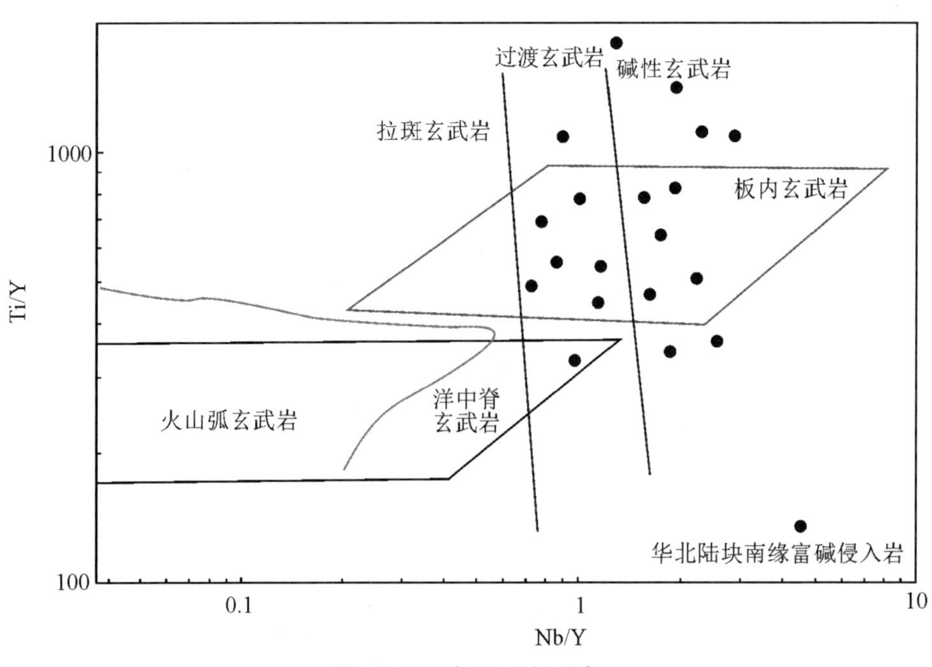

图 9.35 Ti/Y - Nb/Y 图解

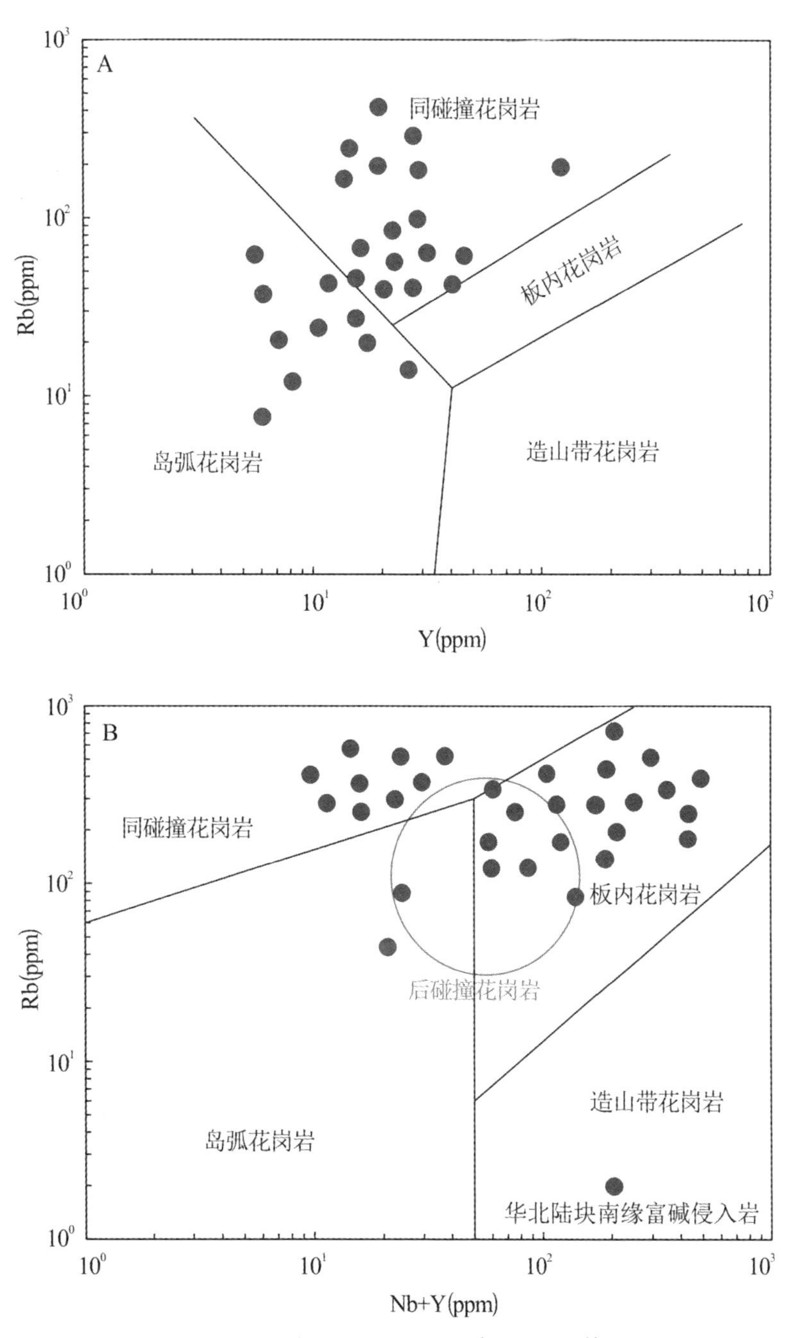

图 9.36　Rb－Y 和 Rb－(Y＋Nb)图解(Pearce 等,1984)

表 9.17　富碱侵入岩铅同位素组成与各种地质环境铅同位素对比

	环境	岩区	$^{206}Pb/^{204}Pb$	$^{207}Pb/^{204}Pb$	$^{208}Pb/^{204}Pb$	$^{238}U/^{204}Pb$	$^{232}Th/^{204}U$
1		舞阳南部	17.316	15.395	38.176	9.198	4.345
2			17.363	15.401	38.123	9.203	4.289
3		方城北部	19.209	15.650	40.954	9.494	4.452
4			19.579	15.634	41.811	9.443	4.557
5		嵩县南部	17.757	15.513	38.351	9.371	4.173
6		栾川西部	18.666	15.560	40.351	9.362	4.517
7*		秦巴地区	17.434	15.429	37.860	9.249	4.120
8	地幔		18.06	15.49	37.70	8.37	3.46
9	造山带		18.91	15.62	38.82	11.31	3.03
10	上地壳		19.45	15.71	39.20	13.22	3.45
11	下地壳		17.51	15.39	38.67	6.21	6.02

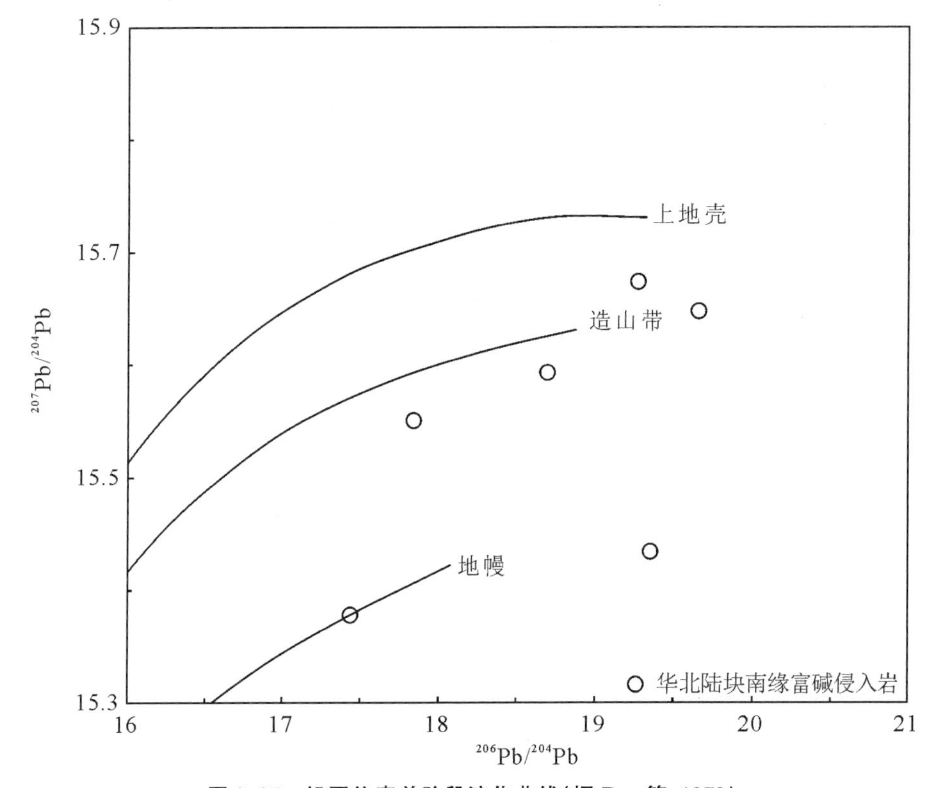

图 9.37　铅同位素单阶段演化曲线(据 Doe 等,1979)

9.7.2 岩浆侵位构造环境

正如上述,岩区富碱岩浆活动的大地构造环境大体确定为大陆板内,张性构造控制了岩浆形成和上升机制,那么,控制岩浆形成和侵位的构造是张性深断裂还是裂谷,这一问题似乎不很明确,以下继续讨论这一问题。

(1) TiO_2 含量:把本区富碱侵入岩 SiO_2>60%的样品投影在图 9.38 中,大多样品落入 CEUG 区,显示大陆造山花岗岩区,少数含 TiO_2 较高,落入 RRG,为裂谷有关花岗岩类。

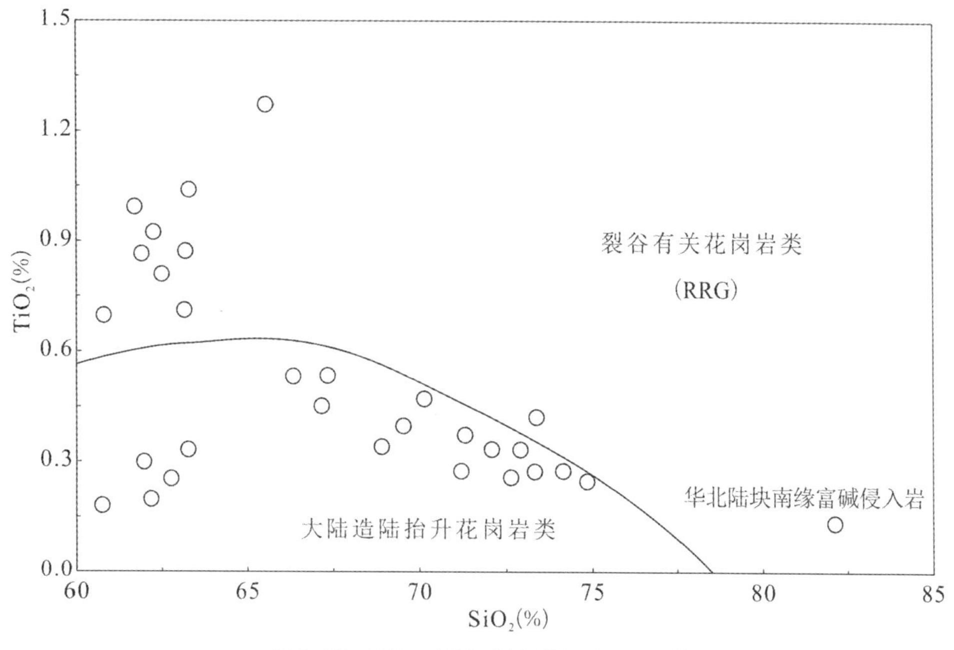

图 9.38 SiO_2 - TiO_2 图解(Maniar,1989)

(2) *ALK* 和 K_2O 含量证据:本区富碱岩石 *ALK* 一般大于 9.5,局部高达 16,尤以高钾低钠缺钙为特征。图 9.39 表明 *ALK* 高于一些典型裂谷环境,也高于整个"秦巴"地区其他富碱岩类,尤其是 K_2O 含量特别高,属高钾岩系特点。

关于高钾岩系,最近有人提出,随着大陆的碰撞,富钾的岩浆被侵位于大陆板块中的斜长岩体之上,富钾岩浆的定位在碰撞构造松弛期,断裂显示张性特点(Mitchell,Garson,1976)。在欧洲,许多碰撞期后的海西期花岗岩是钾质的,与钙碱性岩浆相比,它们的石英含量高、钠长石/正长石比值低,侵位于地热梯度较高地带,含有较高 Rb 和 Ba。这与本区富碱侵入岩比较相近。

在碰撞期后成岩成矿的例子还有意大利罗马省的碱性火山岩和含铀、萤石成矿带,它们邻近碰撞带,但比碰撞带年轻,作为成矿物质来源的富铀碱性火山岩侵位于拉张性断裂活动带。这些拉张断裂带平行且跟随着构成亚平宁山脉的大陆碰撞作用(Mitchell,Garson,1976)。在英格兰西南部的晚石炭纪碰撞作用之后,发育侵位到俯冲的北欧板块之上的二叠纪富钾熔岩(Mitchell,Garson,1976)。本区邻近秦岭造山带,空间展布和控制岩体出露的深断裂与造山带构造线一致平行。在另一些情况下,如加拿大安大略省班克夫特地区和挪威北部塞兰岛的霞石片麻岩以及乌拉尔云霞正长岩,有人提出了同造山期作用和交代作用作为岩石的形成模式(Sorensen et al.,1986)。

关于法国中央高原康塔尔火山共存的碱性岩浆系列的 Sr、Nd 同位素资料表明岩区在形

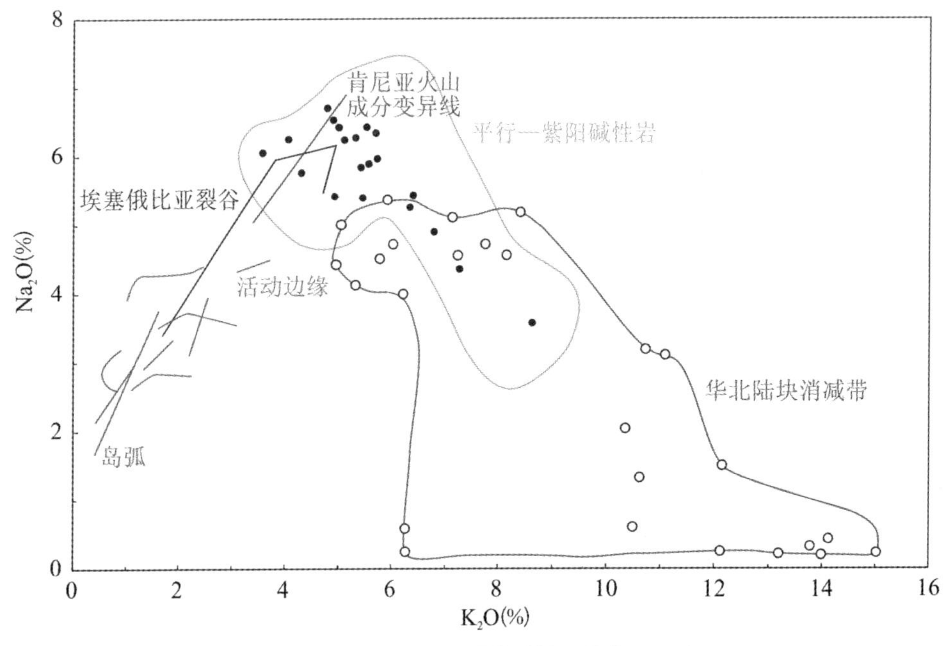

图 9.39 Na_2O-K_2O 图解(据贾承造,1979)

成过程中通过地壳混染作用,高 Sr 同位素比值和高负值,一般解释为原生岩浆受地壳物质的同化而被强烈混染的结果(Sorensen et al.,1986)。

由上可以推测,富碱岩浆不一定全在非造山环境中形成。本区主要为张性断裂控制富碱岩浆的形成和演化,以富 *ALK* 高 K_2O 为特点,与碰撞期后张性断裂引起"减压扩容"作用有关,形成富碱岩浆并在上侵过程中受地壳物质强烈混染。

第10章　岩浆活动与矿化关系

10.1　有关金矿床(化)概述

10.1.1　有关金矿范围限制

富碱侵入岩分布区是河南省重要的有色金属和贵金属矿床集中地带,大地构造上位于华北古陆南缘,金矿类型较多,矿床分类方案也多种多样,并且都有大量基础资料的支持和理论证明(胡受奚,1988;陈衍景,1992),但是,在富碱侵入岩有关的金矿方面很少见有报道。因此,本书为了弥补这一缺陷,着重研究了与富碱侵入岩有关的金矿(化)床,对有关概念范围进行了限制,即凡是成金作用与富碱侵入岩有联系因素的金矿床,都限制为有关金矿,具体因素表现在三个方面:① 矿床赋存部位与富碱侵入岩有关,即空间关系;② 成 Au 作用与富碱岩浆活动的引发有联系因素,即热动力关系;③ 成矿物质来源与富碱侵入岩岩浆熔体分异或岩浆热液活动有生成联系,即亲衍关系。

基于上述三个方面,以矿床最明显控矿标志为主线,可以将有关金矿划分出五大类:① 含 Au 韧性剪切带型金矿床,以韧性剪切带构造控制金矿(化)带状分布为主要标志;② 熔结角砾岩型金矿床,以岩浆熔融体活动形成筒状熔结角砾岩含 Au 矿化为主要标志;③ 中低温热液型脉状金矿床,可进一步依据热液类型的不同,分为岩浆热液型金矿床和变质热液型金矿床,它们都是以沿构造带活动的热液矿化为主要标志;④ 侵位断裂型金矿化,是岩浆熔融体的侵位断裂构造引起岩浆热液对围岩的矿化,以侵入体周围侵位断裂构造分布控制围岩矿化为主要标志;⑤ 接蚀变质热液型金矿化,在正长斑岩(浅成侵入体)体接触带分布,沿接触面产状变化形成局部的以硅化、多金属矿化和矽卡岩化为标志(表 10.1)。

10.1.2　金矿床(点)分布概述

仅表 10.1 中划分的五类矿床(点),其矿化规模和分布都是不均匀的。其中,含 Au 韧性剪切带金矿床的规模和分布,取决于韧性剪切构造的发育程度,就目前我们对富碱侵入岩中发育的含 Au 剪切带构造所做工作而言,仅在南召马市坪乡东部银山沟至草庙一带发现一条比较成型的控矿构造带,构造控制矿化地段限制在其中老银洞—贯沟一线。表10.1中标出的贯沟金矿、外口金矿点和老银洞金矿点即分布于该带。另外,在栾川西部石门沟一带和方城北部四里店乡东部都有韧性剪切构造发育的线索,但到目前为止还没有发现含Au矿化标志。

表10.1　与富碱侵入岩有关金矿(化)类型简表

矿床(点)类型	典型矿(点)床	其他矿点
韧性剪切带	贯沟金矿床	外口金矿点、老银洞金矿点
熔结角砾岩	羊石片金矿点	竹园沟金矿点
中低温热液型	三合金矿床	石门沟矿化点、黄庄金矿点
侵位断裂型	阴沟口矿化点	马圪塔矿化点、乌烧沟金矿化点
接蚀变质热液型	杨树沟金矿点	马庄金矿化点

熔结角砾岩型金矿点有两个:一个是嵩县南部黄庄乡小红崖村羊石片角砾岩筒,位于乌烧沟富碱侵入体南侧外部接触带,围岩为熊耳群流纹斑岩;另一个是方城北部四里店乡竹园村岩筒,位于脉状变正长斑岩(绢云石英片岩)内,角砾成分来自围岩,熔岩物质来自附近活动的花岗岩体。

中低温热液型金矿床(点)比较多,大体分两种情况:一种往往分布在墙状石英正长斑岩体下盘,矿化展布受区域线性构造控制,典型例子有三合金矿床;另一种通常赋存在墙状侵入体内部,伴生铜、铁多金属矿化,以方城四里店黄庄矿化点为代表。

侵位断裂型金矿床是以断控金矿分类(陈衍景,1992)为基础,岩体构造中侵位断裂发育并出现Au矿化为最明显控矿标志。对嵩县南部乌烧沟侵入体的典型构造解剖表明,侵位断裂控制的矿化规模一般不大,很难形成矿床,但矿化点较多,可以作为一种矿化及找矿标志。在乌烧沟侵入体的北西侧有多处矿化都与侵位断裂的发育有关,如阴沟口矿化点呈脉状产出,出现硅化和黄铁矿化,含Au<1 g/t。在外方山和熊耳山地区普遍存在此类矿化现象。

接触变质热液型金矿化仅发育在一些浅成侵入体的接触变质带,常以接触变质带控制矿化为显著标志。如云阳北部杨树沟一带,在一些正长斑岩浅成岩体的接触带,伴随多金属矿化和矽长岩化。出现伴生Au,一些部位矿化富集达3 g/t以上,达到开采品位,这种Au矿化一般在开采多金属矿种时综合利用。

10.2　主要金矿成矿类型

10.2.1　热液型金矿

1. 典型金矿研究——三合金矿床

1) 矿区地质

矿区范围:矿区位于栾川县西部地区,范围东起秋木沟、西至东山凹(图10.1)。

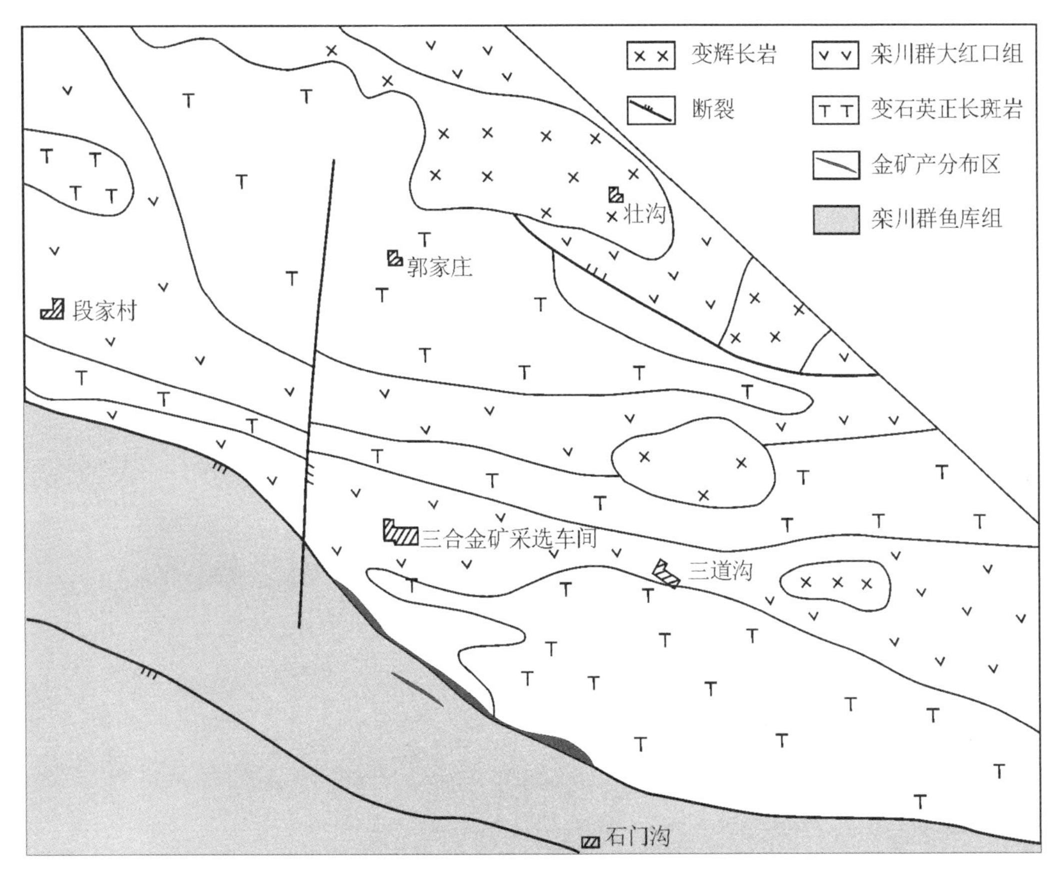

图 10.1 三合金矿区域地质图

矿区地层:主要为上元古界栾川群和上元古界至下古生界陶湾群。前者主要出露大红口组(Pt_3d)碱性喷发岩,岩性为粗面岩和黑云粗面岩,鱼库组白云质大理岩夹薄层碳质大理岩,下段为薄层硅质结核大理岩夹薄层碳质大理岩;后者主要出露秋木沟组上段条带状白云绿泥石英大理岩、白云石绿泥石英大理岩夹白云石大理岩,下段厚层状大理岩,风脉庙组钙质二云片岩夹绿泥石石英大理岩,三岔口组钙镁质砾岩夹炭质大理岩。

褶皱构造:主要为石门沟背斜,轴部为秋木沟组下段,两翼为秋木沟组上段,轴向北西。在矿区东部发育一些规模较小的褶皱,轴向北西,两翼多不完整。在一些小褶皱轴部常形成很小的鞍状矿(化)体(图 10.2)。

断裂构造:按方向分为四组:① 北东向断裂,规模比较小,一般成组出现,长度几百至几千米,断裂面不平整,常见摩擦镜面及擦痕。断裂带内多由构造角砾岩及断层泥组成,局部地段充填铅锌多金属硫化物矿(化)体,空间膨缩明显,显示张扭性特点,形成世代较晚,常破坏早期形成的构造线及矿(化)体,故为成矿后构造,往往破坏矿体的连续分布;② 北西向断裂,多为层间接触断裂,规模较大,长度为数千米,最长的卢峪—石庙断裂(F1)长 22 km,宽数米至 50 m,走向 300°～320°,倾向南西,倾角 50°～75°,局部近直立,甚则出现反倾。断裂带内由千枚岩、糜棱岩、断层角砾岩以及断层泥组成,显示多期活动的特点。这一组断裂与有关次级断裂共同控制区内富碱侵入岩(正长斑岩)和硫化物的分布。断裂活动早期为压性,形成千枚岩、糜棱岩,中期为扭张性,形成张性角砾岩及矿体,晚期为压性,使矿体破碎,形成矿体与千枚岩及糜棱岩交替出现的条带状构造;③ 近南北向断裂,主要是乔沟断裂(F10)走向180°~195°,倾向90°,倾角约60°,局部倾角直立,断面波状弯曲。带内物质组分主要有角砾岩、矿化物质主要有黄铁矿、方铅矿和闪锌矿,形成世代较晚,常破坏金矿体的连续性;④ 近东西向断裂,主要分布在矿区东南部,表现为北西向断裂的次级断裂,成组出现,雁行排列,走向85°~105°,倾向0°左右,倾角60°~75°,带内多充填金属硫化物,局部地段金富集构成金矿体。

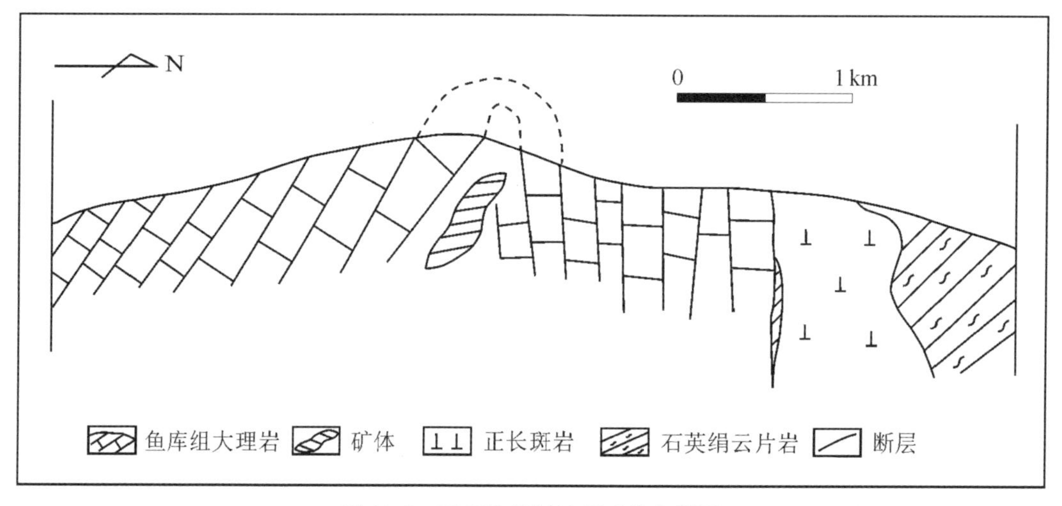

图10.2 石门沟背斜轴部矿体素描图

矿区侵入岩:主要为新元古代末期形成的正长斑岩和辉长岩,在矿区东部仅出现脉状花岗岩。其中正长斑岩分布范围较大,与大红口组碱性粗面岩有密切的空间及亲衍关系,介于大红口组碱性火山岩与鱼库组大理岩之间呈岩墙状或脉状产出。辉长岩主要分布在矿区北部,侵入大红口组粗面岩中,呈不规则脉状产出,与脉状正长斑岩空间上共生,形成时限稍后。

2) 矿床地质

矿体产状及分布:矿床位于栾川县陶湾乡三合村,分布范围东西长约1000 m,南北宽约800 m,面积大约0.8 km²。矿体呈脉状充填于北西向断裂破碎带及其分支构造裂隙之中,总体上构成一个北西向的金矿化带。矿体顶板为鱼库组大理岩、底板为正长斑岩或粗面岩,总体上走向105°~125°,倾向南西,倾角70°~80°,局部直立,甚则反倾(图10.3),301矿体位于头道岔,赋存于北西向断裂破碎带,在平面上呈不规则脉状,走向125°,倾向南西,倾角地表较缓(50°),深部变陡(60°~80°),无论在走向或倾向均呈舒缓波状,出现分枝复合忽尖忽胀现象;302号矿体地表出露长度仅260 m,厚0.5~5 mm;303号矿体地表出露长度约300 m,厚0.7~5 m。

矿石矿物:金矿石的大部分为氧化矿石,矿物组成主要为次生或表生氧化物,以及在表生作用中呈惰性的原生脉石矿物残余和少量原生硫化物。原生矿物绝大部分是黄铁矿,其次为磁黄铁矿和黄铜矿,偶见白铁矿,微量方铅矿、闪锌矿、辉钼矿、斑铜矿、自然金、银金矿和自然银。次生或表生矿物主要有褐铁矿、少量赤铁矿、黄钾铁矾，微量软锰矿、铅矾、白铅矿、菱锌矿、铜蓝、孔雀石和蓝铜矿。

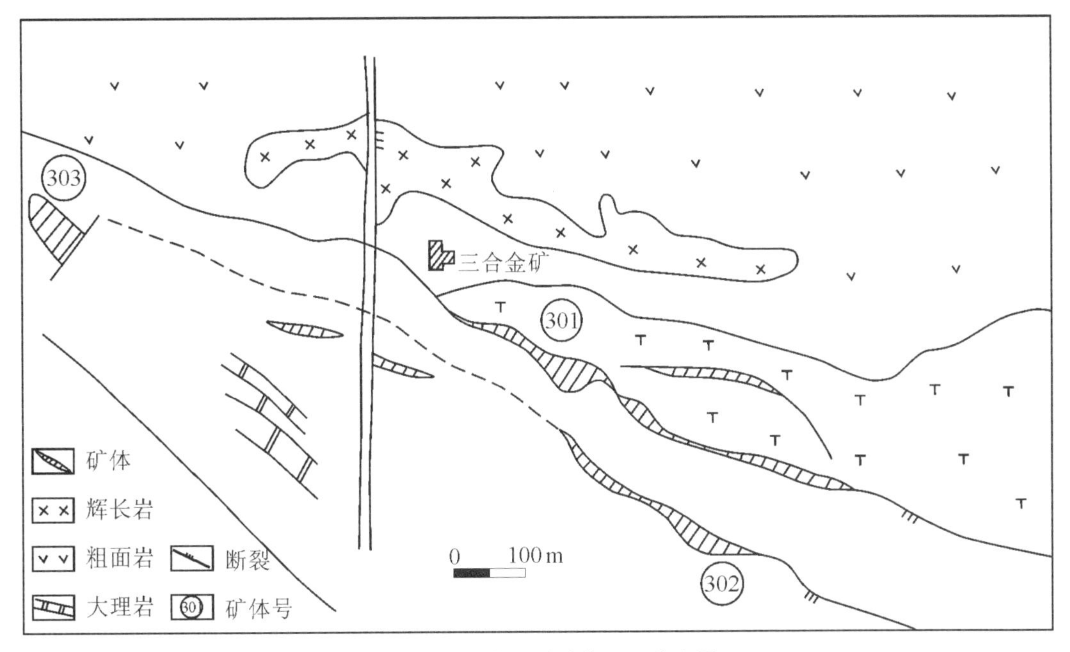

图 10.3 三合金矿矿体平面分布图

脉石矿物：原生矿石结构以自形-半自形粒状为主，黄铁矿呈近等轴状半自形，晶粒相互镶嵌，有些立方体自形晶呈浸染状分布，其次有碎裂结构，即原生黄铁矿受强烈挤压碎裂作用，完整的晶形被支离破碎。氧化矿石结构主要为次生假象结构，系褐铁矿取代原生矿石出现次生假象。氧化矿石出现次生环带结构是褐铁矿取代原生黄铁矿形成的次生作用多次发生递进氧化交代形成相应的环带结构。

矿石结构：介于原生矿石和氧化矿石之间的半氧化矿石，主要结构有交代残余结构，即由原生的黄铁矿被褐铁矿、铜蓝等局部交代形成。此外，还有放射状结构、溶蚀结构、包含结构等，均比较少见。

矿石构造：原生矿石主要构造有块状构造和浸染状构造，其次为细脉浸染状构造和浸染状构造。氧化矿石主要有块状构造、疏松土状构造和蜂窝状构造。半氧化矿石常见多孔状构造和条带状构造。

矿石类型：① 蜂窝状-多孔状褐铁金矿石，系地表主要矿石类型。金属矿物主要有褐铁矿，少量软锰矿；脉石矿物主要有石英。金的载体矿物是褐铁矿，分布于淋滤黄铁矿孔穴中。矿石品位 1.06～3.66 g/t，最高达 6.19 g/t；② 松散土状褐铁金矿石，系原生矿石经构造破碎后淋失残余组分和构造带上部淋滤下来的含金组分组合而成，是 Au 元素残积和淋积双重富集作用的产物，因此矿石品位一般 10～70 g/t，最高达 108.4 g/t，矿石中 Au 多为解离单体，粒度较粗，最高达 0.4 mm；③ 块状褐铁矿金矿石，系褐铁矿致密块体，见少量石英。褐铁矿多次生环带结构、黄铁假象结构，金多呈小于 0.01 mm 显微片状嵌于褐铁矿边部环带

中,可能是原生黄铁矿的细粒分散金在黄铁矿次生变化为褐铁矿时被析出凝聚到边部形成的含 Au 环带。矿石品位一般为 1~12 g/t,最富为 20.29 g/t;④ 条带状褐铁矿金矿石,系褐铁矿与脉石矿物构成相间条带,金主要见于褐铁矿条带之中,矿石品位相对较高,一般为 2~7 g/t,最高达 14.96 g/t。

金元素赋存状态:采用光谱法、薄片鉴定、单矿物分析和电子探针分析等方法查明,金以独立矿物形式存在,并与细粒黄铁矿、次生褐铁矿有关,其中金与褐铁矿的相关性最强,说明金的富集与次生氧化淋滤和残积作用密切相关。赋存类型有包裹金、裂隙金、粒间金、脉状金、孔隙金、砂状单体金等,其中以包裹金为主(占相对量的 60%~70%),裂隙金及孔隙金次之(占相对量的 10%~20%)。

金矿物类型:以自然金为主,含少量银金矿(表 10.2)。金的粒度大部分较细,粒径一般为 0.005~0.037 mm,属微细粒金,少数粒度可达 0.4 mm(表 10.3)。金矿物大多呈金黄色,少量呈淡黄或浅黄色,颗粒表面常附有褐红色杂质斑点,不易磨光,表面有一定擦痕。金成色为 701.1‰~892.0‰,含银量在 93.3‰~286.1‰之间(表 10.2)。金矿物光片查定结果表明,氧化矿石和半氧化矿石见金率较高,并且显示很强的不均一性。

表 10.2 三合金矿含 Au 矿物电子探针分析结果

样品号	分析矿物	分析结果(%)									矿物名称
		Au	Ag	Cu	Fe	Pb	Zn	Te	Bi	∑	
TD1	金矿物	70.11	28.61	0.09	0.82	0.00	0.00	0.16	0.19	99.98	银金矿
		70.43	28.38	0.05	0.62	0.00	0.00	0.22	0.19	99.89	
P266	金矿物	88.15	10.62	0.16	0.15	0.00	0.04	0.03	0.43	99.58	自然金
		88.23	10.33	0.18	0.20	0.00	0.07	0.32	0.00	99.33	
		89.20	9.33	0.10	0.20	0.00	0.03	0.25	0.31	100.02	

资料来源:冶金部长春黄金研究所分析结果:金成色平均为 870.4‰。

表 10.3 三合金矿自然金粒度形态测量对比表

形态类别	边界线圆滑		边界线平整棱角明显				边界线不平整并有夹角枝叉		合计
	浑元粒状	麦粒状	角粒状	长角粒状	板片状	针线状	枝叉状	尖角粒	
相对含量(%)	4.55	8.72	35.94	31.18	5.28	1.49	3.99	8.85	100.00
	13.27		73.89				12.84		

粒级(mm)	粗粒金		中粒金		细粒金	微粒金	合计
	>0.1	0.1~0.74	0.074~0.053	0.053~0.037	0.037~0.01	<0.01	
相对含量(%)	3.92	4.92	10.46	27.06	46.65	7.00	100.00
	8.83		37.52		46.65	7.00	

资料来源:同表 10.2。

3）成矿阶段划分

根据上述分析，矿石类型有原生矿石、半氧化矿石和氧化矿石，高品位的矿石主要是氧化矿石，矿石矿物有黄铁矿、黄铜矿和褐铁矿等，但金元素的富集主要与褐铁矿密切相关，因此，金成矿作用主要表现在表生富集作用，在成矿时间上明显分为内生矿源和表生富集两个主成矿期。

内生成矿期：属热液交代型含Au硫化物矿化类型。矿石矿物组合以及交代顺序可分为白云石-黄铁矿-金、石英-多金属硫化物-金和地开石-黄铁矿-金三个成矿阶段。其中黄铁矿形成于各个阶段，与金关系密切，并且早期黄铁矿颗粒较粗，含Au较低，中晚期黄铁矿一般为细粒浸染状，含Au较高，表明含Au热液的活动主要集中在中晚期热液活动阶段。在总体上，内生成矿期的金矿化达不到工业品位，一般需要后期的交代、富集作用才能形成工业矿体。

表生成矿期：主要是金的表生富集作用形成工业矿体的主成矿期，按照矿石类型及矿石结构分析，可分为两个成矿阶段：① 氧化蚀变褐铁矿残积金；② 淋滤吸附富集金。前者由内生成矿期形成的黄铁矿氧化为褐铁矿，随氧化作用金被析出并排斥到褐铁矿边部，是淋积吸附作用的前阶段，后者则由构造作用搓碎的褐铁矿残积一部分金，并且接受其上部淋滤下来的含Au组分，具有残积金和吸附金的双重作用，是最富集金的后阶段。

4）矿床成因

根据上述分析，可以得出以下认识：

（1）矿床赋存在正长斑岩浅成富碱侵入体的接触带，产状与一些脉状正长斑岩有空间关系。

（2）区域构造线控制了矿带的分布，自三合主矿段往东追溯，沿南东向的断裂带有断续的矿体出露，矿化类型与三合主矿段相同，构造控矿作用十分明显。

（3）围岩蚀变较弱，矿物组合和矿石结构构造显示中低温热液活动的特点，原生的矿石品位较低，需要后期构造搓碎和抬升作用使金淋滤才能形成富矿体。

（4）矿体空间分布在纵向上与构造破碎带走向一致，在垂向上受氧化带控制，即上部为氧化帽（褐铁矿帽），中上部为氧化作用带，中下部为淋积作用富集带，下部为原生矿带（图10.4）。其中在氧化带矿体中下部规模最大，品位最高，显示典型的表生富集成矿作用特点。

（5）矿体两盘显示一定的浸染矿化：上盘岩性为鱼库组大理岩，其Au、Ag丰度高于区域分布的碳酸盐岩，显示Au、Ag元素的带入性特点；下盘正长斑岩含Au丰度低于正常克拉克值，显示Au元素的带出现象。

总之，矿床形成作用主要表现为原生硫化物携带Au元素，后期氧化淋滤作用富集成工业矿体，这一过程是在一定构造搓碎和地壳抬升作用下完成的，因此，该类Au矿床的形成作用主要是构造活动引起的氧化淋积作用。原生矿石黄铁矿Pb同位素模式年龄829 Ma，实际形成年龄600 Ma左右（钕钐同位素等时年龄，张宗清等，1998），从表面看这三者之间没有一致的时间关系，但根据Rb-Sr、Sm-Nd及Pb同位素综合分析结果发现，矿体下盘岩石正长斑岩是一套浅成碱性侵入体，形成时代为新元古代末期，岩浆来源于地壳下部，形成机制是地壳张性活动的扩容作用，引起地壳下部的已存留了十余亿年的地幔部分熔融产物的重

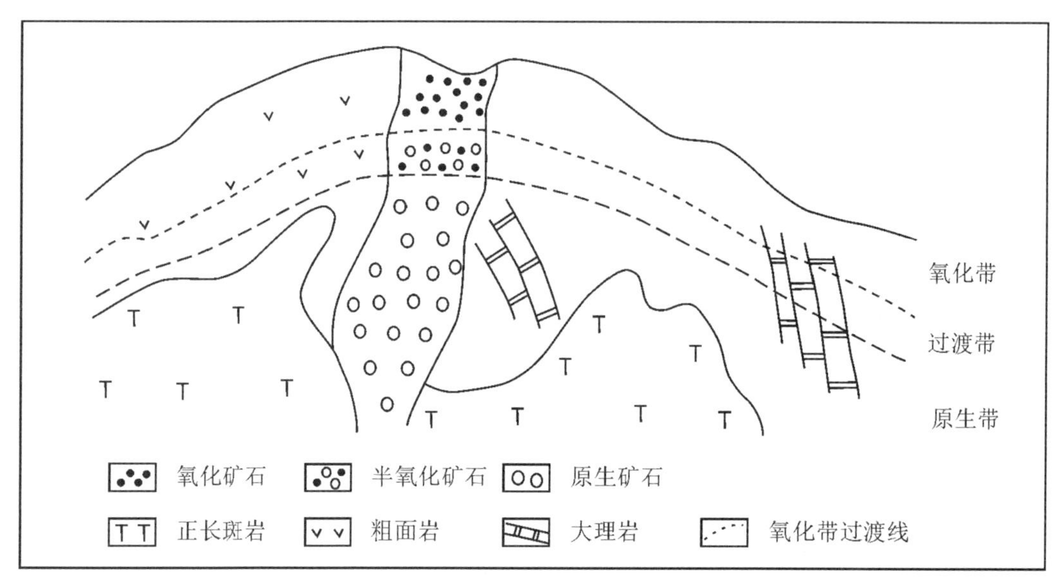

图 10.4 三合金矿矿体垂向分布图

新活动,在扩容减压作用下发生部分熔融,形成一套长英质组分较高显示陆壳组分特征的富碱浅成侵入体,与此共生的还有富碱喷发岩(栾川群大红口组粗面岩)。富碱岩浆先期活动开辟了通往地表的通道,后期活动往往富热液组分并携带多金属硫化物及 Au 元素在侵入体边部定位,这是上述的内生成矿期。在燕山晚期,栾川地区发生大规模推覆构造活动,其中以新元古代至早古生代的陶湾群为岩席的底部,上部依次推覆叠加了栾川群、官道口群以及一些太华群推覆体,在低角度逆冲过程中,岩块在横向上位移,垂向上抬升,构成了原生 Au 矿物质表生氧化富集作用的构造条件。即原生矿体被抬升在近地表氧化环境,伴随区域性构造的挤压破碎作用,原生矿石被氧化形成褐铁矿,并发生淋滤吸附作用,形成沿着构造线分布的松散土状褐铁矿富 Au 矿体,这是上述的表生成矿期。因此,通过成矿期的分析,可以提出矿床类型属于中低温热液-表生淋积型。

5) 问题讨论

关于 Au 矿形成机制问题,很早就有人提出碱性溶体携带 Au 元素,在成矿阶段发生酸碱分离(胡受奚,1988),最近又有人提出“碱基”和“酸帽”假说(倪师军等,1993),这都说明“碱”在 Au 元素迁移过程和“酸”在富集沉淀过程中的重要作用。富碱岩浆的初始源一般来自地球深部,本身含 Au 丰度较高,先期岩浆活动可以携带一部分金元素,但更重要的作用是开辟一个碱性前锋通道,为以后含 Au 热液活动提供场所。在华北地块南缘,一些富碱侵入体中,有叠加在先期岩浆活动之上的多次后期活动,往往沿着侵入体与断裂接触面上升,在碱性岩一侧对热液流体起屏蔽作用,如果接蚀带外侧是显示酸性的碳酸盐岩类,则往往是理想的“酸碱”分离场所,形成碱性岩脉与金矿体的空间伴生关系,在横向上,碱性岩脉靠近或充填在岩体一侧,金矿往往靠近或赋存在碳酸盐岩中。

2. 其他金矿(化)点概述

1) 栾川石门沟金矿点

金矿点位于栾川县陶湾乡红桐沟石门沟自然村北 50 m 山坡，北部地层为栾川群大红口组碱性粗面岩夹浅成正长斑岩，南部为鱼库组大理岩，二者为断裂不整合接触。断裂破碎带走向 SE 120°，倾向北东，产状 30°∠75°，宽 30～50 m(图 10.5)。金矿体呈脉状沿破碎带断续分布，矿石类型主要为疏松土状褐铁矿金矿石，一般品位为 3 g/t 左右，最高见 8～10 g/t 的显示。

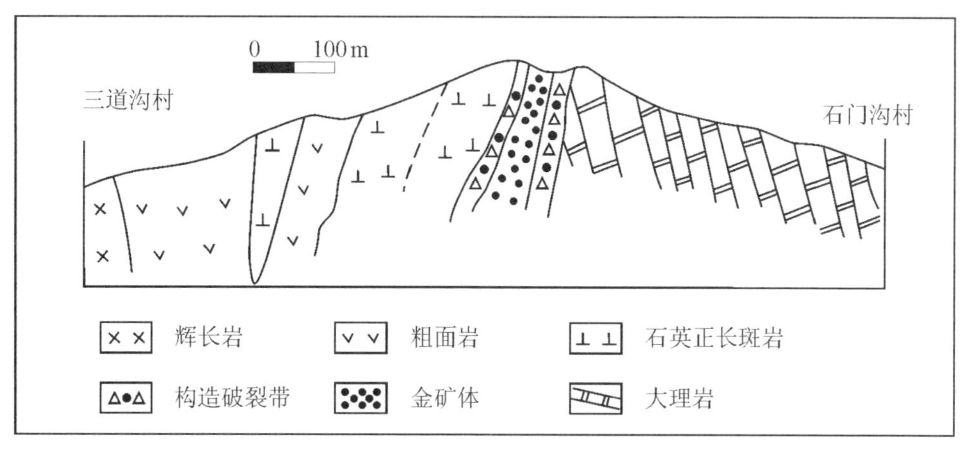

图 10.5　石门沟金矿点横向路线剖面示意图

该矿点矿化范围集中，地表显示明显的负地形条带为构造破碎带的地面标志，矿石类型简单，易采易选。

矿体分布受构造破碎带控制，后者产状与北侧出露的正长斑岩墙状侵入体产状一致，与南侧的大理岩呈高角度不整合接触，仅在局部出现浸染状黄铁矿化的大理岩，有一定的金品位显示。

2) 黄庄金矿化点

位于方城县四里店乡黄庄东侧山坡，出露地层为晚元古界栾川群大红口组绢云石英片岩和角闪黑云片岩，矿点北部为含磁铁矿黑云母花岗斑岩，附近有角闪正长岩细脉出露，南部为石英正长斑岩。矿体产于绢云石英片岩中的构造蚀变带，出现强硅化和碳酸盐化，走向 SE110°，矿带断续出露，长度约 600 m，宽度 1～1.5 m，矿化厚度 3～4 cm，形态一般为透镜状、夹层状和复脉状。

矿石矿物主要有磁铁矿、褐铁矿，其次有方铅矿、黄铁矿、黄铜矿，氧化矿物有孔雀石。含 Au 量 0.5～3 g/t。

围岩蚀变可见透闪石化，硅化、透辉石化、角岩化、黄铁矿化，矿石类型为热液浸染状、块状原生金矿石。

矿体规模较小，品位低，从地表看，仅可作为民采矿点，构不成工业规模。

3）马庄金矿化点

位于南召县小店乡马庄自然村东山坡，矿化体赋存在变正长斑岩内部或接触变质带。变正长斑岩片理化强烈，与栾川群粗面岩及石英绢云片理接触界线不清，局部显示一定过渡关系。

矿化体赋存形态有两种：其一为浅成石英正长斑岩侵入体内部片理化带，走向与区域线性构造方向一致，矿体呈透镜状，一般长20 m左右，最宽处3 m左右，矿石类型一般为块状磁铁矿，局部出现黄铁矿、黄铜矿等原生矿石类型；其二为浅成正长斑岩侵入体外接触带，矿体产状与接触面产状一致，矿石类型主要有块状褐铁矿和黄铜矿，硅化较强，接触带及附近出现硅化、黄铁矿化和矽卡岩化。区内走向断裂发育，岩体内部Au与变质热液作用有关，岩体边部矿化与接触热变质作用有关。

10.2.2 含金剪切带型金矿

1. 典型矿床——贯沟金矿研究

1）矿区地质

矿区范围：位于南召县马市坪乡东部，东起草庙，西至马市坪，北起银山沟，南至柳树庄，东西长约6 km，南北宽2 km，面积约12 km^2。贯沟金矿地理坐标为：东经112°14′20″，北纬33°35′30″。

矿区地层：主要为晚元古界栾川群，南部局部出现J－K红层，与前者断层接触。

矿区构造：脆性断裂与区域构造线一致，控制地层间接触界线。有两条北西向的片理化带，经研究认为是含Au剪切带，一条近F2断裂，另一条距F2北约200 m，后者向西延伸可达老银洞金矿点以西地段。含Au剪切带控制金矿化点的分布。在片理化带之中见有残余正长斑岩块体断续分布，变正长斑岩中有石英绢云片岩、糜棱岩，它们之间关系有渐变过渡的迹象。

矿区侵入岩：主要出露正长斑岩浅成侵入体（草庙富碱侵入体），与栾川群地层有密切空间伴生关系，在一些部位见有二者渐变过渡关系。在正长斑岩侵入体与栾川群内部都有辉长-辉绿岩脉产出，矿区北部出露一些二长花岗岩和斜长花岗岩。

2）矿床地质

矿体产状及分布：矿体围岩为石英绢云绿泥片岩（原岩为正长斑岩），局部出露一些正长斑岩残余体。矿体位于构造蚀变带，带宽约50 m，长约1000 m，发育绿泥石化、硅化和黏土化，以强烈片理化蚀变为主要特征。矿体呈饼状、豆荚状、细脉状，形成相互平行或雁行排列分布的组合形式，总体上构成一条近东西向的矿体带。在一些民采矿体剖面上可见到较大的矿脉，宽约0.5 m的细矿脉，相伴出数条宽0.05～0.1 m的细矿脉，构成宽约1 m的复脉。矿体在纵向上矿化很不稳定，表现为矿石品位变化较大[(0.n～8) g/t]以及矿体忽尖忽膨现象。

矿石矿物：所见矿石主要为褐红色和黄褐色土状氧化矿石，组成主要为硅化较强的褐铁矿，含金量随硅化增强而增高。矿物组成主要有褐铁矿、黄钾铁矾和硅质碎渣，见有假象褐铁矿，但几乎见不到原生硫化物，除了表生褐铁矿外，还有少量赤铁矿。脉石矿物主要有石英绢云母片岩、硅化绢云片岩和高岭土。

矿石组构：矿石结构比较复杂，以碎裂结构为主，硅质和褐铁矿受应力作用破碎，棱角明显，反映一定的脆性剪切特点，其次可见次生假象结构，系褐铁矿取代原黄铁矿形成之假象，反映表生氧化作用特点。矿石构造以松疏土状构造为主，其次有多孔状构造、条带状构造，还有一些矿石形成后受后期应力作用形成明显褶曲。说明构造带形成前期有一定脆性剪切，后期变形以韧性为主。

矿石类型：① 蜂窝-多孔状褐铁金矿石，矿物组成主要有褐铁矿和石英，金的载体是褐铁矿。在一些红色铁帽状氧化矿石中，金品位较高(16.5 g/t)，并且其他成矿组分还有 Ag 210 g/t，Cu 390 ppm，Pb 28000 ppm，Zn 890 ppm 的显示(宋学信，1991)；② 土状褐铁矿金矿石，系褐铁矿被构造破碎与构造上部淋滤下来的含 Au 溶液及土状混合物组成，含金品位一般为 1～2 g/t，最高见有 10 g/t 的显示；③ 条带状褐铁金矿石，系成矿后期构造叠加作用，形成各种褶曲，这种矿石由于受后期构造变形作用，褐铁矿与硅质组分分离成带状，局部发生 Au 的富集作用，所以一般品位较富，有些地段矿石平均品位达 8 g/t。

金元素赋存状态：研究金元素赋存状态需要电子探针和电镜扫描工作，但由于上级部门在科研工作调整中压缩了课题经费，因此我们停止了该方面测试工作，仅用沙盘淘洗了各种矿石，在其中都不同程度地发现单颗粒金，其中在条带状褐铁金矿石单样金颗粒数最多(5颗)，金粒度也很大(0.02～0.04 mm)，说明金形成作用与褐铁矿化后韧性变形作用的相关性最强，也说明成矿后韧性变形构造在该类 Au 矿富集作用中起着的重要作用。

3）成矿阶段划分

在该地区除了已知的氧化矿石类型外，还没有发现其他原生金矿石，所以对内生成矿期的假设是推测性的，在贯沟 Au 矿的下部，很可能有原生 Au 矿体存在，但根据地表氧化矿石的推测，原生金矿体矿物组成主要为黄铁矿和少量其他多金属硫化物，含金品位不会很高。根据地表矿石类型研究结果，表生成矿期可进一步分为三个成矿阶段：① 氧化蚀变褐铁矿残集金阶段，系在脆性剪切构造作用下，原生黄铁矿被压裂切碎，在近地表条件下氧化为褐铁矿，形成碎裂结构，内部金被析出到褐铁矿边部，该阶段形成的金矿石品位较低；② 风化吸附富集金阶段，系构造搓碎作用进一步使褐铁矿形成疏松土状矿石类型，其品位比第一阶段形成的矿石类型要高得多；③ 最后成矿阶段形成条带状褐铁金矿石类型，系韧性剪切构造变形作用，使原来矿石中的硅质和褐铁矿发生分离并形成各种形态的小型和微型褶曲构造，伴随矿体及围岩中糜棱岩化的发生，含 Au 元素不断富集，这类岩石含 Au 品位最富，说明这期构造作用对 Au 的富集是重要的成矿因素。

4）矿床成因

根据本课题的研究内容和任务的限制，我们没有对贯沟金矿做更详细工作，由此得出的一些认识也比较肤浅，但是，正如前述，本课题的主要目的之一是在华北地块南缘发现与富碱侵入岩有关的 Au 矿线索，作为一项开拓性工作，可以提出自己不成熟的看法，以便在今后的工作中不断完善。根据现有资料和工作情况，提出以下认识：① 矿床南侧约 500 m 处，为变正长斑岩浅成侵入体与 J－K 角砾岩的接触带，二者呈断层接触，在接触带北侧岩体边部出现强烈片理化、碎裂化及糜棱岩化现象，表明岩体经历了从脆性到韧性剪切变形过程，形成一条位于岩体内接触带的脆-韧性剪切带；② 矿床在空间上与其他矿化点构成一个总体东西展布、宽约 50 m、长约 1000 m 的含 Au 矿带，与区域性断裂走向一致，因此矿床形成与区域构造活动有关；③ 矿体纵向延伸方向与矿带方向一致，多呈饼状、豆荚状和较细的复脉状不连续出露，垂向上矿体分带明显，最上部为松疏土状金矿石，以下为条带状褐铁金矿石，由此推测再下部很可能存在原生金矿石；④ 已知的金矿石类型中，条带状褐铁金矿石品位最富，金颗粒主要赋存在褐铁矿条带内，是后期韧性构造作用的结果，作用机制需要更进一步研究探索，矿体富 Au 作用除了表生氧化淋滤作用外，韧性构造活动的叠加更具有成矿意义；⑤ 矿体赋存在浅成侵入体的内接触带，受脆-韧变形作用较强的矿石品位最高，说明韧性剪切作用的叠加是富集 Au 元素形成矿体的关键因素，矿质来源可能与变正长斑岩有一定亲衍关系。

总之，贯沟金矿形成作用主要表现在表生氧化富集作用和原生金成矿后的韧性变形作用两个方面，从各自形成的矿石类型来看，后者可以形成富矿体，是主控矿因素。从整个表生成矿期来看，控制矿床形成的构造活动前期为脆性剪切阶段，使原生矿体搓碎和抬升氧化，为淋滤富集作用创造条件；后期为韧性剪切阶段，在矿石形成各种韧性变化形态的同时，发生 Au 元素的局部迁移和带入，形成可供可采的工业矿体。

2. 其他矿(化)点概述

1) 南召外口黄铁矿-金矿化点

地质概况：位于南召县马市坪乡景庄村外口。矿化体产于一条走向 NW30°、倾向北西、倾角 50°～60°的小型构造蚀变带，宽约 5m，见有糜棱岩化剪切擦痕，类似于贯沟 Au 矿区某些构造部位特征。矿化体围岩为变正长斑岩，蚀变为绢云母石英片岩，蚀变带与两侧围岩为渐变过渡关系。

矿体特征：矿体赋存在富碱浅成侵入岩体内部，单矿脉或细复脉状石英脉构成。矿体氧化较强，氧化带宽约 1 m。

在矿石组成中，原生黄铁矿 85%，有略黄和略白两种颜色，前者 55%，后者 30%，一般黄铁矿颗粒无构造破碎的现象，颗粒间常为石英及微量闪锌矿胶结。近矿围岩蚀变主要有硅化和绢云母化。

矿石和近矿围岩中，黄铁矿含金量最高且伴有 Au、Ag 矿化和高的 As 含量(表 10.4)。在矿点附近有一条片理化带的 Au、Ag、As 出现高异常，说明它们之间有一定联系。

2) 南召老银洞金矿化点

位于南召县马市坪乡外口村东，有古采硐沿片理化带延伸，走向北西西、与区域构造线一致，产状 190∠65°，宽数 10 m，两侧围岩为变辉长岩岩墙。

矿化体由两部分组成，一为褐黄色褐铁矿化层，镜下鉴定为褐铁矿化绢云石英片岩，伴有黏土化及黄钾铁矾化，由于强烈氧化，镜下仅见少量黄铁矿假象赤铁矿及残留黄铁矿微粒，估计原岩为黄铁绢英岩及一些黄铁矿、铅锌矿脉构成，含 Au 0.2～1.95 ppm(表 10.4)；另一为褐灰色坚硬脉体，镜下鉴定可能属石英脉，厚度 1 m 左右，含金 0.61 ppm。

矿石类型分为两种，石英脉型和黄铁矿型，后者含 Au 较高。矿化分布总体沿北西向片理带延伸。黄铁矿-金矿化以 Au 为主体成矿元素，伴生 Pb、Zn 有益组分（表 10.4），形成矿物以黄铁矿为主，有少量闪锌矿及微量方铅矿伴生。

表 10.4　南召外口金矿点矿石和围岩元素分析结果

编号	产出特征	物质	元素(ppm)						
			Au/Ag	Au	Ag	Cu	Pb	Zn	As
1	矿体	块状黄铁矿	0.027	1.50	55.5	110	2400	2100	937
2	矿体	块状黄铁矿	0.034	2.20	63.8	110	10900	2500	625
3	矿体+围岩	红色氧化矿石	0.017	0.20	11.2	34.0	1800	3200	284
4	矿体	石英脉	1.13	0.10	0.08	10.0	18.0	160	0.75
5	围岩	白云石英片岩	0.006	0.01	0.20	3.0	22	94	0.72
6	矿体	块状黄铁矿	0.011	0.20	17.8	51.0	3500	7000	167
7	片理带	绢云石英片岩	0.017	0.20	11.5	68.0	3200	1700	400

资料来源：宋学信，1991。

10.2.3　熔结角砾岩型金矿

1. 典型矿点——羊石片金矿点研究

1）地质概况

矿区范围：位于嵩县黄庄乡小红崖村羊石片，矿体为一个熔结角砾岩筒，东西宽约 50 m，南部露头为岩筒的一侧，北部没入围岩，平面面积大约 2500 m^2。区内有两条区域性断裂分别通过岩体南侧接触带和附近地层，构造线走向北东 20°，并切断了北西走向一组断裂。岩筒角砾成分为流纹斑岩，呈各种破碎角砾形态，棱角明显，显示隐爆特点；胶结物为酸性熔岩，显示强烈硅化和黄铁矿化，除金属矿化外，Si、K 元素含量较高。岩筒围岩是中元古界熊耳群流纹斑岩或一些安山玢岩，北侧 500m 远有乌烧沟富碱侵入岩体出露，岩石类型较复杂，主要可分出霓辉正长岩、霓石正长岩和正长斑岩。除该侵入体外，无其他侵入岩出露。

2）矿化特征

矿体形态：由于整个熔结角砾岩筒矿化比较均匀，故岩筒本身即为一大的贫 Au 矿体，岩筒南侧，围岩被剥蚀后露出岩筒上部南侧面，顶部出现碳酸盐、萤石、重晶石化蚀变帽，且被熊耳群流纹斑岩覆盖，北侧及东西两面均没入围岩之中，所以，仅从外观上观察到岩筒的局部面貌，据形态变化推测其主体为向下变大的椭圆锥体（图 10.6）。

矿石矿物：金矿石类型比较单一，矿物组成主要是黄铁矿，一般为浸染状或细脉状，分布于熔岩胶结物之中，是包裹金的载体矿物。

脉石矿物：主要是石英，其次为钾长石，在岩筒顶部有重晶石，萤石及碳酸盐矿物。

矿石结构以自形-半自形细粒结构为主，有些呈细粒自形晶浸染状分布于硅质熔岩中。矿石构造以块状构造为主，其次有多孔状，角砾状构造。

表 10.5 老银洞 Au 矿点成矿元素分析结果(ppm)

样号	产地	岩性	特征	Au	Ag	Cu	Pb	Zn
LyD_1	老银洞内	褐灰黑色石英脉	石英脉	0.61	16.7	110	14200	6100
LB-1	老银洞内	氧化矿石		0.60	43.0	160	23900	2300
LB-2	老银洞内	绢云母石英片岩	近矿围岩	0.20	20.4	90.6	14800	1400
LyD_{1-2}	老银洞内	氧化矿石		0.62	32.9	120	20000	1800
LyD_{1-3}	老银洞内	氧化矿石		1.95	22.5	34.0	13900	4000
LyD_{1-1}	老银洞内	绢云母石英片岩+黄钾铁矾	上盘围岩	0.31	33.8	10.0	12700	340
LyD_{1-5}	老银洞口	绢云母石英片岩+硅化微脉	下盘围岩	0.20	3.6	20.0	3600	160
LyD_{1-6}	老、小银洞之间	片理化变正长斑岩	有 Py 化 NWW 向	0.16	0.20	3.0	35.0	1400
LyD_{1-7}	小银洞口	氧化矿石	NE 向片理	88.74	72.80	110	14400	1500
LyD_{1-8}	小银洞口	铁染破碎绢云石英片岩	原岩为变正长斑岩	1.13	12.40	80.0	7300	4400
LC-1	小银洞口	片理化变正长斑岩		5.80	19.5	99.0	7500	3000
LC-2	小银洞口	白色石英脉	转石	0.10	0.05	14.0	44.0	27.0
LB-20	小银洞口	片理化变正长斑岩		0.60	17.1	85.0	8000	2000
LB-21	小银洞口	片理化变正长斑岩	氧化矿石	1.25	21.0	118	8800	3200
LB-27	小银洞东约 100m	片理化变正长斑岩	异常?	0.40	23.4	49.5	13200	3400
LB-14	老银洞东约 100m	片理化变正长斑岩	褐铁矿化	3.5	192	80.0	59100	9400
Wk-1	老银洞西约 100m	片理化变正长斑岩	褐铁矿化	0.10	5.4	12.0	860	1300

资料来源:据宋学信,1991。

矿石类型:① 块状熔岩胶结黄铁矿金矿石,系熔岩原生矿,金属矿物主要出现单一的黄铁矿,是金的载体矿物,含金品位一般为1.5 g/t,局部有3 g/t显示(表10.6);② 角砾状黄铁矿金矿石,系顶蚀构造作用形成的角砾组分被含Au热气作用后矿化,一般分布在岩筒边部,品位一般小于1.5 g/t(表10.6)。

表10.6 羊石片金矿点矿石分析结果(ppm)

元素	序号											
	1	2	3	4	5	6	7	8	9	10	11	12
Au	0.20	0.10	0.30	0.20	0.10	2.60	0.20	0.10	0.70	1.08	1.36	1.47
Ag	6.50	1.60	3.80	3.50	2.20	8.40	3.20	1.90	19.5			

3) 成Au作用讨论

根据空间关系,角砾岩筒位于乌烧沟富碱侵入体外接触带,除此外附近无其他岩浆侵入活动,仅有区域断裂通过。因此形成岩筒的热动力因素很可能与富碱岩浆活动有关。进一步分析它们的REE和微量元素分配特点,(详见第9章地球化学部分),发现岩筒熔岩与碱性岩有一定相似性,由此可假定熔岩隐爆活动与北侧碱性岩浆活动有成因联系。

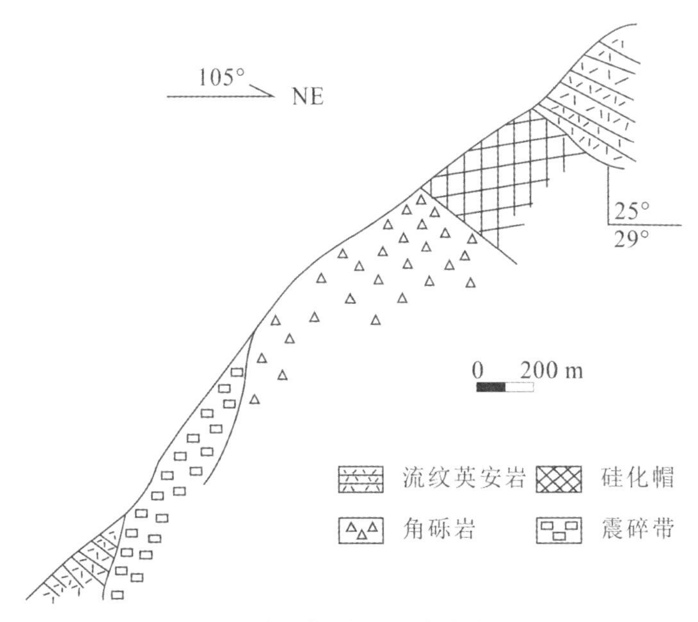

图10.6 羊石片隐爆角砾岩地质剖面图

在乌烧沟岩体的岩体构造分析过程中,发现岩浆活动呈不整合侵入围岩,围岩在岩浆侵入过程中是被动的,这正是发育顶蚀构造的极好条件,恰好羊石片岩筒的形态和构造岩特征又显示顶蚀构造形成的特点,二者的巧合使我们假设富碱侵入体岩浆期后的热液活动引起顶蚀构造作用发生,在形成隐爆角砾岩筒的过程中发育浸染状黄铁矿含Au矿化体。

2. 其他矿化点概述

竹园沟金矿点位于方城县四里店乡竹园沟村南，出露地层为晚元古界栾川群石英粗面岩夹石英绢云片岩。矿点附近有二长闪长岩和浅成石英正长斑岩出露。矿化体呈岩筒状，其中角砾成分单一，主要为片岩和片麻岩，胶结物为凝灰质及熔岩碎屑物，角砾受强烈硅化后蚀变。在岩筒内黄铁矿呈团块或浸染状分布于胶结物中，一般为细粒粉状，氧化后变成褐铁矿团块。角砾中常见星散状黄铁矿。其中有团块状构造的黄铁矿金矿石品位高达9～30 g/t。一般矿石类型Au较低，构不成工业开采品位。

因为矿化体围岩是石英绢云母片岩，其原岩是石英正长斑岩，属于富碱浅成侵入岩类，且矿点附近也存在着与石英绢云母片岩有过渡关系的正长斑岩，故该矿点在空间上与富碱侵入岩有一定联系。

10.3 岩石含Au性及成矿规律

10.3.1 岩石含Au背景

由表10.7显示，岩石含Au背景值一般较高，不同岩体之间差别很大。在空间上，岩带西部三合侵入体含Au 1～1.5 ppb，中部双山岩体含Au 70～80 ppb，东部张士英侵入体含Au 90～200 ppb，显示自西向东微金含量增大的趋势。从成矿角度分析，成矿较好的三合、乌烧沟和草庙侵入体含金背景值较低，而含矿性较差的双山、张士英等侵入体(目前未发现Au矿化)含Au丰度却很高，形成一种反差关系；另一方面，三合侵入体近Au矿围岩微金丰度低于远离矿体的岩石，草庙侵入体也有同样的微金变化规律，乌烧沟侵入体2号样位置为微糖粒状霓辉正长岩构成的剪切构造带，含Au 94 ppb，而接近构造带的3号样含Au丰度最低(2.5 ppb)，再远离构造带，岩石含Au丰度渐升到3.6和5.5 ppb(表10.7)。这些地质实事说明，近矿围岩中的部分Au元素在成矿过程中被萃取，形成克拉克值负异常，从这点出发，可进一步推断，在金矿成矿作用过程中，富碱侵入体中的部分金参与了成矿，即有一部分成Au物质来源于富碱侵入体。

从岩石含金丰度比较而言，霓辉正长岩、霞石正长岩等这些真正的碱性岩一般含金丰度较高，石英正长岩、花岗正长岩等非经典碱性岩含金丰度较低。虽然岩带中各类富碱岩石之间有一定的物质来源生成联系，但在岩石形成、演化过程中有一差别，前者初始源来自地幔部分熔融产物，在上侵地壳过程中遭受一定程度地壳质污染；后者则不同，初始源虽然也来自地幔部分熔融，但是在地壳中存留近十亿年之后再经部分熔融，因此在本质上已经差不多"地壳化"，显示地壳源的特点，在岩石类型及地球化学性质方面与前者有很大差别，再加受混合岩化、壳质混染等作用，降低了"再生"岩浆熔体中Au的含量(陈衍景，1992)。

从成岩时代上讲，侵入年龄越老，含金丰度越低，三合、草庙、塔山1期这些侵入岩形成时限大约在距今600 Ma，金丰度在2.1 ppb以下，远低于3.5 ppb背景值(黎彤，1976，1982)；乌烧沟、龙头、磨沟、塔山2期、双山这些300 Ma左右形成的富碱侵入体岩石微金丰度一般在3.5 ppb左右，异常者高达80 ppb；张士英侵入体Rb－Sr等时年龄130 Ma，微金丰度高达200 ppb，含金背景值虽高，但成矿性很差，仅在局部破碎带见有轻微硅化和黄铁矿化显示，亦达不到工业开采品位。

表10.7　岩石微金丰度分析结果(ppb)

侵入体	样品号	金丰度
三合	三V－3	1.0
	三V－11	0.4
	三V－1500	0.7
	石N－3	1.5
乌烧沟	乌N－7	5.5
	乌N－4	3.6
	乌N－3	2.5
	乌N－2	94.0
贯沟	万B－1	2.0
磨沟	宋B－1－2	3.2
龙头	火B－1	3.5
草庙	银N－3	1.5
	银N－4	1.1
	银N－5	2.1
	草V－1	1.3
双山	双B－1	80
	双B－2	70
	双B－3	80
塔山	塔V－1	0.7
	塔V－3	0.5
	塔V－4	0.8
	塔V－8	80
张士英	张H－7	200
	张H－7－1	90
	张H－8	120
	张V－3	1.1
	张V－2	1.0

从岩石变质程度分析，变质越强岩石微金丰度越低，除了上述三合、草庙变正长斑岩微金丰度低外，方城北部塔山1期为变二云正长岩(0.5～0.8 ppb)，2期为霓辉正长岩和霞石正长岩，变质很浅，微金丰度高达70～80 ppb。另外，几乎未变质的张士英角闪石英正长岩微金丰度最高(200 ppb)。

上述几方面分析之间有密切联系，即构造蚀变作用贯穿其中，近Au矿围岩Au丰度较低，说明有部分Au进入变质流体，变质流体可以带走一部分Au。时代较新的岩体含Au性差,说明浆控 Au 矿系在富碱侵入岩中不甚发育,比较成型的几个 Au 矿都与构造蚀变作用有密切联系,即发育断控 Au 矿系列和风化金矿系列的 Au 矿床。

10.3.2 乌烧沟侵入体岩体构造与成 Au 关系

1. 岩体特征及含 Au 背景

乌烧沟侵入体位于嵩县南部碱性岩集中区,区域构造复杂,岩体构造现象比较明显,周边 Au 矿化点较多,故选择为典型侵入体解剖,探索岩体构造与成 Au 关系,以便带动其他侵入体的岩体构造研究。

侵入体岩石类型复杂,从细粒到中粗粒有霓辉正长岩、碱长正长岩、霓辉正长斑岩以及霓辉伟晶正长岩和细粒正长岩。主要矿物为碱性长石,其中微斜长石占绝对优势,少量正长石,次要矿物有霓石、霓辉石,少量黑云母。岩石矿物组合为微斜长石 + 碱性暗色矿物。

侵入体可以划分出边缘钠化带和中心弱钾化带。前者沿岩体边部不均匀钠化,其中岩体西、北部蚀变强度和形成钠化规模较大,造成明显的岩石成分非均匀化现象,一些地段岩石钠化十分强烈,微斜长石被交代成细粒钠-更长石,含量高达 60%～80%,微斜长石残留部分被细粒钠长石包围,内部形成残余格子双晶和环带状构造。边缘带暗色矿物为绿闪石类,保留了霓辉石半自形短柱状特征。中心弱钾化带主岩为似斑状霓辉正长岩和正长岩,其中有大量团块霓石正长岩及霞霓正长岩出露。主岩斑晶为微斜长石,半自形板柱状,含量 10%～20%;基质主要为微斜长石,含量 50%～70%,出现少量钠长石(5%左右),多被钾长石交代,反映一定的钾化现象;暗色矿物 10%左右,副矿物主要为磷灰石、榍石等。次生绢云母、高岭土和绿泥石等。主岩含金背景值较高,一般为 5 ppb 左右,岩体北部边缘细粒正长斑岩含 Au 94 ppb。

2. 岩体构造

1) 侵位断裂

侵位断裂最明显特征是岩浆熔体侵位最后阶段的横向拓宽作用形成的断裂,通常被细晶岩所充填,并且经常在侵入体边缘切穿岩体和围岩。乌烧沟侵入体北部和西部,发育了许多这样的细晶岩脉,在空间上展布分两组:一组分布在岩体内接触带,走向大致与岩体侵入接触面平行,局部形成同心排列特征;另一组分布在岩体内、外接触带,走向垂直于接触面,局部表现明显的经向排列特点,且在一些部位切断前一组细晶岩脉,说明形成较晚。这两组岩脉的分布都局限在岩体边部及附近围岩中,一般规模较小,长约 30 m、宽约 1 m,与主岩的界线平直分明,未见淬火带,且岩体中心部位未发现有此种岩脉出露,反映出侵位断裂的构造特点。

一般讲,这些断裂是由岩浆熔体侵位后结晶过程中区域断裂的持续张性力学作用引起的,张开的裂隙被岩浆结晶分异后期流体充填,岩性为含 Si、K 组分较高的细晶正长岩,往往带有挥发组分较高的流体物质,在一定条件下能够使 Au 矿物质活化迁移形成 Au 矿化。

2) 顶蚀构造

在侵入体南部外接触带发育一个典型的隐爆熔结角砾岩筒,面积约 0.1 km^2,角砾成分为熊耳群流纹斑岩，磨圆度很差，呈新鲜的碎块棱角状。胶结物为硅碱组分较高的熔岩物质。岩筒在空间上呈“竹笋状”，根部渐大没入地下，顶部上覆熊耳群，只因南部有一断崖剥蚀出露岩筒的南部侧面一部分。角砾及胶结物都出现黄铁矿化，矿物组合为黄铁矿、重晶石、碳酸盐，局部出现均一的强黄铁矿化，拣块样 Au 品位 2 g/t 左右，金以包裹金形式赋存于黄铁矿中。

根据岩筒的野外地质特点和岩石组成分析，形成作用明显表现为岩浆熔体顶蚀构造作用，即岩浆在围岩中引起热爆裂，形成新鲜的角砾下沉的同时被侵入裂隙中的熔岩胶结以及角砾成分单一且形态各异的熔结角砾岩。熔岩胶结物的 REE 模式和微量元素配分特点类似于乌烧沟侵入体中的正长岩类。岩筒附近除唯一的乌烧沟侵入体外，未见其他岩浆侵入活动。上述可以启发我们把岩筒的形成作用与乌烧沟岩体的岩浆侵入活动联合在一起，判定岩筒是乌烧沟岩体的岩浆熔体在上升过程中对围岩的顶蚀作用造成的结果。

另一方面，关于岩浆顶蚀作用，Daly 认为一般仅仅在不整合深层侵入体的边缘带小范围内可以辨认出来，围岩可能在侵位期间起作用的区域变形作用过程中经历断裂作用。顶蚀构造还指示围岩在熔体侵位过程中的被动作用。因此，乌烧沟侵入体南侧的一些区域线性构造很可能是岩浆侵位期间的同构造活动。在野外沿着这些区域性断裂追索发现多处 Au 矿化，说明这期构造活动在成 Au 作用中具有重要性，围岩在岩浆熔体侵位过程中的被动地位反映区域张性活动的存在和岩浆不整合侵入特点。

3）构造裂隙

在侵入体中部和北部，出现一些厚度不均匀的构造裂隙，有些穿切岩体进入围岩，并可延长数千米与附近区域性断裂相连接。沿着岩体内部构造裂隙追索，裂隙膨胀部位呈厚饼状（厚达几十米），裂隙变薄部位尖薄到 1 m 以下。构造裂隙充填物大部分泥化强烈，个别拣块样含 Au 0.n g/t。延伸到围岩中的裂隙表现为构造破碎带，局部充填有石英脉，矿物组合有黄铁矿、萤石、重晶石、碳酸盐、矿化石英脉拣块样含 Au 0.n g/t。

根据构造裂隙切穿岩体及岩体内部其他形式构造现象判别，活动时限相对较晚，再根据裂隙面产状及裂隙内部物受挤压、磨碎的特点，说明构造裂隙活动受切向挤压应力的作用。构造裂隙与围岩中区域构造相接，说明它们之间也有一定动力关系。岩浆熔体侵位于区域褶皱轴部—中胡—大庄倾伏背斜倾伏端，构造裂隙则发育在其上面叠加有褶皱形成以及棱形格子状构造发育的构造变形阶段。

棱形格子状断裂系统实际上由稍早发育的东西向断裂和稍后形成的北东向断裂组成，其中北东向断裂与侵入体内发育的构造裂隙相接，指示说明棱形格子状断裂系统与侵入体活动的时限关系，即它们的活动以乌烧沟侵入体的形成时间为下限，但不排除该地区有更早的断裂存在。

4）显微构造

在侵入体北部和中部一些地段，岩石细粒化非常明显，镜下观察岩石受应力作用发生脆性破碎，显示碎裂结构。岩石中矿物主要有钾长石、斜长石、霞石；次要矿物有霓辉石和绿闪石。钾长石呈半自形-它形柱状体，部分粒状体，粒度 2.5 mm，以正长石为主，微斜长石次之，受应力作用显示一定程度的眼球构造，部分发生脆性破碎，但位移不明显；斜长石呈半自形柱状体，粒度相对小于正长石，属钠-更长石，是正长石纳长石化的产物；霞石呈粒状以不规则分布于岩石破碎微裂隙中，局部交钾长石，受应力作用不明显，个别颗粒可见环带构造，一轴晶(一)系钾霞石；霓辉石呈不规则短柱状假象，一般已蚀变为绿闪石，电子探针结果表明化学成分相当于霓辉石。

显微构造最明显特征是岩石细粒化，伴随细粒化作用的矿物蚀变主要是钠长石化，形成细粒钠-更长石，残留的正长石斑晶周围被细粒的微斜长石和钠长石包围，以往都把这种构造看做是简单韧性变形的结果，但目前为止，在乌烧沟侵入体中发育韧性剪切带的地质显示还不清楚，有待进一步工作。

近年来研究发现，在一些韧性剪切带发育过程中还会在其中叠加有次一级的剪切条带(C组构)，沿着C组构也发生强烈应变，同岩体叶理斜交共同构成特有的C－S组构，反映了简单剪切和压扁作用两种变形方式的总和。岩石中正长石眼球构造、细粒化以及分布在岩体边部的微型构造反映存在走向近东西的C组构，与岩体北西侧走向北东的片理化带斜交为C－S组构，所以乌烧沟侵入体内外接触带可以通过C－S组构的详细研究和追索，期望发现含Au剪切带。

3. 金矿类型与构造分布

通过乌烧沟侵入体岩石和构造分析，发现这一地区一些Au矿化作用与碱性岩浆活动引发的岩体构造有密切关系，其中岩浆活动作为成矿物质活化迁移提供热源和热动力条件，而构造活动(包括岩体构造和区域构造)是岩浆熔体侵位引起的，同时也受区域构造活动的控制。侵入体全岩微金丰度一般为5 ppb左右，个别达70～94 ppb，说明碱性岩浆熔体侵位过程中携带有深部组分金。在岩体和围岩不同构造部位，出现不同类型的金矿化，根据岩体构造研究，把金矿划分为三类：① 硅化带黄铁矿化型金矿点，一般分布在岩体外接触带熊耳群火山岩硅化带中，与侵位断裂的径向脉体活动有关，一般表现为径向脉体舌都与变火山岩的接触处硅化和黄铁矿化，拣块样含Au 1 g/t左右，如岩体北部马圪塔村拣块样含Au 0.7 g/t，岩体西部阴沟口拣块样含Au 1.2 g/t；② 熔结角砾岩型金矿化，仅在岩体南侧外接触带发现一处，与岩浆侵位顶蚀作用构造相关，如上述的羊石片金矿点；③ 石英脉型金矿化，这类矿化与构造裂隙活动密切相关，一般出现在岩体外接触带附近，矿化点沿构造裂隙分布，表现为破碎石英脉体沿构造线成串分布，如嵩县黄庄小红崖村南沟、牛圈、梧桑凹、桑树凹等处，均有低Au品位的石英脉出露，矿物组合有黄铁矿、镜铁矿、重晶石、萤石、碳酸盐。北东向构造裂隙控制了这类矿化点的分布，所以，不论从成Au理论或者从找矿实践角度分析，这一组构造裂隙值得进一步研究。

4. 问题讨论

嵩县南部地区在以前是找Au空白区，目前我们在涉及这一地区碱性岩研究过程中，开展岩体构造与成Au关系研究，以期望得到找Au新线索，河南省地质二队也曾在该区一些富碱侵入体内外接触带开展普查找Au工作，这将促进这一地带找Au工作的开展，我们提出上述的研究假设的目的也在于此。

金矿化点分布有一定规律，不同的 Au 矿化类型受不同构造型成的控制，上述三种矿化类型分别与三种岩体构造类型吻合。在成矿物质来源方面，碱性岩浆熔体能够为 Au 矿形成提供多少金元素值得怀疑，但是岩浆活动提供的热动力条件却是上述各种构造发育的直接动力因素，这种岩体活动又与区域构造活动密切相关，所以根据嵩县以及栾川地区金矿床分布规律（东西成带，北东向成串），在该地区找 Au 要以"碱性岩体"为出露标志，集中在岩体内外接触带开展找 Au 工作，以期发现成型的富矿体。另外，对河南碱性岩岩体构造研究是尝试性的，有许多问题值得进一步探索。

10.3.3 草庙侵入体含 Au 剪切构造研究

一般而言，含 Au 剪切带可分为早期、中期和晚期三个演化阶段。早期阶段称暗金阶段，在镜下均不能发现独立物相的 Au，在剪切带中央形成一条强硅化带，金属矿物以黄铁矿、磁黄铁矿和白铁矿为主，有一定量的 Ag、Fe、Zn、Sb 等元素带入，可有大量的毒砂物相出现；中期阶段在剪切带内或其边部形成含有不同数量的硫化物和块状石英脉，以形成"微砂糖状石英"矿物相为其成熟标志，Au 颗粒细小，呈包裹体存在于硫化物或糖粒状石英内，这个阶段金矿化不显示与某个特定矿物有特定伴生关系，往往与多个矿物伴生；晚期阶段在含 Au 剪切带中产生一系列开放性裂隙，出现大量自形石英，有强烈的块 Au 效应，金颗粒较大，并且不产生新的金矿化。

根据以上模式，对草庙侵入体南部边缘发育的片理化带进行研究，发现大贯沟、老银洞和外口等含 Au 矿化均产于同一条片理化带内（图 10.7），带长约 2 km，宽 10～20 m，最宽达 50 m，产状 5°∠65°，局部地段出现反倾，显示舒缓波状特点、片理化带发育在变正长斑岩浅成侵入体内接触带。近矿围岩为石英绿泥片岩，残留有稍新鲜的正长斑岩团块。

根据乔端—下罗坪 1∶50000 区调成果，结合我们野外调研结果，认为上述片理化带是一条不成熟的含 Au 剪切带，依据有：① 区域上介于两个断层之间（图 10.7），发育基性岩脉，走向与区域构造线和岩石片理化带延伸方向一致；② 变正长斑岩沿构造线方向片理化作用强度有一定变化，在一些部位出现原岩残留体；③ 局部出现糜棱岩化；④ Au 矿体呈透镜状产出，品位变化较大，一般无大颗粒金和块金出现；⑤ 岩石强变质变形、硅化、黄铁绢英岩化；⑥ 带内有多处金矿化，但极少见 Au 的独立物相，一般金粒极其细小，仅在老银洞发现两粒 0.02 mm、0.04 mm 的微细自然金，其余均不见大颗粒金；⑦ 在老银洞等地发现微糖粒状

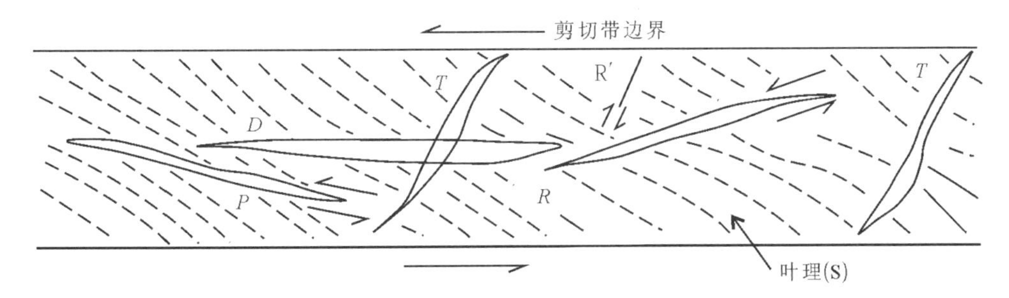

图 10.7 脆-韧性剪切带剪切裂隙和张性裂隙方向

石英。这些特点相当于前述的含Au剪切带发育中期阶段。

剪切带构造不仅是一种金矿控制因素,而且是一种重要成矿机制,由此人们提出"含金剪切带型金矿床"概念,我们根据贯沟金矿床形成特点,引用这一概念作为矿床类型。关于剪切带成Au机制,Riedel(1929)首次描述了剪切带中裂隙形成的顺序和方向。虽然这一实验基于模拟脆性剪切,但是这种构造也常见于脆-韧性剪切带,因此,脆-韧性剪切带中剪切裂隙的方向如图10.7所示,随剪切应力增加,首先形成低角度的 R 和高角度的 R' 里德尔共轭剪切裂隙,剪切应力进一步增加,接着形成晚期逆向里德尔共轭剪切裂隙 P、P',最后形成中部并与边界平行的剪切裂隙 D,T 为应变椭球体 YZ 面的张性裂隙。Au矿脉大多数赋存在 D,R,P 和 R' 裂隙中(吴学德,1989)。

贯沟Au矿体展布及产出特点相当于 D 脉,老银洞矿化相当于 R' 脉,进一步说明该带Au矿化属于含金剪切带型。

10.3.4 三合侵入体南侧断层接触带与热液成矿作用研究

1. 岩体地质

三合侵入体是一套浅成正长斑岩,一般呈脉状分布,与栾川群大红口组碱粗岩存在密切的亲衍关系,表现在空间分布、岩石学及地球化学等方面的一致性,说明是同岩浆活动的产物,不同的是碱性正长斑岩是碱粗岩的浅成侵入部分。正因为如此,有些文献把它们归入大红口组火成岩,没有单独圈定岩体,也有人在总体上把三合一带分布的浅成正长斑岩从碱粗岩中分出来,厘定了三合正长斑岩侵入体(屠森等,1977)。

随着三合金矿的发现和开采,三合一带陆续有河南地调一队,武警黄金十四支队开展一些勘察工作,但从现有资料分析,对三合侵入体的圈定范围、岩石成因、形成环境及与Au矿成矿关系等方面都不十分清楚。

基于上述,我们在开展研究工作的同时,注意到以下几个问题:① 三合侵入体是套偏碱性至碱性的杂岩体,岩石类型有正长斑岩、碱性正长斑岩、英碱正长岩和石英正长岩,斑晶比较明显,晶形发育良好,呈自形正长石,见卡氏双晶,颗粒一般为0.2 cm×0.3 cm,最大为1 cm×1.5 cm,斑晶数量变化较大,由含斑晶40%的正长斑岩过渡为不含或少量斑晶粗面岩;② 三合侵入体与辉长岩空间关系十分密切,在侵入体北、东、西侧甚至内部都有脉状或墙状辉长岩出露,从接触关系看,后者侵位时间在正长斑岩之后;③ 在一些与正长斑岩体伴生的辉长岩中,造岩矿物粒度变化较大,在壮沟一带的辉长岩体边缘相为细粒斜长岩(极少辉石);④ 三合正长斑岩的斑晶大小不一,但斑晶几乎全部是正长石,极少见石英或斜长石,在三合金矿1460坑道内和三道岔一带,见有正长石斑晶呈鲕状或椭圆球体状,外圈镶嵌细粒灰白色斜长石,岩石成分相当于偏中性的奥长环斑花岗岩。基于上述几方面,在三合一带共生有辉长岩、斜长岩、正长斑岩、粗面岩和类似奥长环斑花岗岩的花岗质岩类。如果把这些岩石组合在时空和亲衍关系诸方面联系起来,对研究区域构造背景具有重要意义。帕夫洛夫斯基(1989)在论述斜长岩与奥长环斑花岗岩的构造问题时,提出了斜长岩奥长环斑花岗岩岩石组合的形成条件和成因问题,不论是太古代或元古代形成之产物,其共同特点都是位于原地台区域构造中，产在克拉通边缘沉降带外缘中，它们都是非造山运动的产物，与地壳拉伸期断裂的发育有关，有时还与热物质流（热构造运动）的爆发和上地幔运动（多半是以成群的地幔底辟形式）有关。Carsweli 等（1989）在评述斜长岩、奥长环斑花岗岩建造问题时阐述了有关酸性岩和基性岩的反向演化关系，二者之间的物理-化学作用在前缘带形成正长岩类，即在花岗质岩石与辉长岩类接触带产生伟晶岩，花岗岩与斜长岩接触带产生正长岩，由初始的花岗质演化到辉长岩（析出伟晶岩），依次再演化为斜长岩和正长岩的反向演化关系。如果按照上述演化顺序推测，三合一带的石英正长岩、辉长岩、斜长岩和正长斑岩组合中，正长斑岩是最后演化的产物，这些由花岗质陆壳物质在陆块南缘凹陷过程中发育张性断裂引起减压扩容形成正长斑岩，一般呈脉状产在北西向线性构造断裂带附近。

2. 金矿地质及构造控制

在研究三合侵入体基础地质问题的同时，还注意到三合金矿形成作用与岩体的联系。三合金矿床类型在豫西地区比较特殊。在小秦岭，Au 矿与剪切机制关系密切以石英脉型为特征；在崤山以蚀变破碎带型和砾岩层控型为特征；在熊耳山以硅化体和蚀变破碎带型为主要类型；在栾川西部三合—石门沟一带，Au 矿类型与上述均有差别，正如前述三合金矿最主要的成矿作用是热液活动形成含 Au 量较低的金属硫化物，再按风化淋滤作用富集成矿，控矿最明显标志是近东西向的区域断裂构造。显然，断裂构造控制了矿体的分布、赋存空间和富集作用，是三合金矿导矿、赋矿构造和淋滤富集 Au 的通道。在断裂附近出露的正长斑岩脉体往往与 Au 矿体共生，它们之间是否有生成之间的联系，可以从以下几点分析：① 脉状正长斑岩是三合石英正长岩-辉长岩-斜长岩组合的最后派生物，显然在物理-化学作用中有挥发份增高和热液流体作用的趋势；石英正长岩和共生粗面岩中含有大量硫化物（除岩石中含有颗粒状黄铁矿外，还可以在野外见到岩石裂隙渗出硫黄），而在脉状产出的正长斑岩中很少出现黄铁矿和其他金属硫化物，表明前者在派生出后者过程中，必定有金属硫化物被局部集中，受热液携带在断裂的空隙中定位；② 内生成矿期矿物组合有白云石-黄铁矿-金、石英-多金属硫化物-金、地开石-黄铁矿-金等成矿阶段，说明成矿作用涉及鱼库组白云质大理岩，后者在 Au 矿流体“酸、碱分离阶段”是最有利的赋矿环境，因此，三合 Au 矿矿体往往赋存在断裂带鱼库组大理岩一侧。

3. 问题讨论

根据上述，可以假定成矿作用是由于构造活动引发“正长斑岩化”（即石英正长岩和碱粗岩的派生物），同时伴随热液活动，导致内生成矿作用发生在同构造期。具有初始成矿意义、有工业意义的成矿作用发生在表生氧化富集的表成期，区域构造活动的性质发生变化，以压性和一定的切向运动为特征，但活动空间仍叠加在初始张性断裂之上，所以矿体形态基本上未受破坏，只是伴随地壳回返上升作用，沿断裂带发生氧化蚀变和淋滤富集金作用。因此，内生成矿期的地质背景是陆台边缘凹陷外侧的张性断裂带控制了“正长斑岩化”和热液成 Au 作用，外生成矿期则反映为陆台边缘的隆起（也可能是推覆构造叠覆）带挤压性断裂控制了原生矿体的氧化-淋滤作用。二者具有相反的地质构造背景，在讨论三合金矿成矿作用和成因类型时，必须明确两个成矿期的时空和活动性质之间的差别，但这两期成矿作用又是不可分的，前者创造了物质基础，后者在此基础上形成了达到工业品位的金矿床。

10.3.5 区域岩石成矿规律

在区域富碱侵入岩含矿性方面，嵩县南部霓辉正长岩含 Th 等放射性元素较高；方城北部霓辉正长岩含 Nb、Ta、烧绿石，绢云母化正长岩含萤石和 Fe 矿；双山角闪云霞正长岩可作为有价值的石材开采，且含有脉状产出的硬玉、伟晶钾长石和霞石；张士英角闪石英正长岩中产出脉状沸石，局部出现蚀变矿物透闪石；三合石英正长斑岩体中产有 Pb、Zn 多金属矿床；草庙变正长斑岩体产出 Pb、Zn、Cu 多金属和 Au、Ag 矿；一些碱性花岗岩中含有稀土和萤石矿。

就单一矿种含 Au 性而言，有两大方面：一方面是沿栾川—方城深大断裂分布的浅成侵入体含 Au，成矿作用主要表现为区域构造活动引发热液成矿（三合金矿）和剪切构造活动引发含 Au 剪切带成矿（贯沟金矿）；另一方面是位于成金源区（大华群和熊耳群）出露的富碱侵入体外接触带的金矿化（嵩县乌烧沟岩体等），成矿作用主要表现为爆发角砾岩（羊石片）和热液蚀变。

在栾川西部，除了三合金矿外，沿三合到石门沟一线，往东至鱼库、石宝沟、赤土店一带，陆续有 Au 矿化出露，矿化分布受区域断裂控制，沿四棵树—石门沟—三道岔往东延伸到白崖根—石庙一线。特别是在三合—阴四沟一带（长约 4 km），大红口组与鱼库组呈断层接触，前者呈角度不整合覆于后者之上，表现为推覆上叠的特点，显示挤压剪切性质，整个构造破碎断续出露表生氧化矿石。

在南召马市坪东部草庙侵入体南侧内接触带，长为 2 km 范围发育宽为 10～50 m 的含 Au 剪切带，矿化点沿带断续出露（贯沟、老银洞、外口等）。类似的地质条件在云阳西北部建坪村一带也有线索。再往东延伸至方城四里店一带，Pb、Zn、Cu 多金属硫化物矿化占优势，金一般表现为伴生矿出现。

在嵩县南部碱性岩出露区，除了已阐述的乌烧沟侵入体与 Au 矿有关外，西部有磨沟侵入体和前河金矿一带的正长斑岩脉，在它们的外接触带都发现了小型矿化线索，其中前河金矿带北侧出露的正长斑岩脉体全岩含金量有 8 g/t 的显示，值得进一步重视。

从岩石类型含 Au 性方面，主要含 Au 矿岩石类型是长英质的石英正长岩和正长斑岩类。对于含碱性暗色矿物或似长石类的碱性岩而言，除了乌烧沟侵入体显示与 Au 矿化关系密切外，其他一般含 Au 不明显，尽管这些碱性岩一般都有比较高的 Au 背景值，成 Au 性却很差。

在岩带的各亚带，北部碱性岩亚带一般含 Au 性最差。其次是中部碱性花岗岩亚带，仅在一些岩体外接触带附近发现一些小型 Au 矿，如大青沟碱性花岗岩西侧赤土店金矿点，太山庙钾长花岗岩北侧的一些 Au 矿化现象。含 Au 性较好的是南部石英正长岩-花岗正长斑岩亚带，发育热液型金矿床、含 Au 剪切带型金矿床和接触变质型金矿床，以及 Pb、Zn 多金属矿床中的伴生金类型，因此，南部亚带的长英质杂岩是找金最有潜力的地质体。

另外，寻找三合式金矿，必须考虑到氧化淋滤作用并能赋矿的构造条件；寻找贯沟式金矿，需要特别重视含 Au 剪切带；寻找阳石片式金矿，在加强岩体构造研究时，注意用物探方法发现隐伏的角砾岩筒，因为羊石片岩筒在平面上即隐伏在熊耳群火山岩之下，仅在断崖一侧出露岩筒的侧面；寻找接触变质型金矿，一般在云阳西北部接触热变质标志比较明显。

10.4　成矿预测及普查靶区选择

10.4.1　成矿标志

构造标志主要反映在三个方面：① 区域断裂，表现为先张后压抬升的特点，有利于原生矿体的赋存和后期表生作用富集成矿；② 含 Au 剪切带，贯沟金矿区是不成熟的含 Au 剪切带，很可能找到成熟的含 Au 剪切带（即晚期阶段）；③ 岩体构造，特别是岩浆主动不整合侵位形成的顶蚀构造是发育角砾岩型金矿的良好条件，其次是岩体构造裂隙，与岩浆期后热液活动形成的 Au 矿有关。

岩石标志：含暗色碱性矿物或似长石类的碱性岩本身含 Au 背景值较高，但成矿性较差，一般含矿地段受岩体构造区域构造活动影响较大。如岩体外侧发育顶蚀构造和断裂或成岩后构造蚀变带。找 Au 潜力较大的岩石类型首推岩带南部长英质杂岩亚带的变正长斑岩和花岗正长斑岩浅成侵入体，主要岩石标志如下：

（1）石英正长岩-辉长岩-斜长岩组合中的正长斑岩脉。

（2）变石英正长斑岩-变辉绿岩套中的片理化带，发育中期到晚期的含 Au 剪切带中的石英绢云母片岩。

围岩蚀变及矿物标志：

（1）硅化、黄铁矿化是近矿蚀变标志。

（2）褐铁矿化、黄钾铁矾、褐黄色土状氧化物是金矿氧化带的矿物标志。

（3）铅矾、白铅矿、孔雀石是 Pb－Zn－Cu 多金属硫化物矿床伴生金的氧化帽标志。

（4）围岩被透闪石化、大理岩等受强烈蚀变出现硅化、角岩化、黄铁矿化等是热液型金矿床蚀变标志。

（5）硅化带出现细粒侵染状或支脉状黄铁矿是 Au 原生矿成矿标志。

地球化学标志：在岩石地球化学方面，主要表现岩石高 K 低钠缺 Ca，全岩微金丰度＜3 ppb；在化探异常方面，栾川西部岩区三合一带是 Au、Ag、Cu、As、Bi 地球化学异常为找金指标元素，而南召贯沟一带指示元素为 Au、Bi、Ag、As、Sb、Zn、Pb，说明越往岩带东部，Au 与 Pb、Zn 关系越密切，到方城一带，Au 以伴生元素出现 Pb、Zn 矿床中。

10.4.2　找矿方向

沿着岩带的南部亚带区域构造有利部位找矿，并注意矿区外围找矿，该带是华北地块南缘古凹陷带，不仅是多金属硫化物矿床的重要成矿带，也是成 Au 矿的有利大地构造位置。近年来在华北地块北缘张家口一带相继找到了与碱性杂岩有关的金矿新类型，其中绝大部分金矿分布在台缘一侧。在构造背景方面,华北陆台南缘完全有条件与之对比,期望通过工作发现新的矿床类型。本书总结了该带成矿类型为岩浆热液-氧化淋滤型和含 Au 剪切带型,在此基础上进一步研究区域压扭性断裂发育并伴随地壳上升运动的构造部位,以便发现"三合式"金矿,进一步研究含 Au 剪切带的存在和发育程度,以便发现贯沟式金矿。

寻找与长英质杂岩有关的金矿床。前已阐明,岩带的南部石英正长岩类亚带不仅是整个岩带成 Au 最有利地带,也是目前已发现 Au 矿化点最多的岩石区。另外,还有一些与之有关的长英质杂岩需要在找金工作中重视。在国外,长英质正长岩是美国科罗拉多州克里普尔克里克金矿的源岩和容矿岩石,加拿大安大略省克克兰湖前寒武纪金矿床与长英质正长岩组合有密切关系;在国内云南姚安一些地区的正长岩体外接触带发育丰富 Au 矿化,内蒙古中部一些 Au 矿床赋存在钾长花岗岩脉中(彭大明,1991),以及前文已述的河北、山东在碱性杂岩中找金获得突破性进展的实例。因此,在河南省富碱岩带找 Au 的思路是正确的,要根据目前已发现的线索为基础,进一步加强太山庙钾长花岗岩等岩体外接触带的找 Au 工作。

寻找浅成热液贵金属系统矿床。在国外,浅成热液贵金属系统矿床主要与热泉、海底喷气、火山口高位侵入、破火山口有关,Au 矿体一般呈脉状、浸染状,热液蚀变为面型:硫化物、碳酸盐化、钾交代、绢英岩化、铁的氧化作用,主要含 Au 矿物为碲化物,少量硫化物。这种特点的 Au 矿还未在岩带中发现。但是,南部亚带分布有典型的浅成侵入体,范围涉及西起卢氏、东到确山长约 340 km,虽然自西而东岩石化学成分有一定变化(越往东部 SiO_2 含量越高),但总体上所处的大地构造位置和岩石组合特点都比较相似。目前已发现的 Au 矿一般属硫化物型,那么,属于浅成热液贵金属系统的碲化物型是否存在,今后需要加强这方面的工作。

除了 Au 矿外,应注意与富碱侵入岩有关的其他矿种:

(1) 正长岩中的霓辉正长岩脉型 Nb 矿化(塔山式)。

(2) 绢云母化正长岩-二云正长岩边缘或外接触带中萤石矿(塔山、马庄、郭村、宋坟等)。

(3) 正长岩类与栾川群接触带铁矿(王营、塔山等地)。

(4) 正长岩体中伟晶正长岩脉铁矿化(宋坟南)、Th 矿化(乌烧沟)、钾长石矿(塔山、宋坟)。

(5) 霞石正长岩作为大块度石材(鱼池、双山)、硬玉矿(牛王庙、双山)。

(6) 变正长斑岩中 Pb、Zn 矿化(三合、铅厂、火神庙)、Cu 矿化(黄庄)。

(7) 碱性花岗岩中稀土矿化(大青沟等)、水晶(太山庙)。

10.4.3 普查靶区选择

普查靶区选择栾川三合-石门沟为优先普查地段。

选择该地区作为普查靶区的依据:

(1) 大地构造位置,是华北地块南部边缘古凹陷与凸起接合部位,与河北张家口金矿集中区构造位置相当。

(2) 控矿构造，主要是北西向的区域断裂系统，先张后压性质明显，线性构造控矿标志清楚，断裂破碎带在地表呈负地形，矿化集中在断裂破碎带之中。

(3) 岩浆活动，主要是三合基性——长英质碱性杂岩的活动，与成 Au 有关的脉状正长斑岩除了在三合金矿区出露外，在全区都有分布。

(4) 已有矿化显示，Au 化探异常区与普查地段吻合，目前已有三合金矿床和石门沟段许多民采矿点。

(5) 潜在找矿前景良好，三合矿区仅在靶区西端，显示 Au 矿化的大部分地段未投入普查工作。

(6) 已有一定的工作基础，主要有河南省地质局地质三队(1978)的栾川南部 1∶50000 区调，武警黄金第十四支队(1990)开展的三合金矿勘探工作，本书对三合一带的侵入体及栾川西部的正长斑岩浅成侵入岩进行了基础地质与成 Au 关系方面的探索，从理论和实践上为普查区选择打下基础。

(7) 自然条件，该区南邻栾川—卢氏公路 3 km，靶区西部段家村和东部阴四沟村均有乡村大路与公路相通，地形条件较好，植被不甚茂盛，易于开展野外地质、物探、化探以及探工布置等工作。

(8) 预期结果，在三合—阴四沟一带长约 4 km 范围内沿断裂破碎带断续有矿化点出露，目前在石门沟一带民采洞较多，几乎全部属于氧化褐铁金矿石类型，下部肯定存在半氧化矿石和原生矿石，从分布范围和矿体出露情况预测，下部找矿前景良好。况且三合金矿段仅占靶区范围的 1/6，因此，通过全靶区普查工作，成矿规模将比三合金矿成倍扩大。

第11章 结　论

华北地块南缘自前寒武纪就是一个构造活动带，它的北部边界被识别为三门峡—宝丰断裂带，南部边界被确定为黑沟—栾川断裂带，内部的构造岩浆活动自中元古代、新元古代、三叠纪和晚白垩纪都有不同程度的反映。其中有30多个富碱侵入岩体出露，在空间上构成一个富碱侵入岩带。前人对其中的多个岩体进行过详细的研究，但作为富碱侵入岩带的整体研究工作尚属首次。本书根据东秦岭地区地质资料的收集和分析，将华北地块南缘分布的富碱侵入岩带作为研究区，基于前人的工作基础，在成岩地质构造背景、岩体的侵位构造机制、岩石类型划分、同位素年代学、岩石地球化学以及成矿关系研究方面取得了新进展。本书所涉及内容和测试分析的岩石地球化学数据，除了收集前人资料外，多为首次发表，作为一套基础性研究资料可供相关科技工作者参考。

11.1　主要的研究进展

(1) 华北地块南缘发生多期次拉张作用，可归结为复合型碱性岩带。在空间上可进一步划分为三个亚带：北部亚带主要发育三叠纪的霓辉正长岩-石英正长(斑)岩，岩体(脉)分布范围大致在卢氏—嵩县一带，它们侵位于中元古代熊耳群或官道口群，其侵位构造机制与印支期陆内伸展导致的东西走向断层有关；中部亚带主要分布于卢氏—方城—舞阳一带，岩浆活动主要有两期：一是中元古代碱性花岗岩-正长花岗岩，它们侵位于古-中元古界地层，并与早元古代闪长-二长质片麻岩呈整合接触关系，暗示它们的形成作用与基底褶皱构造的伸展作用有关；二是晚白垩世正长花岗岩-石英正长(斑)岩，它们侵位于华北地块南缘的前寒武纪基底或盖层中，几乎见不到侵位于古生界或中生界地层的现象，只是有个别断层接触现象，暗示这一期岩浆活动受制于燕山晚期基底褶皱构造的后期伸展作用；南部亚带主要分布于洛南—栾川—方城—确山一带，主要发育新元古代的霞石正长岩-石英正长斑岩，它们侵位于黑沟—栾川断裂带及其北侧新元古界地层，其侵位构造机制与晋宁期陆缘拉张作用导致的东西走向断层有关。

(2) 详细描述了岩带内龙王礶碱性花岗岩、双山云霞正长岩、乌烧沟霓辉正长岩、太山庙钾长花岗岩、张士英角闪石英正长岩和三合石英正长斑岩等典型岩体的地质特征。其中龙王礶碱性花岗岩、太山庙钾长花岗岩和张士英角闪石英正长岩的岩体的侵位主要显示基底侵位特征，三合石英正长斑岩、双山云霞正长岩和乌烧沟霓辉正长岩主要显示断裂构造侵位特征。通过岩体的侵位构造研究，岩体侵位类型被划分为褶皱基底侵入型和张性断裂侵入型，前者一般表现为整合侵入的特点，岩体形态呈岩基状且岩相分带明显。后者则出现侵位断裂和顶蚀构造现象，岩体形态呈脉状或串珠状分布，围岩在岩浆熔融体的侵位过程中是被动的，表明岩浆活动于区域张性构造环境。除了一些脉体外，岩体相带变化作用明显，多以侧向相变分布，少量从岩体中心向周边相变。

(3) 富碱侵入岩的岩石类型被细划为三大类：① 碱性岩类，即含有似长石或碱性暗色矿物霞石正长岩、钾霞正长岩、霓辉正长岩和和绿闪正长岩类；② 碱性花岗岩类，包括钠铁闪石花岗岩、霓辉花岗岩以及孪生的钾长花岗岩；③ 石英正长岩类，包括碱性长石为主的石英正长岩、英碱正长岩和花岗正长(斑)岩类。岩石矿物组合比较复杂，栾川石英正长斑岩矿物组合为正长岩＋石英＋铁黑云母；嵩县霓辉正长岩矿物组合为微斜长石＋条纹长石＋霓辉石＋绿闪石；方城似长石正长岩矿物组合为微斜长石＋霞石＋绿闪石＋金云母；舞阳角闪石英正长岩矿物组合为钠长石＋微斜条纹长石＋斜长石＋阳起石质角闪石＋石英＋金云母。岩石矿物组合研究显示，造岩浅色矿物以碱性长石为主，大部分暗色矿物为指示碱性岩的特征矿物。几乎所有的岩石中浅色造岩矿物以碱性长石为主，大部分为微斜长石。粉晶 X 衍射显示三斜度 $\delta>75$，有序度 Δ_{131} 在 46～94 范围。电子探针测定表明，暗色矿物辉石类主要是霓辉石和霓石；闪石类主要为浅闪石和绿闪石，其次有钠铁闪石；黑云母在所有岩体中比较发育，岩带东部以金云母为主，西部则以铁云母为主，蚀变矿物绿泥石为镁铁绿泥石。

(4) 归纳了研究区碱性岩、碱性花岗岩、正长花岗岩、石英正长(斑)岩以及富碱侵入岩之间的地质关系。把含似长石和(或)钠质辉石(霓石、霓辉石)和(或)钠质角闪石(钠铁闪石)的中性-基性岩石统称为碱性岩。含有碱性铁镁质矿物的花岗质岩石被称为碱性花岗岩，不含碱性铁镁质矿物但以正长石(碱长石)为主造岩矿物的花岗质岩石被称之为正长花岗岩(或碱长花岗岩)。主造岩矿物为正长石和石英的中酸性岩被称之为石英正长岩(有斑晶标志的称为石英正长斑岩)。基于这些岩石类型具有共同的富碱特征，并且在空间和成因上有密切联系或过渡演化关系，可以统称为富碱侵入岩。针对这些岩石类进行了岩石化学特征的归纳和描述，其中岩石组成具体反映在 Si、Al 和 Ca 方面有明显差异：① 当 SiO_2 不饱和，若 Al_2O_3 饱和，岩石出现标准矿物刚玉，形成似长石正长岩类；若 Al_2O_3 不饱和，计算时无标准矿物刚玉，出现霞霓正长岩、钠沸正长岩等。② 当 SiO_2 饱和时，如果 Al_2O_3 不饱和，出现碱性暗色矿物(局部有少量石英)，形成霓辉正长岩，钠铁闪石花岗岩类；若 Al_2O_3 过饱和时，由 CaO 强烈亏损致使碱性长石占长石总量的绝对优势，形成石英正长岩类、角闪石英正长岩和花岗正长(斑)岩类。各种岩石共同具富碱特征，化学投影落入 TAS 图解碱性岩区或 QAPF 双三角图解的富碱性长石岩区。判别富碱侵入岩的主要岩石化学指数为里特曼指数和全碱含量：一般 $ALK>9.5\%$，$K/Na>1$，$\sigma>4$，属于钾质碱性或过碱性系列。

(5) 微量元素分配的共同特点是富含挥发组分和地幔不相容元素。一些岩体富集 Rb、Th、U、K 等大离子亲石元素，亏损 Nb、Ta、Zr、Hf 等高场强元素。多数岩体 REE 总量和 LREE/HREE 比值较高，除某些碱性花岗岩显示强烈负 Eu 异常外，其他岩石的 REE 标准化曲线模式极其相似，表现为 LREE 富集向右陡倾、MREE 下凹、HREE 稍微抬升的上凹曲线模型。根据 REE 定量计算显示，碱性岩浆衍生于地幔中的 0.5%～1.5%部分熔融产物，然后在地壳中长时间存留并受地壳物质不同程度混染。

(6) 同位素年代学研究显示至少存在四期碱性岩浆活动。中元古代龙王𪨶钠铁闪石花岗岩形成于 1.6～1.7 Ga；新元古代双山角闪正长岩锆石 LA-ICP-MS U-Pb 年龄结果为 (806±11) Ma；三叠纪霓辉正长岩类形成于 221～242 Ma；白垩纪正长花岗岩类锆石 U-Pb 定年结果分别有(122.8±1.5) Ma 和(112.1±3.2) Ma。需要说明的是，方城北部新元古代碱性岩的形成年龄比较复杂，前人资料中有锶同位素等时年龄 580～786 Ma，$(^{87}Sr/^{86}Sr)_i=0.704\sim0.708$，还有锶同位素等时年龄 289～312 Ma，$(^{87}Sr/^{86}Sr)_i=0.706\sim0.735$。究其原因，可能存在岩石后期变质或海西期岩浆活动叠加在先期岩石之上，但这些都没有确定的证据。岩石锶-钕-铅同位素和锆石 Hf 同位素特征暗示岩浆源于下地壳并存在壳幔混合作用，成岩动力环境分别为陆内拉张和由地壳加厚到岩石圈减薄的过程。长石铅模式年龄 300～1000 Ma，显示大陆基底古铅混染特点。Sm-Nb 同位素模式年龄为 1000～2900 Ma，$\in Nd(0)=-14\sim-23$，反映强烈的陆壳源特点。$\delta^{18}O=8.5\sim14$，相当于幔壳源和壳源范围。锶同位素$(^{87}Sr/^{86}Sr)_i=0.704\sim0.735$，显示岩浆物源遭受地壳混染作用影响。张士英角闪正长岩的锆石 Hf 同位素 $\varepsilon_{Hf}(t)=-17.6\sim-5.7$，平均为 -15.2，相应的两阶段模式年龄 $T_{DM2}=1.29\sim1.91$ Ga。太山庙花岗岩的锆石 Hf 同位素显示 $\varepsilon_{Hf}(t)=-12.4\sim-1.6$，平均为 -7.6，其两阶段模式年龄 $T_{DM2}=1.10\sim1.63$ Ga，平均为 1.38 Ga。

(7) 通过与碱性岩有关的矿化研究，初步认为“三稀”元素矿化主要与构造侵位的碱性岩密切相关。成矿类型主要有伟晶岩型铌钽矿、岩浆型稀土矿和和热液型稀有元素矿化；与褶皱基底侵位的碱性岩有关成矿类型主要有钇、钍矿化。另外，在一些碱性岩体中含有热液-淋滤富集型和剪切带型金矿化。岩石含 Au 背景总体较高，近 Au 矿围岩含金丰度普遍低于远矿围岩，说明岩体中部分金参与了成金矿作用。区域岩石含金性有两大方面：一是沿栾川—方城深大断裂分布的浅成侵入体，成矿作用主要表现为区域构造引发热液活动和剪切构造活动，形成热液-淋积型和含 Au 剪切带型金矿；二是位于成金基底源区(太华群、熊耳群)出露的一些富碱侵入体引发的爆发角砾岩，成矿作用主要表现为熔体隐爆和热液蚀变。找金标志和成矿预测方面，主要有先张后压且抬升的区域构造；岩石标志为侵入岩带南部亚带分布的浅成富碱侵入岩。预测栾川西部富碱岩区除了原有金矿外，很可能存在与浅成热液系统有关的其他贵金属矿床。

研究结果表明，众多的富碱侵入体呈带状分布于华北地块南缘活动带，夹持于三门峡—宝丰断裂带与黑沟—栾川断裂带之间。岩石类型可以被划分为碱性岩类、碱性花岗岩类和石英正长岩类。成岩世代被解析为中元古代、新元古代、三叠纪和早白垩世，表明碱性岩浆至少有四次活动于区域张性构造环境。岩浆源区主要显示壳源特征，除了少数受地幔混染外。岩体侵位分别受制于区域拉张构造和基底褶皱作用，成岩动力环境分别为陆内拉张和由地壳加厚到岩石圈减薄的转换构造过程。与富碱侵入体有关的矿化主要有“三稀元素”和金矿化。

11.2 存在问题

由于本书研究工作程度以及我们学术水平的限制，关于华北地块南缘富碱侵入岩研究还存在一些没有理清或有待进一步探索的问题。

(1) 富碱侵入岩集中分布在华北地块南缘一带，本书研究工作集中在岩带的中段，对于其两端的延伸缺乏清晰的交代。比如在岩带的西段分布有中元古代、新元古代以及中生代的岩(脉)体，但没有系统的典型岩体研究数据。在岩带的东段泌阳—确山一带，分布有新元古代石英正长斑岩、钾长花岗岩和花岗伟晶岩(邓庄铺—石滚河以及歪头山岩体)，还有白垩纪钾长花岗岩(角子山、大铜山、天目山岩体)，它们的构造侵位机制和形成年龄还未能精确厘定。不同时代形成的岩体在空间上有密切联系，表明控制岩带的深大断裂带在地壳演化过程中多期活动。草店岩体是一个中元古代形成的钾长花岗岩体，它与龙王確碱性花岗岩体之间被车村断裂带隔开，后者是一个燕山期活动的左旋断层，那么这两个岩体的形成是否有成因上的联系，还需要进一步探索。

(2) 本书所称的华北地块南缘是指前寒武纪的古大陆边缘，由于受东秦岭加里东造山活动影响，秦岭地体、二郎坪地体和宽坪地体与北侧的华北地块南缘融为一体进入陆内演化阶段。从这个意义上讲，以龙王確碱性花岗岩体为代表的中元古代岩浆活动与中元古界熊耳群火山岩可能属于相同的构造环境；以方城北部的霞石正长岩和栾川—方城分布的石英正长斑岩为代表的新元古代岩浆活动可能暗示华北地块南缘所处的张性构造环境，这种构造环境是陆块边缘裂陷作用所致，还是由于扬子地块与华北地块相向汇聚作用所致，也有可能是古秦岭洋壳向北俯冲所致，这些问题都需要通过岩石学的深入研究才能得到相关的结论。根据东秦岭构造研究资料，晚古生代华北地块南缘已经进入陆内构造演化阶段，那么以嵩县南部霓辉正长岩为代表的三叠纪碱性岩浆活动暗示存在陆内张性断裂构造作用，这些断裂构造作用的动力学机制与区域上的什么构造环境相联系，这些问题的详细说明也需要更多的数据支撑。在这一富碱侵入岩带出露最广泛的是在早白垩世钾长花岗岩体，它们往往在空间上与早白垩世二长花岗岩和石英二长闪长岩共生或在相同构造带出露，是否暗示它们具有相同的物质源区只是所处的构造阶段不同，或者是由于部分熔融岩浆的分异所致，这些问题都需要深入细致的岩石地球化学示踪数据进一步解析。

(3) 岩石物质来源也是研究过程中比较复杂的问题之一。按通常富碱侵入岩研究结果，一般认为成岩物质来自地幔或地幔物质与地壳物质的混合。本区富碱侵入岩物源显示为地壳特征，特别是 Rb-Sr、Sm-Nd 和 Pb 同位素显示，成岩物质来源于陆块边缘下部地壳“富碱块体”，原始物质源于亏损地幔部分熔融，经壳幔分异事件以后在地壳中长时间存留，形成一种幔质成分在地壳中长期演化改造的地壳化“富碱块体”，然后再经过张性深断裂的减压扩容物理化学条件作用，“富碱块体”形成“地壳化”的富碱岩浆源。这种推测性的理解除了少数岩体的锆石 Lu-Hf 同位素约束外，还缺乏更多的地球化学证据。

(4) 富碱侵入岩含矿性需要进一步研究。在华北地块北缘张家口一带，相继发现了与富碱杂岩有关的中小型金矿床。在华北地块南缘的小秦岭、崤山、熊耳山等是河南省乃至全国性的黄金集中产地，但与富碱侵入岩有直接关系的金矿床却寥寥无几。目前，已开采的三合、贯沟金矿等都是中、小型金矿，是否能在找金方面有大的突破，关键在于工作程度。此外，与碱性岩关系密切的矿产有：稀有金属、放射性金属、有色金属、贵金属、非金属。稀有金属矿床(点)有：合峪、塔山、汪楼等；放射性金属矿床(点)有：塔山、黄庄；有色金属矿床(点)有：三合、马市坪、云阳、三川。其中大青沟碱性花岗岩是一个普遍含多种金属的岩体，以含钇、镧、铈、铌、锆等元素为主，是一个颇具希望的稀有金属含矿岩体。非金属矿床有含钾岩石(塔山、双山、纸房、乌烧沟、火神庙)，含钾岩石中的钾含量高达12.8%～15.8%；霞石正长岩(双山、鱼池)；硬玉(双山)。由此认为，通过深入的找矿研究，有望在关键元素矿产方面获得新突破。

参考文献

Allegre C J, Minster J F, 1978. Quantitative models of trace element behavior in magmatic processes[J]. Earth and Planetary Science Letters,38(1): 1-25.

Arndt N T, Goldstein S L, 1987. Use and abuse of crust-formation ages[J]. Geology,15(10): 893-895.

Barbarin B, 1999. A review of the relationships between granitoid types, their origins and their geodynamic environments[J]. Lithos,46(3): 605-626.

Barker F, Wones D R, Sharp W N, et al, 1975. The Pikes Peak batholith, Colorado Front Range, and a model for the origin of the gabbro-anorthosite-syenite-potassic granite suite[J]. Precambrian Research, 2(2): 97-160.

Beard J S, Lofgren G E, Sinha A K, et al, 1994. Partial melting of apatite-bearing charnockite, granulite, and diorite: melt compositions, restite mineralogy, and petrologic implications[J]. Journal of Geophysical Research: Solid Earth,99(B11): 21591-21603.

Becke F, 1903. Die eruptivgebiete des böhmischen mittelgebirges und der amerikanischen andes[J]. Zeitschrift für Kristallographie, Mineralogie und Petrographie, 22(3): 209-265.

Belousova E A, Griffin W L, O'Reilly S Y, et al, 2002. Igneous zircon: trace element composition as an indicator of source rock type[J]. Contributions to Mineralogy and Petrology,143(5): 602-622.

Black L P, Kamo S L, Allen C M, et al, 2003. TEMORA 1: a new zircon standard for phanerozoic U-Pb geochronology[J]. Chemical Geology, 200(1-2): 155-170.

Blichert T J, Albarède F, 1997. The Lu-Hf isotope geochemistry of chondrites and the evolution of the mantle-crust system[J]. Earth and Planetary Science Letters,148(1-2): 243-258.

Bonin B, 1990. From orogenic to anorogenic settings: evolution of granitoid suites after a major orogenesis[J]. Geological Journal, 25(3-4): 261-270.

Bonin B, 2007. A-type granites and related rocks: evolution of a concept, problems and prospects[J]. Lithos, 97(1-2): 1-29.

Bonin B, Azzouni-Sekkal A, Bussy F, et al, 1998. Alkali-calcic and alkaline post-orogenic (PO) granite magmatism: petrologic constraints and geodynamic settings[J]. Lithos, 45(1-4): 45-70.

Bowen I S, 1928. The origin of the nebular lines and the structure of the planetary nebulae[J]. The Astrophysical Journal, 67: 1-15.

Bowen N L, 1915. The later stages of the evolution of the igneous rocks[J]. The Journal of Geology, 23 (S8): 1-91.

Brown E H, 1977. The crossite content of Ca-amphibole as a guide to pressure of metamorphism[J].

Journal of Petrology，18(1)：53-72.

Brown P E，Becker S M，1986. Fractionation，hybridisation and magma-mixing in the Kialineq centre East Greenland[J]. Contributions to Mineralogy and Petrology，92(1)：57-70.

Carsweli D A，Möller C，O'brien P J，1989. Origin of sapphirine-plagioclase symplectites in metabasites from Mitterbachgraben，Dunkelsteinerwald granulite complex，Lower Austria[J]. European Journal of Mineralogy，26(2)：455-466.

Castillo P R，Janney P E，Solidum R U，1999. Petrology and geochemistry of Camiguin Island，southern Philippines：insights to the source of adakites and other lavas in a complex arc setting[J]. Contributions to Mineralogy and Petrology，134(1)：33-51.

Chappell B W. White A J R，1992. I-and S-type granites in the Lachlan Fold Belt[J]. Geological Society of America Special Papers，272：1-26.

Chen Z，Lu S，Li H，et al，2006. Constraining the role of the Qinling orogen in the assembly and break-up of Rodinia：tectonic implications for Neoproterozoic granite occurrences[J]. Journal of Asian Earth Sciences，28(1)：99-115.

Chu N C，Taylor R N，Chavagnac V，et al，2002. Hf isotope ratio analysis using multi-collector inductively coupled plasma mass spectrometry：an evaluation of isobaric interference corrections[J]. Journal of Analytical Atomic Spectrometry，17(12)：1567-1574.

Clemens J D，Holloway J R，White J A R，1986. Origin of an A-type granites：experimental constrains [J]. American Mineralogist，71：317-324.

Collins W J，Beams S D，White A J R，et al，1982. Nature and origin of A-type granites with particular reference to southeastern Australia[J]. Contributions to Mineralogy and Petrology，80(2)：189-200.

Condie K C，2002. Breakup of a paleoproterozoic supercontinent[J]. Gondwana Research，5：41-43.

Condie K C，2005. TTGs and adakites：are they both slab melts? [J]. Lithos，80(1-4)：33-44.

Creaser R A，Price R C，Wormald R J，1991. A-type granites revisited：assessment of a residual-source model[J]. Geology，19：163-166.

Cui J J，Liu X C，Dong S W，et al，2012. U－Pb and $^{40}Ar/^{39}Ar$ geochronology of the Tongbai complex，central China：implications for Cretaceous exhumation and lateral extrusion of the Tongbai-Dabie HP/UHP terrane[J]. Journal of Asian Earth Sciences，47：155-170.

Dall'Agnol R，Oliveira D C，2007. Oxidized，magnetite-series，rapakivi-type granites of Carajas，Brazil：implication for classification and petrogenesis of A-type granite[J]. Lithos，93(3-4)：215-233.

Dall'Agnol R，Scaillet B，Pichavant M，1999. An experimental study of a lower Proterozoic A-type granite from the eastern Amazonian cration，Brazil[J]. Journal of Petrology，40(11)：1673-1698.

Daly R A，1910. Origin of the alkaline rocks[J]. Geological Society of America Bulletin，21(1)：87-118.

Davidson J，MacPherson C，Turner S，2007a. Amphibole control in the differentiation of arc magmas[J]. Geochimica et Cosmochimica Acta，71(15)：A204-A204.

Davidson J，Turner S，Handley H，et al，2007b. Amphibole"sponge" in arc crust? [J]. Geology，35(9)：787-790.

Davidson J P，Turner S P，Macpherson C G，2008. Water storage and amphibole control in arc magma differentiation[J]. Geochimica et Cosmochimica Acta，72(12)：A201-A201.

De Bievre P，Taylor P D P，1993. Table of the isotopic compositions of the elements[J]. International Journal of Mass Spectrometry and Ion Processes，123(2)：149-166.

Defant M J, Drummond M S, 1990. Derivation of some modern arc magmas by melting of young subducted lithosphere[J]. Nature, 347(6294): 662-665.

Defant M J, Xu J F, Kepezhinskas P, et al, 2002. Adakites: some variations on a theme[J]. Acta Petrologica Sinica,18: 129-142.

DePaolo D J, Wasserburg G J, 1976. Nd isotopic variations and petrogenetic models[J]. Geophysical Research Letters, 3(5): 249-252.

Diwu C R, Sun Y, Lin C L, et al, 2010. LA-(MC)-ICPMS U-Pb zircon geochronology and Lu-Hf isotope compositions of the Taihua complex in the southern margin of the North China Craton[J]. Chinese Science Bulletin, 55(23): 2557-2571.

Dorais M J, 1990. Compositional variations in pyroxenes and amphiboles of the Belknap Mountain complex, New Hampshire; evidence for the origin of silica-saturated alkaline rocks[J]. American Mineralogist, 75(9-10): 1092-1105.

Eby G N, 1990. The A-type granitoids: a review of their occurrence and chemical characteristic and speculation on their petrogenesis[J]. Lithos, 26(1): 115-134.

Eby G N, 1992. Chemical subdivision of the A-type granitoids: petrogenetic and tectonic implications[J]. Geology, 20(7): 641-644.

Faure G, 1986. Principles of isotope geology[M]. 2nd ed. New York: John Wiley and Sons, 1-567.

Fitton J G, Upton B G J, 1987. Alkaline Igneous rocks[M]. Published for the Geological Society by Blackwell Scientific Publication, 1-568.

Foster M D, 1960. Interpretation of the composition of trioctahedral micas[C]. Geological Survey Professional Paper, 1-237.

Foster M D, 1962. Interpretation of the composition and a classification of the chlorites[C]. US Geological Survey Professional Paper, 1-31.

Gao S, Rudnick R L, Yuan H L, et al, 2004. Recycling lower continental crust in the North China craton [J]. Nature, 432(7019): 892-897.

Gao X Y, Zhao T P, Bao Z W, et al, 2014. Petrogenesis of the Early Cretaceous intermediate and felsic intrusions at the southern margin of the North China Craton: implications for crust-mantle interaction [J]. Lithos, 206: 65-78.

Griffin W L, Pearson N J, Belousova E, et al, 2000. The Hf isotope composition of cratonic mantle: LAM-MC-ICPMS analysis of zircon megacrysts in kimberlites[J]. Geochimica et Cosmochimica Acta, 64(1): 133-147.

Griffin W L, Wang X, Jackson S E, et al, 2002. Zircon chemistry and magma mixing, SE China: In-situ analysis of Hf isotopes, Tonglu and Pingtan igneous complexes[J]. Lithos, 61(3-4): 237-269.

Harker A, 1909. The natural history of igneous rocks Methneu[C]. London, 1-344.

He Y S, Li S A, Hoefs J, et al, 2011. Post-collisional granitoids from the Dabie orogen: new evidence for partial melting of a thickened continental crust[J]. Geochimica et Cosmochimica Acta, 75(13): 3815-3838.

Helz R T, 1979. Alkali exchange between hornblende and melt; a temperature-sensitive reaction[J]. American Mineralogist, 64(9-10): 953-965.

Hermann A G, 1970. Yttrium and lanthanides[M]//Wedepohl K H. Handbook of geochermistry. Berlin: Springer Verlag, 39: 59-71.

Hoskin P W, 2000. Patterns of chaos: fractal statistics and the oscillatory chemistry of zircon[J]. Geochimica et Cosmochimica Acta, 64(11): 1905-1923.

Huang F, Li S, Dong F, et al, 2008. High-Mg adakitic rocks in the Dabie orogen, central China: implications for foundering mechanism of lower continental crust[J]. Chemical Geology, 255(1): 1-13.

Huang H Q, Li X H, Li W X, et al, 2011. Formation of high $\delta^{18}O$ fayalite-bearing A-type granite by high-temperature melting of granulitic metasedimentary rocks, southern China[J]. Geology, 39(10): 903-906.

Huang W L, Wyllie P J, 1981. Phase relationships of S-type granite with H_2O to 35 kbar: Muscovite granite from Harney Peak, South Dakota[J]. Journal of Geophysical Research: Solid Earth, 86(B11): 10515-10529.

Iddings J P, 1892. The origin of igneous rocks[J]. Philosophical Society, (12): 1-198.

Jiang N, Guo J, 2010. Hannuoba intermediate-mafic granulite xenoliths revisited: assessment of a Mesozoic underplating model[J]. Earth and Planetary Science Letters, 293(3): 277-288.

Kamei A, Miyake Y, Owada M, et al, 2009. A pseudo adakite derived from partial melting of tonalitic to granodioritic crust, Kyushu, southwest Japan arc[J]. Lithos, 112(3): 615-625.

Kay R W, 1978. Aleutian magnesian andesites: melts from subducted Pacific Ocean crust[J]. Journal of Volcanology and Geothermal Research, 4(1): 117-132.

Kemp A I S, Hawkesworth C J, Foster G L, et al, 2007. Magmatic and crustal differentiation history of granitic rocks from Hf-O isotopes in zircon[J]. Science, 315(5814): 980-983.

King P L, Chappell B W, Allen C M, et al, 2001. Are A-type granite the high-temperature felsic granites? Evidence for fractionated granites of the Wangrah Suite[J]. Australian Journal of Earth Science, 48(4): 501-514.

King P L, White A J R, Chappell B W, et al, 1997. Characterization and origin of aluminous A-type granites from the Lachlan Fold Belt, Southeastern Australia[J]. Journal of Petrology, 38(3): 371-391.

Klein M, Stosch H G, Seck H, et al, 2000. Experimental partitioning of high field strength and rare earth elements between clinopyroxene and garnet in andesitic to tonalitic systems[J]. Geochimica et Cosmochimica Acta, 64(1): 99-115.

Koppers A A, Morgan J P, Morgan J W, et al, 2001. Testing the fixed hotspot hypothesis using $^{40}Ar/^{39}Ar$ age progressions along seamount trails[J]. Earth and Planetary Science Letters, 185(3-4): 237-252.

Li J W, Zhao X F, Zhou M F, et al, 2009. Late Mesozoic magmatism from the Daye region, eastern China: U-Pb ages, petrogenesis, and geodynamic implications[J]. Contributions to Mineralogy and Petrology, 157(3): 383-409.

Li N, Chen Y J, Pirajno F, et al, 2012. LA-ICP-MS zircon U-Pb dating, trace element and Hf isotope geochemistry of the Heyu granite batholith, eastern Qinling, central China: implications for Mesozoic tectono-magmatic evolution[J]. Lithos, 142: 34-47.

Li X H, Li Z X, Ge W, et al, 2003. Neoproterozoic granitoids in South China: crustal melting above a mantle plume at ca. 825 Ma? [J]. Precambrian Research, 122: 45-83.

Li Z X, Li X H, 2007. Formation of the 1300-km-wide intracontinental orogen and postorogenic magmatic province in Mesozoic South China: A flat-slab subduction model[J]. Geology, 35(2): 179-182.

Ling W, Gao S, Zhang B, et al, 2003. Neoproterozoic tectonic evolution of the northwestern Yangtze craton, South China: implications for amalgamation and break-up of the Rodinia Supercontinent[J].

Precambrian Research, 122(1-4): 111-140.
Liu Y S, Hu Z C, Gao S, et al, 2008. In situ analysis of major and trace elements of anhydrous minerals by LA-ICP-MS without applying an internal standard[J]. Chemical Geology, 257(1-2): 34-43.
Loiselle M C, Wones D R, 1979. Characteristics of anorogenic granites[J]. Geological Society of America Abstracts with Programs, 11(7): 468.
Lubala R T, Frick C, Rogers J H, et al, 1994. Petrogenesis of syenites and granites of the Schiel Alkaline complex, Northern Transvaal, South Africa[J]. The Journal of Geology, 307-316.
Ludwig K R, 2003. User's manual for Isoplot 3.00: a geochronological toolkit for Microsoft Excel[J]. Kenneth R. Ludwig, (3): 4.
Lynch D J, Musselman T E, Gutmann J T, et al, 1993. Isotopic evidence for the origin of Cenozoic volcanic rocks in the Pinacate volcanic field, northwestern Mexico[J]. Lithos, 29(3): 295-302.
Macpherson C G, Dreher S T, Thirlwall M F, 2006. Adakites without slab melting: high pressure differentiation of island arc magma, Mindanao, the Philippines[J]. Earth and Planetary Science Letters, 243 (3-4): 581-593.
Malvin D J, Drake M J, 1987. Experimental determination of crystal/melt partitioning of Ga and Ge in the system forsterite-anorthitediopside[J]. Geochimica et Cosmochimica Acta, 51(8): 2117-2128.
Maniar P D, Piccoli P M, 1989. Tectonic discrimination of granitoids[J]. Geological Society of America Bulletin, 101(5): 635-643.
Mao J W, Pirajno F, Xiang J F, et al, 2011. Mesozoic molybdenum deposits in the east Qinling-Dabie orogenic belt: characteristics tectonic settings[J]. Ore Geology Reviews, 43(1): 264-293.
Mao J W, Xie G Q, Pirajno F, et al, 2010. Late Jurassic-Cretaceous granitoids magmatism in Eastern Qinling, central eastern China: SHRIMP zircon U - Pb ages and tectonic implications[J]. Australian Journal of Earth Sciences, 57: 51-78.
Martin H, 1999. Adakitic magmas: modern analogues of Archaean granitoids[J]. Lithos, 46(3): 411-429.
Martin H, Smithies R H, Rapp R, et al, 2005. An overview of adakite, tonalite-trondhjemiten-granodiorite (TTG), and sanukitoid: relationships and some implications for crustal evolution[J]. Lithos, 79 (1-2): 1-24.
Martin R F, 1995. A-type granites of crustal origin ultimately result from open-system fenitization-type reactions in an extensional environment[J]. Lithos, 91(1-4): 125-136.
McCarthy T S, 1978. A geochemical study of the gneisses of the Nababeep district, Namaqualand[J]. Geological Society of South African Special Publication, 4: 351-353.
McCarthy T S, Hasty R A, 1976. Trace element distribution patterns and their relationship to the crystallization of granitic melts[J]. Geochimica et Cosmochimica Acta, 40(11): 1351-1358.
McDonough W F, Sun S S, 1995. The composition of the Earth[J]. Chemical geology, 120(3): 223-253.
Meng Q R, Zhang G W, 1999. Timing of collision of the North and South China blocks: controvery and reconciliation[J]. Geology, 27(2): 123-126.
Middlemost E A, 1994. Naming materials in the magma/igneous rock system[J]. Earth-science reviews, 37(3-4): 215-224.
Miller C F, McDowell S M, Mapes R W, 2003. Hot and cold granites? Implications of zircon saturation temperatures and preservation of inheritance[J]. Geology, 31(6): 529-532.

Mitchell A H G, Garson M S, 1976. Mineralization at plate boundaries[J]. Mineral Science and Engineering, 8(2): 129-169.

Morris P A, 1995. Slab melting as an explanation of Quaternary volcanism and aseismicity in southwest Japan[J]. Geology, 23(5): 395-398.

Moyen J F, 2009. High Sr/Y and La/Yb ratios: the meaning of the "adakitic signature"[J]. Lithos, 112 (3): 556-574.

Mushkin A, Navon O, Halica L, et al, 2003. The petrogenesis of A-type magmas from the Amram Massif, Southern Israel[J]. Journal of Petrology, 44(5): 815-832.

Niggli P, 1923. Gesteins-und mineral provinzen[J]. Gebrüder Borntraeger, (1): 1-602.

Nockolds S R, Allen R, 1953. The geochemistry of some igneous rock series[J]. Geochimica et Cosmochimica Acta, 4(3): 105-142.

Orlova M P, Zhidkov A Y, 1990. Classification and nomenclature of plagioclase-free alkaline plutonic rocks[J]. International Geology Review, 32(6): 601-607.

Patino D A E, 1997. Generation of metaluminous A-type granites by low-pressure melting of calc-alkaline granitoids[J]. Geology, 25(8): 743-746.

Patino D A E, 2005. Vapor-absent melting of tonalite at 15～32 kbar[J]. Journal of Petrology,46(2): 275-290.

Peacock M A, 1931. Classification of igneous rock series[J]. The Journal of Geology, 54-67.

Pearce J A, 1996. A user's guide to basalt discrimination diagrams. Trace element geochemistry of volcanic rocks: applications for massive sulphide exploration[J]. Geological Association of Canada, Short Course Notes, 12(79): 113.

Pearce J A, Harris N B, Tindle A G, 1984. Trace element discrimination diagrams for the tectonic interpretation of granitic rocks[J]. Journal of petrology, 25(4): 956-983.

Peccerillo A, Taylor S R, 1976. Geochemistry of Eocene calc-alkaline volcanic rocks from the Kastamonu area, northern Turkey[J]. Contributions to Mineralogy and Petrology, 58(1): 63-81.

Peng P, Zhai M G, Zhang H F, et al, 2005. Geochronological constraints on the Paleoproterozoic evolution of the North China Craton: SHRIMP zircon ages of different types of mafic dykes[J]. International Geology Review, 47(5): 492-508.

Pertermann M, Hirschmann M M, Hametner K, et al, 2004. Experimental determination of trace element partitioning between garnet and silica-rich liquid during anhydrous partial melting of MORB-like eclogite[J]. Geochemistry, Geophysics, Geosystems, 5(5): 1-23.

Ramo O T, Haapala I, Vaasjoki M, et al, 1995. 1700 Ma Shachang complex, Northeast China: proterozoic rapakivi granite not associated with Paleoproterozoic orogenic crust[J]. Geology, 23(9): 815-818.

Rapp R, Xiao L, Shimizu N, 2002. Experimental constraints on the origin of potassium-rich adakites in eastern China[J]. Acta Petrologica Sinica, 18(3): 293-302.

Rapp R P, Shimizu N, Norman M D, et al, 1999. Reaction between slab-derived melts and peridotite in the mantle wedge: experimental constraints at 3.8 GPa[J]. Chemical Geology, 160(4): 335-356.

Richards J R, Kerrich R, 2007. Special paper: Adakite-like rocks: their diverse origins and questionable role in metallogenesis[J]. Economic Geology, 102(4): 537-576.

Riedel W, 1929. Zur Mechanik geologischer Brucherscheinungen ein Beitrag zum Problem der Fiederspatten[J]. Zentbl. Miner. Geol. Palaont. Abt., 18(3): 354-368.

Rittmann A, 1957. On the serial character of igneous rocks[J]. Egyptian Journal of Geology, (1): 23-48.

Rittmann A, 1962. Volcanoes and their activity[M]. Interscience Publishers, 1-305.

Rogers J, Santosh M, 2002. Configuration of Columbia, a Mesoproterozoic supercontinent[J]. Gondwana Research, (5): 5-22.

Rubatto D, 2002. Zircon trace element geochemistry: partitioning with garnet and the link between U-Pb ages and metamorphism[J]. Chemical Geology, 184(1): 123-138.

Rudnick R L, Gao S, 2003. Composition of the continental crust[J]//Rudnick RL (ed.). Treatise on Geochemistry. Turekian, (3): 1-64.

Santosh M, Drury S A, 1988. Alkali granites with Pan-African affinities from Kerala, S. India[J]. The Journal of Geology, 96(5): 616-626.

Schaltegger U, Fanning M, Günther D, et al, 1999. Growth, annealing and recrystallization of zircon and preservation of monazite in high-grade metamorphism: conventional and in-situ U-Pb isotope, cathodoluminescence and microchemical evidence[J]. Contributions to Mineralogy and Petrology, 134(2-3): 186-201.

Shand S J, 1922. The problem of the alkaline rocks[J]. In Proceedings of the Geological Society of South Africa, 25: 19-33.

Sheppard S, 1995. Hybridization of shoshonitic lamprophyre and calc-alkaline granite magma in the early Proterozoic Mt Bundey igneous suite, Northern Territory[J]. Australian Journal of Earth Sciences, 42 (2): 173-185.

Skjerlie K P, 1992. Petrogenesis and significance of late Caledonian granitoid magmatism in western Norway[J]. Contributions to Mineralogy and Petrology, 110(4): 473-487.

Skjerlie K P, Johnston A D, 1992. Vapor-absent melting at 10 kbar of a biotite-and amphibole-bearing tonalitic gneiss: implications for the generation of A-type granites[J]. Geology, 21(4): 336-342.

Söderlund U, Patchett J P, Vervoort J D, et al, 2004. The ^{176}Lu decay constant determined by Lu-Hf and U-Pb isotope systematics of Precambrian mafic intrusions[J]. Earth and Planetary Science Letters, 219 (3-4): 311-324.

Sørensen H, 1974. The Alkaline Rocks[J]. John Wiley and Sons, 1-622.

Stern C R, Kilian R, 1996. Role of the subducted slab, mantle wedge and continental crust in the generation of adakites from the Andean Austral Volcanic Zone[J]. Contributions to Mineralogy and Petrology, 123(3): 263-281.

Streckeisen A, 1974. Classification and nomenclature of plutonic rocks recommendations of the iugs subcommission on the systematics of igneous rocks[J]. International Journal of Earth Sciences, 63(2): 773-786.

Sun S S, McDonough W F, 1989. Chemical and isotopic systematic of oceanic basalts: Implications for mantle composition and processes[J]//Saunders AD and Norry MJ (eds.). Magmatism in Oceanic Basins. Geological Society, London, Special Publications, (42): 313-345.

Sun W, Li S, Chen Y, et al, 2002. Timing of synorogenic granitoids in the South Qinling, central China: constraints on the evolution of the Qinling-Dabie orogenic belt[J]. The Journal of Geology, 110(4): 457-468.

Sutcliffe R H, Smith A R, Doherty W, et al, 1990. Mantle derivation of Archean amphibole-bearing granitoid and associated mafic rocks: evidence from the southern Superior Province, Canada[J]. Contributions to Mineralogy and Petrology, 105(3): 255-274.

Sylvester P J, 1989. Post-collisional alkaline granites[J]. The Journal of Geology, 97(3): 261-280.

Sylvester P J, 1998. Post-collisional strongly peraluminous granites[J]. Lithos, 45(1): 29-44.

Tang J, Zheng Y F, Wu Y B, et al, 2008. Zircon U-Pb age and geochemical constraints on the tectonic affinity of the Jiaodong terrane in the Sulu orogen, China[J]. Precambrian Res., (161): 389-418.

Taylor P N, Jones N W, Moorbath S E, 1984. Isotopic assessment of relative contributions from crust and mantle sources to the magma genesis of Precambrian granitoid rocks. Philosophical transactions of the royal society of London[J]. Series A, Mathematical and Physical Sciences, 310(1514): 605-625.

Thompson R N, 1974. Some high-pressure pyroxenes[J]. Mineralogical Magazine, 39(307): 768-787.

Thorpe R S, Tindle A G, 1992. Petrology and petrogenesis of a tertiary bimodal dolerite-peralkaline/subalkaline trachyte/rhyolite dyke association from Lundy, Bristol Channel, UK[J]. Geological Journal, 27(2): 101-117.

Turner S P, Foden J D, Morrison R S, 1992. Derivation of some A-Type magmas by fractionation of basaltic magma — an example from the Padthaway Ridge, South Australia[J]. Lithos, 28(2): 151-179.

Ujike O, 1982. Microprobe mineralogy of plagioclase, clinopyroxene and amphibole as records of cooling rate in the Shirotori-Hiketa dike swarm, northeastern Shikoku, Japan[J]. Lithos, 15(4): 281-293.

Wang X L, Jiang S Y, Dai B Z, 2010. Melting of enriched Archean subcontinental lithospheric mantle: evidence from the ca. 1760 Ma volcanic rocks of the Xiong'er Group, southern margin of the North China Craton[J]. Precambrian Research, 182(3): 204-216.

Wang X L, Jiang S Y, Dai B Z, et al, 2011. Age, geochemistry and tectonic setting of the Neoproterozoic (ca 830 Ma) gabbros on the southern margin of the North China Craton[J]. Precambrian Research, 190(1): 35-47.

Wang X L, Jiang S Y, Dai B Z, et al, 2013. Lithospheric thinning and reworking of Late Archean juvenile crust on the southern margin of the North China Craton: evidence from the Longwangzhuang Paleoproterozoic A-type granites and their surrounding Cretaceous adakite-like granites[J]. Geological Journal, 48(5): 498-515.

Wang X L, Zhou J C, Qiu J S, et al, 2006. LA-ICP-MS U-Pb zircon geochronology of the Neoproterozoic igneous rocks from Northern Guangxi, South China: implications for petrogenesis and tectonic evolution[J]. Precambrian Research, 145(1-2): 111-130.

Watkins J M, Clemens J D, Treloar P J, 2007. Archean TTGs as sources of younger granitic magmas: melting of sodic metatonalites at 0.6～1.2 GPa[J]. Contributions to Mineralogy and Petrology, 154(1): 91-110.

Whalen J B, Currie K L, Chappell B W, 1987. A-type granites: geochemical characteristics, discrimination and petrogenesis[J]. Contributions to mineralogy and petrology, 95(4): 407-419.

Wilson J R, Engell-Sørensen O, 1986. Basal reversals in layered intrusions are evidence for emplacement of compositionally stratified magma[J]. Nature, 323(6089): 616-618.

Winter J D, 2001. An introduction to igneous and metamorphic petrology[J]. Prentice Hall, 1-697.

Wones D R, 1972. Stability of biotite: a reply[J]. American Mineralogist: Journal of Earth and Planetary Materials, 57(1-2): 316-317.

Wones D R, Eugster H P, 1965. Stability of biotite: experiment, theory and application[J]. American

Mineralogist，(50)：1228-1272.

Woolley A R，Platt R G，1986. The mineralogy of nepheline syenite complexes from the northern part of the Chilwa Province，Malawi[J]. Mineralogical Magazine，50(358)：597-610.

Wright J B，1969. A simple alkalinity ratio and its application to questions of non-orogenic granite genesis [J]. Geological Magazine，106(4)，370-384.

Wu F Y，Jahn B M，Wilde S A，et al，2003. Highly fractionated I-type granites in NE China (Ⅰ)：geochronology and petrogenesis[J]. Lithos，66(3-4)：241-273.

Wu F Y，Lin J Q，Wilde S A，et al，2005. Nature and significance of the Early Cretaceous giant igneous event in eastern China[J]. Earth and Planetary Science Letters，233(1)：103-119.

Wu Y B，Zheng Y F，Zhou J B，2004. Neoproterozoic granitoid in northwest Sulu and its bearing on the North China-South China Blocks boundary in east China[J]. Geophysical Research Letters，31(7)：1-4.

Xia Q K，Liu J，Liu S C，et al，2013. High water content in Mesozoic primitive basalts of the North China Craton and implications on the destruction of cratonic mantle lithosphere[J]. Earth and Planetary Science Letters，361：85-97.

Xu X S，Griffin W L，Ma X，et al，2009. The Taihua group on the southern margin of the North China craton：Further insights from U－Pb ages and Hf isotope compositions of zircons[J]. Mineralory and Petrology，97(1-2)：43-59.

Xu Y G，2001. Thermo-tectonic destruction of the Archaean lithospheric keel beneath the Sino-Korean Craton in China：evidence，timing and mechanism[J]. Physics and Chemistry of the Earth，Part A：Solid Earth and Geodesy，26(9-10)：747-757.

Yang J H，Wu F Y，Chung S L，et al，2006. A hybrid origin for the Qianshan A-type granite，northeast China：geochemical and Sr-Nd-Hf isotopic evidence[J]. Lithos，89(1)：89-106.

Yang J H，Wu F Y，Wilde S A，et al，2008. Mesozoic decratonization of the North China block[J]. Geology，36(6)：467-470.

Yu J H，O'Reilly S Y，Wang L，et al，2008. Where was South China in the Rodinia supercontinent?：evidence from U－Pb geochronology and Hf isotopes of detrital zircons[J]. Precambrian Research，164(1-2)：1-15.

Yuan H L，Gao S，Dai M N，et al，2008. Simultaneous determinations of U － Pb age，Hf isotopes and trace element compositions of zircon by excimer laser-ablation quadrupole and multiple-collector ICP-MS [J]. Chemical Geology，247(1-2)：100-118.

Zartman R E，Doe B R，1982. Plumbo tectonics-the model[J]. Tectonophysics，75(1)：135-162.

Zhai M G，Guo J H，Liu W J，2005. Neoarchean to Paleoproterozoic continental evolution and tectonic history of the North China Craton：a review[J]. Journal of Asian Earth Sciences，24(5)：547-561.

Zhai M G，Liu W J，2003. Palaeoproterozoic tectonic history of the North China craton：a review[J]. Precambrian Research，122(1-4)：183-199.

Zhai M G，Santosh M，2011. The Early Precambrian odyssey of the North China Craton：a synoptic overview[J]. Gondwana Research，20(1)：6-25.

Zhang S B，Zheng Y F，Zhao Z F，et al，2009. Origin of TTG-like rocks from anatexis of ancient lower crust：geochemical evidence from Neoproterozoic granitoids in South China[J]. Lithos，113(3-4)：347-368.

Zhao G，Cawood P A，Li S，et al，2012. Amalgamation of the North China Craton：key issues and discussion[J]. Precambrian Research, 222: 55-76.

Zhao G, Cawood P A, Wilde S A, et al, 2002. Review of global 2.1-1.8 Ga orogens: implications for a pre-Rodinia supercontinent[J]. Earth-Science Reviews, 59(1-4): 125-162.

Zhao G, Wilde S A, Cawood P A, et al, 1998. Thermal evolution of Archean basement rocks from the eastern part of the North China Craton and its bearing on tectonic setting[J]. International Geology Review, 40(8): 706-721.

Zhao G C, Wilde S A, Cawood P A, et al, 1999. Thermal evolution of two textural types of mafic granulites in the North China Craton: evidence for both mantle plume and collisional tectonics[J]. Geological Magazine, 136(3): 223-240.

Zhao H X, Jiang S Y, Frimmel H E, et al, 2012. Geochemistry, geochronology and Sr-Nd-Hf isotopes of two Mesozoic granitoids in the Xiaoqinling gold district: implication for large-scale lithospheric thinning in the North China Craton[J]. Chemical Geology, 294: 173-189.

Zhao J X, Shiraishi K, Ellis D J, et al, 1995. Geochemical and isotopic studies of syenites from the Yamato Mountains, East Antarctica: implications for the origin of syenitic magmas[J]. Geochimica et Cosmochimica Acta, 59(7): 1363-1382.

Zhao T P, Zhou M F, 2009. Geochemical constraints on the tectonic setting of Paleoproterozoic A-type granites in the southern margin of the North China Craton[J]. Journal of Asian Earth Sciences, 36(2-3): 183-195.

Zheng Y F, Chen R X, Zhao Z F, 2009. Chemical geodynamics of continental subduction-zone metamorphism: insights from studies of the Chinese Continental Scientific Drilling (CCSD) core samples[J]. Tectonophysics, 475: 327-358.

Zheng Y F, Wu R X, Wu Y B, et al, 2008. Rift melting of juvenile arc-derived crust: geochemical evidence from Neoproterozoic volcanic and granitic rocks in the Jiangnan Orogen, South China[J]. Precambrian Research, 163: 351-383.

Zheng Y F, Wu Y B, Chen F K, et al, 2004. Zircon U-Pb and oxygen isotope evidence for a large-scale 18O depletion event in igneous rocks during the Neoproterozoic[J]. Geochim Cosmochim Acta, 68: 4145-4165.

Zheng Y F, Zhou J B, Wu Y B, et al, 2005. Low-grade metamorphic rocks in the Dabie-Sulu orogenic belt: a passive-margin accretionary wedge deformed during continent subduction[J]. International Geology Review, 47: 851-871.

Zhou Y, Zhao T, Zhai M, et al, 2014. Petrogenesis of the Archean tonalite-trondhjemite-granodiorite (TTG) and granites in the Lushan area, southern margin of the North China Craton: implications for crustal accretion and transformation[J]. Precambrian Research, 255: 514-537.

包志伟，王强，白国典，等，2008. 东秦岭方城新元古代碱性正长岩形成时代及其动力学意义[J]. 科学通报,53(6): 684-694.

包志伟，王强，资锋，等，2009. 龙王礶 A 型花岗岩地球化学特征及其地球动力学意义[J]. 地球化学,38(6): 509-522.

曾广策，1990. 河南嵩县南部碱性正长岩类的岩石特征及构造环境[J]. 地球科学,15(6): 635-641.

陈衍景，1988. 华北地台南缘天同类型绿岩带的主元素特征及意义[J]. 南京大学学报(地球科学版),(1): 70-83.

陈衍景，1990. "登封群"内部的底砾岩和登封花岗绿岩地体的构造演化[J]. 地质找矿论丛,5(3): 9-21.

陈衍景，1992. 豫西金矿成矿规律[M]. 北京:地震出版社，1-247.
邓晋福，莫宣学，赵海玲，等，1998. 壳幔物质与深部过程[J]. 地学前缘,5(3)：67-74.
邓小芹，赵太平，彭头平，等，2015. 华北克拉通南缘 1600 Ma 麻坪 A 型花岗岩的成因及其地质意义[J]. 岩石学报,31(6)：1621-1635.
翟明国，胡波，彭澎，等，2014. 华北中-新元古代的岩浆作用与多期裂谷事件[J]. 地学前缘,21(1)：100-119.
翟明国，孟庆任，刘建明，等，2004. 华北东部中生代构造体制转折峰期的主要地质效应和形成动力学探讨[J]. 地学前缘,11(3)：285-297.
董云鹏，周鼎武，张国伟，1997. 东秦岭松树沟超镁铁质岩侵位机制及其构造演化[J]. 地质科学,32(2)：173-180.
段润木，高宗和，1990. 河南省深部构造与金刚石成矿[J]. 河南地质,2：3-11.
费红彩，侯增谦，肖荣阁，等，2007. 与碱性火成岩相关的典型轻稀土矿床研究[J]. 地质与勘探,43(3)：11-16.
符光宏. 1981. 舞阳地区兵马穹组的发现及意义[J]. 河南地质，(4)：81-87.
符光宏，1986. 河南东秦岭构造演化的六个主要阶段[J]. 河南地质，(4)：42-47.
符光宏，1988. 北秦岭古生代断陷带内地层层序的建立[J]. 河南地质，(4)：29-34.
高华明，1989. 老湾金矿地质特征初步总结[J].河南地质，7(1)：1-5.
高山，张本仁，1990. 秦岭造山带元古宙陆内裂谷作用的沉积地球化学证据[J]. 科学通报，35(19)：1494-1494.
高庭臣，1993. 河南桐柏—大别地区韧性剪切带成金模式[J]. 河南地质，11(3)：161-168.
关保德，1993. 河南省华北地台前寒武纪地层，构造和金银及有色金属成矿模式与成矿系列研究报告[R].
郭波，朱赖民，李犇，等，2009. 华北地块南缘华山和合峪花岗岩岩体锆石 U－Pb 年龄，Hf 同位素组成与成岩动力学背景[J]. 岩石学报，(2)：265-281.
郭抗衡，宋大柯，1987. 河南省小秦岭金矿研究中若干理论问题的讨论[J]. 河南国土资源，(2)：1-6.
郭奇斌，1992. 从地球物理场特征谈河南地质构造[J]. 河南地质，10(4)：9.
河南省地质局地质三队，1978. 栾川南部区域地质调查报告(1：5 万)[R].
河南省地质矿产局，1989. 河南省区域地质志[M]. 北京:地质出版社.
河南省地质矿产厅地调一队，1988. 嵩县幅区域地质调查报告(1：5 万)[R].
洪大卫，郭文岐，李戈晶，等，1987. 福建沿海晶洞花岗岩带的岩石学和成因演化[M].北京:科学技术出版社，1-132.
洪大卫，王式洸，黄怀曾，等，1991. 中国北疆及其邻区晚古生代-三叠纪碱性花岗岩带及其地球动力学意义初探[C]//中国北方花岗岩及其成矿作用论文集. 北京:地质出版社.
洪大卫，肖宜君，1994. 内蒙古中部二叠纪碱性花岗岩及其地球动力学意义[J]. 地质学报，68(3)：219-230.
胡健民，张维吉，1990. 洛南—栾川过渡带及其两侧火山岩的地球化学特征[J]. 西安地质学院学报，12(2)：29-37.
胡受奚，1988. 华北与华南板块拼合带地质与成矿[M]. 南京:南京大学出版社.
胡受奚，1997. 华北地台金成矿地质[M]. 北京:科学出版社.
胡志宏，胡受奚，1990. 东秦岭燕山期大陆内部挤压俯冲的构造模式及其证据[J]. 南京大学学报：自然科学版，26(03)：489-498.
黄萱，DePaolo D J，1989. 华南古生代花岗岩类 Nd－Sr 同位素研究及华南基底[J]. 岩石学报，(1)：

28-36.
江林平，1990. 方城县双山—宋坟碱性岩地质特性及黑云母等矿物的研究[D].北京:中国地质大学.
姜常义，安三元，1984. 论火成岩中钙质角闪石的化学组成特征及其岩石学意义[J]. 矿物岩石，(3)：1-9.
赖绍聪，张国伟，裴先治，等，2003. 南秦岭康县—琵琶寺—南坪构造混杂带蛇绿岩与洋岛火山岩地球化学及其大地构造意义[J]. 中国科学(D辑)，33(1)：10-19.
黎彤，1976. 化学元素的地球丰度[J]. 地球化学，(3)：167-174.
黎彤，1982. 地壳元素丰度的反偶数规则[J]. 中国科学技术大学学报，(1)：89-96.
李曙光，Hart S R，郑双根，等，1989. 中国华北、华南陆块碰撞时代的钐-钕同位素年龄证据[J]. 中国科学(B辑)，19(3)：312-319.
李曙光，陈移之，张国伟，1991. 一个距今10亿年侵位的阿尔卑斯型橄榄岩体：北秦岭新元古代板块体制的证据[J]. 地质论评，37(3)：235-242.
李曙光，刘德良，陈移之，等，1994.扬子陆块北缘地壳的钕同位素组成及其构造意义[J]. 地球化学，23(增刊)：10-17.
李永峰，毛景文，胡华斌，等，2005. 东秦岭钼矿类型、特征、成矿时代及其地球动力学背景[J]. 矿床地质，24(3)：292-304.
梁涛，卢仁，2017. 豫西嵩县乌烧沟岩体锆石U－Pb定年及地质意义[J]. 地质论评，63(B04)：45-46.
林潜龙，1983. 河南省板块构造轮廓与矿产分布初析[J]. 河南地质，(2)：27-34.
凌文黎，高山，郑海飞，等，1998. 扬子克拉通黄陵地区崆岭杂岩Sm－Nd同位素年代学研究[J]. 科学通报，43(1)：86-89.
凌文黎，1996. 扬子克拉通北缘元古宙基底同位素地质年代学和地壳增生历史：后河群和西乡群[J]. 地球科学，21(5)：491-494.
刘丙祥，2014. 北秦岭地体东段岩浆作用与地壳演化[D]. 合肥:中国科学技术大学.
刘楚雄，阎国翰，蔡剑辉，2010. 河南嵩县碱性岩体SHRIMP锆石U－Pb年龄和岩石地球化学特征及构造意义[C]. 全国岩石学与地球动力学研讨会.
刘良，周鼎武，王焰，1996. 东秦岭杂岩中的长英质高压麻粒岩及其地质意义初探[J]. 中国科学(D辑:地球科学)，26(增刊)：56-63.
刘英俊，张景荣，孙承辕，等，1986. 华南花岗岩类中微量元素的地球化学特征. 花岗岩地质与成矿关系[M]. 南京:江苏科技出版社
卢仁，梁涛，白凤军，等，2013. 豫西磨沟正长岩LA－ICP－MS锆石U－Pb年代学及Hf同位素[J]. 地质论评，59(2)：355-368.
卢欣祥，肖庆辉，1999. 东秦岭吐雾山A型花岗岩的时代及其构造意义[J]. 科学通报，44(9)：975-978.
卢欣祥，1989. 龙王礶A型花岗岩地质矿化特征[J]. 岩石学报，5(1)：67-77.
陆松年，李怀坤，陈志宏，等，2004. 新元古时期中国古大陆与罗迪尼亚超大陆的关系[J]. 地学前缘，11(2)：515-523.
陆松年，李怀坤，陈志宏，2003. 秦岭中-新元古代地质演化及Rodinia超级大陆事件的响应[M]. 北京:地质出版社.
陆松年，杨春亮，李怀坤，等，2002. 华北古大陆与哥伦比亚超大陆[J]. 地学前缘，9(4)：225-233.
马志红，1985. 苏联岩石学发展的六十年[J]. 世界地质，(1)：59-72
毛景文，谢桂青，张作衡，等，2005. 中国北方中生代大规模成矿作用的期次及其地球动力学背景[J]. 岩石学报，21(1)：169-188.
倪师军，胡瑞忠，金景福. 1993. 寻找隐伏铀矿床的一种可能的地球化学模式[J]. 矿物岩石地球化学通

报，(1)：6-9.
裴先治，王涛，丁仁平，2003. 东秦岭商丹带北侧新元古代埃达克质花岗岩及其地质意义[J]. 中国地质，30(4)：372-381.
彭大明，1991. 内蒙中部岩金矿类型及找矿方向[J]. 矿产与地质，(2)：90-95.
彭澎，刘文军，翟明国，2002. 华北地块对 Rodinia 超大陆的响应及其特征[J]. 岩石矿物学杂志，21(4)：343-354.
齐秋菊，王晓霞，柯昌辉，等，2012. 华北地块南缘老牛山杂岩体时代，成因及地质意义:锆石年龄，Hf 同位素和地球化学新证据[J]. 岩石学报，28(1)：279-301.
乔怀栋，1983. 初步探讨东秦岭地区与小岩体有关矿床的成矿模式[J]. 河南地质，(1)：25-34.
邱家骧，廖群安，1990. 黑龙江五大连池、科洛、二克山火山群富钾火山岩中的浅色矿物[J]. 地球科学：中国地质大学学报，15(4)：357-366.
邱家骧，1985. 岩浆岩岩石学[M]. 北京:地质出版社.
邱家骧，1990. 秦巴地区碱性岩地质特征及含矿性研究报告[R].
邱家骧，1993. 秦巴碱性岩[M]. 北京:地质出版社.
瑟伦森，1987. 碱性岩评述[J]. 国外地质科技，(7)：51-65.
陕西省地质矿产局，1989. 陕西省区域地质志[M]. 北京:地质出版社.
石铨曾，陶自强，庞继群，等，1996. 华北板块南缘栾川群研究[J]. 华北地质矿产杂志，11(1)：51-59.
石铨曾，1990. 河南省栾川群研究报告[R].
宋学信，1991. 河南省西南部碳酸盐建造金矿成矿条件与成矿规律研究报告[R].
孙枢，张国伟，1985. 华北断块区南部前寒武纪地质演化[M]. 北京:冶金工业出版社.
田辉，张健，李怀坤，等，2015. 蓟县中元古代高于庄组凝灰岩锆石 LA-MC-ICP-MS U-Pb 定年及其地质意义[J]. 地球学报，36(5)：647-658.
涂光炽，张玉泉，王中刚，1982. 西藏南部花岗岩类地球化学[M]. 北京:科学出版社.
涂光炽，张玉泉，赵振华，等，1984. 华南两个富碱侵入岩带的初步研究:花岗岩地质和成矿关系[M]. 南京:江苏科学技术出版社：21-37.
涂光炽，1989. 关于富碱侵入岩[J]. 矿产与地质，(3)：1-4.
涂湘林，张红，邓文峰，等，2011. RESOlution 激光剥蚀系统在微量元素原位微区分析中的应用[J]. 地球化学，40(1)：83-98.
王鸿祯，1982. 中国地壳构造发展的主要阶段[J]. 地球科学，(3)：163-186.
王集磊，1996. 中国秦岭型铅锌矿床[M]. 北京:地质出版社.
王濮，1984. 系统矿物学[M]. 北京:地质出版社.
王润三，刘文荣，车自成，1990. 二郎坪群蛇绿岩的产出环境:秦岭—大巴山地质论文集(一)变质地质[M]. 北京：科学技术出版社，154-166.
王涛，郑亚东，张进江，等，2007. 华北克拉通中生代伸展构造研究的几个问题及其在岩石圈减薄研究中的意义[J]. 地质通报，26(9)：1154-1166.
王晓霞，卢欣祥，2003. 北秦岭沙河湾环斑结构花岗岩的矿物学特征及其岩石学意义[J]. 矿物学报，23(1)：57-62.
王晓霞，王涛，齐秋菊，等，2011. 秦岭晚中生代花岗岩时空分布，成因演变及构造意义[J]. 岩石学报，27(6)：1573-1593.
吴福元，徐义刚，高山，等，2008. 华北岩石圈减薄与克拉通破坏研究的主要学术争论[J]. 岩石学报，24(6)：1145-1174.

吴利仁，1966．若干地区碱性岩问题[M]．北京：科学出版社．
吴利仁，1985．中国东部中生代花岗岩类[J]．岩石学报，(1)：1-10．
武警黄金第十四支队，1990．河南省栾川县陶湾乡三合金矿区 301 号脉勘探地质报告[R]．
向君峰，2009．河南中部张士英岩体的成因研究[D]．北京：中国地质大学．
许志琴，刘福来，戚学祥，等，2006．南苏鲁超高压变质地体中罗迪尼亚超大陆裂解事件的记录[J]．岩石学报，22：1745-1760．
薛良伟，原振雷，张萌树，等，1995．鲁山太华群 Sm－Nd 同位素年龄及其意义[J]．地球化学，24(增刊)：92-97．
闫中英，1986．方城维摩寺—南召崔庄一带的变质碱性火山岩[J]．河南地质，4(3)：53-58．
阎国翰，蔡剑辉，任康绪，等，2007．华北克拉通板内拉张性岩浆作用与三个超大陆裂解及深部地球动力学[J]．高校地质学报，13(2)：161-174．
阎国翰，许保良，牟保磊，等，1994．板内拉张性岩浆作用与深部地球动力学[C]//中国矿物岩石地球化学研究新进展，兰州：兰州大学出版社，92-93．
杨巍然，1987．东秦岭“开”“合”史[J]．地球科学，(5)：487-493．
杨志华，王北颖，1993．抽拉-逆冲岩片构造：秦岭造山带的新模式[J]．地球科学：中国地质大学学报，18(5)：11，565-575．
杨志华，王北颖．1994．对秦岭造山带几个重大问题的认识[J]．河南地质，12(4)：14，241-254．
姚瑞增，1986．洛南—豫西斑岩钼矿带成岩成矿作用浅析[J]．河南地质，4(4)：14-20．
姚宗仁，赵振家，1986．桐柏地区燕山期构造运动与内生金属矿产生成的统一性[J]．河南地质，(4)：1-7．
叶会寿，毛景文，徐林刚，等，2008．豫西太山庙铝质 A 型花岗岩 SHRIMP 锆石 U－Pb 年龄及其地球化学特征[J]．地质论评，54(5)：699-711．
游振东，钟增球，1997．秦岭大别碰撞造山带根部结晶基底隆升的变质岩石学证迹[J]．中国地质大学学报，022(003)：305-310．
郁建华，付会芹，Haapala I，等，1996．华北克拉通北部 1.70 Ga 非造山环斑花岗岩岩套[J]．华北地质矿产杂志，11(3)：341-350．
喻学惠，1992．陕西华阳川碳酸岩地质学和岩石学特征及其成因初探[J]．地球科学，17(2)：151-158．
袁万明.，1988 河南省维摩寺—草庙 A 型花岗岩地质特征及岩石化学研究[J]．河北地质学院学报，11(4)：75-87．
张成立，刘良，张国伟，2004．北秦岭新元古代后碰撞花岗岩的确定及其构造意义[J]．地学前缘，11(3)：33-42．
张国伟，董云鹏，赖绍聪，等，2003．秦岭—大别造山带南缘勉略构造带与勉略缝合带[J]．中国科学(D辑)，33(12)：1121-1135．
张国伟，张本仁，袁学诚，等，2001．秦岭造山带与大陆动力学[M]．北京：科学出版社．
张国伟，1989．秦岭造山带的形成及其演化[M]．西安：西北大学出版社．
张宏飞，张本仁，凌文黎，等，1997．南秦岭新元古代地壳增生事件：花岗质岩石钕模式年龄同位素示踪[J]．地球化学，26(5)：16-23．
张乃昌，阎景汉，刘新年，1986．从重磁成果探讨我省深部构造及成矿作用[J]．河南地质(1)：18-24．
张寿广，1991．北秦岭宽坪群变质地质[M]．北京：科学技术出版社．
张维吉，宋子季，1988．北秦岭变质地层(下卷)[M]．西安：西安交大出版社，1-210．
张玉泉，谢应雯，1994．青藏高原及邻区富碱侵入岩：以若干子和太和二岩体为例[J]．中国科学(B 辑)，24(10)：1102-1108．

张正伟，戴耕，1995. 河南省富碱侵入岩与金矿床关系浅析[J]. 河南地质，13(3)：161-170.
张正伟，潘振祥，1996. 华北地块南缘富碱侵入岩岩石组合及时空分布[J]. 河南地质，14(4)：263-271.
张正伟，朱炳泉，常向阳，等，2002. 东秦岭北部富碱侵入岩岩石化学与分布特征[J]. 岩石学报，18(4)：468-474.
张正伟，朱炳泉，常向阳，2003. 东秦岭北部富碱侵入岩带岩石地球化学特征及构造意义[J]. 地学前缘，24(4)：507-519.
张正伟，朱炳泉，2000. 东秦岭北部富碱侵入岩钕、锶、铅同位素特征及构造意义[J]. 地球化学，29(5)：455-461.
张正伟，1993. 华北地块南缘富碳侵入岩地球化学及构造意义：矿物岩石地球化学新探索[M]. 北京：地震出版社，152-155.
张宗清，黎世美，1998. 河南省西部熊耳山地区太古宙太华群变质岩的 Sm－Nd，Rb－Sr 年龄及其地质意义[C]//华北地台早前寒武纪地质研究论文集. 北京：地质出版社.
张宗清，刘敦一，付国民，1994. 北秦岭变质地层同位素年代研究[M]. 北京：地质出版社.
赵国春，孙敏，2002. 早-中元古代 Columbia 超级大陆研究进展[J]. 科学通报，47(18)：1361-1364.
赵太平，陈福坤，翟明国，夏斌，2004. 河北大庙斜长岩杂岩体锆石 U－Pb 年龄及其地质意义[J]. 岩石学报，20(3)：685-690.
赵振华，白正华，熊小林，等，2000. 新疆北部富碱火成岩的地球化学[C]//第 31 届国际地质大会中国代表团学术论文集.
郑永飞，2003. 新元古代岩浆活动与全球变化[J]. 科学通报，48(16)：1705-1720.
周汉文，钟增球，凌文黎，等，1998. 豫西小秦岭地太华杂岩斜长角闪岩 Sm－Nd 等时线年龄及其地质意义[J]. 地球化学，27(4)：367-372.
周红升，马昌前，张超，等，2008. 华北克拉通南缘泌阳春水燕山期铝质 A 型花岗岩类：年代学，地球化学及其启示[J]. 岩石学报，24(1)：49-64
周玲棣，刘菊英，1993. 一个早元古代碱性花岗岩的 U－Pb 同位素年代研究[J]. 科学通报，38(15)：1407-1407.
周玲棣，1991. 赛马和紫金山碱性杂岩体稀土元素地球化学及成因模式[J]. 地球化学，7(3)：229-235.
周新民，陈图华，刘昌实，等，1982. 我国东南沿海碱性玄武质岩石中辉石和角闪石巨晶[J]. 矿物学报，(1)：13-20.
周作侠，李秉伦，郭抗衡，等，1993. 华北地台南缘(钼)矿床成因[M]. 北京：地震出版社.
祝延修，姜方，1991. 东闯金矿床地质特征与找矿方向[C]//金矿地质与勘探论文集. 北京：冶金工业出版社.

[主要参考资料]

关保德，等，1993. 河南省华北地台前寒武纪地层，构造和金银及有色金属成矿模式与成矿系列研究报告[R].
河南省地质矿产厅地调三队，1979. 竹沟幅区域地质调查报告(1：5 万)[R].
河南省地质矿产厅地调三队，1985. 任店幅区域地质调查报告(1：5 万)[R].
河南省地质矿产厅地调三队，1985. 瓦岗幅区域地质调查报告(1：5 万)[R].
河南省地质矿产厅区调队，1988. 南召—下罗坪幅区域地质调查报告(1：5 万)[R].
河南省地质矿产厅区调队，1989. 云阳—四里店幅区域地质调查报告(1：5 万)[R].
河南区调队，1995. 1：5 万下汤幅、鲁山幅(1-49-82-C，1-49-82D)区调报告，地质图及说明书[R].

河南省地质调查院，2007. 中华人民共和国地质图，洛阳幅(1∶25万)[R].
河南省地质调查院，2007. 中华人民共和国地质图，内乡幅(1∶25万)[R].
河南省地质调查院，2007. 中华人民共和国地质图，平顶山幅(1∶25万)[R].
河南省地质调查院，2007. 中华人民共和国地质图，枣阳市幅(1∶25万)[R].
河南省地质局地调二队，1981. 河南省叶县、方城县、舞阳县相邻地区区域地质调查报告(1∶5万)[R].
河南省地质局地质三队，1978. 栾川南部区域地质调查报告(1∶5万)[R].
河南省地质矿产厅地调一队，1988. 嵩县幅区域地质调查报告(1∶5万)[R].
河南省地质矿产厅地调一队，1990. 栾川北部区域地质调查报告(1∶5万)[R].
乔怀栋，等，1993. 河南省外方山熊耳群火山岩金矿类型及控矿地质条件研究报告[R].
邱家骧，等，1990. 秦巴地区碱性岩地质特征及含矿性研究报告[R].
石铨曾，等，1990. 河南省栾川群研究报告[R].
宋学信，等，1991. 河南省西南部碳酸盐建造金矿成矿条件与成矿规律研究报告[R].
武警黄金第十四支队，1990. 河南省栾川县陶湾乡三合金矿区301号脉勘探地质报告[R].
张正伟，等，1993. 河南省华北地块南缘富碱侵入岩地质特征及含矿性研究报告[R].

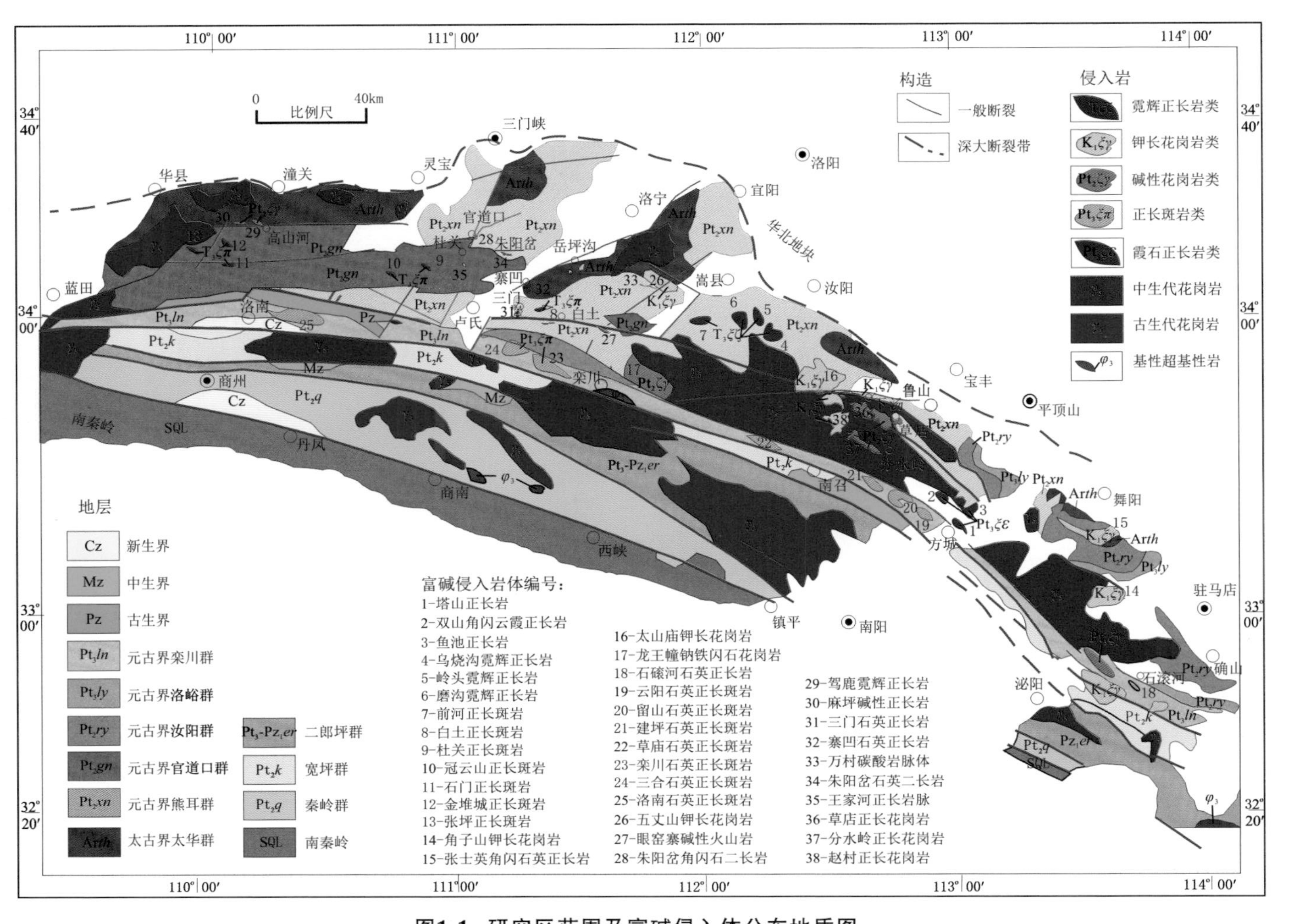

图1.1 研究区范围及富碱侵入体分布地质图

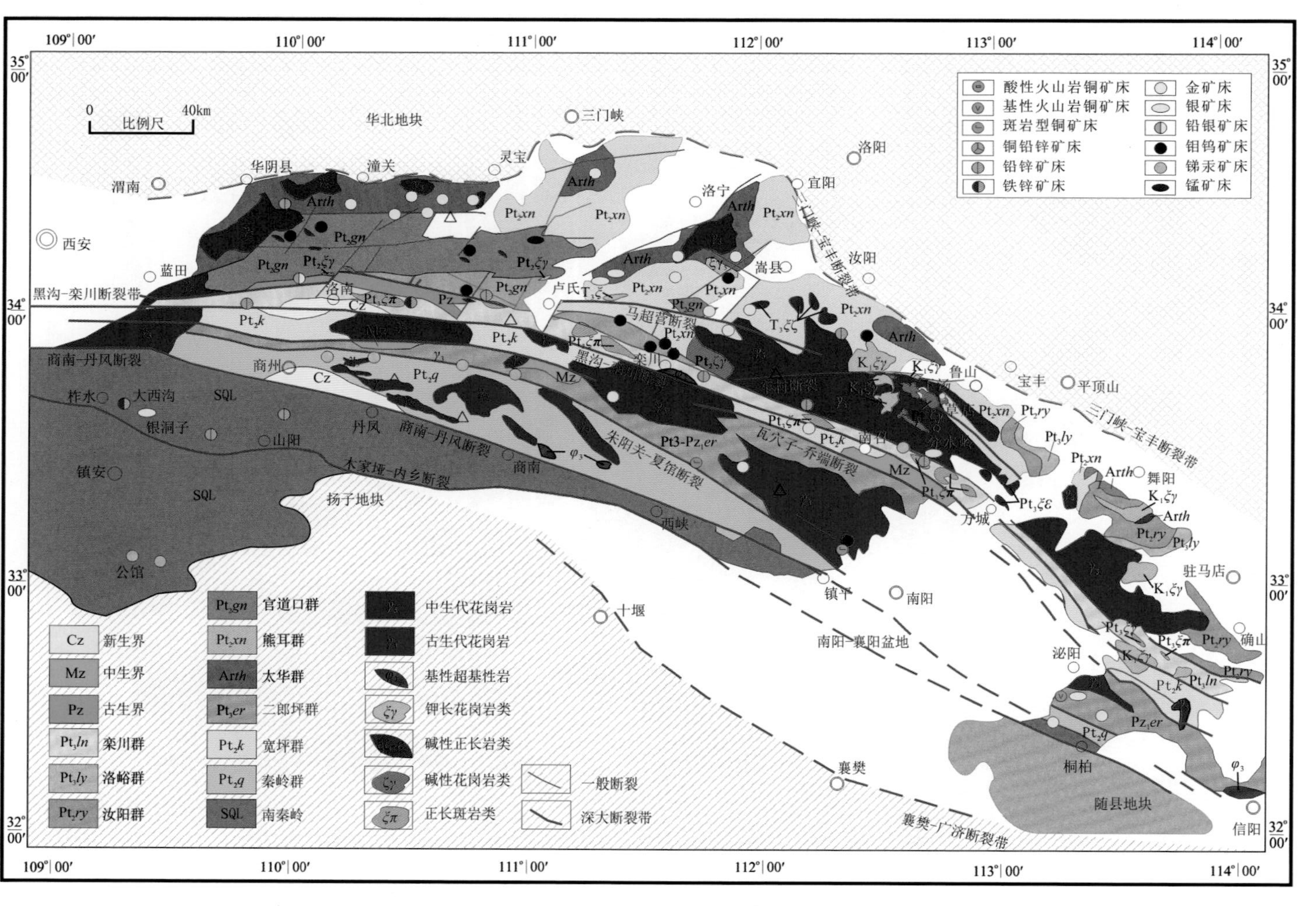

图 2.1 华北陆块南缘构造单元及富碱侵入体分布图

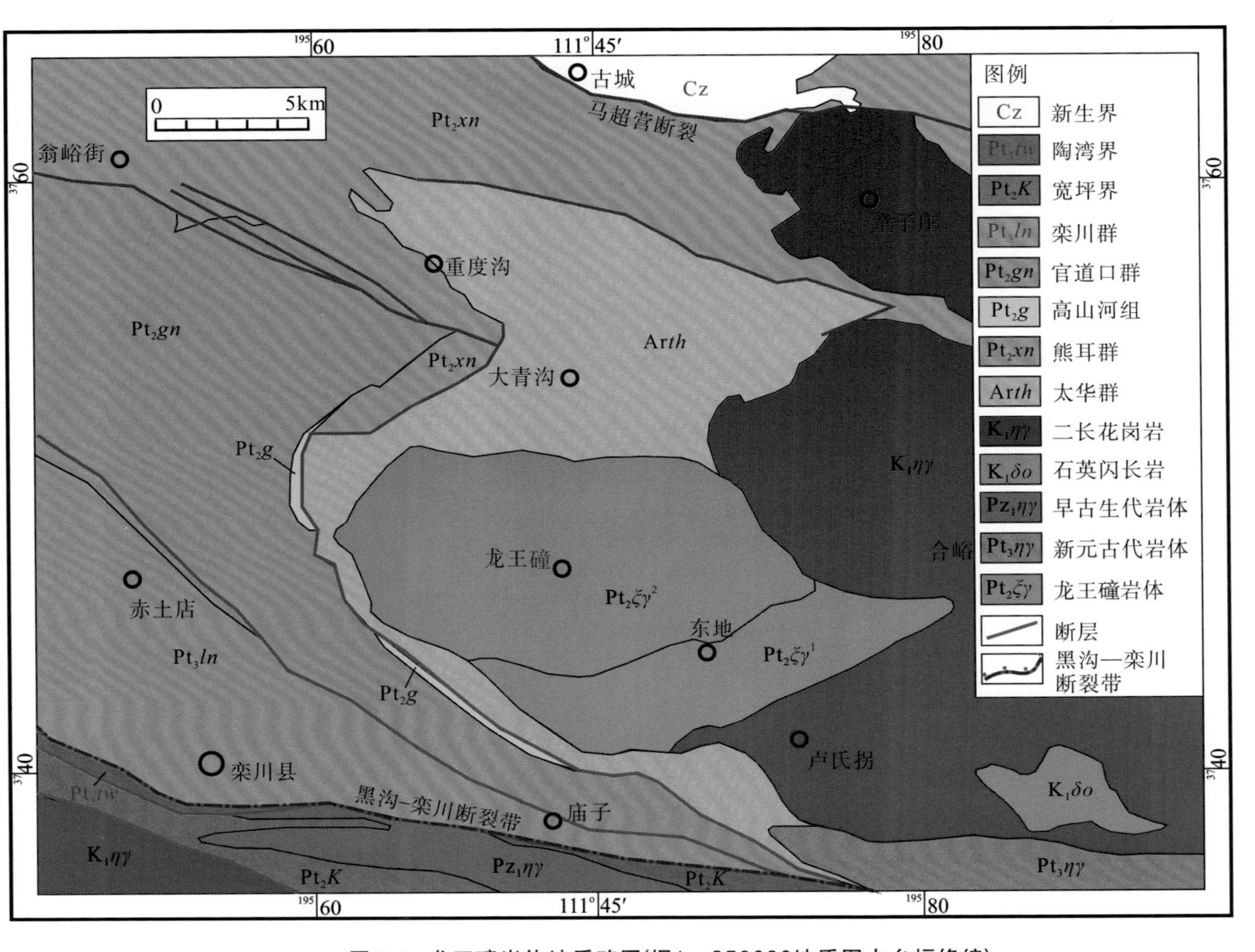

图3.1　龙王疃岩体地质略图(据1：250000地质图内乡幅修编)

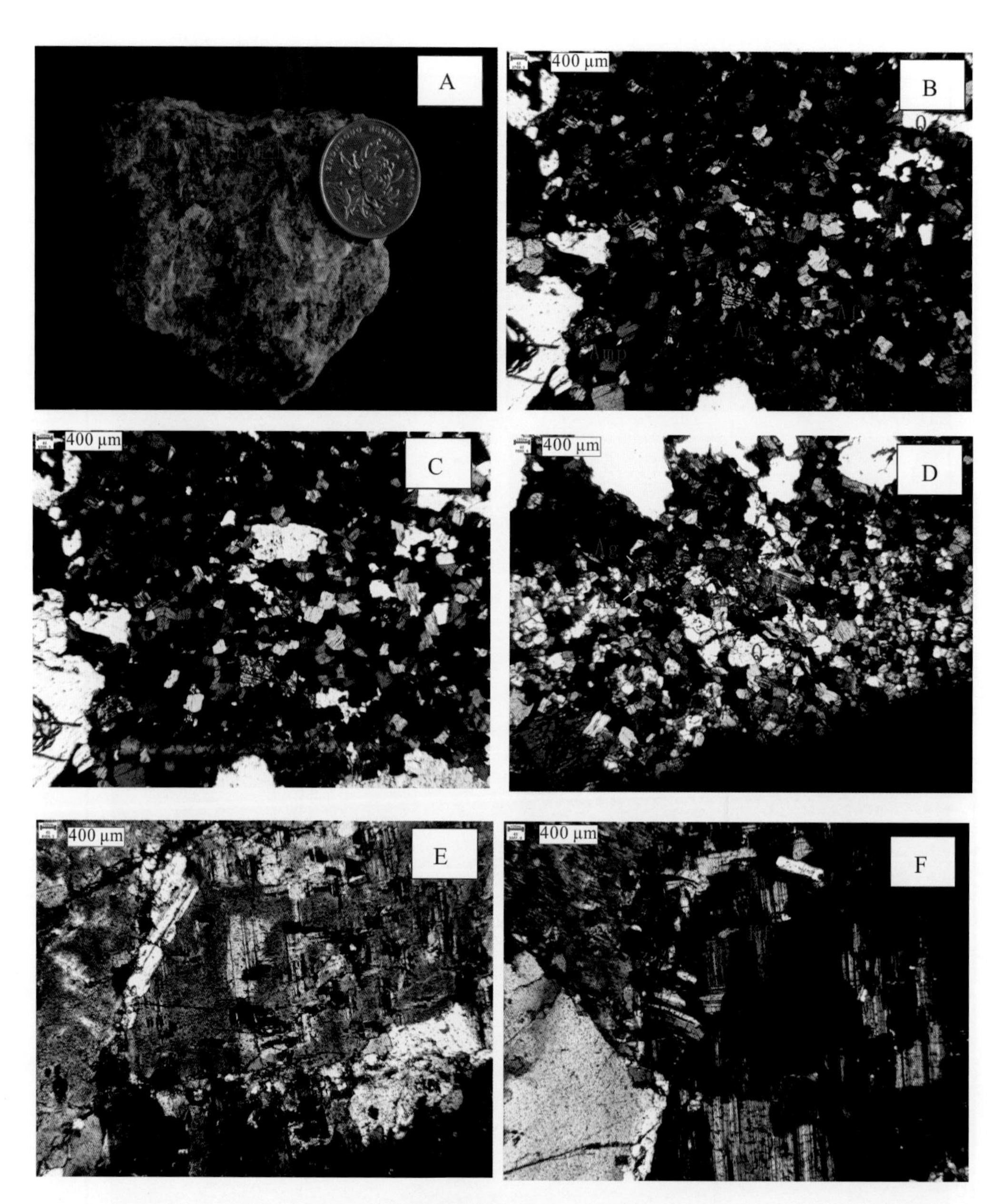

图 3.3　龙王碹花岗岩手标本和显微照片

Pl:斜长石;Mic:微斜长石;Q:石英;Amp:角闪石;Kf:钾长石;Ag:霓辉石;Af:钠铁闪石。

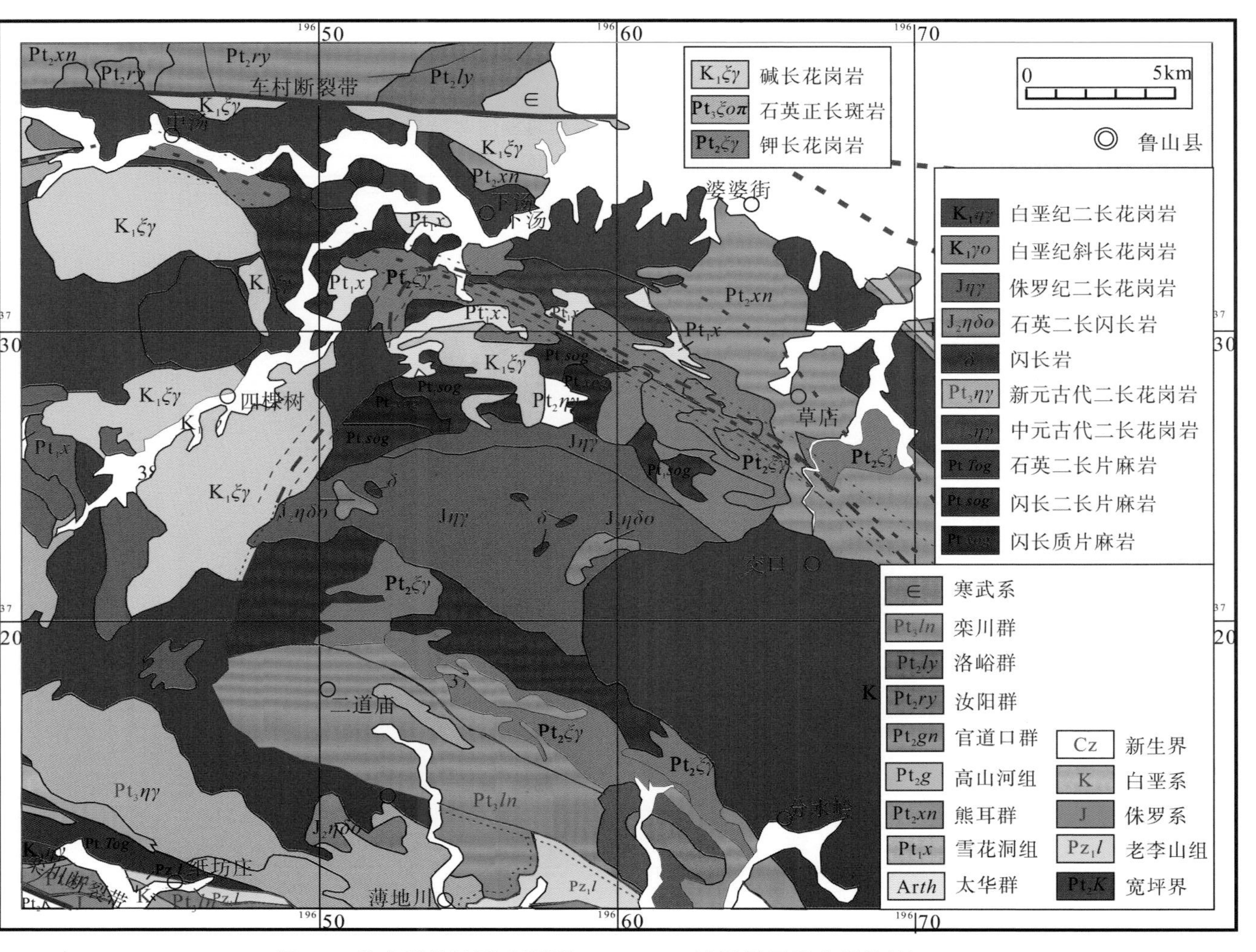

图3.4　草店岩体地质略图(据1：250000地质图平顶山幅修编)

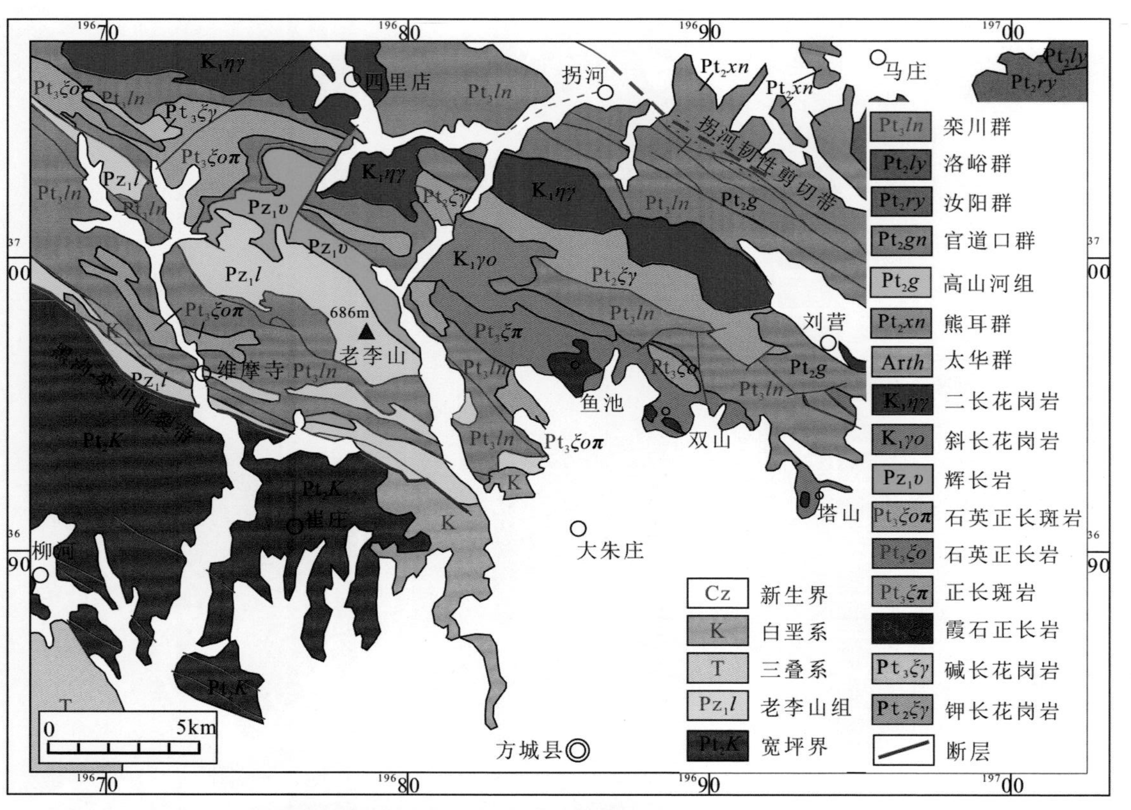

图4.1 方城北部碱性岩分布地质简图(据1：250000地质图平顶山幅修编)

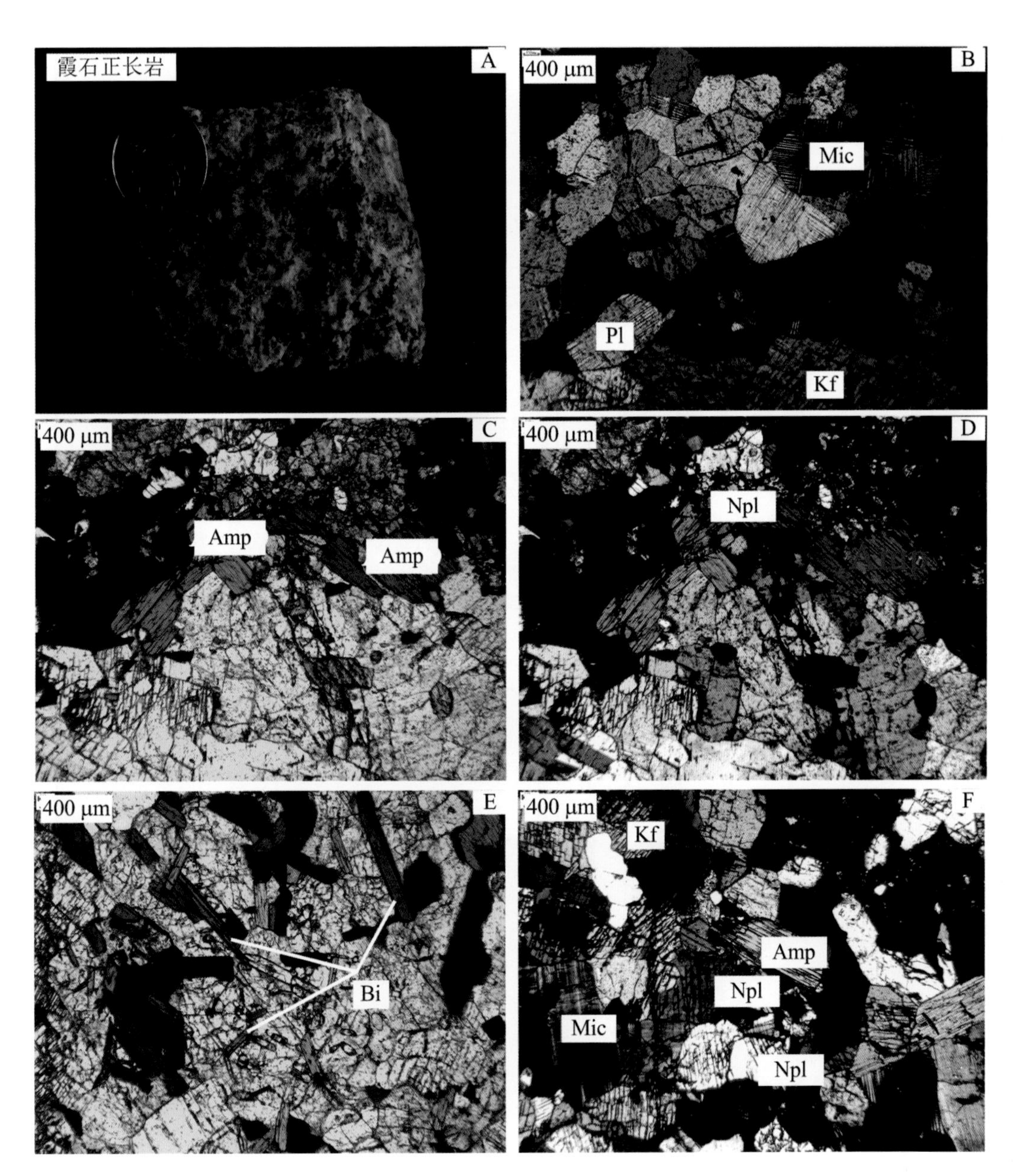

图 4.5　双山角闪正长岩手标本和岩石薄片

Pl:斜长石;Mic:微斜长石;Amp:角闪石;Kf:钾长石;Bi:黑云母;Npl:霞石。

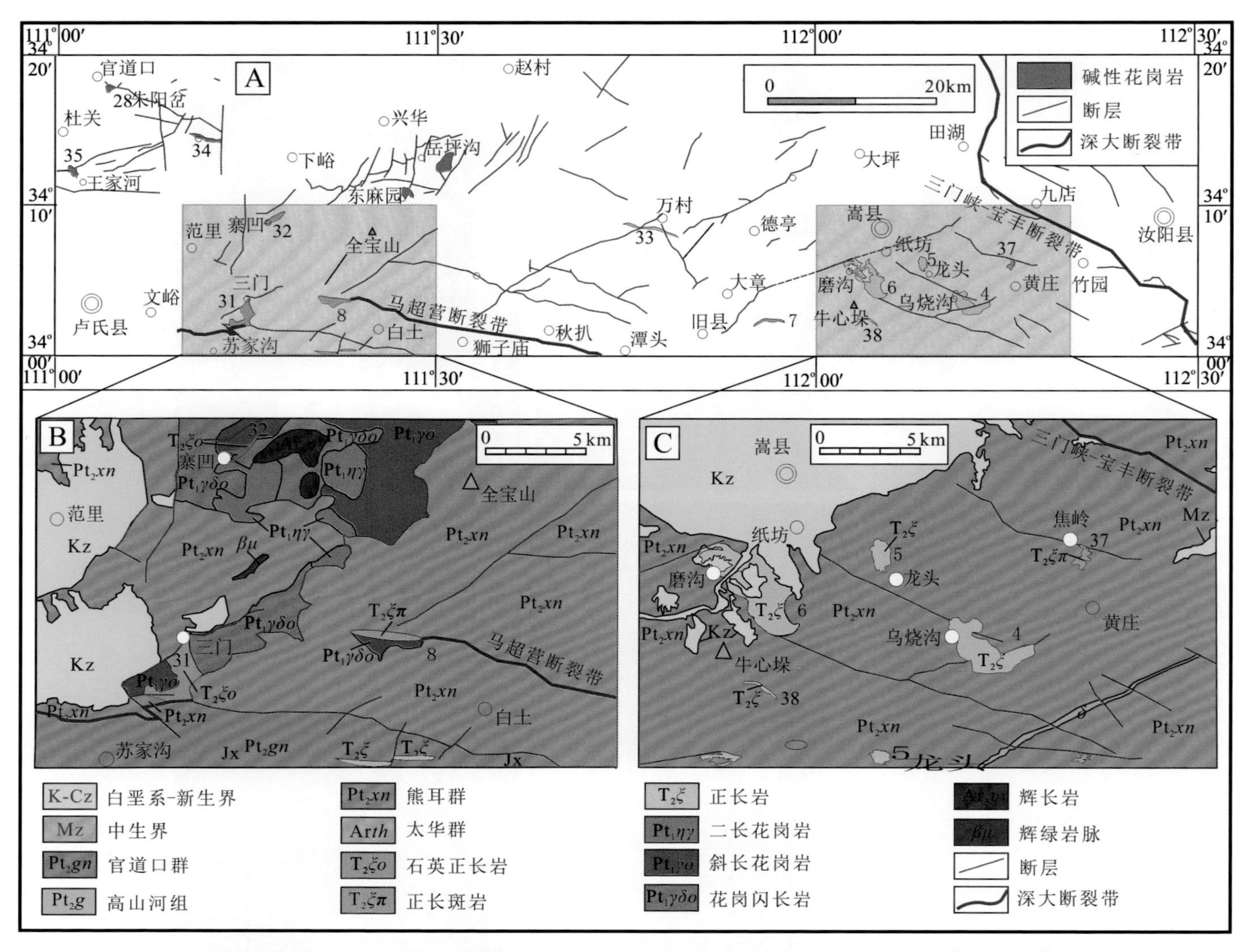

图5.1 嵩县南部—卢氏东部碱性岩带及岩体分布地质略图(据1：250000地质图内乡幅修编)

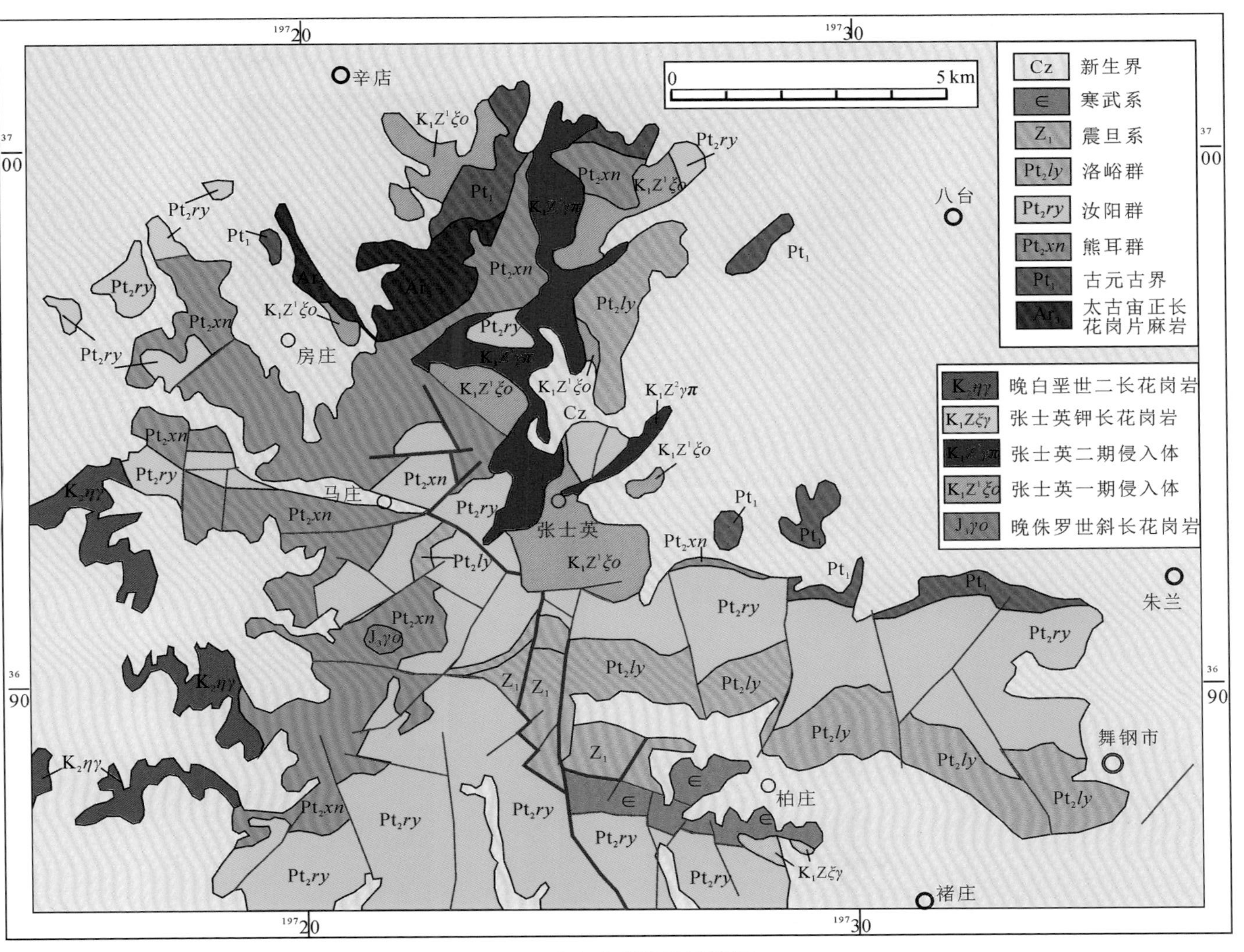

图 6.1　张士英岩体地质简图

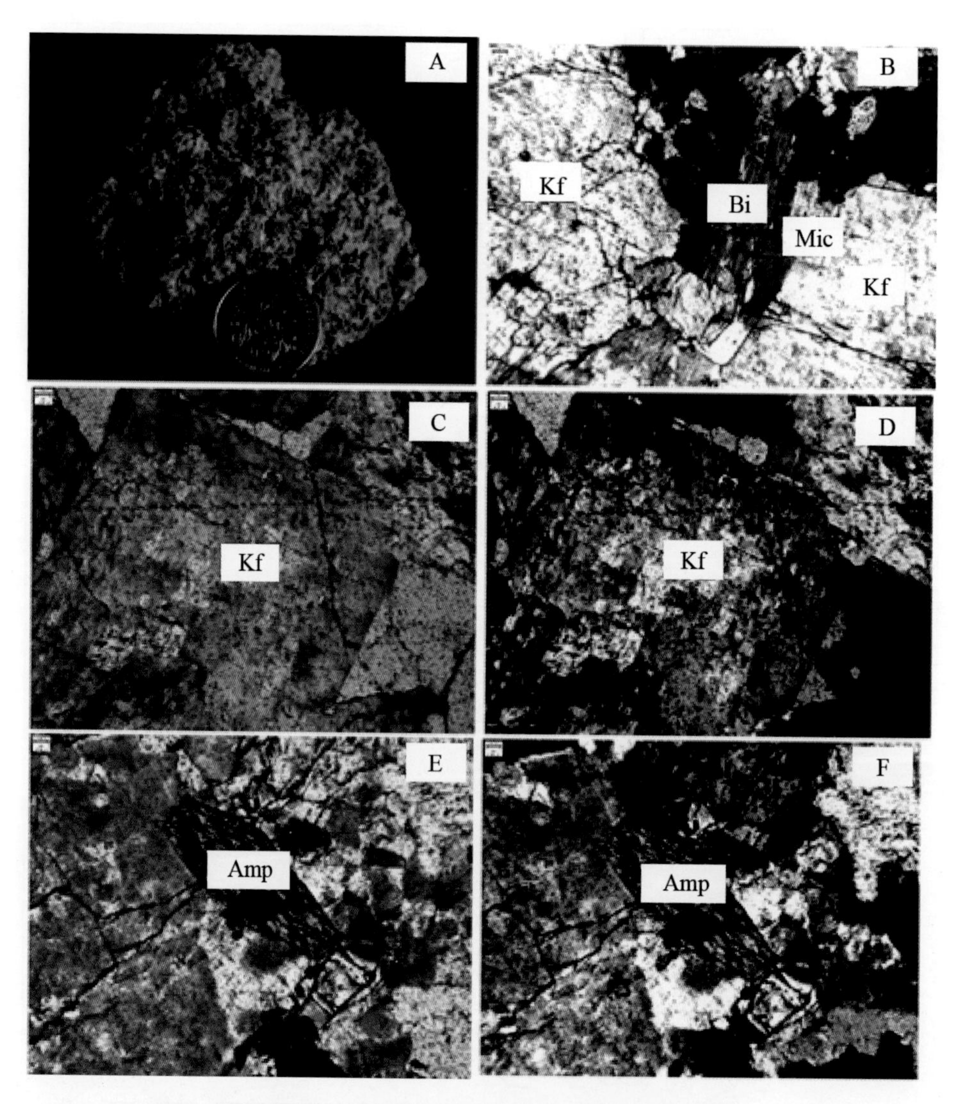

图 6.4 张士英角闪正长岩手标本和岩石薄片照片

Amp:角闪石;Kf:钾长石;Bi:黑云母;Mic:微斜长石。

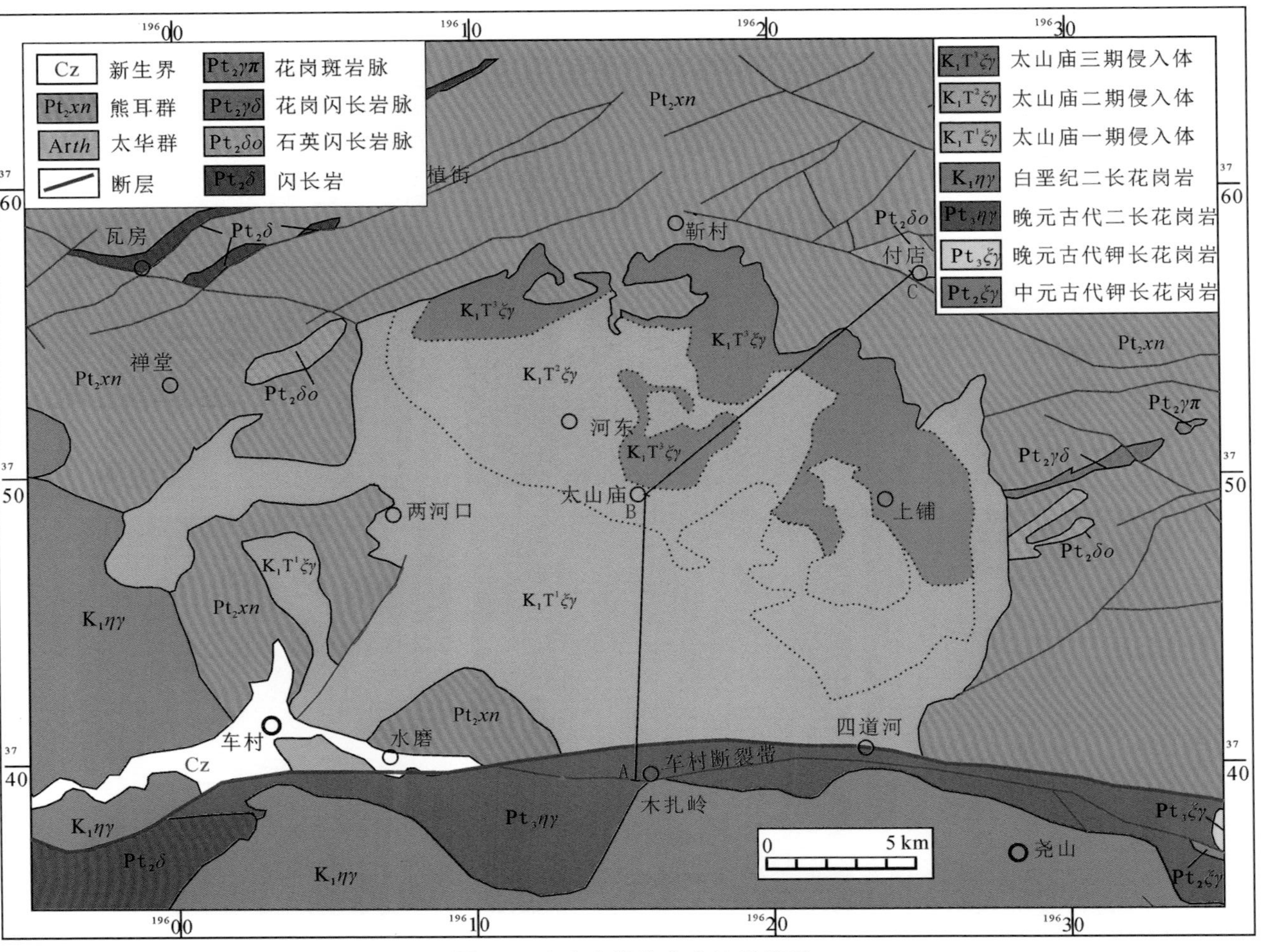

图6.5 太山庙岩体分布地质简图

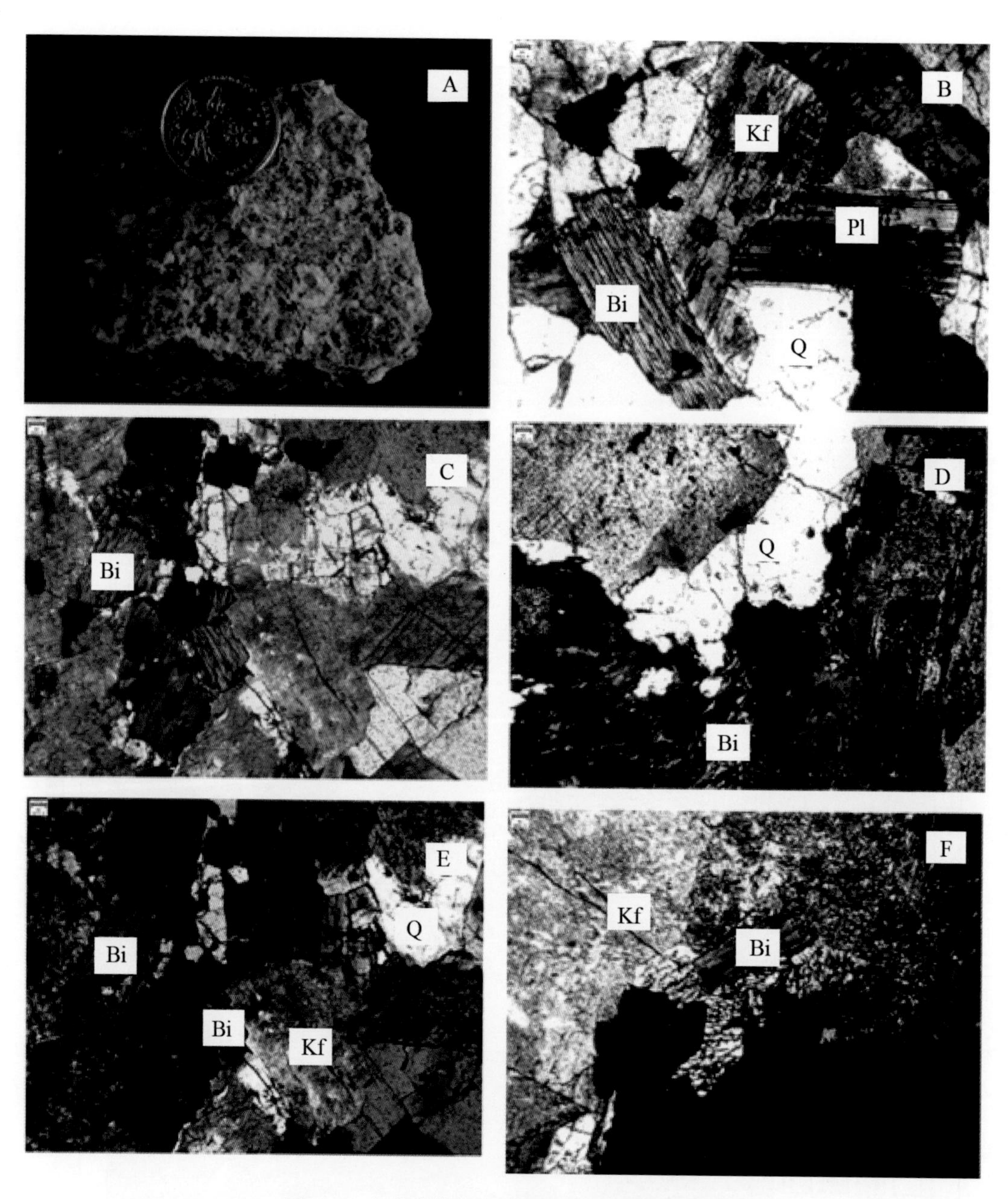

图 6.7 太山庙花岗岩手标本和岩石薄片照片

Pl:斜长石;Kf:钾长石;Bi:黑云母;Q:石英。

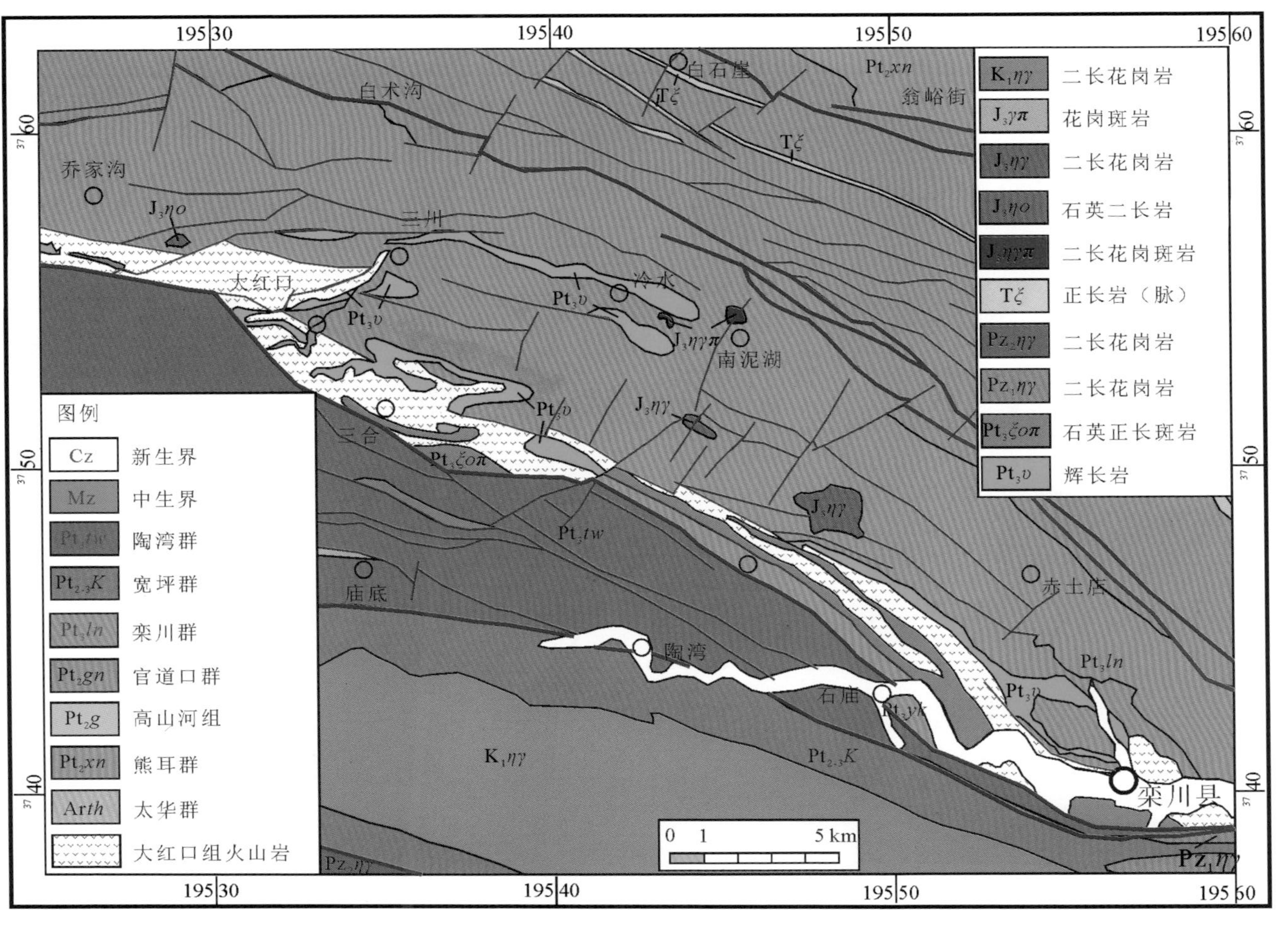

图 7.1 栾川西部区富碱侵入岩地质图

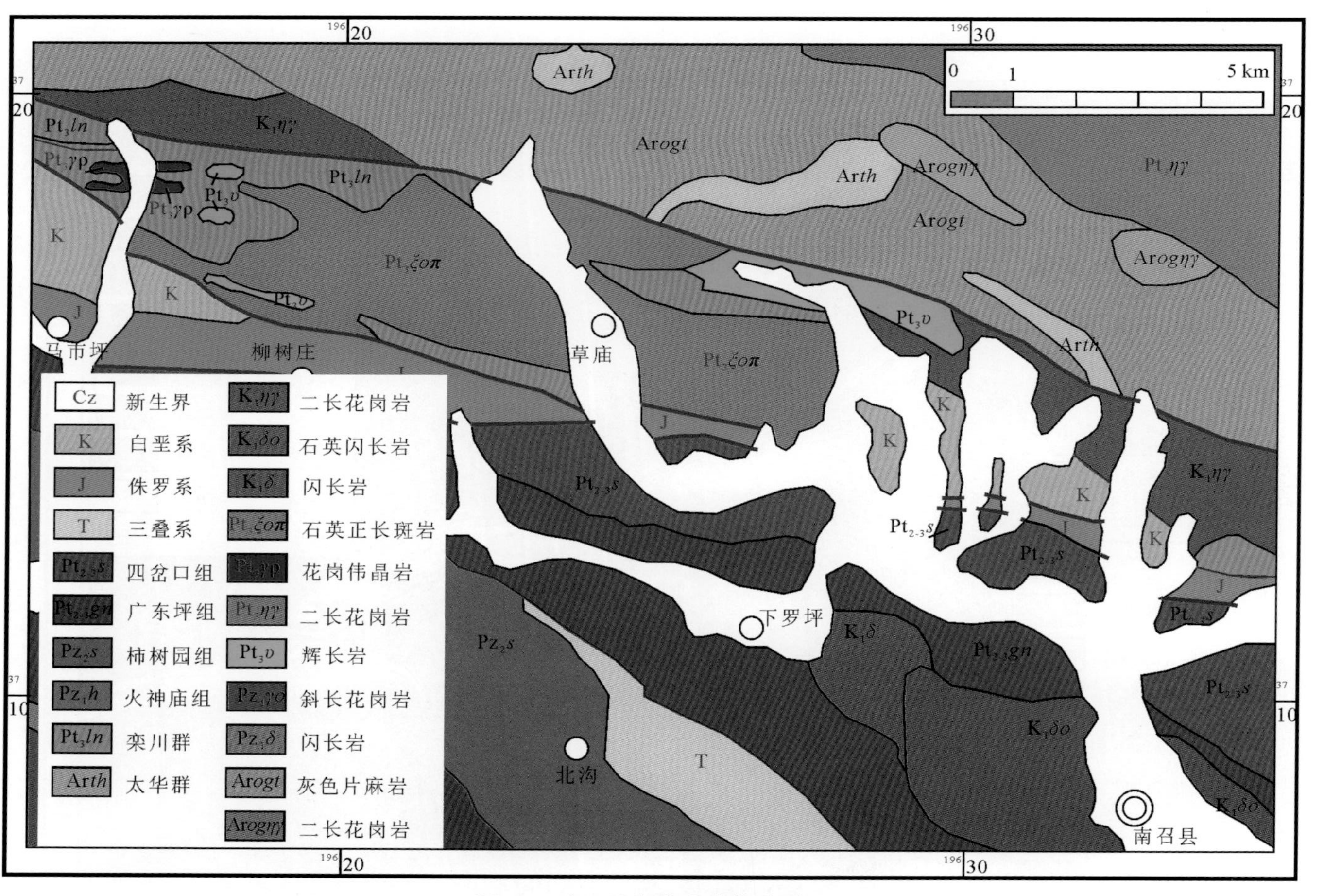

图 7.4　南召西部草庙岩体地质图

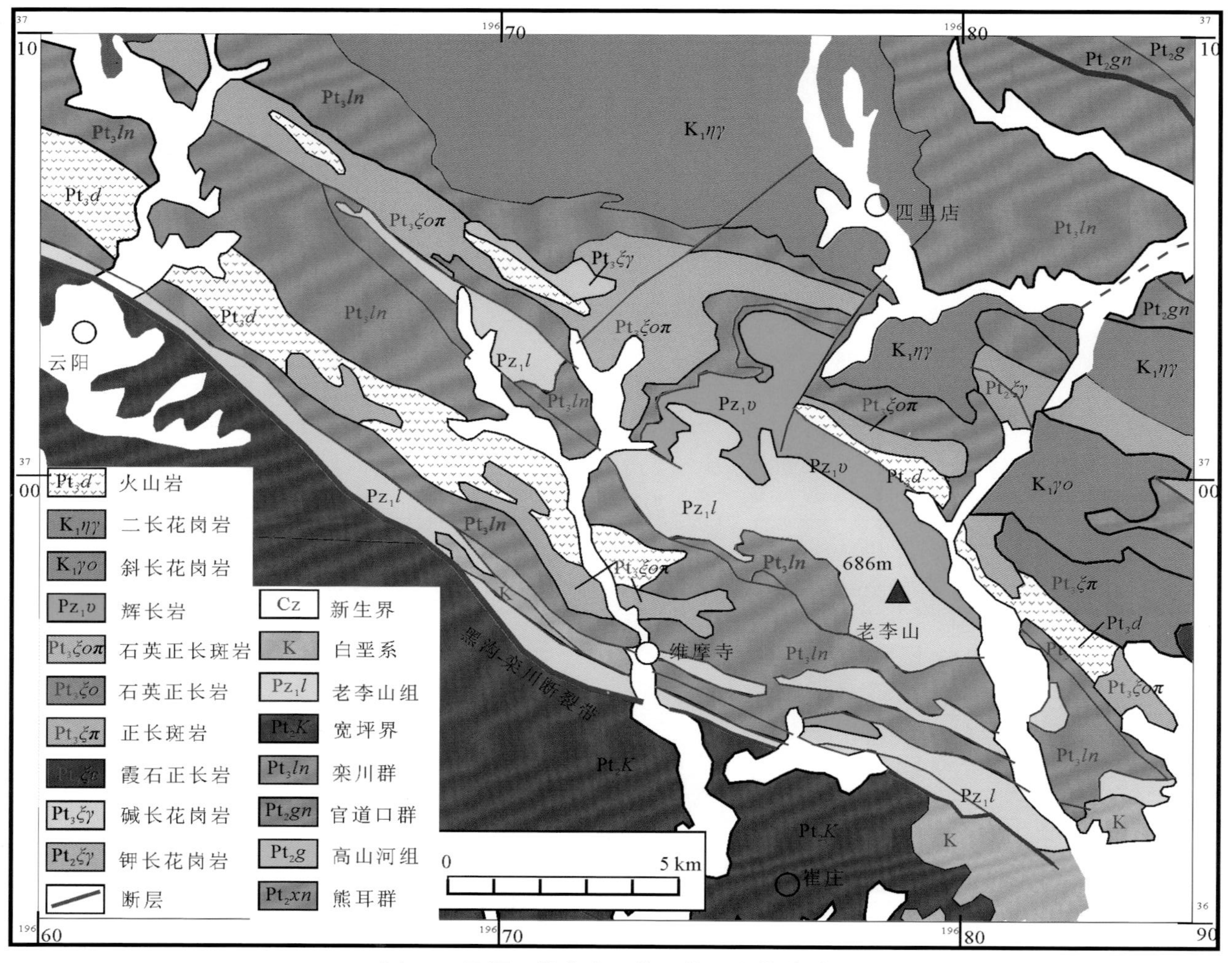

图 7.6 云阳—维摩寺石英正长斑岩体地质图

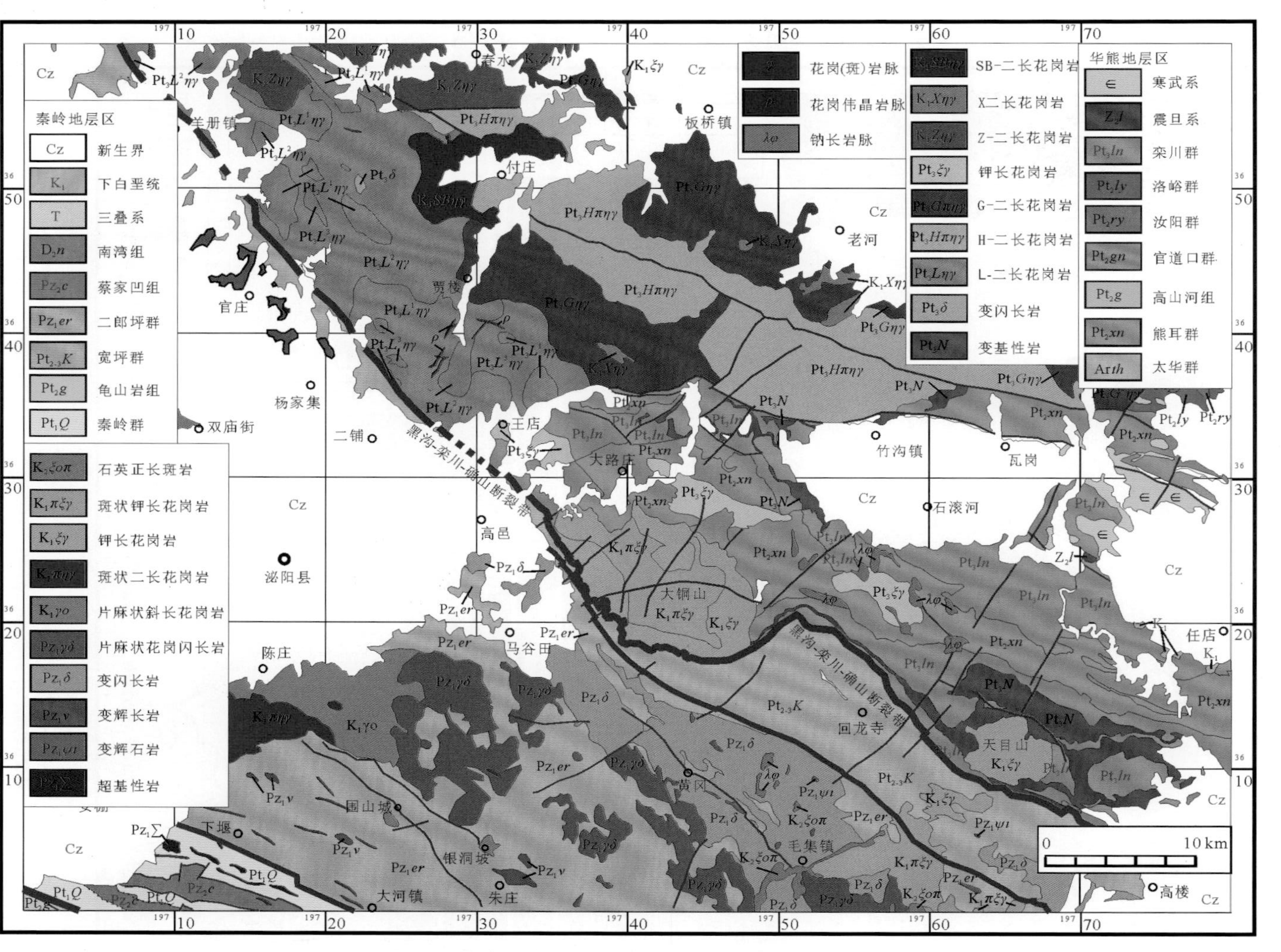

图 7.7 泌阳县王店乡—确山县石滚河乡一带钾长花岗岩分布地质图